《中国国情报告》
编委会

主　　编　连玉明　武建忠

执行主编　韩建萍

编　　委　连玉明　武建忠　丛丽华　古　波
刘俊华　李晓军　金　锋　朱颖慧
李瑞香　石龙学　张　涛　姚宇峰
李英才　冯　炯　张国华　李文华
李剑良　丁玉丰　孙楠楠　郭晓燕
李秀梅　孟令刚　景嫔嫔　任　波
曹　佳　徐　健　柯小平　潘佼江
王亚辉　于跃波

REPORT ON CHINA'S NATIONAL CONDITIONS

中国国情报告 2009~2010

连玉明 武建忠◎主编

中国时代经济出版社

图书在版编目(CIP)数据

中国国情报告(2009~2010)/连玉明，武建忠主编.
—北京：中国时代经济出版社，2010.1
ISBN 978-7-5119-0031-9
Ⅰ.中… Ⅱ.①连…②武… Ⅲ.中国－概况－2009~2010 Ⅳ.K92
中国版本图书馆CIP数据核字(2009)第215220号

书　　名：中国国情报告(2009~2010)
出 版 人：宋灵恩
作　　者：连玉明　武建忠
出版发行：中国时代经济出版社
社　　址：北京市西城区车公庄大街乙5号鸿儒大厦B座
邮政编码：100044
发行热线：(010)68320825　68320484
传　　真：(010)68320634
邮购热线：(010)88361317
网　　址：www.cmepub.com.cn
电子邮箱：zgsdjj@hotmail.com
经　　销：各地新华书店
印　　刷：北京市鑫海达印刷有限公司
开　　本：787×1092 1/16
字　　数：465千字
印　　张：22.5
版　　次：2010年 月第1版
印　　次：2010年 月第1次印刷
书　　号：ISBN 978-7-5119-0031-9
定　　价：58.00元

本书如有破损、缺页、装订错误，请与本社发行部联系更换

版权所有　侵权必究

目录 中国国情报告

REPORT ON CHINA'S NATIONAL CONDITIONS

中央领导关注的热点问题

稳定：中国改革和发展至关重要的前提

002 国庆 60 周年："蚊子飞过，也要打下来"
009 "高危之年"如何"保增长"
011 "保民生"是"保稳定"的基础
011 "促和谐"与"保稳定"相辅相成
013 【相关阅读】北京奥运："一条街、一片红"

就业——"救业"进行时

017 就业是件天大的事
018 2000 万名返乡农民工是老就业遇到的新难题
020 解决 700 多万大学生的就业是燃眉之急
023 各地设门槛防止企业随意裁员
025 【相关阅读】团中央吹响就业创业"集结号"

4 万亿：中央紧盯地方新增投资

030 中央派出扩大内需检查组
032 4 万亿如何防止被特殊利益集团瓜分
033 新增中央投资存在的违纪违法行为
037 【相关阅读】正风气才能促发展

用人：中组部 2009 年的几个大动作

043 干部科学选任，路子越走越清晰
049 选人用人：坚决整治跑官要官
053 人才准备："接班人"选拔计划启动
055 固本强基：聚焦基层百万官员大轮训
061 【相关阅读】"60 后"高官："钢铁是怎样炼成的"

省委书记省长关注的焦点问题

六省市 2009 经济社会发展主打歌

064 北京：人文、科技、绿色新定位
065 广东：努力实现“三促进一保持”
066 河南：“八大关系”与“六大硬仗”
068 四川：2009 年经济力争先于全国触底回升
069 湖南：长株潭试验区带动“两型社会”建设
070 【相关阅读】广东“双转移”进入攻坚阶段

苏粤陕保增长特设机构

084 江苏成立扩大内需领导小组
085 广东湖南派出七个检查组开展专项检查
086 山东广东等扩内需领导小组很“厉害”
087 陕西省率先成立工业保增长指挥中心
087 【相关阅读】金融危机没有止住“吉祥三保”的脚步

“央企争夺战”全面打响

094 央企、地方兼并重组中求双赢
095 “央地结盟”全国总动员
097 安徽：五方面对接央企
098 浙江：“傍”上 20 余家央企
099 四川：千亿合作项目创 60 年纪录
101 【相关阅读】2009 哪些省份招商引资成效大

省部、省银、省企“合纵连横”大手笔

111 跑“部”前进：应对金融危机
114 省院合作：抢占科技创新制高点
115 省企合作：打造互利双赢合作模式
116 省银合作：资金支持促发展
118 “晋电送湘”：省省合作新篇章
119 【相关阅读】救企攻坚战：政府搭台银行唱戏

向先进生产力看齐——山西关停小煤矿改革样本

127 史无前例的煤矿资源整合
133 “向先进生产力看齐”的争议
135 山西矿产资源整合的“鲶鱼效应”

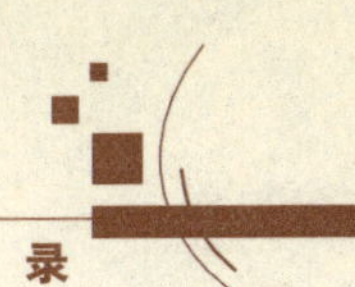

136 【相关阅读】山西、湖南等五省应对危机的新思维

市委书记市长关注的重点问题

薄熙来“唱红除黑”引发全国关注

146 唱红歌很提精气神
149 亿万级“黑老大”落网
152 打黑风暴：为什么是重庆
155 舆论关注：重庆打黑行动推向全国
157 【相关阅读】长安杯：“平安城市”建设的角逐很激烈

京津沪粤杭：谁将成为未来的“动漫帝国”

162 规划频出，多部委联合推动动漫产业发展
163 动漫产业风起云涌引关注
167 问题与反思：动漫产业亟需规范引导
168 【相关阅读】打造创业型城市，成都、南京、贵阳力度大

政府改革：2009年的城市主打歌

174 深圳：“大部制”和“行政三分”是最大看点
178 长春：全国首个民生工作办获中编办肯定
180 武汉：要创“行政三最”城市
182 天津广州：政府效能大提速
186 石家庄：开通房地产审批绿色通道，项目审批由60个工作日缩短为7个
187 【相关阅读】打造“透明政府”在路上

资源城市转型：战役学阜新 战略学焦作 战术学白银

196 阜新：绝境求生苦战7年的突破
199 焦作：“黑”与“绿”的切换
201 白银：科技主导的新模式
203 【相关阅读】珠三角：大气魄、大思路、大成果

县委书记县长关注的难点问题

决策：任何时候农业都是个大问题

212 2009年中央一号文件五大亮点
218 农民工培训哪个环节出了问题

223 妇联、共青团播撒“星星之火”
229 抗旱：提高农业应急减灾能力
237 【相关阅读】成都农地确权的全局意义

改革：农村的问题尤其迫切
245 顺德综改：呼唤改革精神回归
250 四措并举加强村党支部书记队伍建设
257 村民选举：在贿选和反贿选的较量中前行
265 【相关阅读】让“四有”机制激发村干部活力

典型：新农村建设走上快车道
273 “4+2”工作法由邓州推向全国
283 新农村建设六大领军人物
289 宁高宁的全产业链新思维
296 【相关阅读】积极构筑农村现代流通网络

百姓关注

“钓鱼执法”钓出了什么
304 “钓鱼”执法现场还原
309 “钓鱼”执法与执法经济
310 “钓鱼”执法危害猛于虎
311 【相关阅读】“钓鱼执法”翻盘的标本意义

“富二代”“官二代”和“贫二代”
313 江苏“民企后备人才培养计划”的争议
318 任用“官二代”不能糊弄民意
321 关注“贫二代”：不容忽视的“角落”
324 【相关阅读】直面经济低潮期的“公众诉求”

“通钢血案”：永远别忘了“主人”
327 “通钢血案”的根源是国企改制中的劳资矛盾
329 国企改制不能牺牲职工利益
331 国企改制警惕职工的“归属焦虑”

333 全总要求进一步做好国企改制中的工会工作
334 【相关阅读】中国进入“被时代”

重视灾后心理重建是社会的一个巨大进步

342 抚慰心理伤痕，关注心灵重建
344 基层干部心理救助，不能忽视的重要群体
347 呼吁灾后心理干预的更多投入
348 【相关阅读】李澍晔的故事：灾后心理重建案例

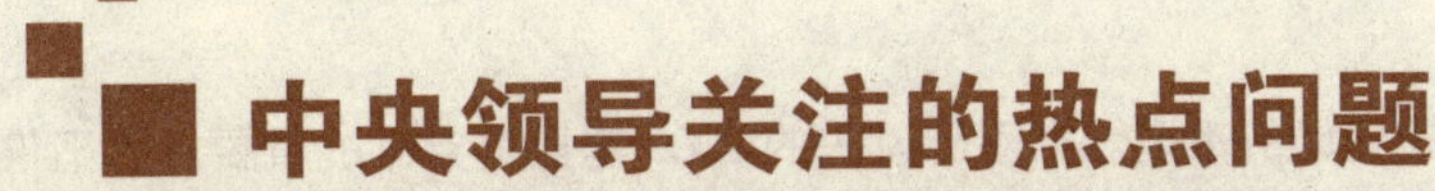

中央领导关注的热点问题

REPORT ON CHINA'S NATIONAL CONDITIONS

中国国情报告

稳定：中国改革和发展至关重要的前提

稳定问题的重要性在刚刚过去的2009年显得异常的重要，这不仅仅是因为这一年是国庆60周年，更重要的在于，它已成为决定整个中国改革和发展的至关重要的前提。进入2010年了，虽然从某种意义上说不再有像2009年那样的敏感时刻，但这时的维稳只不过是变换了一种时空的概念而已。在后金融危机的全面复苏时期，各种社会矛盾的放大也许更给我们以挑战，通胀预期的管理及结构调整带来的利益调整更增加了稳定的艰巨性。那么，我们的准备工作做得怎么样？特别是北京奥运和国庆庆典期间，留给我们那些宝贵的维稳经验的继承。这些，都是值得盘点盘点的。而事实上，由奥运发端的一套稳控体系，伴随着60周年国庆庆典，已经在首都扎根，并将在今后每逢“重要时刻”而不断启动。

国庆60周年：“蚊子飞过，也要打下来”

五道防线、二百多万人，防线最远伸至河南、内蒙古、天津特别是与河北的交界之处，这就是国庆60周年庆典前夕首都北京的安全半径；而二百多万北京和河北的安保力量，从学校、检察院、行政机关等各个单位走上街头，则用网格化的方式拉起了中心城区密不透风的防线。这样一张规模庞大的大网，官方形象地称之为“护城河工程”，它的目的，就是确保国庆庆典的万无一失、滴水不漏。这是继2008年北京奥运之后，京城再次进入“全民反恐”状态。以至于2009年9月24日的《南方周末》一篇报道在形容国庆前夕北京的安保工作时用了这样的一个标题《“蚊子飞过，也要打下来”》。是的，这就是国庆前夕严阵以待的北京。从6月23日首都举行国庆安保誓师大会，以民警、武警、消防等3000余名代表宣誓为标志，国庆60周年安保工作全面启动。国庆安全保卫工作完全按照奥运安保标准和状态实施，前期各职能部门和18个区县将开展专项治理行动，净化社会面秩序，确保社会治安秩序良好，清理整治工作涉及刑事犯罪、城市管理综合治理、救助流浪乞讨人员、排查监管安全隐患、化解矛盾纠纷、重点人群管控等。

2009年9月12日，中共中央政治局常委、中央政法委书记周永康在北京主持召开会议，听取维护稳定重点工作的汇报时强调，北京要借鉴推广奥运安保的成功经验，把群防群治力量发动起来，形成专群结合、警民联防的工作格局，打一场国庆安保的人民战争，确保国庆阅兵、群众联欢等重大活动的安全；周边各省区市要立即启动环京“护城河”工程，加强安全检查，最大限度地把不稳定因素消除在首都之外，全国各地都要支持维护首都的稳定。9月14日，国务委员、公安部部长孟建柱在北京检查国庆安保工作时强调，要充分借鉴推广奥运安保的成功经验，坚持专群结合，进一步完善各种工作机制，以严之又严、细之又细的安保措施，确保新中国成立60周年各项庆祝活动顺利进行。

国庆60周年安保部署

公安与武警

● 8月22日开始，北京警方启动二级巡逻防控预案，7000余名特警、巡警、刑警、武警在各个街道和繁华地段、重点地区开展巡逻。随着国庆临近，警方的巡逻防控等级再次提升，9月15日开始，巡逻防控等级提升到一级，多警种增加力量联合开展武装巡逻，民兵也要起到辅助巡逻作用。此外，公安部要求，要切实加强社会面治安巡逻防控，北京及周边6省区市公安机关要从9月15日起组织大中城市公安民警与武警联合实行夜间武装巡逻，其他地方公安机关也要根据实际与武警实行联勤联防。

北京从9月15日起实行公安民警与武警联合夜间武装巡逻。9月26日开始为了更好地保障国庆期间周边地区的安全北京市安保工作再度升级，蓝剑突击队反恐防暴装甲车开始执勤。

社会安保力量

● 北京投入140万社会力量参与国庆安保，由社区居委会、治安巡防队、治安志愿者、公务员、党员、保安员和首都民兵组成。北京市“国庆平安行动”指挥协调小组和首都综治办制定了相关工作方案，要求做到“街巷楼群有人巡、矛盾纠纷有人解、重要部位有人看、突出问题有人报”。

消防安全保卫

● 8月20日，公安部消防局要求全国公安消防部队迅速行动起来，加大执法力度，坚决执行“六个一律”，打好国庆消防安全保卫仗，为新中国成立60周年创造良好的消防安全环境。

公安部消防局要求各地加大执法力度，敢于“碰硬”，要依法严肃查处各类消防违法行为，坚决执行“六个一律”：对不及时消除隐患可能严重威胁公共安全的，一律查封危险部位或者场所；对当事人逾期不执行停产停业、停止使用、停止施工决定的，一律强制执行；对占用、堵塞、封闭疏散通道、安全出口拒不改正的，一律强制执行；对消防设施、器材配置、设置不符合标准，或者未保持完好有效的，一律从重处罚；对违反规定使用明火作业或者在具有火灾、爆炸危险的场所吸烟、使用明火的，一律拘留5日；对指使或者强令他人违反消防安全规定冒险作业，过失引起火灾尚不构成犯罪的，一律拘留15日，形成严格执法的高压态势。

随着国庆庆典的日益临近，在北京街头，身穿白T恤、臂戴红袖标的安保志愿者越来越多。许多社区内的商铺人员也佩戴上了红袖标，奥运会期间的“一条街、一片红”的场景再次出现。根据北京相关部门要求，他们的主要任务是做到“街巷楼群有人巡、矛盾纠纷有人解、重要部位有人看、突出问题有人报”。被北京奥运会证明卓有成效的

“人民战争”安保模式在新中国成立60周年庆典中继续沿用。

百万臂戴红袖标、头顶小红帽的治安志愿者，是北京奥运会期间维护首都社会安全稳定的一支重要力量。这支群防群治力量包括志愿者、专职治安管理员，以及在职党员和公务员等，其中绝大部分人员经历了2008年奥运安保的实战考验，能力素质、职业水平都有了显著的提高，积累了丰富的经验，在维护首都社会稳定、化解基层社会矛盾中发挥了积极的作用。

为进一步加强对这支队伍的组织领导，北京市“国庆平安行动”指挥协调小组和首都综治办共同制定了相关工作方案，提出了“发动到位、整合到位、部署到位、协控到位”的总体标准，做到“街巷楼群有人巡、矛盾纠纷有人解、重要部位有人看、突出问题有人报”。并按方案要求组织群防群治力量进行了系统的岗前培训和演练。

140万民众投入国庆安保工作

社区巡逻、值班防范、邻里守望、看护桥梁。国庆期间，北京投入群防群治的安保

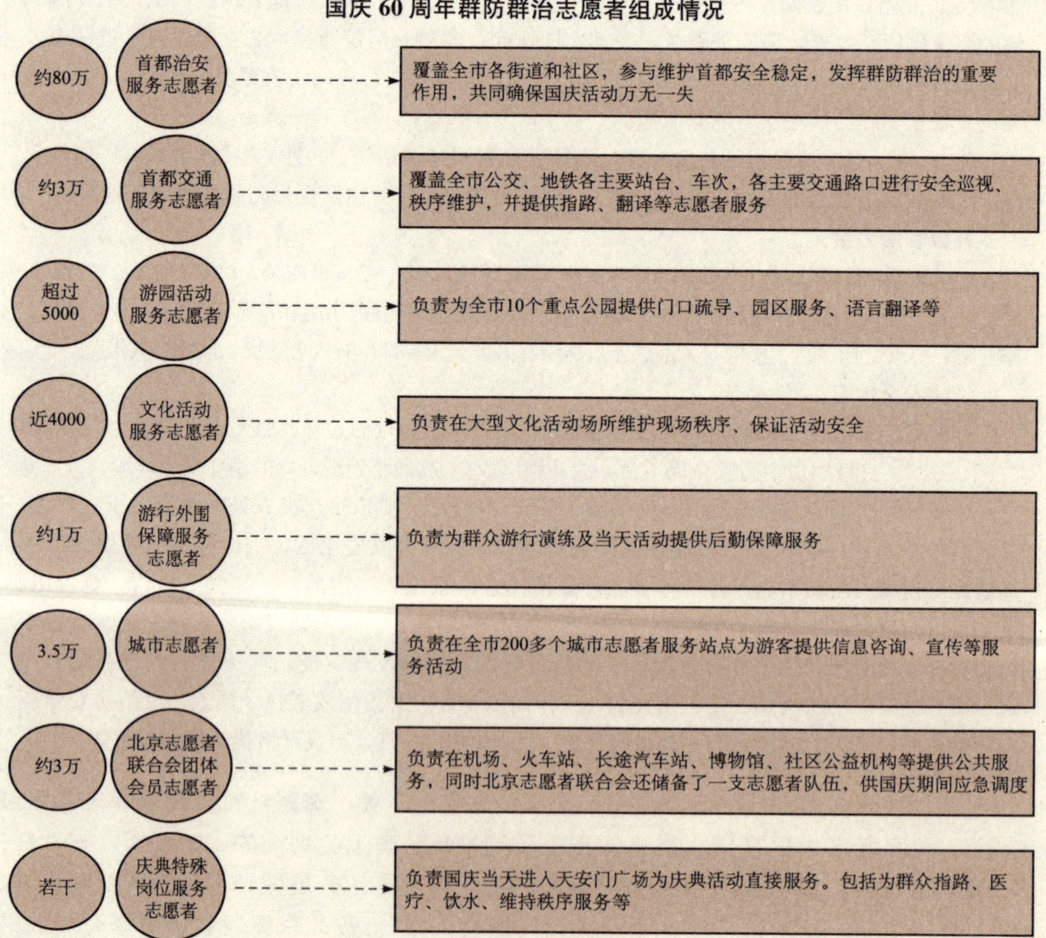

力量近140万人，人员构成包括志愿者、专职治安管理员、在职党员以及公务员等，刹那间，在北京的大街小巷、城市社区、地铁车厢、公交站点、博物馆、公益机构、公园广场，都出现了志愿者跃动的身影。

80万治安志愿者定岗定责。奥运会期间，全市50余万名治安志愿者投入到奥运安保中，为“平安奥运”作出了积极贡献。2009年国庆期间，这方面的人数已达80万。除了人们常见的“红袖标”外，还包括流动人口协管员、公交站点的疏导人员等，其中一半以上治安志愿者的年龄超过50岁。每一位治安志愿者在住家地的社区都有登记注册，而他们的工作也立足于住家地，实行等级防控。在没有重大活动和节日的时候，每个地区根据具体情况，每天有20%左右的治安志愿者们在社区里巡逻，看家护院、邻里守望；遇到奥运、国庆等重大活动和节日时，治安志愿者们的数量将根据警方的巡逻防控等级逐级增加人数，直至全部参与安保。而主要任务除在社区巡逻，治安志愿者们还要在街道、重点部位等区域巡逻。

每一位治安志愿者在上岗前都经过了基本的培训，每个区县内容有所区分。以海淀区为例，内容包括：自身安全防范、英语、信息报告、救护知识、防火和用电常识等。

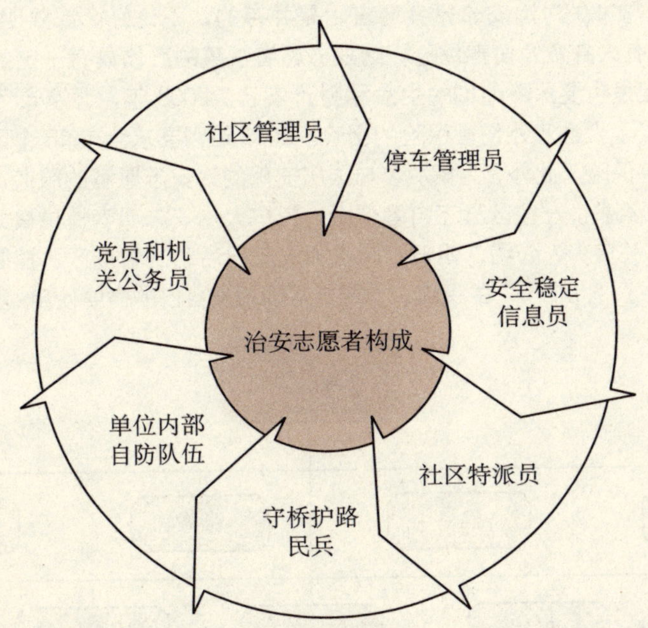

七类人员组成治安志愿者。社会面一级防控等级启动，标志着国庆安全保卫工作进入了冲刺阶段和战时状态。据首都综治办相关负责人的介绍，动员组织群防群治力量参与重大安全保卫工作，是首都社会治安综合治理工作的光荣传统，也是北京奥运会留下的宝贵遗产。这些治安志愿者包括七大类。

此外，为迎接新中国成立60周年，确保各项庆祝活动顺利举办，北京市流管办积极组织协调，在广大来京务工人员中组织开展“为北京经济建设添光彩、为首都国庆安保作贡献”主题宣传活动，并通过在新闻媒体宣传、发放《致广大来京务工人员的一封信》等途径，发动来京务工人员加入到首都群防群治和社会治安志愿者队伍10.5万人，在首都80万国庆安保社会面防控工作治安志愿者队伍中占13.2%，成为首都治安志愿者队伍的一支重要力量。

10.5万来京务工人员志愿者中，有党员、团员，有企业职工、个体经营者。在朝阳区从事保安工作的河北籍来京人员柳志学，向所有来京务工人员发出倡议：积极参与首都经济社会建设，积极维护首都的安全稳定，携手共铸平安。

治安志愿者实名定岗定责。参与国庆安保的全市治安志愿者都是实名制上岗，每个人的姓名及其基本资料都能在《首都治安巡逻志愿者信息系统》中查到，并且实行定岗定责。海淀区作为在全市最先实行治安志愿者实名的区，在2006就推行了这一制度。而推行实名制方便社区、街道对志愿者的管理以及定岗。治安志愿者的基本工作就是看家护院，只有确定每一位治安志愿者的基本信息，才能最有效的确定岗位，划分职责，确保他们最大限度的发挥作用。在这方面，北京市朝阳区还实行了督察制度，全区43个委办局对43个乡、街的治安志愿者工作督察；乡、街对社区的落实情况督察；逢诸如国庆安保这类重大任务时，区综治办还会成立督察组，对治安志愿者到岗到位情况进行检查。实名定岗定责不仅方便表彰，也利于责任倒查。如果发生需要追究责任的问题，能很快追根溯源。“荣誉与过失对治安志愿者而言，是并存的，不论好坏都要明确到个人”。

“红袖标”享有人身意外伤害保险。治安志愿者从事的工作具有一定的风险性，虽然是志愿义务服务，但是也要保障他们的生命和财产安全。2008年，北京市斥资600万元为北京治安志愿者购买了人身意外伤害保险的团险。2009年则要求全市18个区县要解决治安志愿者人身意外伤害保险。此外，为解决参与国庆安保的治安志愿者的服装，北京市政府拿出4000多万元的专项经费。一些区县还自筹资金，为广大治安志愿者提供良好的物质条件。另据朝阳区综治办有关负责人介绍，朝阳区为在国庆庆祝活动的警戒区、控制区、集结疏散区的治安志愿者提供了“九个一”的保障，志愿者可以根据自己的需要使用“九个一”。

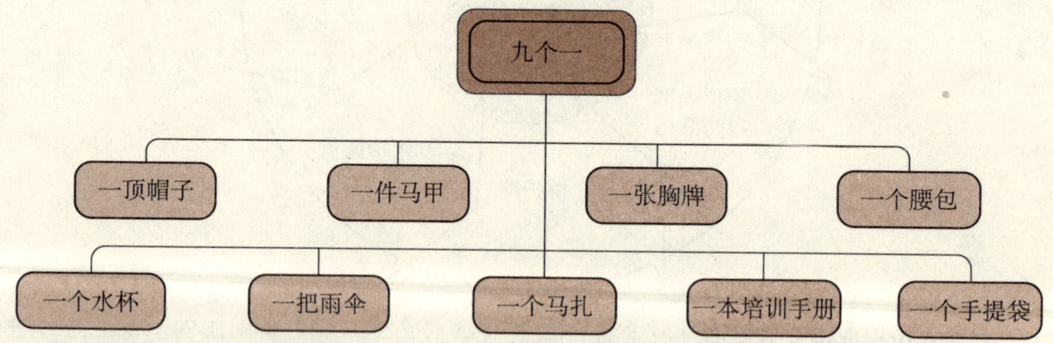

治安志愿者在巡逻中发现任何可疑情况、人员和违法犯罪线索，都可以向社区报告，由社区甄别后再向警方通报；如果遇到紧急情况，也可以直接与派出所或者110联系，由警方对可疑人员进行审查和处置现场。用洋桥派出所所长方伟的话说，社区民警的力量是有限的，而治安志愿者的力量则是无穷的，根据治安志愿者提供的各类线索，社区经过甄别后，每天都会向派出所提供三四条线索，对警方工作的帮助很大。根据统计，从7月31日起，洋桥地区针对国庆启动治安志愿者巡逻后，洋桥地区10个社区的刑事、治安警情环比下降了60%。

3216名民兵昼夜守桥护路。在发动志愿者投身安保工作的同时，北京综治办、市公安局和北京卫戍区在9月中旬共同发布命令：自即日起至10月8日，组织民兵及群防群治力量，24小时加强对本市二、三环路及参阅部队行车路线涉及的桥梁（含立交桥、铁路桥、过街桥、跨河桥）、地下通道的守护和本市外围防线治安的查堵。

此次启动民兵和群防群治力量参加桥梁地下通道守护和外围治安查堵工作，是在继承奥运安保成功经验的基础上，按照“全面动员、属地控制、重点看护、守边把口”的原则，组织民兵和群防群治力量参与本市外围防线治安查堵工作。

根据国庆安保工作的整体部署，全市共需民兵看护的重点点位有372处，共需组织民兵3216人。同时，在全市119个乡（镇）和村级道路路口，由当地综治部门组织共计1904名群防群治力量，在公安部门的指导下执行守护任务。他们的主要任务是协助民警查缉、堵截、盘查发现违法犯罪嫌疑人员，严查严堵各类危险物品和危险人员进入北京，对城市立交桥、过街天桥、地下通道、铁路桥等桥梁和涵洞进行巡逻，及时发现防止各类违法破坏活动。

首都综治办、市公安局、北京卫戍区明确：民兵是我国“三结合”武装力量的组成部分，是保卫国防、维护稳定的一支重要力量。组织民兵配合公安部门维护社会治安，是《国防法》、《兵役法》赋予民兵的光荣职责。各区县、各系统，特别是各级综治、流管部门，要协调做好各种社会力量的组织发动和实名制登记上岗工作。

按照要求，执行桥梁、地下通道及检查站点守护查堵任务的民兵着装须按照北京卫戍区及区（县）人武部门规定执行，统一着装，佩戴统一标志；执行乡（镇）和村级道路口守护任务的群防群治力量统一佩戴标有“治安巡逻”字样的红袖标。

北京市典型地区安保控制图（石景山苹果园）

点：以各社区楼宇单元门口为点，设置固定治安岗，构建第一道防线，发挥楼门组长骨干作用，看好自己门，管好自家人。

块：以社区为块，设置巡逻小组，构建第二道防线，在社区民警的带领下，治安志愿者小组自早上8:00至晚上8:00在社区内巡逻，发现影响地区治安、社会稳定等突发事件及时处理、上报。

线：以地区主要道路、大街为线，设置23个固定巡逻防控岗，构建第三道防线，组织流管员、城市监督员等专职力量对重点区域、重点部位进行严密防控。

点 ⟶ 块 ⟶ 线

相关链接

大兴区兴丰街道关于组织群防群治力量参与国庆安保第一次勤务演练活动的紧急通知

各社区居委会：

按照区关于做好国庆60周年群众游行演练的要求，广泛发动群防群治力量，做好8月28日至29日群众游行演练的相关防控工作，特通知如下：

此次演练时间从8月28日中午12时至29日中午12时。活动的目的是：检验四级群防群治力量动员组织机制是否完善落实，动员出的力量是否达到要求；群防群治力量勤务组织是否到位，力量能否及时到岗到位；重点人管控力量是否按照要求落实管控措施；总结经验、准确查找，有效整改工作中存在的问题，进一步增加国庆安保系数。要求各社区：

自28日中午12时开始，分为三个阶段安排落实：第一阶段为中午12时至下午18时，群防群治力量70%上岗；第二阶段为下午18时至晚24时，群防群治力量20%上岗；第三阶段为晚24时至早8时，群防群治力量70%上岗。这三个阶段期间，每阶段有4～6名佩戴“红袖标”的群防群治力量。要求各社区居民楼住宅楼每个单元门口有1～2名佩戴“红袖标”人员，每个小区出入口、胡同路口有2～4名佩戴“红袖标”人员。

各社区要启动社会面二级加强防控等级，严格按照要求组织落实人员上岗，并加大对白天的巡逻密度，搞好实战演练。同时，要认真总结演练工作，并于8月31日上午10时前，将书面总结报至综治办。

兴丰街道办事处

2009年8月27日

京外地区周密部署群防群治工作

国庆前夕，护城河工程所撒下的网，更是竭尽全力地将不稳定因素拦截在京畿之外。安保防线最远伸至河南、内蒙古、天津等外围省市与河北的交界之处，往里至北京城区，围绕京畿，层层布防；二百多万安保力量，从学校、检察院、行政机关等各个单位走上街头，放下原有的一切工作，遍布各个要害。

五道安保防线

第一道防线：设在外围省市进入河北省的各个路口。

第二道防线：设在河北省内距京较远的地市。

第三道防线：设在环京区域、各个进京路口。

第四道防线：进入北京市，以四环、五环路为依托，在昌平区、大兴区、通州区等近郊环城带地区设置卡点。

第五道防线：以二环、三环路为依托，在北京城区内设置卡点。其中，环京区域的各进京路口是关键。

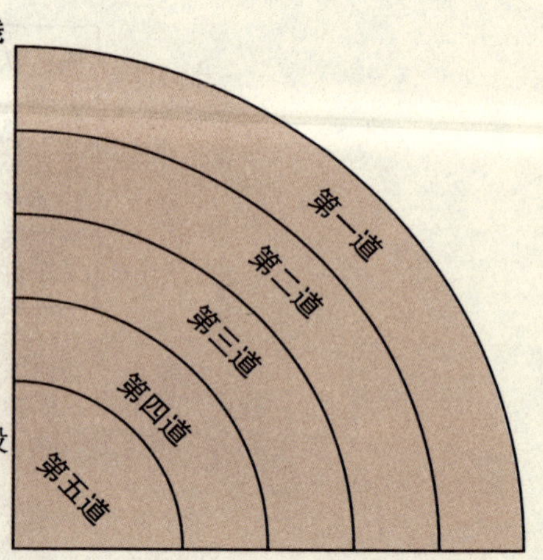

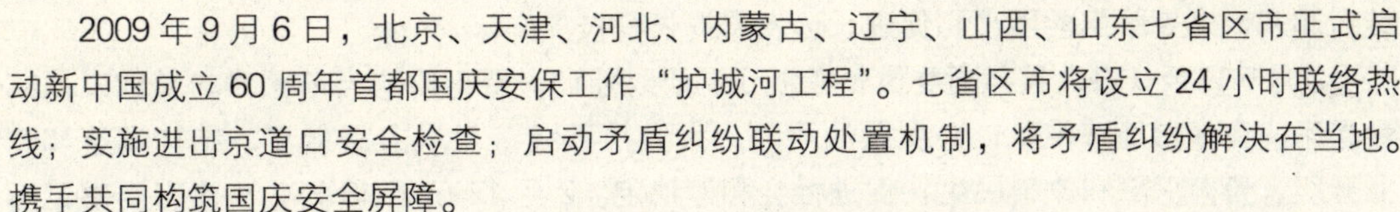

2009年9月6日，北京、天津、河北、内蒙古、辽宁、山西、山东七省区市正式启动新中国成立60周年首都国庆安保工作“护城河工程”。七省区市将设立24小时联络热线；实施进出京道口安全检查；启动矛盾纠纷联动处置机制，将矛盾纠纷解决在当地。携手共同构筑国庆安全屏障。

根据七省区市签署的《新中国成立60周年国庆安保工作“护城河工程”工作协议》，七省区市共同开辟联络沟通渠道，设立24小时联络热线，及时通报情况信息；实施进出京道口安全检查，加强环京治安检查，加大对可疑车辆、人员和危险物品的查控力度，将各类不安定因素挡在京门之外；启动矛盾纠纷联动处置机制，将矛盾纠纷解决在当地，把各类可能危及国庆安全的人员稳控在当地；建立省区市间警务协作，有效遏制跨区域犯罪；落实流动人口服务管理措施，实现对可能危及国庆安全的人员的有效掌控。

“护城河工程”是1996年以来北京市与周边各兄弟省区市围绕维护首都安全稳定建立的地区间联防、联控、联调、联打的工作模式和工作机制，在维护首都地区稳定工作中发挥了多方面的综合效益和重要作用。

“高危之年”如何“保增长”

面对国际金融危机的影响，中国保增长、保民生、保稳定的形势更加严峻。海外媒体认为，2009年对中国来说是一个“高危之年”，因而维护社会稳定、保持经济持续增长、化解社会矛盾成为国内外关注的重点。

如何看待目前的社会经济形势，2009年开年之际，中国发展研究基金会开了几个座谈会，与会专家对当下社会形势判断比较一致，认为利益冲突是矛盾的核心，稳定正成为中国社会越来越突出的问题。社会矛盾的增长点在增加，并且出现了多元化趋势，比如就业、征地拆迁、环保和基层选举等问题，很容易传播延伸到社会稳定层面。中央审时度势、迅速出台了一系列重大举措，着力保持经济持续稳定增长，着力改善民生，从而为2009年的改革发展营造一个和谐稳定的社会环境，为经济社会形势的持续好转创造条件。

我国长期积累的矛盾和问题，只有在经济适度发展的前提下解决。当前大环境下，如果经济增长停滞不前甚至出现倒退，一些深层次的矛盾必然集中爆发，保持社会稳定将无从谈起，因此，“保增长”是“保稳定”的基础。面对复杂的经济形势，中央经济工作会议将保持经济平稳较快增长放在首位。中央领导密集前往各地考察调研经济形势，鼓舞信心、促进中央各项决策落到实处见到成效。2009年1月1日至2日，温家宝总理在山东考察时强调，我们是挑战和机遇并存，首先要增强信心，信心就是力量。应对金融危机，我们要实施一揽子计划，把扩大内需、振兴产业和科技支撑结合起来。国务院正在制定两大规划：一是扩大内需的十条规划，将2008年出台的扩大内需的十条措施进一步具体和丰富；二是十个重要产业的调整和振兴规划。这些规划，成熟一个，执行一个。此外，要把国家中长期科学技术发展规划，特别是重大专项的实施同经济发展紧密结合起来，为克服当前困难和促进长远发展提供科技支撑。

2月5日至9日，吴邦国委员长在浙江调研时强调，要把解决当前困难与长远发展结合起来，在保持经济平稳较快发展的同时，大力推进经济发展方式转变、结构调整和产业升级，着力保障和改善民生，促进社会和谐稳定。2月12日至13日，中央纪委书记贺国强在北京考察部分中央企业时，强调国有企业要充分发挥在扩大内需、促进经济增长中的主力军和排头兵作用，切实加强国有企业党风建设和反腐倡廉工作，进一步加快国有企业改革发展步伐。2月15日至16日，温家宝总理前往天津考察经济运行情况，强调支持企业应对金融危机渡过难关，他强调，应对金融危机要支持企业发展，主要是以下几个方面：一要坚持扩大内需，这是一个长期的方针；二要实行结构性的减税，减轻企业负担；三要调整产业和产品结构，适应市场变化；四要提高产品质量和企业效益，增强企业竞争能力；五要千方百计稳定国外市场。另外，他对企业提出三点希望。

自温家宝总理在山东考察透露十个重要产业的调整和振兴规划以来，中央多次召开专题会议，讨论当前经济发展中的热点难点，并且及时出台了一系列振兴经济的文件。汽车产业和钢铁产业调整振兴规划、纺织工业和装备制造业调整振兴规划、船舶工业调整振兴规划和《中华人民共和国抗旱条例（草案）》、《2008～2020年珠三角改革发展规划纲要》、《国务院关于推进重庆市统筹城乡改革和发展的若干意见》等重要文件、规划陆续经过国务院审议通过。2月4日，李克强副总理在全国能源工作座谈会上强调改革是发展的动力，要加快能源结构调整步伐，促进能源产业可持续发展，必须深化能源领域各项改革，经济领域的改革进入深水区。

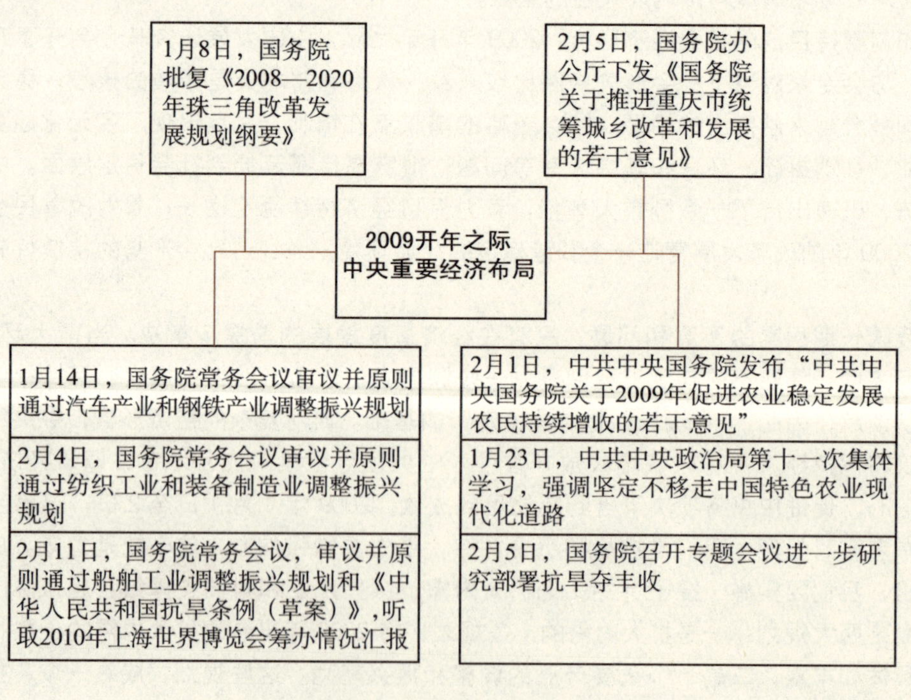

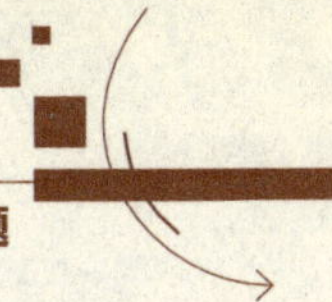

"保民生"是"保稳定"的基础

民生问题关系到群众的切身利益，"保民生"是"保稳定"的核心。由于民生方面历史欠账太多、民生体系尚不健全，加上民生领域改革推进的力度和速度还没有达到群众的期望，民生问题已经成为我国各领域改革发展的薄弱环节，医疗、教育、住房被称为新时期压在百姓身上的"三座大山"。特别是内外大环境不理想的情况下，关于维护社会稳定，"保民生"显得更加急迫。2009年1月24日，温家宝总理在春节团拜会上强调"民为邦本，本固邦宁"，我们所做的一切都是为了最大限度地满足人民日益增长的物质文化需要。要把促进经济发展与改善民生结合起来，集中力量办一些关系人民群众切身利益的大事实事。

1月21日，温家宝主持召开国务院常务会议，审议并原则通过《关于深化医药卫生体制改革的意见》和《2009～2011年深化医药卫生体制改革实施方案》，明确3年内推进五项改革，预计政府投入8500亿元，2009年起逐步在全国建立统一的居民健康档案，2011年"看病难、看病贵"问题将明显缓解。会议决定，从2009年到2011年，重点抓好基本医疗保障制度五项改革。

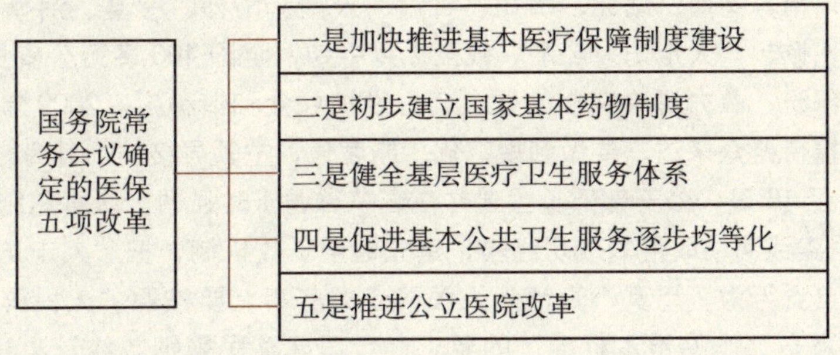

1月4日新华社刊发了国务院总理温家宝在国家科技领导小组会议上，针对《国家中长期教育改革和发展规划纲要》所作的题为《百年大计　教育为本》的讲话。讲话提到，研究制订《国家中长期教育改革和发展规划纲要》，是本届政府必须着力做好的一件大事。在制订规划的过程中需要对一些重大问题进行深入系统研究，给予明确地回答。《国家中长期教育改革和发展规划纲要》已经于1月7日正式启动公开征求意见，持续到2月底（但到2009年年底仍没有正式公布）。

"促和谐"与"保稳定"相辅相成

稳定是社会和谐的重要方面，和谐是保持稳定的归宿，也是维稳工作的重要支撑。"促和谐"与"保稳定"是相辅相成的。2009年2月6日至13日，国务院总理温家宝在中南海主持召开5次座谈会，征求社会各界对《政府工作报告》（征求意见稿）的意见。"你们应该是中南海的主人，来到这里就像到家一样"，温家宝总理在中南海国务院会议室与13位基层群众代表座谈时表示。来自各界的声音有利于决策层科学决策、民主决策，使政府工作更有针对性，通盘考虑各方面的权益，维护社会和谐与稳定。

受国际金融危机影响，国内一些企业生产经营困难，部分群众就业、生活受到严重影响。同时，岁末年初常常是各类刑事犯罪活动和交通事故、火灾及其他治安灾害事故的高发期，维护社会稳定工作面临的形势严峻。1月19日，中央政法委书记周永康考察慰问首都政法干警，强调把保增长、保民生、保稳定有机结合起来，认真履行第一责任，主动服务第一要务。2月11日至16日，周永康在黑龙江、吉林、辽宁就经济社会发展和社会稳定特别是政法维稳各项部署的落实情况进行考察调研。他强调要以科学发展的思想保增长，以实践根本宗旨保民生，以落实第一责任保稳定，促进经济社会又好又快发展，稳定是发展的前提。民生连着民心，关系社会和谐稳定。他希望东北三省在新的起点上，切实将自身优势转化为发展优势，深入实施老工业基地振兴战略、沿边开放开发战略，努力化挑战为机遇，续写辉煌新篇章。

从"大接访"到"大走访"是2009年中央维稳思路的一个重大转变。1月7日，公安部派出18个工作组赴湖南、广西、四川、广东等春运工作重点地区开展督导检查，全力保障春运工作稳定有序。此前，公安系统以"四进四送"为主题的"全国公安民警大走访"爱民实践活动已于2008年12月25日全面启动，为期3个月。河北、安徽、浙江、上海、江苏、河南、湖南、湖北、四川、甘肃、云南、山西、宁夏、海南等地公安机关迅速作出部署，掀起"大走访"热潮。截至2月中旬，全国190多万公安民警深入基层，集中化解矛盾纠纷，着力解决突出问题，全力维护社会和谐稳定。2009年初，中央提出各地领导干部接待群众来访，要做到规范化、制度化，把领导接访上升为"规定动作"。

2月15日至16日，公安部部长孟建柱在辽宁省调研时强调，认真总结全国公安民警"大走访"爱民实践活动取得的成功经验，建立健全长效机制，把"大走访"爱民实践活动变成民警的自觉行为，用真心真情为人民群众办实事，要按照"人民群众的安全感和满意度是衡量公安工作的根本标准"的要求，合理调整民警绩效统计办法和考核机制，积极构建和谐的警民关系，确保社会和谐稳定。

部分省市"大走访"部署

省市	举措
上海市	组织民警到社区与居民群众代表面对面沟通交流，并召开新闻发布会，公布2009年上海公安机关推出的八项便民利民新举措。
河南省	成立了专门领导小组，制定下发了《全省公安机关"促和谐、保稳定，警民一家亲民警大走访"爱民实践活动实施方案》，12月25日当天，河南省各地有3万多名民警走进社区、走进群众。
湖北省	全省公安机关每位民警都要确定一户家庭开展结对帮扶，对象重点是城镇低保户、农村特困户、失业下岗家庭、孤寡老人，要集中开展一次矛盾纠纷大排查，排除一批安全隐患。

续表

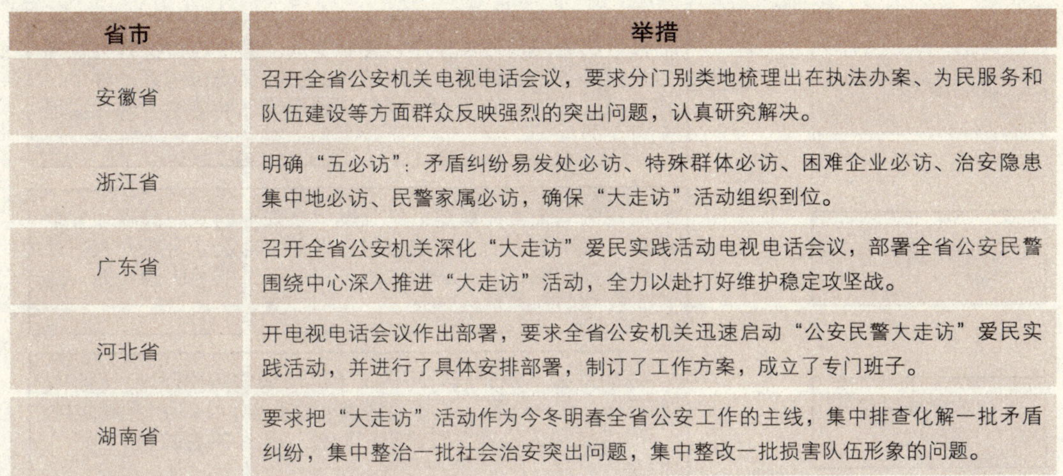

省市	举措
安徽省	召开全省公安机关电视电话会议，要求分门别类地梳理出在执法办案、为民服务和队伍建设等方面群众反映强烈的突出问题，认真研究解决。
浙江省	明确“五必访”：矛盾纠纷易发处必访、特殊群体必访、困难企业必访、治安隐患集中地必访、民警家属必访，确保“大走访”活动组织到位。
广东省	召开全省公安机关深化“大走访”爱民实践活动电视电话会议，部署全省公安民警围绕中心深入推进“大走访”活动，全力以赴打好维护稳定攻坚战。
河北省	开电视电话会议作出部署，要求全省公安机关迅速启动“公安民警大走访”爱民实践活动，并进行了具体安排部署，制订了工作方案，成立了专门班子。
湖南省	要求把“大走访”活动作为今冬明春全省公安工作的主线，集中排查化解一批矛盾纠纷，集中整治一批社会治安突出问题，集中整改一批损害队伍形象的问题。

孟建柱指出，开展“大走访”爱民实践活动，不仅要坚持“预防为主、调解为先”的原则，进一步增强公安工作的主动性和预见性，更多将公安工作的成效直接转化为应对金融危机的动力；也要突出重点、整体推进、解决问题、务求实效。对此，《法制日报》发表文章认为，“大走访”爱民实践活动紧紧抓住了当前社会的主要矛盾。落实“保增长、保民生、保稳定”的总要求，关键就是要把稳定工作做扎实、做深入，而维护社会稳定的难点在基层，社会矛盾的“发源地”在基层，只有做到“小事不出村、大事不出镇、矛盾不上交，将矛盾消化在基层，解决在萌芽状态”，才能夯实社会稳定的基础。

从“大接访”到“大走访”，虽只有一字之差，其中却蕴涵着以人为本、民生为大的深意，也体现着问政于民、问计于民、问需于民的殷殷情怀。一个“走”的动作，就如“走亲戚”、“走村串户”一般，让情为民所系、权为民所用、利为民所谋的要求更加具体，也让社会和谐更加充满感性。

相关阅读

北京奥运：“一条街、一片红”

从第 29 届奥运会申办开始，北京就承诺给世界一个平安的奥运会。与往届奥运会相比，北京奥运会安保的最大特色就是全民安保，群防群治。除了 15 万各类职业安保力量，还包括百万志愿者，乃至每一个人。奥运期间，北京未发生恐怖和爆炸事件，警情连续 41 天处于良好等级，创 4 年来良好等级持续时间最长纪录，涉奥场所等 60 个重点地区实现“零发案”。群防群治作为奥运安保体系的重要一环，发挥了重要作用。

北京奥运会闭幕后，成功的安保模式得到了国际奥委会的认可。北京奥运安保给英国奥委会官员留下了极深的印象，伦敦市长约翰逊非常“妒忌”北京奥运会的安保工作，其中“群防群治”，即最大限度发动民众参加安保行动，是他们最想学习的。

北京奥运安保“大防控”格局

在防控范围上	涉及社会治安、城市秩序、公共安全、维护稳定、社会管理与建设等各个领域的工作均纳入了社会面安保体系，各个工作领域的防控措施实行同研究、同部署、同落实，确保实现全方位防控
在防控对象上	各类可能危害社会稳定、危及奥运会安全的隐患因素和安全问题，各类重点的人、地、物、事等全部建立台账列入了社会面安保的内容，并逐个区域、逐个项目明确防控任务、防控责任和防控人员
在防控时间和空间上	一方面从最小单元巡防网格入手层层划定防控地域、组织防控工作；另一方面，对重点区域、重点部位24小时连续防控，一般区域和部位重点时段集中防控，确保实现防控的全时空

按照中央关于打一场奥运安保人民战争、确保实现平安奥运目标的总体要求，北京借助首都群防群治队伍传统优势，动员一切可以动员的力量，广泛参与到奥运安全保卫的工作中来。北京的奥运安保社会面控制工作的指导思想是形成全方位、全覆盖、全时空、立体化的“大防控”格局。在此基础上，各相关部门都通过人防、物防、技防等多样化的防控手段和点线面结合、动静互补的防控形态，对社会面实现立体化综合防控。

2008 年 7 月 12 日，首都奥运安保群防群治队伍动员誓师大会隆重举行。北京市委副书记、政法委书记王安顺指出，充分依靠和发动群众，广泛动员社会各界积极参与，是党的优良传统和政治优势，群众工作做好了，广大人民群众的积极性真正调动起来了，我们的事业就无往而不胜，革命时期如此，建设时期如此，大事难事时期更是如此。面对异常复杂严峻的奥运安全保卫工作形势，必须按照中央和市委的要求，充分发扬这一优良传统和体制机制优势，动员一切可以动员的社会力量，调动一切可以调动的积极因素，打一场奥运安保的人民战争！要进一步动员群众、组织群众、发动群众，专群结合，群防群治，让奥运安全保卫工作落实到每一个社区、每一个街道、每一个单位、每一个岗位，形成上下同心、人人参与、共保奥运安全的良好局面，形成人民战争的铜墙铁壁。

北京奥运群防群治大数概览

- 首都治安志愿者——50 万名
- 首都民兵——5000 余名
- 政府特派员——6525 名
- 党员、公务员——13 万名

2008 年 7 月 20 日，中共中央政治局常委、中央政法委书记周永康在北京视察奥运安保落实情况时指出，要充分发挥社会主义制度的优越性，把广大群众组织和发动起来，打一场奥运安保的人民战争。就在同一天，这场人民战争的号角声在北京全市各个角落同时响起，从基层群众到上层领导无不坚守一线；从制定预案到督导落实，环环紧扣奥运安保，百万人的首都奥运安保大军已经筑起了奥运安全保卫的钢铁长城。

奥运期间，北京全市各级党委政府可以直接指挥、责任任务明确、直接参与奥运安保工作的群众性力量达到了110余万人，组成了首都奥运安保群防群治队伍的“百万大军”。除此之外，北京全市各单位的专职保安员、单位保卫干部，各重点行业的专业保卫队伍等则担负起了单位内部和重点地区的安保工作。

北京奥运安保社会面控制措施

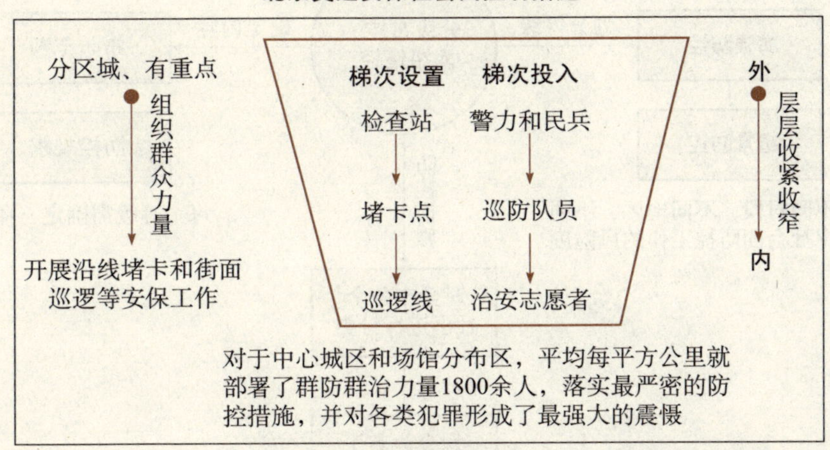

为了将责任落实到人，北京全市各级党政系统内部上下级之间普遍签订了奥运安全保卫工作责任书，逐级明确了各级各部门的工作责任、任务和标准。而且，奥运期间参与社会面治安防控工作的各类群防群治队伍普遍实行了实名制，管理每个楼门、街巷、道路、重点部位和重点人员奥运期间的防控责任都已经明确到人；每名工作人员的任务已经细化到了奥运期间的每一天。

110余万的群防群治力量分布在了北京全市的各行各业、各个街道、社区，使奥运安保社会面防控工作打下了最坚实的群众基础。同时，借助有效的工作机制、现代化的科技手段、严密的组织体系和科学的工作模式，奥运安保人民战争在保卫奥运平安，保卫北京平安中发挥了巨大的作用，最终保证实现了“大事不出、小事减少、管理严格、秩序良好”的目标，打造了一个和谐安全的奥运北京。

分级布控网络　巡控科学部署配置力量

在奥运安保这场战争中，北京的群防群治安保工作首次确立了“分级布控＋网络巡控”的社会面等级防控机制。北京市委政法委副书记、首都综治办主任李万钧介绍说，我们要打一场奥运安保的人民战争，但并不是“人海”战争，而是要科学地进行力量的部署和配置，让资源能够得到最合理的利用。

在按照分级布控、网络巡控的要求确定了巡控网点和线路后，按照此次奥运安保“定人、定岗、定责”的要求，所有防控点位、线路、部位等，全部按照一一对应的原则，实行实名责任制。逐人逐事、逐人逐地、逐人逐项地明确工作范围、防控任务、防控标准，确保治安志愿者以及巡防队员、民兵、社区管理员、单位内保干部和保安员等各种防控力量分工明确、责任明确，各重点部位、重点区域防控不留死角。

奥运安保“分级布控＋网络巡控”防控机制

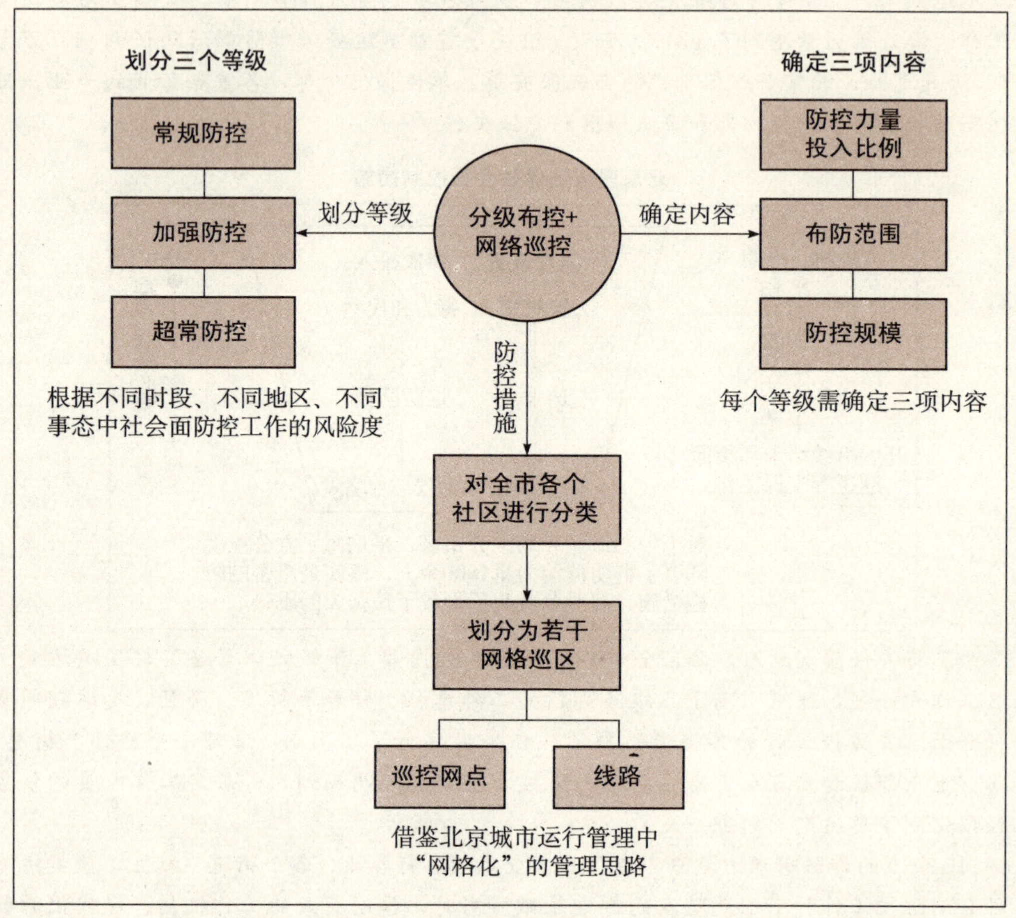

此外，北京市委、市政府部门的159名干部领导组成了23个“平安奥运行动”督查组，对全市“平安奥运行动”和群防群治队伍奥运安保社会面控制工作展开督查，推进基层问题的解决和各项防控措施的落实。

特派员赴社区　发挥“5大员”作用

“安全稳定特派员”是北京奥运群防群治队伍中的一个新成员，6525名特派员都是从北京各个区县党委、人大、政府、政协机关和检察院、法院、司法行政部门选派的正科级以上干部，主要任务就是要每人承保一个社区和农村，每天工作在承保的社区（村），进行情况信息的报送、工作措施的落实和督促检查“三包”工作。2008年4月下旬，全市6525名安全稳定特派员就已经安排到位，全部实现了特派员与社区、村的“一对一”承包。进入8月后，特派员每天工作在自己承包的“地盘”上，直至奥运会、残奥会结束。

就业——“救业”进行时

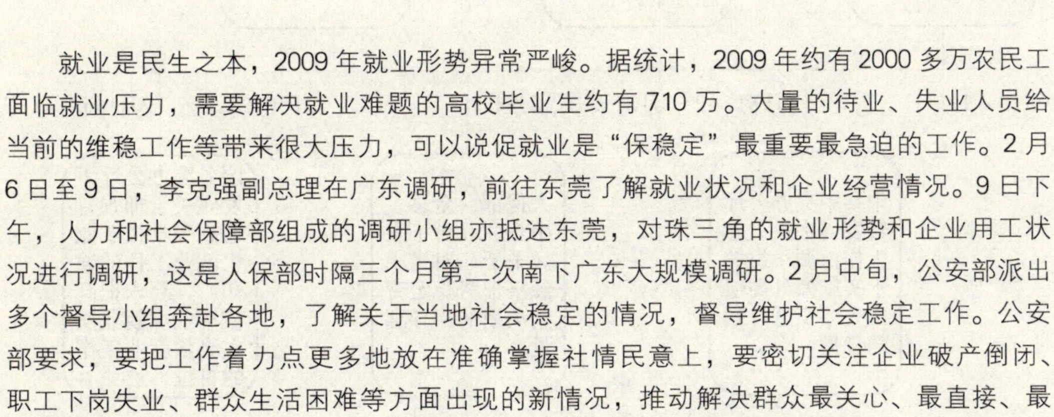

就业是民生之本，2009 年就业形势异常严峻。据统计，2009 年约有 2000 多万农民工面临就业压力，需要解决就业难题的高校毕业生约有 710 万。大量的待业、失业人员给当前的维稳工作等带来很大压力，可以说促就业是“保稳定”最重要最急迫的工作。2 月 6 日至 9 日，李克强副总理在广东调研，前往东莞了解就业状况和企业经营情况。9 日下午，人力和社会保障部组成的调研小组亦抵达东莞，对珠三角的就业形势和企业用工状况进行调研，这是人保部时隔三个月第二次南下广东大规模调研。2 月中旬，公安部派出多个督导小组奔赴各地，了解关于当地社会稳定的情况，督导维护社会稳定工作。公安部要求，要把工作着力点更多地放在准确掌握社情民意上，要密切关注企业破产倒闭、职工下岗失业、群众生活困难等方面出现的新情况，推动解决群众最关心、最直接、最现实的利益问题，从源头上化解社会矛盾，维护社会稳定。毫无疑问，解决就业问题已经上升成为一种国家意志。

就业是件天大的事

面对突如其来的国家金融危机的影响，为减轻企业负担、稳定就业局势，2008 年底人力资源和社会保障部等三部门连续出台了“五缓四减三补两协商”的“组合拳”；在推进结构升级的同时，积极支持经营状况好、就业容量大的劳动密集型企业、中小企业和第三产业；扩内需的项目规划也强调与拉动就业紧密相关。

2009 年 2 月 1 日，也就是春节过后的第一个工作日，人力资源和社会保障部、国家发展和改革委员会、财政部决定实施特别职业培训计划。根据三部委部署，从 2009 年至 2010 年，集中对困难企业在职职工开展技能提升培训和转岗转业培训，帮助其实现稳定就业；对失去工作返乡的农民工开展职业技能培训或创业培训，促进其实现转移就业或

中央经济工作会议确定的 2009 年就业目标

2009 年就业目标	与往年比较
城镇新增就业人员 900 万人	比 2008 年的目标减少 100 万人
下岗失业人员再就业 500 万人，就业困难人员再就业 100 万人	均与 2008 年持平
城镇登记失业率确定为 4.6%	比 2008 年上调 1 个百分点

2009 年开年之际中央关于就业方面的重要部署

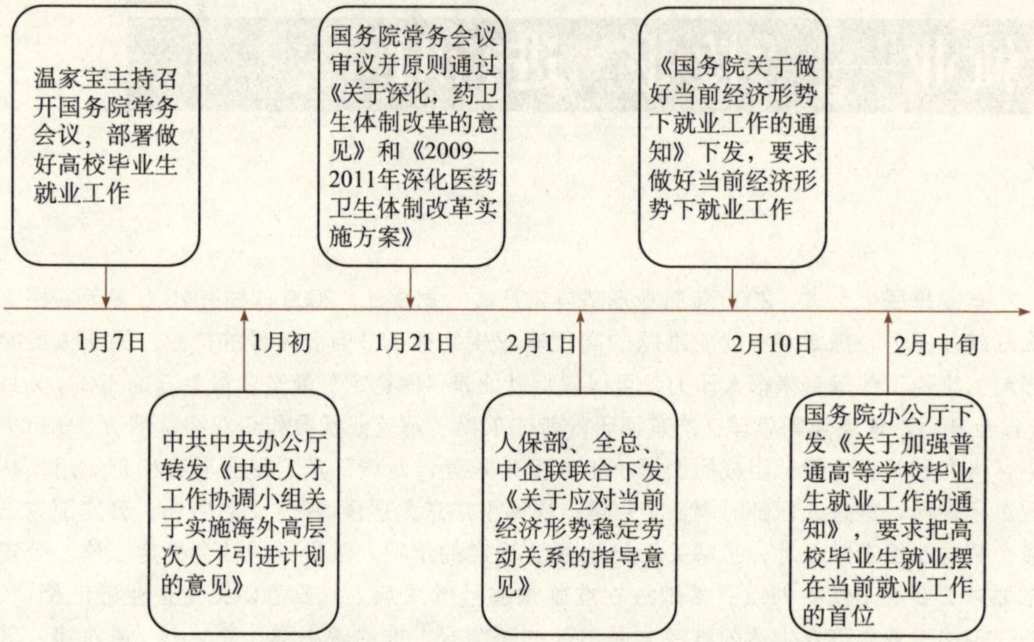

1月7日：温家宝主持召开国务院常务会议，部署做好高校毕业生就业工作

1月初：中共中央办公厅转发《中央人才工作协调小组关于实施海外高层次人才引进计划的意见》

1月21日：国务院常务会议审议并原则通过《关于深化，药卫生体制改革的意见》和《2009—2011年深化医药卫生体制改革实施方案》

2月1日：人保部、全总、中企联联合下发《关于应对当前经济形势稳定劳动关系的指导意见》

2月10日：《国务院关于做好当前经济形势下就业工作的通知》下发，要求做好当前经济形势下就业工作

2月中旬：国务院办公厅下发《关于加强普通高等学校毕业生就业工作的通知》，要求把高校毕业生就业摆在当前就业工作的首位

返乡创业；对失业人员（包括参加失业登记的大学毕业生、留在城里的失业农民工）开展中短期技能培训，帮助其实现再就业；对新成长劳动力开展储备性技能培训，提高其就业能力。同日，为积极应对当前经济形势对劳动关系的影响，加强劳动关系协调工作，经国家协调劳动关系三方（人力资源和社会保障部、中华全国总工会、中国企业联合会/中国企业家协会）会议研究，提出《关于应对当前经济形势稳定劳动关系的指导意见》。《意见》要求，全国各级协调劳动关系三方积极支持和鼓励劳动关系双方共同稳定就业局势，推动企业加快建立集体协商机制，加强对困难企业经济性裁员的指导和管理，积极预防和妥善处理企业工资拖欠问题，建立健全解决劳动关系重大问题的沟通协调制度。

2000 万名返乡农民工是老就业遇到的新难题

中央财经领导小组办公室副主任、中央农村工作领导小组办公室主任陈锡文表示，到 2009 年初，全国离开本乡镇外出就业的农民工的总量大概是 1.3 亿人。而由农业部组

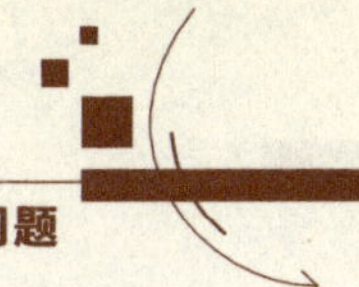

织的抽样调查来看，到2009年年前（春节前）大概返乡的农民工占到38.5%。在返乡的农民工中间，有60.4%的农民工是正常的春节回家探亲，他们在城市的工作仍然是保留着的，节后他们会回去正常上班。但同时，这些返乡农民工中，39.6%的人是属于失去了工作或者还没有找到工作就返乡了。根据这个数字测算，在1.3亿名外出就业的农民工中，有15.3%的农民工现在失去了工作或者没有找到工作，大约有2000万名农民工由于经济不景气失去工作或者还没有找到工作就返乡了。再加上过去几年，平均每年大概有600万～700万名农民可以增加到外出打工的队伍中去，2009年有2500万名农民就业压力比较大。

就业困难的农民工数量情况

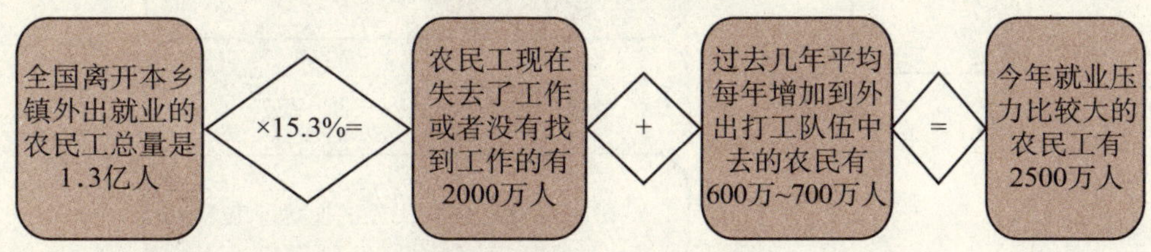

在这一大背景下，2月1日正式公布的“中央一号文件”再度锁定农村，这份名为《中共中央国务院关于促农业发展农民增收若干意见》的文件明确要求，针对当前农民工就业困难和工资下降等问题各地区和有关部门要高度重视，采取有力措施，最大限度安置好农民工，努力增加农民的务工收入。城乡基础设施建设和新增公益性就业岗位，要尽量多使用农民工。落实农民工返乡创业扶持政策，保障返乡农民工的合法土地承包权益，抓紧制定适合农民工特点的养老保险办法，解决养老保险关系跨社保统筹地区转移接续问题。

此前的2008年12月10日，温家宝总理在主持召开国务院常务会议部署做好农民工工作时就指出，必须采取更加积极的就业政策，尤其要高度重视农民工的就业。各地区、各有关部门要深入调查研究，全面掌握情况，采取有效措施，切实做好当前农民工工作。2008年12月20日，针对农民工就业遇到的问题，国务院办公厅专门发出了关于做好当前农民工工作的通知，提出了做好农民工就业的六项政策，并要求各地的党委和政府要重视农民工工作。

2008年12月21日，温家宝总理专门到农民工问题比较典型的重庆市考察，并特意在农户家召开了一场座谈会，专门了解农民工返乡就业情况。在这之后，重庆市出台了一系列旨在促进返乡农民工就业的政策。2009年1月11日，重庆市政协三届二次会议闭幕，此次大会期间，就有20多份提案对农民工返乡创业就业问题提出建议。会议期间现场办理的2、3、4号提案所关注的返乡农民工创业就业问题，已经被纳入市政府2009年的1号和2号文件。

针对大量返乡的农民工，全国总工会2月17日启动“千万农民工援助行动”，将对1000万名农民工实施以就业援助为重点的综合援助措施。全总副主席、书记处第一书记孙春兰在当天的电视电话会议上表示，为支持农民工自主创业，工会系统将争取政府和

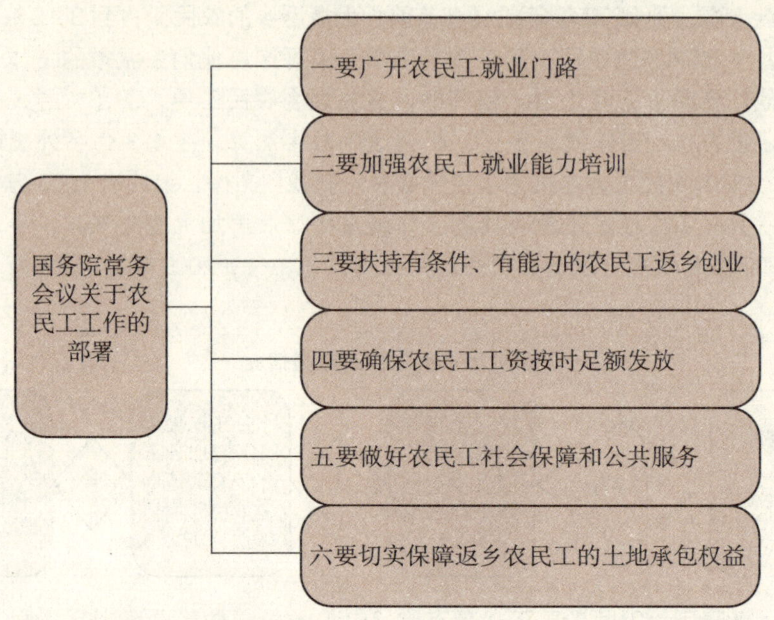

社会资金，为农民工提供多种形式的低息或者无息贷款。孙春兰同时表示，当前要严密防范"境内外敌对势力利用一些企业遇到的困难对农民工队伍进行渗透和破坏"。在这个会议上，人保部副部长张小建将目前的就业政策总结为"六大组合拳"：①紧密结合扩大内需，更多地拉动就业；②通过"五缓四减三补两协商"等措施来减轻企业的负担；③鼓励自主创业；④促进农民就地就近就业、返乡创业；⑤为困难企业职工、农民工等劳动者提供技能提升培训和转岗转业培训；⑥提供免费的职业介绍、职业指导、就业失业登记等服务。

解决700多万大学生的就业是燃眉之急

2009年应该说是毕业生就业问题最严峻的一年，同时，也是政府关注度最高、政策出台最多，政策面最宽，惠及的学生面最大的一年。据统计，2008年未就业的大学生近100万人，2009年毕业的高校毕业生人数大概是611万人，合计总数约710万人左右。为促进高校毕业生就业，国务院总理温家宝2009年1月7日主持召开国务院常务会议，部署做好高校毕业生就业工作。会议指出，高校毕业生是我国宝贵的人力资源。面对当前国际金融危机蔓延、我国就业形势十分严峻的情况，必须把高校毕业生就业摆在就业工作的首位。会议要求，各地区、各有关部门要加强对高校毕业生就业工作的组织领导，强化协调配合，共同推动工作。要做好宣传教育工作，引导大学生树立正确就业观和成才观。要深化高等教育改革，调整人才培养结构，改进教学方法和课程设置，切实解决学科专业结构设置与就业市场需求脱节的问题，着力提高学生的创新意识和实践能力，提高毕业生就业能力，使高等教育进一步适应国民经济和社会发展需要。

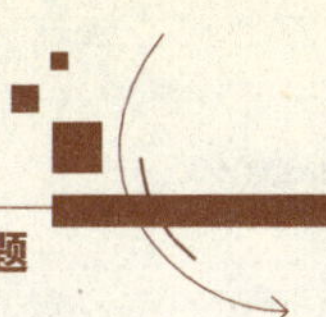

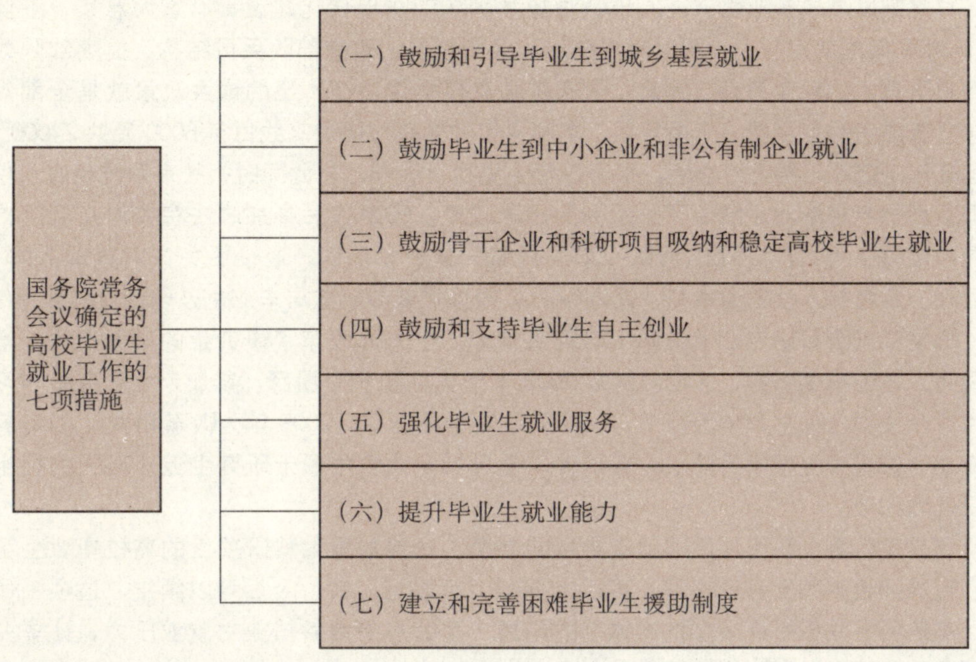

2009年1月20日，人保部新闻发言人尹成基表示，人力资源和社会保障部已把高校毕业生就业作为当前就业工作的首要任务，会同有关部门认真落实国务院的政策措施，认真解决高校毕业生的就业问题。在当前的经济形势下，为了把高校毕业生的就业工作做好，人保部提出了有针对性的政策措施，主要有鼓励引导毕业生到基层到中西部地区就业，鼓励高校毕业生到中小企业和非公企业就业，鼓励和支持高校毕业生自主创业等七个方面。另外，在校大学生已经纳入城镇居民基本医疗保险的试点范围，下一步要全面实施城镇居民基本医疗保险制度，做好大学生参加居民医疗保险工作。

与此同时，教育部也把毕业生就业工作摆在突出重要的位置，以“非常时期、非常决心、非常举措”全力以赴促进高校毕业生就业。教育部党组成立了由四名部领导任正副组长的高校毕业生就业工作领导小组；下发了关于当前形势下做好高校毕业生就业工作的文件；提前召开2009年全国高校毕业生就业工作会议，进行紧急动员和全面部署，并出台了一系列促进高校毕业生就业的政策措施。

一是引导毕业生到基层。以往这个政策里面到基层指的是到西部县以下艰苦的行业和地区进行工作可以偿还贷款，2009年把面积扩大到中部22个省、县以下和艰苦行业，这是从助学贷款的代偿又扩大到2009年的学费补偿。以往是西部助学贷款可以代偿，2009年是扩大到中部增大了学费的补偿。这些政策是很好的政策，特别对家里经济比较困难一些的高校毕业生到西部就业，为西部发展贡献力量创造了更好的条件。另外，大学生去了西部以后还有一些后续的政策，例如，服务期满后符合条件的可以享受硕士研究生考试加10分的政策，如果是专科生可以免试入读成人本科等，在报考公务员或者事业单位招聘方面也有一些相应的优惠条件和政策。

二是鼓励高校毕业生应征入伍。对加强军队国防现代化建设具有重大意义，不仅缓解了2009年的就业压力，同时对提高部队兵员素质，改变部队兵员结构，提高部队战斗力都具有重大的现实意义。因此，国家鼓励高校学生应征入伍的最大政策就是全部代偿助学贷款或者补偿学费，当两年兵，本科4年的学费按照最高线每年6000元共24000元，专科3年18000元偿还给学生，相当于学生免费上大学。与此同时，教育系统也深入挖潜对退役后的高校毕业生给予了一系列的优惠政策。①退役后参加政法院校为基层公检法定向岗位招生考试时，优先录取；②具有高职高专学历的，退役后免试入读成人本科，或经过一定考核入读普通本科；③退役后可根据需要参照应届毕业生办理就业报到手续。

三是实施全日制专业学位硕士研究生计划。一方面改革了研究生的培养机构，增加了适用人才的招生名额，这项政策是2009年新实施的一个项目，参加专业研究生学习的学生可以发学位证书和学历证书，以往只是发学位证书，2009年为改革研究生的培养模式专业学位研究生发学历证书。据统计，全日制专业学位硕士研究生近4万人的招生计划已基本完成。

四是实行重大科研项目聘用毕业生的制度。对参加重大科研项目的高校毕业生可以从项目的经费中列支劳动报酬，可以上保险，可以记工龄，今后可以续接。这项工作解决了高校科研队伍引进人才机制体制的问题，同时也是缓解毕业生就业压力，让毕业生能够参加科研项目工作，取得了比较理想的效果。

五是和商务部共同推动服务外包、吸纳人才的计划。在20个服务外包试点城市，签约建立20个培训中心，服务外包企业，建立了一大批见习就业基地，一方面能够吸纳毕业生，另一方面也为大学生的见习提供了一些场所。截至2009年年中，服务外包企业共吸纳高校毕业生20多万人。

在地方，各级政府也千方百计帮助大学生就业，主要方式是通过“政府购岗”，促进大学生到基层就业。例如，为吸纳高校毕业生到城市社区和农村基层工作，辽宁省开发1万个基层社会管理和公共服务岗位，优先安置困难家庭毕业生和就业困难毕业生，由省财政提供工资补贴。同时，扩大“一村一名大学生计划”、“大学生志愿服务辽西北计划和‘三支一扶’计划”、“县以下农村中小学一校一名师范类本科生计划”等项目规模，鼓励高校毕业生在项目结束后留在当地就业。重庆市则建立市级就业见习实习基地20家，区县级基地32家，已接收毕业生2000余人。计划2009年建成市级和区县级见习基地共160家，使接收毕业生规模达到5000人。同时提高补贴标准，从每月150元提高到每月500元。

在南京，市政府继续对南京籍毕业生实施“政府购岗”计划，选定1200个单位和部门作为毕业生实习基地，政府每月给予岗位补贴，确保1万名毕业生到岗实习，确保特困家庭毕业生100%就业。

针对本地的实际情况，四川大学推出“毕业生服务灾区行动计划”，选派毕业生奔赴地震灾区重建前线，由学校或当地政府给予生活补贴。许多参加这个计划的学生对前途充满信心，他们表示迎难而上，独立自强。

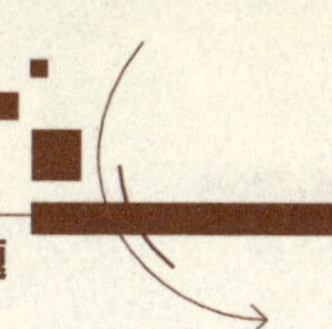

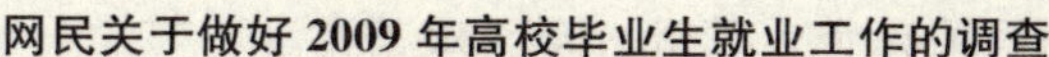

网民关于做好 2009 年高校毕业生就业工作的调查

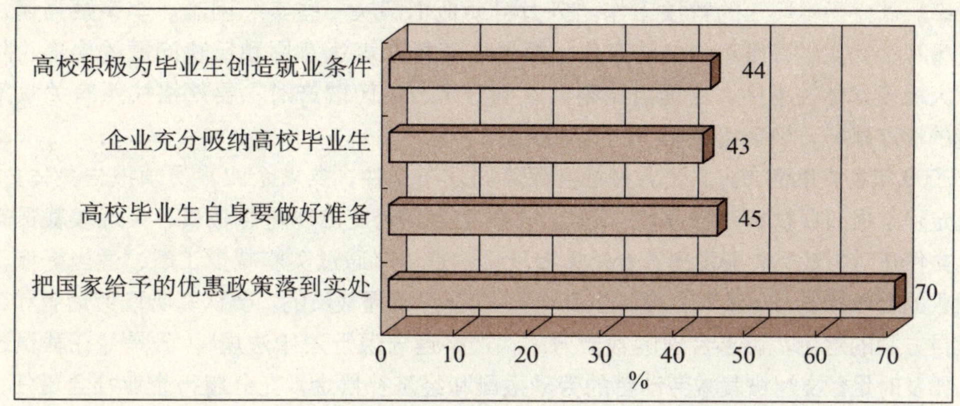

特别值得一提的是，2009 年 1 月中旬，国务院办公厅下发《关于加强普通高等学校毕业生就业工作的通知》，要求把高校毕业生就业摆在当前就业工作的首位，采取切实有效措施，拓宽就业门路，鼓励高校毕业生到城乡基层、中西部地区和中小企业就业，鼓励自主创业，鼓励骨干企业和科研项目单位吸纳和稳定高校毕业生就业。

《通知》要求中央有关部门继续组织实施“选聘高校毕业生到村任职”“三支一扶”（支教、支农、支医和扶贫）“大学生志愿服务西部计划”“农村义务教育阶段学校教师特设岗位计划”等项目，各地也要因地制宜开展地方项目，鼓励和引导更多的高校毕业生报名参加。

同时，中央要求国有大中型企业特别是创新型企业要创造条件，更多地吸纳有技术专长的高校毕业生就业。充分发挥高新技术开发区、经济技术开发区和高科技企业集中吸纳高校毕业生就业的作用，加强人才培养使用和储备。各地在实施支持困难企业稳定员工队伍的工作中，要引导企业不裁员或少裁员，更多地保留高校毕业生技术骨干，对符合条件的困难企业可按规定在 2009 年内给予六个月以内的社会保险补贴或岗位补贴，由失业保险基金支付；困难企业开展在岗培训的，按规定给予资金补助。

《通知》还要求，从 2009 年起，用 3 年时间组织 100 万未就业的高校毕业生参加见习。加强高等职业院校学生的技能培训，实施毕业证书和职业资格证书“双证书”制度，努力使相关专业符合条件的应届毕业生通过职业技能鉴定获得相应职业资格证书。人力资源社会保障部门根据高校毕业生需要，提供专场或其他形式的职业技能鉴定服务，教育部门及高校要给予积极配合。对符合就业困难人员条件的高校毕业生，按规定给予鉴定补贴。

各地设门槛防止企业随意裁员

面对困难的经济形势和巨大的就业压力，企业、政府纷纷表态尽量不裁员。2008 年 12 月 25 日，国资委主任李荣融在全国国有资产监督管理工作会议上表示，要保持职工队伍的相对稳定，尽力做到不裁员。2009 年形势严峻，困难增多，企业和社会稳定问题必须放到更加突出的位置。李荣融表示，各级国资委要加强思想政治工作，加强业务培训，增强企业的凝聚力。引导国有企业负责人带头艰苦奋斗，节约各项开支，为职工群众做出表率。做好困难职工的帮扶工作，努力帮助他们解决一些实际困难。李荣融强调，要高度重视和切实做好维稳和信访工作，畅通职工群众表达意愿和反映问题的渠道，防止发生大规模群体性事件。在重组调整、改制分流、关闭破产时，要严格按照有关政策和规范的程序执行，切实维护职工的合法权益。

2009年初，上海市人力资源和社会保障局发布文件，要求企业裁员须报告具体方案，并设定须上报四项材料等程序性“门槛”，防止个别企业出现随意裁员、大规模裁员等情况。文件还对拟裁员企业发出三个郑重提示：一是望“通过实施减少工时、适当降低工资等积极的补救措施，尽量避免或减少裁员”；二是“确需裁员的，要认真听取劳动者和工会对裁员方案的意见，谋求合理的裁员方式，严格遵守现行法律法规”；三是“在裁员过程中，要及时足额支付被裁减劳动者的劳动报酬和经济补偿金，充分履行企业社会责任，保障劳动者合法权益的实现，切实维护劳动关系和谐与社会稳定”。几乎同时，山东省也下发《关于进一步规范企业减薪裁员的意见》，明确规定了八种用人单位不得裁减员工的情况。

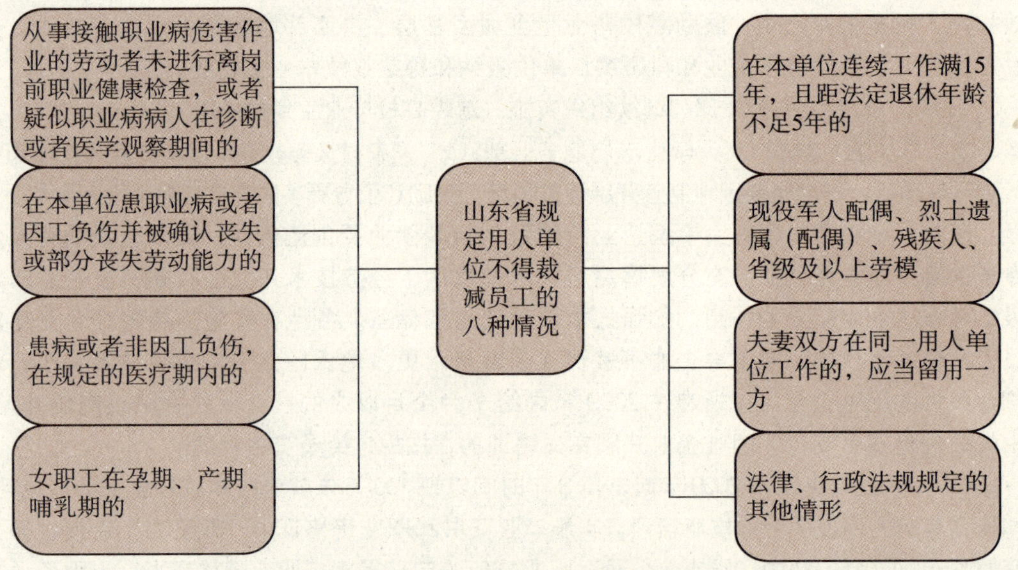

杭州市委书记王国平曾说过：企业不光要做“经济法人”，更要做“企业公民”，做超越资本的经营者。企业家身上应该流着道德的血液，而不能只流淌利润的血液。杭州橡胶集团等当地200余家企业，在杭州市委、市政府的见证下，共同签署《履行社会责任，保障就业岗位》倡议书。倡议书写道：面对席卷全球的金融危机，很多杭州企业都陷入困境。眼下国家的最大难题是保证充分就业，我们企业的最大社会责任就是保障就业。2009年不裁员，不减薪，全员携手，共克时艰。

面对金融危机造成的影响，企业的社会责任就是解决就业，尤其不能把这个问题交给社会。在这方面，天津市机电集团、普利司通（天津）轮胎有限公司、天津碱厂、南华制鞋公司等部分企业日前对全体职工作出了三点承诺：不因金融危机裁员，不减少职工工资收入，不降低职工福利。公司还将安排适当时机，对员工进行职业技能培训。市总工会要求各级工会组织要倡导企业和职工开展“共同约定行动”，切实维护好职工合法权益。事实上，2009年以来，“不裁员、少裁员”的倡议之声在中国各地特别是沿海发达地区此起彼伏：上海、广州、温州、南京……越来越多的企业给下属员工吃了“定心丸”，一些地方的企业甚至成立了不裁员联盟。置企业道德于经济利益之上，视社会责任为终极追求，成了金融危机袭来之时众多中国企业为自己树立的新目标。

2009年各省份促就业举措

就业关键词	主要政策措施
河北：6.9亿专项资金力促就业	河北省政府批准2009年度首批就业专项补助资金6.9亿元下拨到各设区市及扩权县，专项用于职业介绍补贴、社会保险补贴等方面促进就业再就业工作
辽宁：45亿元扶持就业	辽宁省2009年省级财政将安排25亿就业专项资金，加上各市、县配套资金，最终的就业专项资金规模将达到45亿元。这笔资金将用来解决下岗职工再就业问题，公益性岗位，还包括解决高校毕业生就业问题
湖北：新增10.2亿元促进就业	湖北省政府决定筹集10.2亿元资金促进就业，专项资金将用于四个方面：一是对10万返乡农民工开展特别职业培训；二是推进创业带动就业，安排5亿元专项资金；三是安排1亿元资金用于对就业困难人员的就业援助；四是使用3亿元失业保险基金，支付用人单位内部转岗安置富余人员
广西：10亿元扶持创业	2009年自治区财政和各市、县安排1.6亿元资金，并在中央转移支付的就业补助资金中安排8000万元，专项用于返乡农民工的创业培训、技能培训和农业实用技术等培训。同时，自治区设立10亿元创业专项扶持资金，落实税费减免，支持返乡农民工自主创业

相关阅读

团中央吹响就业创业“集结号”

2009年初，团中央决定在全国范围内建立共青团“青年就业创业见习基地”，以市场机制为准则，以岗位需求为前提，依托各类企事业单位要为应届大中专毕业生、已毕业未就业大中专毕业生、下岗失业青年和青年农民工四类青年群体提供岗位见习的机会，为他们提升就业技能、积累创业经验创造条件。

2009年1月11日，团中央印发了《关于建立共青团“青年就业创业见习基地”的指导意见（试行）》。这是团中央在建立“青年就业创业基地”初期，为了广泛动员和争取在各类企事业单位而下发的文件，文件主要规定了建立“青年就业创业基地”的基本原则、建立标准和程序、见习人员的组织以及见习人员的管理四个方面的内容。

共青团青年就业创业见习基地示意图

建立共青团“青年就业创业见习基地”

意义

第一，可以帮助青年积累工作经验、提高就业创业能力。
第二，为企业搭建了一个选人用人的平台。
第三，广泛动员社会资源，缓解就业压力，营造关心、帮助青年就业创业的浓厚氛围

原则

一是采取双赢的模式，包括满足企业对人力资源的合理需求、对社会荣誉的追求等，同时又不给企业造成过多的负担
二是遵循广泛性和具体性的原则，不贪大求全
三是注意把工作活动和团的组织建设紧密结合

管理

属地协调。团中央联系建立的见习基地，按见习基地所在地由省级团委统一协调
基层对接。团中央、省级团委、市（地）级团委联系到的企事业单位和岗位提供给基层团组织使用，由市（地）、县（区）团委和学校团委负责根据岗位需求情况与相关企事业单位团委进行岗位对接
就近就便。原则上见习基地和见习人员在同一城市对接，特殊情况由企事业单位和学校或相关机构协商。

建立共青团“青年就业创业见习基地”《指导意见》主要内容

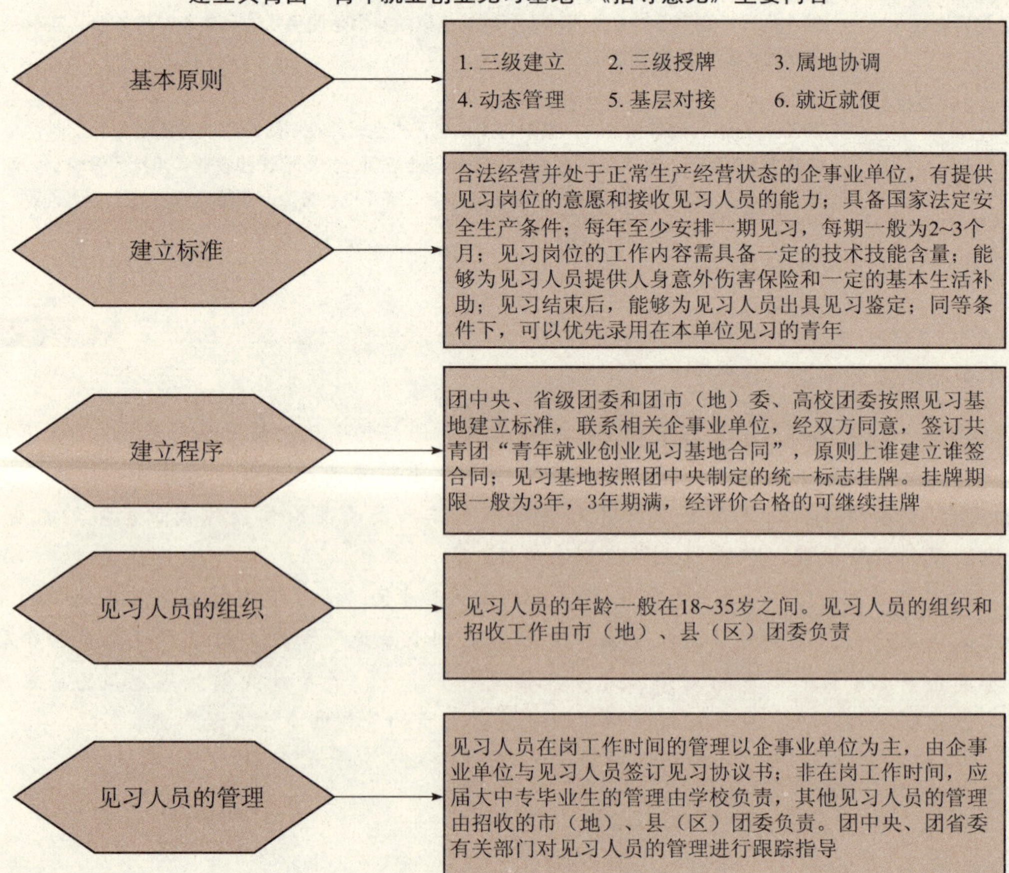

紧接着，2009年3月，团中央又制定下发了《共青团“青年就业创业见习基地”实施细则（试行）》（下称《细则》），对共青团“青年就业创业见习基地”的建立、组织对接、人员对接、见习管理以及各级团组织的工作职责都作了更加明确的规定。

《细则》进一步明确了三级建立、三级管理的原则，指出涉及国家秘密、高危或以劳务用工为目的的岗位不能作为见习岗位；团中央、省级团委、地市团委负责面向社会不定期发布见习基地名单，公布相关工作机构、联系人的联系电话，接受青年咨询。

《细则》凸显了地市团委在岗位对接工作中的重要作用。明确提出由地市团委按见习基地的需求制定对接方案，协调学校团委、县区团委与见习基地进行对接，协商见习人员招收事宜。原则上，见习人员与见习基地在同一城市对接。见习人员的招收工作由地市团委统一协调，县区团委和学校团委负责具体招收工作，其中学校团委招收应届大

“青年就业创业见习基地”建立工作流程图

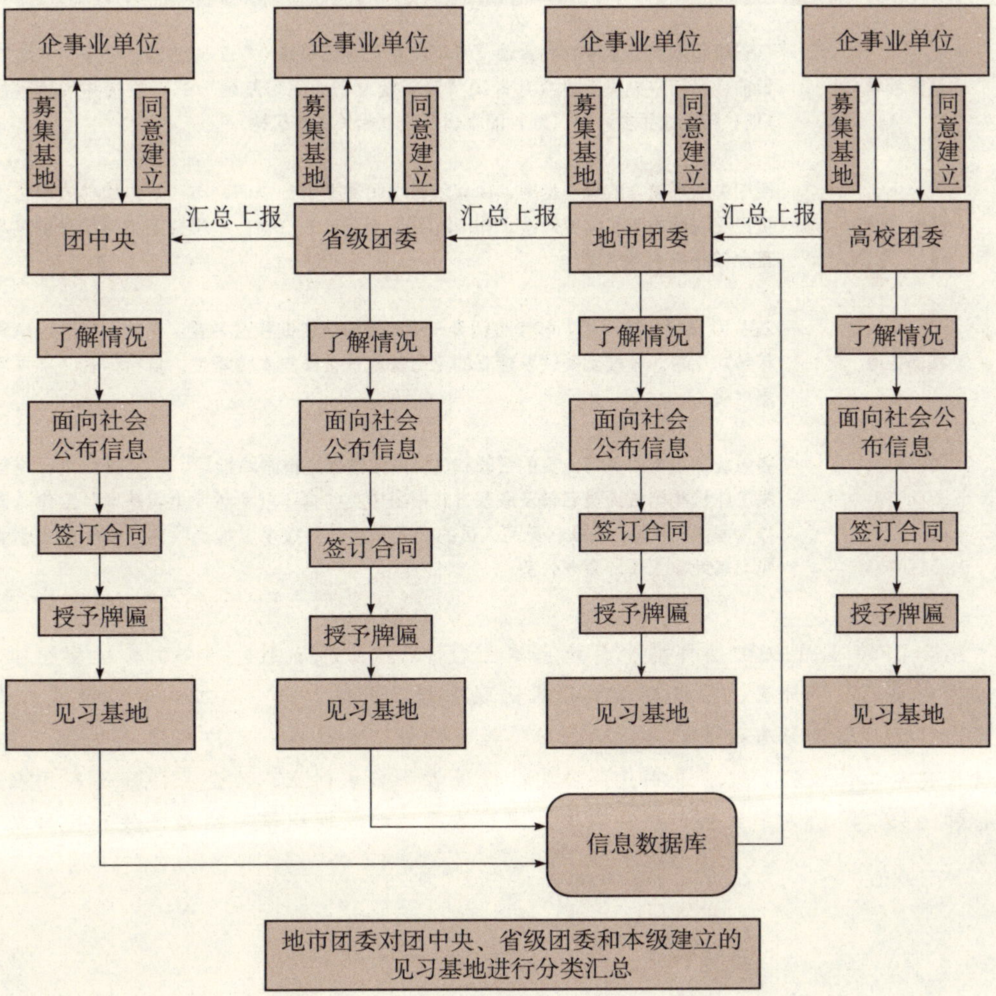

企事业单位
募集基地
同意建立
团中央
了解情况
面向社会公布信息
签订合同
授予牌匾
见习基地

企事业单位
募集基地
同意建立
省级团委
汇总上报
了解情况
面向社会公布信息
签订合同
授予牌匾
见习基地

企事业单位
募集基地
同意建立
地市团委
汇总上报
了解情况
面向社会公布信息
签订合同
授予牌匾
见习基地

企事业单位
募集基地
同意建立
高校团委
汇总上报
了解情况
面向社会公布信息
签订合同
授予牌匾
见习基地

信息数据库

地市团委对团中央、省级团委和本级建立的见习基地进行分类汇总

中专毕业生，县区团委联系劳动人事部门或街道、社区、乡镇等招收已毕业未就业大中专毕业生、下岗失业青年和青年农民工，并且优先考虑有创业意向、家庭经济困难的青年。

《细则》强调，见习基地要履行《共青团“青年就业创业见习基地”合同》约定的权利和义务，负责见习人员在岗工作期间的管理，并在见习人员上岗前一周内与见习人员签订《青年就业创业见习协议书》。

见习基地主要是采取基层对接的做法。团中央、省级团委、团市（地）委联系到的企事业单位和岗位提供给基层团组织使用，由市（地）、县（区）团委根据岗位需求情况组织推荐，优先考虑有创业意向、家庭经济困难、初次就业的青年。学校团委联系建立的见习基地可直接面向本校学生，自行运转，不再层层对接。在团中央制定下发的《细则》中，更是特别强调了地市团委在岗位对接中的重要作用。

“青年就业创业见习基地”对接工作的主要内容	
认真部署	各省级团委要迅速成立共青团“青年就业创业见习基地”工作协调办公室，1月23日前，将团中央关于建立共青团“青年就业创业见习基地”的有关精神传达到市（地）和学校团委。市（地）团委也要成立相关工作机构
及时接洽	团中央联系建立的见习基地，由其所在地团省委统一协调，市（地）和学校团委负责见习人员招收和岗位对接工作。2月10日前，市（地）和学校团委与第一批见习基地做好沟通接洽工作
按岗招收	2月10日后，市（地）和学校团委开始接受青年咨询和报名登记工作，有序组织青年参加见习。学校团委联系建立的见习基地直接面向本校学生，自行运转，不再层层对接
加强管理	各省级团委要对见习人员的招收和岗位对接情况进行跟踪指导。1月23日前，将相关工作机构组成人员名单及联系方式报团中央“青年就业创业见习基地”工作协调办公室。3月初，陆续将见习人员的招收和岗位对接情况报团中央“青年就业创业见习基地”工作协调办公室

继2009年1月20日公布首批基地名单之后，2月初春节刚过，全国各级团组织就按照团中央的统一部署，积极与各见习基地联手启动岗位对接。从工作实际进展来看，由于这些见习岗位分布行业广泛，涵盖多类经济组织，并具备一定技术技能含量，在帮助青年积累工作经验、缓解青年就业压力、促进青年自主创业、为企业搭建选人用人平台，营造关心帮助青年就业创业的浓厚氛围等方面已经呈现出较为明显成效和良好发展态势。

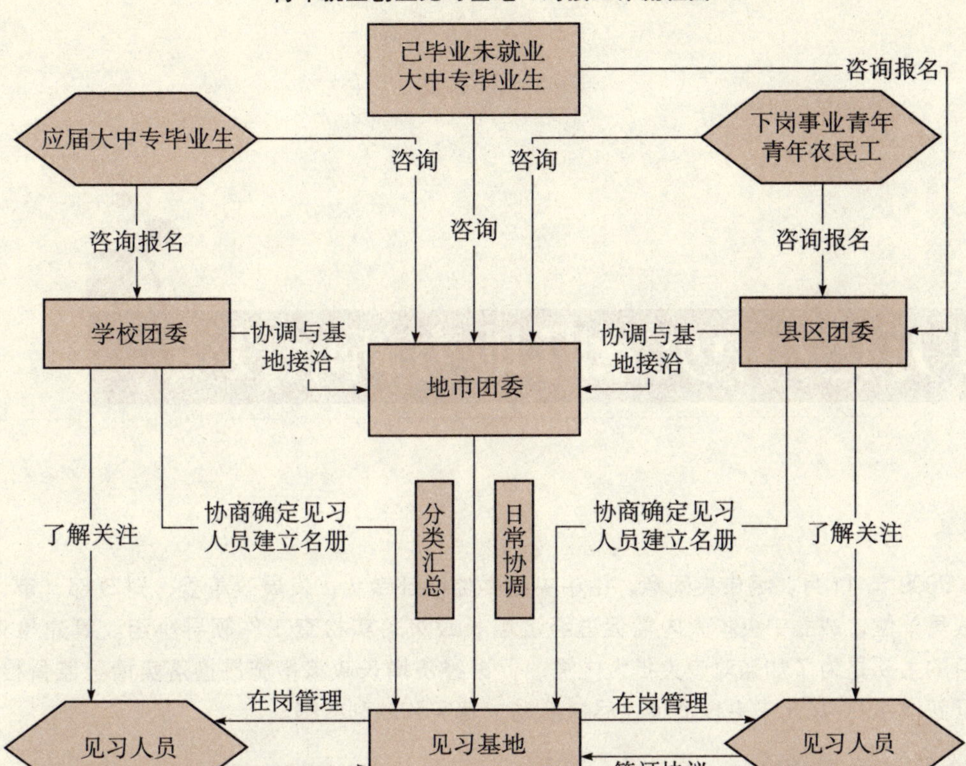

团中央公布三批“就业创业见习基地”情况

批次	时间	提供岗位数量	职位分布领域	特点
第一批	2009 年 1 月 19 日	由共青团中央建立的首批 1952 个共青团“青年就业创业见习基地”向社会公布。这批基地将提供 59802 个见习岗位	分布在金融、出版、通信、交通和制造等行业，涵盖了大型国有企业、规模以上非公企业、世界 500 强的外资企业等不同类别经济组织	见习岗位具备一定的技术技能含量，对有见习意愿的青年来说，可选择面比较广、专业可匹配性比较强
第二批	2009 年 3 月 2 日	由共青团中央建立的第二批 2131 个共青团“青年就业创业见习基地”向社会公布。这批基地将提供 61844 个见习岗位	岗位广泛分布在建筑、交通、通信、传媒、农业、电子信息和制造等行业，涵盖了大型国有企业、规模以上非公企业、外资企业等不同类别经济组织	较第一批见习基地而言，这批见习基地增加了街道、社区、经济技术开发区以及汽车 4S 店等新的见习岗位。至此，团中央已建立见习基地 4083 个，提供见习岗位 121646 个
第三批	2009 年 3 月 25 日	第三批共建立 2174 家基地，提供 74879 个见习岗位		这些岗位主要面向在校大学生

4万亿：中央紧盯地方新增投资

2008年11月，经中央同意，由中央纪委监察部牵头，发展改革委、财政部、审计署为成员单位，成立中央扩大内需促进经济增长政策落实检查工作领导小组。筹建检查组的目的主要是为了加强对中央扩大内需、促进经济增长政策措施贯彻落实情况监督检查，保证新增1000亿元中央投资项目尽快启动、落实和顺利实施。

各地方政府落实中央投资资金的措施	
地方政府制定的政策和措施	建立领导协调机制，确定责任主体，细化工作方案
	及时分解下达中央新增投资，优先安排新增中央投资项目的配套资金
	进一步明确投资项目安排原则，加大了对民生和社会事业发展项目、节能减排和生态工程以及对铁路、公路和机场等重大基础设施的投入力度
	普遍组织了由当地纪委、监察、发展改革、财政、审计等部门组成的联合检查组，加强了对新增投资项目建设全过程的监督检查
	健全项目和资金管理制度，确保项目顺利实施，尽快形成实物工作量

中央派出扩大内需检查组

从2008年11月底到2009年1月下旬，中央纪委监察部等部门派出第一轮24个中央检查组，分赴31个省区市和新疆生产建设兵团开展监督检查，深入基层、深入一线，重点检查2008年第四季度新增1000亿元中央投资落实情况。

2009年4月初，中央再派24个检查组赴各地，对2009年新增4万亿元中央投资进

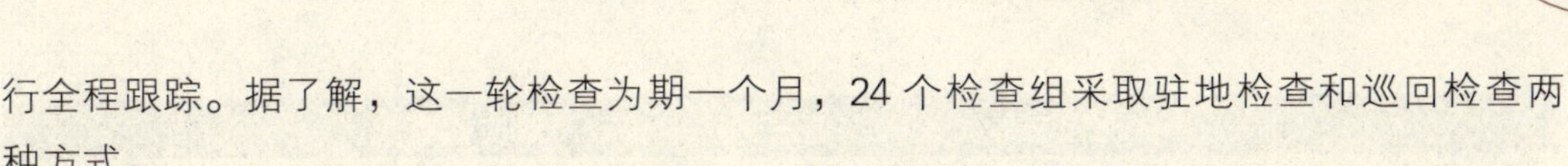

行全程跟踪。据了解，这一轮检查为期一个月，24个检查组采取驻地检查和巡回检查两种方式。

此次检查对重点领域、重点部门、重点地区，以及投资规模大、工作难度高、影响面广的重点项目，集中开展了监督检查，确保资金用在应对危机最关键的地方，用在经济社会发展的薄弱环节。既要加强对建设效率的检查，督促地方加快工程进度，又要加强对项目建设质量的检查，督促有关部门严格履行国家有关项目审批、核准、备案等程序，认真执行有关制度和标准，确保工程质量。同时要坚决查处违纪违法问题，以严明的纪律保证中央决策部署的贯彻落实，确保项目安全、资金安全、干部廉政安全目标的实现。

第三轮检查的重点是铁路、电力等领域。10月启动，11月中旬结束。在总结前两轮检查的基础上，第三轮检查工作重点与工程建设领域突出问题的专项治理工作紧密结合，突出监督检查重点，督促整改发现的问题，严肃查处违纪违法案件。

前两轮的检查工作证明，派出专项检查组是创新反腐败工作思路、实现监督关口前移的重要途径，促进了中央一揽子计划和政策的顺利落实。目前，中央投资项目已进入全面实施阶段，新一轮检查突出对投资额大和关系国计民生的项目，尤其是铁路、交通、水利、民航、电力等领域重点工程的检查。除赴各地的检查组外，这次中央还专门组建了2个行业检查组和1个企业检查组，分别对铁路建设项目、南水北调工程项目、电网建设和改造项目进行检查。为提高对重点项目检查的针对性，还请中央有关部门提供了交通、水利、民航等领域的重点工程项目，以及保障性安居工程等重要民生项目的名单，并推荐了一些专家。据介绍，赴各地检查组也着重对名单上的项目进行检查，并视情况邀请有关专家参加。

新一轮检查重点强调对投资安排、项目管理、资金使用、实施效果的检查，尤其是加强对招标投标、资金使用、竣工验收的检查。工程项目规划立项是否符合科学发展观的要求和中央规定的投向，建设项目审批和建设程序是否依法合规，建设资金管理使用是否规范公开，招标投标活动是否依法合规，工程建设是否安全、质量是否合格等，都是这次检查的重点。同时，这次检查还把加强对项目实施进度和地方配套资金落实情况的检查，特别是把地方政府配套资金实际到位情况和地方债券资金落实到具体项目的情况作为检查的重点。

4万亿投资项目的跟踪检查对于中央扩大内需、促进经济增长政策措施贯彻落实具有重要的意义。到10月19日，国家发改委官员在新闻发布会上表示，4万亿投资对中国经济的恢复起到了很好的作用，2009年前三季度GDP平均达到了七点多，年初提出的全年GDP“保八”增长基本上没有问题。

中央派出三轮扩大内需促进经济增长政策落实检查组					
	时间	小组成员	检查方式	检查目的	检查结果
第一轮	2008年11月底到2009年1月下旬	中央书记处书记、中央纪委副书记何勇任组长，中央纪委副书记、监察部部长马馼，审计署审计长刘家义任副组长。领导小组办公室设在监察部。	深入基层、深入一线	主要是为了加强对中央扩大内需、促进经济增长政策措施贯彻落实情况监督检查，保证新增1000亿元中央投资项目尽快启动、落实和顺利实施	在首轮检查中，没有发现将新增中央投资用于高耗能高污染行业、低水平重复建设和产能过剩行业项目以及用于党政机关办公楼等楼堂馆所项目等严重违反规定的情况，也没有发现违纪违法行为。但一些地方存在前期准备不足、申报与实际情况有差异、擅自扩大或缩小建设规模等问题
第二轮	2009年4月初，为期一个月		采取驻地检查和巡回检查两种方式，对投资量大、投资项目多的省市，采取巡回检查方式	对2009年新增4万亿元中央投资进行全程跟踪，地方配套资金落实情况将作为检查重点	（未公布）
第三轮	2009年10至11月中旬		在总结前两轮检查的基础上，第三轮检查工作与工程建设领域突出问题的专项治理工作紧密结合	突出监督检查重点，督促整改发现的问题，严肃查处违纪违法案件	督促整改检查中发现的问题，严肃查处违纪违法案件。同时，检查组还对第二轮检查中发现问题的整改情况进行核查，对发现的违纪违法案件严肃查处，典型案件公开曝光

4万亿如何防止被特殊利益集团瓜分

大规模的投资仅靠政府投资不行，如何调动民间资本投资的积极性，以及如何保证基础设施建设跟整体经济建设及社会发展的协调关系，这些都是中央扩内需检查组关注的问题。当然，正如中国民营经济研究会会长保育钧公开表示的，现在有一个非常可怕的迹象："4万亿"将被特殊利益集团瓜分。政府依然习惯于把公共资金切割给国有企业，有些项目规划缺乏科学论证，资金流向不透明，民营企业难以通过公平竞争参与"4万亿"中的项目。保育钧担心，经济刺激计划的效果会打折扣，还可能会倒下一批贪官。对此，国家发改委也承认，在对2008年新增1000亿元投资的检查中，发现了一些苗头性、倾向性问题，个别地方用新增投资还旧账，有的项目财务管理不严格、招标投标不规范。“四两拨千斤”，4万亿元刺激计划的关键是撬动更多民间资本、刺激百姓消费。

历史经验表明，从政策出台，传递到制造业，拉动需求增长，扩大产能，乃至最终实现投资增长，大约需要3—6个月时间，中央大规模财政刺激效果有待进一步观察。在此背景下，地方政府“整改”的意愿可能削弱，容易出现半拉子工程、豆腐渣工程。土地坚守、环保把关、产业结构调整等一系列难题的解决也面临新的挑战。从2008年年底开始，中央就迅速启动密集督查行动，一方面保证督促地方政府抓紧落实抓好中央既定的各项政策，另一方面也为中央下一步决策调查摸底。如何处理好应对当前困难与保持长远发展的关系，实现“保增长、渡难关、上水平”的目标，考验着决策者的政治智慧以及地方政府的执行能力。

新增中央投资存在的违纪违法行为

5月27日，国务院新闻办举行发布会介绍中央扩大内需促进经济增长政策落实检查情况。中纪委常委、监察部副部长王伟在发布会上表示，半年来中央纪委监察部协调发展改革委、财政部、审计署抽调144位同志组建了24个中央检查组，分别于2008年11月底至2009年1月和2009年3月底至4月底赴31个省（区、市）和新疆生产建设兵团开展了两轮检查，其中第二轮检查到了204个市、546个县和1563个项目单位。各省（区、市）纪检监察机关也在当地党委、政府的领导下，会同有关部门建立覆盖省市县三级的监督检查体系。王伟表示，从监督检查的情况看，2008年第四季度新增1000亿元中央投资大部分进入项目实施阶段，已有部分项目竣工；2009年第一季度新增1300亿元中央投资绝大多数已下达到地方，项目陆续开工，工程建设进展比较顺利，在不少地方已经起到了拉动经济增长的作用。新增中央投资在项目安排和资金使用上基本符合中央规定的投向和要求，没有发现严重违纪违法行为。

审计署副审计长董大胜表示，审计署已结合对56个中央部门的预算执行审计，摸清了中央新增投资的计划下达、资金分配和项目建设进度等情况，同时延伸审计了18个省（区、市）对中央新增投资的分配、管理和使用情况。审计情况表明，截至2009年第一季度，2008年年底新增1000亿元中央投资计划和预算已全部下达，2009年年初新增1300亿元中央投资计划和预算基本下达。各地区基本按照规定投向分解下达本地区投资计划，确保了中央确定的重点投资领域，未发现新增投资用于“两高”行业和产能过剩行业项目，也没有发现用于党政机关办公楼等楼堂馆所项目。

从发布会上的信息来看，中央投资涉及的项目主要存在部分项目进展缓慢、地方配套资金不足两个方面问题。此前的5月18日，审计署发布的《关于中央保持经济平稳较快发展政策措施贯彻落实的审计情况》披露，截至4月中央1.18万亿投资已分三期陆续下达，这是从国家层面第一次向全社会公布4万亿元刺激方案资金的落实情况。而

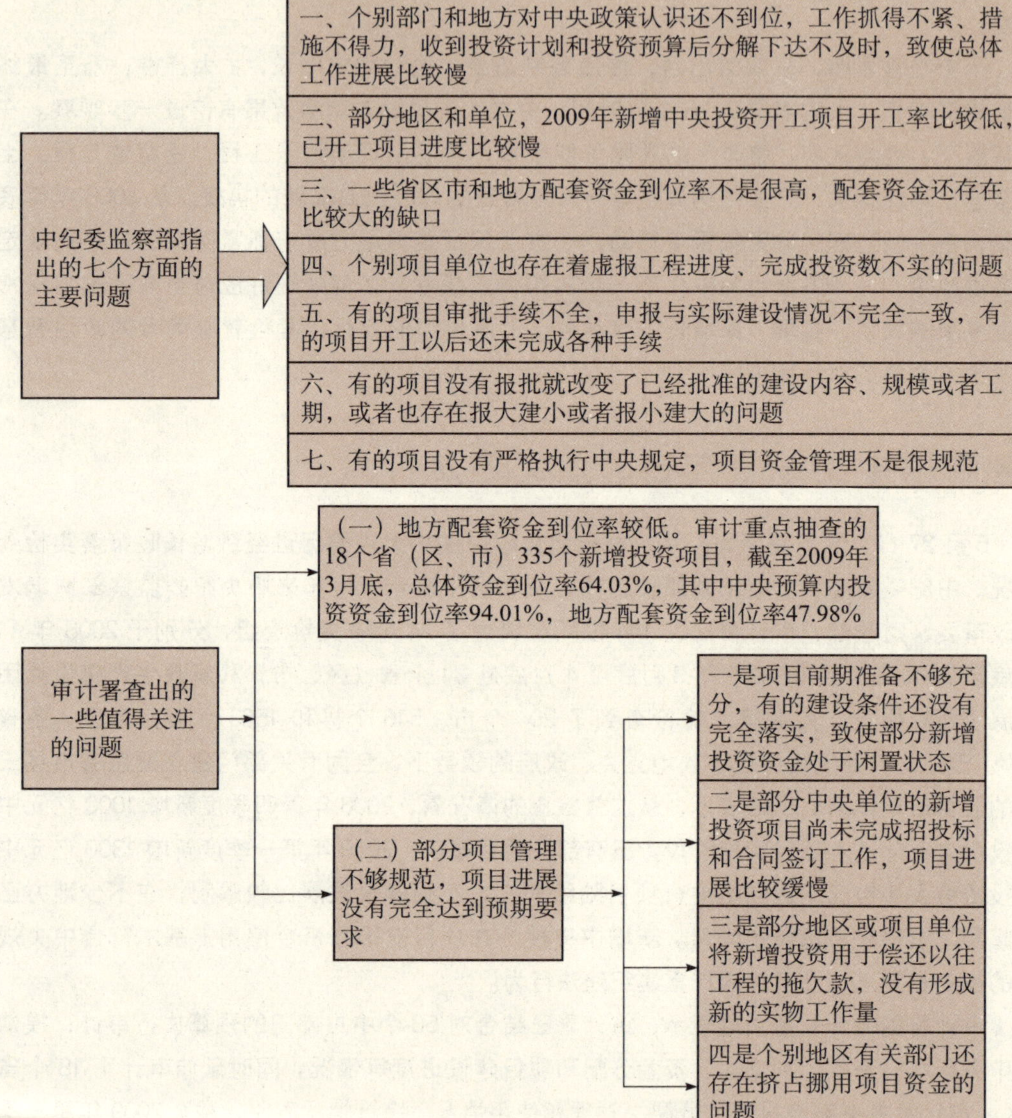

审计部门在监督检查中也查出了一些值得关注的问题，有些项目的地方配套资金到位率不高，有的甚至只有48%。两天后审计署发布的2009年第4号审计结果公告披露，10省区违规资金达26亿多。48%、26亿——在乐观的大气氛中，这两个数字显得颇为刺眼。

国家发改委副主任穆虹在5月26日举行的全国人大常委会对部分政府重大公共投资项目实施情况专题调研组第一次全体会议上表示，部分中央投资项目地方配套投资落实不到位，是当前存在的一个主要问题。为此国家发改委于5月初下发通知，要求各省区自查中央投资项目配套资金落实情况，并表示下一步根据地方配套能力和实际配套情况

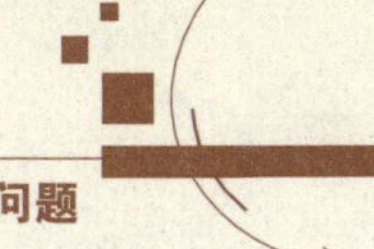

来安排旨在扩大内需的中央投资后续资金。同时国家发改委会同有关部门明确提出要求，限期落实地方投资配套资金。同时国家发改委联合财政部发文，确保地方政府债券资金主要用于中央扩大内需新增投资项目的地方配套。

4万亿投资落实过程中的四大问题		
存在问题	具体问题	整改情况
有些项目的地方配套资金到位率不高	截至2009年3月底，审计抽查的18个省（自治区、直辖市）335个新增投资项目，中央投资资金平均到位率为94%，其中有的项目按工程进度地方配套资金到位率仅为48% 从投资完成情况看，由于配套资金未到位、部分项目前期准备不充分等原因，有些项目不能按计划及时开工，有的已开工项目进展缓慢，一些项目已到位资金闲置，还有个别地方虚报到位配套资金和工程进度，个别项目用新增投资偿还以前年度拖欠的工程款，没有形成新的实物工作量。	审计指出上述问题后，发展改革委下发了《关于进一步落实新增中央投资项目地方配套投资有关问题的紧急通知》，督促有关地方采取措施，加快资金落实和项目前期工作，促进项目尽快开工并形成实物工作量
部分政策的实施办法不够完善	由于税收政策调控目标的多重性，个别高耗能、高排放企业享受了一些税收优惠；一些企业在利用本企业中间环节产生的废弃物和再生资源进行生产时，没有充分享受到国家支持发展循环经济的优惠政策；一些扶持中小企业政策操作性不够强，影响了扶持中小企业政策的实施效果	审计指出上述问题后，有关部门和地方政府正在研究完善相关政策制度
部分病险水库除险加固工程规划和管理亟待进一步加强	审计调查18个省（自治区、直辖市）病险水库除险加固工程情况发现，由于一些地方在水库安全鉴定和治理上投入不足，审核申报工作不到位，有155座大中型和3156座重点小型水库病险状况比较突出，需要加强治理	指出上述问题后，水利部下发了《关于对病险水库除险加固审计调查发现问题进行整改的紧急通知》和《关于加强在建病险水库除险加固工程质量安全管理的紧急通知》，要求各地限期整改
一些基层银行审核把关不严	一些企业利用虚假合同和发票办理票据贴现，部分贴现资金被存入银行谋取利差，而未注入实体经济运行中。这不仅影响金融对实体经济增长的支持力度，虚增了银行存贷规模，也加大了银行系统性风险	审计指出上述问题后，有关部门和银行正在研究制定改进办法

河南省审计发现的中央投资资金存在问题

关键问题	相关数据	具体内容
中央投资落实不到位	河南省审计厅对郑州、新乡、驻马店和三门峡四市中央新增投资项目进行审计调查。2008年第四季度，国家新增投资计划共下达该省121.6亿元（中央投资44.5亿元），上述四市32.4亿元（中央投资9.1亿元）	一是将以前年度已建项目作为新增投资项目申报。如驻马店市中医院建设项目中的病房楼，2007年动工建设，2008年10月以前已支付工程款近900万元，2008年第四季度，又作为新增投资项目申报，审计时工程已竣工，工程决算约950万元 二是未严格履行基本建设程序。其中四个市近50条农村公路项目没有进行设计和监理招标；七个项目没有土地部门关于建设用地的意见，六个项目没有环评报告；登封市13条农村公路项目没有进行施工招标。调查还发现，县级配套资金普遍不能按计划落实到位 三是工程进度未达到省政府要求。截至2009年3月底，新乡市和三门峡市分别完成投资计划的62.1%和59.1%，未达到省政府要求2月底前完成新增投资70%以上的目标。截至2009年4月25日，郑州市完成投资计划的53.4%，距省政府要求4月底完成90%以上的目标差距很大
“家电下乡”等专项有问题	2008年，全省共支付“家电下乡”补贴资金1.3亿元，销售“家电下乡”产品共142万台，销售总额达17.8亿元	在审计调查中发现，由于申请补助环节多、手续繁杂，多数消费者不能在规定的时间内领取到补贴资金。部分经销网点管理不规范，有些产品无专用识别卡，有些产品没有价格标志。个别经销商代用他人农补卡等填报虚假销售资料、套取国家补贴，目前已经移交有关部门处理 此外，河南省审计厅对全省排污费的征收、管理和使用进行了审计调查。据调查，2008年，全省排污费收入16.85亿元，支出14.13亿元，结余2.72亿元，全省挤占挪用排污费1.37亿元 由于平顶山环保部门人员超编严重，超编人员经费没有来源，只能“以费养人”
16市未设创业投资引导基金		财政政策方面：创业投资引导基金政策落实不到位，除郑州、洛阳两市外，省本级和其余16个省辖市均未按照规定设立创业投资引导基金；扶持中小企业的财政专项资金使用分散，中央拨付该省中小企业国际市场开拓资金1990万元，省级配套500万元，共支付项目797个，平均每个项目3.1万元；政府采购扶持力度较弱，调查的500户企业中，参与过政府采购的只有8户，仅占1.6% 金融政策方面：部分信用担保机构没有发挥应有作用，如商丘市共有十个中小企业信用担保机构，2008年有七家未开展业务；担保机构保证贷款比重低，调查的500户企业融资总额中，担保机构保证贷款占贷款总量不足1%
部分援建江油资金未用于预定项目	截至2009年3月底，该省财政筹集第一批援建资金12.45亿元，已拨付江油市7.7亿元	一是部分援建项目未按规定进行专户核算，如江彰大道、中原爱心小区及部分乡镇援建项目等 二是部分援建资金用于了非该省援建项目，其中用于受灾农房重建担保2400万元，乡镇规划测绘费209.4万元 三是工程项目概预算执行不严格，工程造价管理不规范，如涪江三桥项目，在批复施工图预算9555万元中，重复计列部分引桥预算费用918万元，无依据计列桥梁装饰费用200万元 另外，因工程索赔管理中对风险承包责任划分认定不清，导致多计承包商申报的地震索赔约808万元

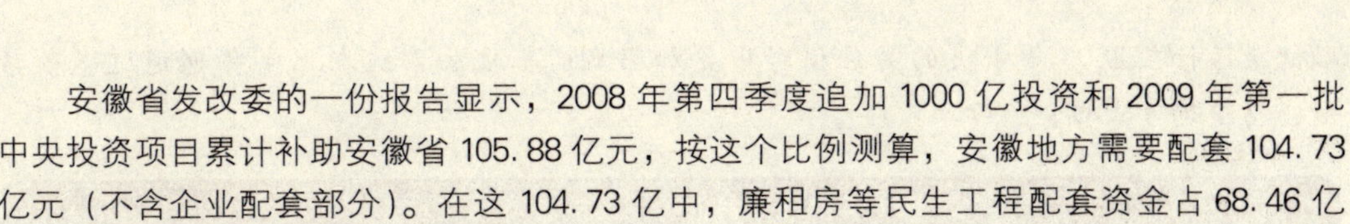

安徽省发改委的一份报告显示，2008 年第四季度追加 1000 亿投资和 2009 年第一批中央投资项目累计补助安徽省 105.88 亿元，按这个比例测算，安徽地方需要配套 104.73 亿元（不含企业配套部分）。在这 104.73 亿中，廉租房等民生工程配套资金占 68.46 亿元，其他公益性项目配套资金 36.28 亿元。

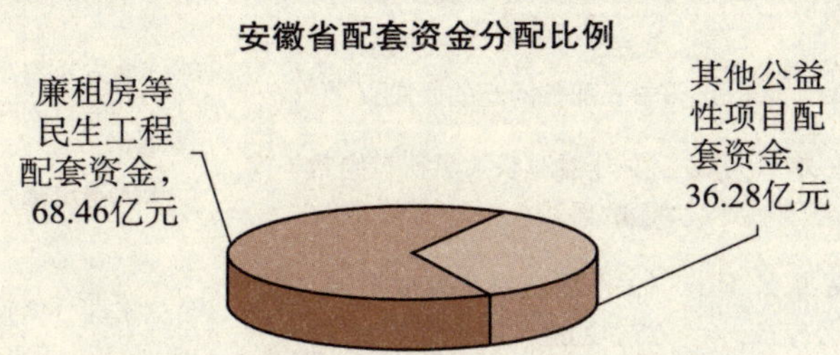

为此，安徽在 3 月份发行了 40 亿元地方债，从中专门拿出 13.83 亿元用于减轻廉租房、农村公路、重大水利项目的地方配套压力。同时，转贷市县 40 亿元，用于解决扩大内需公益性项目的配套。照此测算，安徽省各级财政还要承担 50 亿元配套资金来完成前述两批项目的投资。

安徽省有关人士表示，由于 2008 年省级财政中已专门安排了对廉租房等民生工程的财政投资，2009 年前两批中央投资项目地方配套资金情况完成问题不大。但如果要持续按照这么大的规模去完成地方配套，恐怕难以为继。

安徽省有关人士也证实，在 2007 年，安徽省廉租房开工建设规模不到 10 万平方米，2008 年这一数据剧增到 37.3 万平方米，而 2009 年这一计划任务被提高到 150 万平方米。

目前，中央投资补助安徽省廉租房补贴为 300—400 元/平方米，安徽省政府补助投资为 200 元/平方米。除去土地出让金减免等因素，市县两级政府需要负担的廉租房建设成本仍在 1000 元/平方米以上。

有专家指出，对于安徽省政府来说，短期内财政还能坚持每年建设六七万套廉租房的任务，但是要坚持 3 年，还是具有一定的难度。目前，地方配套资金压力主要来自县级政府，以及一些财力不足的市级政府。而由于经济危机的冲击，地方财政受到直接的影响，而中央代发的地方债虽然总规模在 2000 亿，但是分摊到各省后已经很薄了，地方财政在不能出现赤字的情况下，长期、大量的投入将很难维持下去。

相关阅读

正风气才能促发展

2009 年是实施“十一五”规划的关键之年，也是进入 21 世纪以来我国经济发展最为困难的一年，改革发展稳定的任务十分繁重。据监测，仅仅在 2009 年上半年，党中央国务院及各部委下发了十多份整饬性的政策文件，对干部任用、小金库、公款出国旅游等问题加大了整治力度。党政领导干部的作风建设、组织建设成为中央关注的重点；如何实现保增长的科学性，成为宏观调控的难点和热点；相较往年，严肃财经纪律、保证金融健康运行在2009年中央的关注视野中更加凸显；而政法系统在上半年也通过多项禁令，以维护司法的公平与正义。

2009年中央出台的重要整饬性政策文件

时间	发文机关（会议）	文件名称	问题指向
1月	中组部、中编办	《关于规范地方政府助理和副秘书长配备问题的通知》	部分地方政府副职扎堆
2月	中共中央办公厅、国务院办公厅	《关于党政机关厉行节约若干问题的通知》	行政成本过高
2月	中共中央办公厅、国务院办公厅	《关于坚决制止公款出国（境）旅游的通知》	公款出国（境）旅游事件频发
3月	公安部	《公安机关领导干部五个严禁》	涉及政法干警尤其是领导干部的工作生活
3月	财政部、审计署	《关于压缩2009年出国费等三项经费预算支出的通知》	压缩三项经费预算
3月	国资委	《关于进一步加强中央企业金融衍生业务监管的通知》	部分中央企业金融衍生业务巨亏
4月	中共中央纪委、监察部、财政部、审计署	《关于在党政机关和事业单位开展“小金库”专项治理工作的实施办法》	单位私设“小金库”
4月	监察部、人力资源社会保障部、国家统计局	《统计违法违纪行为处分规定》	统计失真
5月	中共中央办公厅、国务院办公厅	《关于加强和改进村民委员会选举工作的通知》	村民委员会选举不规范
5月	国土部	《关于深入推动保增长保红线行动切实做好土地保障与监管工作的紧急通知》	土地保障与监管
6月	中共中央办公厅、国务院办公厅	《关于深入开展“小金库”治理工作的意见》	进一步推进“小金库”治理
6月	监察部、人保部、国土资源部	《关于适用〈违法土地管理规定行为处分办法〉第三条有关问题的通知》	新形势下违规行为适用条款
6月	中央纪委	《机构编制违纪行为适用〈中国共产党纪律处分条例〉若干问题的解释》	机构编制违纪行为

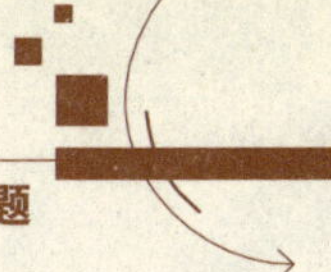

厉行节约、严禁公款出国（境）旅游

行政成本居高不下一直是各界诟病的问题。在2009年财政压力加大的情况下，这一问题更加突出。尤其是浙江省温州市、江西省新余市有关政府部门组织的多个出国“考察培训团”以及“山东滨州市工商局长全国哀悼日时公款旅游被免半年后复出”等新闻被网上曝光后，更是引起社会的广泛质疑。为此，2009年2月中办国办联合下发了《关于党政机关厉行节约若干问题的通知》和《关于坚决制止公款出国（境）旅游的通知》两份文件。重申严禁以各种名义用公款出国（境）旅游，严格管理公车、公务接待等八条要求，并特别强调严禁以各种名义用公款出国（境）旅游。各级党政机关要严格执行中央有关规定，不组织、不参加各类公款出国（境）旅游活动。2009年各地区各部门因公出国（境）经费支出要在近3年平均数基础上压缩20%，并相应减少因公出国（境）团组数和人数。3月，财政部、审计署也发出通知，严格要求2009年各地区各部门因公出国（境）经费支出，要在近3年平均数基础上压缩20%；2009年各级党政机关车辆购置及运行费用支出要在近3年平均数基础上降低15%；2009年各级党政机关公务接待费用支出要在2008年基础上削减10%。

“小金库”专项治理进行时

近年来随着国库集中支付范围的不断扩大，一些单位从局部利益出发，不断翻新形式设立小金库。“小金库”虽冠以“小”字，容量却大得惊人，仅2006年上半年，全国审计机关共查出违规小金库130亿元。4月23日，中央纪委、监察部、财政部、审计署联合印发《关于在党政机关和事业单位开展“小金库”专项治理工作的实施办法》，明确2009年年在全国范围内开展的“小金库”专项治理范围是全国党政机关和事业单位，治理工作持续至2009年年底基本结束。4月24日，全国“小金库”治理工作电视电话会议在京召开，要求全国党政机关和事业单位开展“小金库”专项治理，鼓励知情人士举报。为深入推进“小金库”治理工作，中办国办6月联合印发《关于深入开展“小金库”治理工作的意见》，《意见》明确对专项治理中发现的“小金库”，要严格按照“依法处理，宽严相济”的原则进行处理。对举报有功的单位和个人，根据查出并已收缴入库的“小金库”资金、税款和罚款的金额，给予3%至5%的奖励，奖金最高额为10万元。

近年来，中央虽三令五申，却依然未能阻止“小金库”的扩张和蔓延。关键因素在于，由于打着集体的幌子，“小金库”往往被看做是一般的违纪违规，对相关责任人的责任追究没有上升到法律的高度。全国人大常委会委员、中纪委原副书记刘锡荣曾提出了集体腐败的概念。他建议可考虑首先把私立“小金库”列入刑法犯罪中。现在看来，将“小金库”列入刑法犯罪不失为正本清源之举，这样不仅有利于打击“小金库”，防范集体腐败，而且有利于从源头上治理乱收费、乱罚款现象。

上半年关于作风建设的部分文件

时间	发文机关（会议）	文件名称
4月	中共中央办公厅、国务院办公厅	《关于领导干部定期接待群众来访的意见》《关于中央和国家机关定期组织干部下访的意见》《关于把矛盾纠纷排查化解工作制度化的意见》
7月	中共中央	《中国共产党巡视工作条例（试行）》
7月	中共中央办公厅、国务院办公厅	《关于实行党政领导干部问责的暂行规定》
7月	中共中央办公厅、国务院办公厅	《国有企业领导人员廉洁从业若干规定》

剑指村官腐败

近年来，村民委员会选举工作在全国各地农村深入开展，对保障村民实行自治、发展农村基层民主发挥了重要作用。但有的地方村民委员会选举竞争行为不规范、贿选现象严重，影响了选举的公正性；有的地方没有严格执行村民委员会选举的法律法规和相关政策，影响了村民的参与热情；有的地方对村民委员会选举中产生的矛盾纠纷化解不及时，影响了农村社会稳定。为从根本上遏制村官腐败，中央组织部4月下发《关于加强村党支部书记队伍建设的意见》，《意见》着重对建立健全村支部书记的岗位责任和监督机制、培养选拔机制、教育培训机制和激励保障机制作出规定，力求形成岗位有明确目标、工作有合理待遇、干好有发展前途、退岗有一定保障的村党支部书记队伍建设长效机制。

5月，中共中央办公厅、国务院办公厅印发了《关于加强和改进村民委员会选举工作的通知》。《通知》要求依法规范村民委员会选举程序，坚决查处村民委员会选举中的贿选等违法违纪行为。《通知》提出有条件的地方，提倡组织候选人同村民见面，介绍治村设想或竞职承诺，回答村民提出的问题，禁止候选人或候选人指使的人私下拉票；要加强对候选人治村设想或竞职承诺的审核把关工作；要引导候选人着力围绕发展经济、完善管理、改服务提出方案和措施，防止出现为当选进行个人捐助村内公益事业财物比拼加码的现象。

确保信贷资金进入实体经济

金融领域的危机是此次全球经济危机的重灾区和根源。7月15日，央行公布上半年新增信贷7.37万亿元，比2008年同期增加4.92万亿元。有专家担忧天量信贷中有相当一部分并没有进入实体经济，而是流入了包括股票市场和房地产市场在内的资产市场，不少国外的热钱出于对通胀的预期也进入国内进一步推高资产价格泡沫。

“躲猫猫”“飙车案”后政法系统多项禁令促廉洁

由于“躲猫猫”“飙车案”等一系列网络公共事件给政法系统带来极大的负面影响，

2009年上半年，政法系统把队伍建设置于更加突出的位置，从严治队伍重拳频出。1月8日，最高人民法院发布法官“五个严禁”规定，并公布举报电话。对违反规定的人员，一律调离岗位，并严格依法追究责任。截至2月底，全国各级法院共查处涉嫌违反“五个严禁”规定的130余人。在已做处理的44人中，移送司法机关的27人，刑事处罚的4人。2月，最高人民检察院推出了“十个严禁”。最高检的数据显示，2008年严肃查处违纪违法检察人员258人，其中追究刑事责任24人。3月，公安系统出台了《公安机关领导干部五个严禁》。违反“五个严禁”的，将予停职、调离、免职、责令辞职等，同时受到党政纪处分直至追究刑事责任。有关专家分析，这些“严禁”制度，都是针对最容易发生的问题和最容易发生问题的岗位环节来设计的，涉及政法干警尤其是领导干部工作生活的方方面面，对于严肃政法纪律、纯洁政法队伍将发挥重要作用。

3月19日，为进一步规范自首、立功等量刑情节的认定和处理，依法从严惩处严重职务犯罪活动，最高人民法院、最高人民检察院联合发布《关于办理职务犯罪案件认定自首、立功等量刑情节若干问题的意见》。《意见》规定的对贪污受贿、渎职等职务犯罪案件办理当中自首、立功、如实交代犯罪事实、赃款赃物追缴等量刑情节的认定和处理问题，都是办理职务犯罪司法实践中经常遇到、在具体理解和适用上存在分歧的问题。最高人民法院有关负责人表示，“对这些量刑情节明确其成立条件，严格其认定程序，规范其在量刑中的作用，有利于职务犯罪案件刑罚适用的统一性和严肃性，从根本上解决部分职务犯罪案件处理上失之于宽的问题。”

用人：中组部2009年的几个大动作

2009年10月19日，中组部部长李源潮在《人民日报》发表题为《坚持民主公开竞争择优　推进干部人事制度改革》的文章，对党的十七届四中全会通过的《中共中央关于加强和改进新形势下党的建设若干重大问题的决定》中关于我国干部人事制度改革最新精神进行了全方位解读。文章指出，党中央对新形势下深化干部人事制度改革，建设善于推动科学发展、促进社会和谐的高素质干部队伍作出了全面部署，强调"坚持民主、公开、竞争、择优，提高选人用人公信度，形成充满活力的选人用人机制，促进优秀人才脱颖而出，是培养造就高素质干部队伍的关键"。

在此之前，李源潮在延安出席中国浦东、井冈山、延安干部学院2008年秋季开学典礼时的讲话，以《坚持德才兼备以德为先的用人标准》为题发表在2008年第20期《求是》杂志上，明确了用人标准，着重强调了以德为先的用人原则。

2009年9月5日，李源潮再次在中国浦东、井冈山、延安干部学院2009年秋季开学典礼上发表重要讲话，并以《共产党的干部必须清正廉洁》为题，刊登在10月24日的《学习时报》上，再次强调：新形势下党的干部面临的诱惑越来越多，必须把保持清正廉洁作为干部教育的重要任务和党性锻炼的核心内容。

通过这些文章，再结合2009年中组部全国干部监督工作会议、中央纪委第四次全会等会议精神，我们可以清晰地看到党中央在干部选用和管理监督方面的新的动向和思路。

2009年中组部关于干部人事改革的相关会议

时间	会议	主要内容
5月19日	中组部全国干部监督工作会议	中组部部长李源潮指出，要深入贯彻落实党的十七大精神，把整治用人上不正之风、提高选人用人公信度，作为干部监督工作的首要任务

续表

时间	会议	主要内容
9月15日	十七届四中全会	会议主题及精神主要集中在党内民主、反腐倡廉和干部直选等方面
9月19日	中共第十七届中央纪委第四次全会	将把住房、投资、配偶子女从业等情况，列入领导干部必须报告的个人情况，认真解决一批涉及领导干部廉洁自律的突出问题
9月22日	全国组织部长学习贯彻党的十七届四中全会精神集中培训班	中组部部长李源潮指出，要按照民主公开竞争择优方针，推进干部人事制度改革，坚决整治用人上不正之风，提高选人用人公信度

干部科学选任，路子越走越清晰

国以人兴，政以才治，党政领导干部的培养、选拔、管理工作关乎人心向背、社稷安危。胡锦涛总书记在2007年10月15日十七大上指出，要不断深化干部人事制度改革，坚持正确用人导向，按照德才兼备、注重实绩、群众公认原则选拔干部，提高选人用人公信度。在中纪委十七届第三次全会上他进一步指出，要保持经济平稳较快发展，保持社会和谐稳定，各级领导干部一定要树立和弘扬良好作风。领导干部作风问题，说到底是党性问题，各级党委要把加强领导干部党性修养、树立和弘扬优良作风作为重大政治任务抓紧抓好。习近平也多次强调要加强领导干部的道德修养亦即党性修养。在3月1日中央党校省部级干部进修培训班开学典礼上，他特别强调选拔干部的标准是德才兼备、以德为先，而干部的“德”就是“党性”。

2008年开始，中央组织部委托国家统计局对全国组织工作满意度进行首次民意调查。中组部部长李源潮在2009年5月19日全国干部监督工作会议上指出，必须清醒地认识到，用人上的不正之风和腐败现象依然是干部群众反映强烈的一个突出问题。吏治腐败是危害最烈的腐败，也是干部群众最为痛恨的腐败。2008年进行的首次全国组织工作满意度民意调查显示，当前干部群众对干部选拔任用工作、防止和纠正用人上不正之风工作“两个满意度”分别为67.04分和66.84分。到召开党的十八大时，要争取这“两个满意度”都有提高。各地区各部门要按照“两个提高”的要求，确定明确的奋斗目标，采取有力措施整治用人上不正之风，确保本地区本部门的“两个满意度”逐步提升。

全国组织工作满意度民意调查结果（%）

调查项目	很满意	满意	基本满意	不太满意	不满意	不了解	未评价
对组织工作	21.36	37.63	30.7	5.49	2.08	2.58	0.15
对组工干部形象	20.36	38.7	31.67	5.35	1.66	2.18	0.08
对选拔任用干部工作	15.83	30.41	34.26	10.97	4.01	4.44	0.08
对防止和纠正用人上不正之风工作	15.41	30.03	33.19	11.24	3.95	6.09	0.09

国家统计局在中央机关、省、市、县、乡、村各层次的干部和群众中随机抽取近8万人开展了调查。计算公式为：满意度＝“很满意”比例×100＋“满意”比例×80＋“基本满意”比例×60＋“不太满意”比例×30＋“不满意”比例×0，满分为100分

坚持正确的用人导向

为政之要，莫先于用人。用人导向是最重要的导向。坚持正确用人导向，既要靠干部政策来引导，也要靠深化干部人事制度改革、建立健全科学的选人用人机制来保障。2007年4月11日至14日，胡锦涛总书记在宁夏考察时提出了引起广为关注的“三原则”：对那些长期在条件艰苦、工作困难的地方工作的干部要格外关注，对那些不图虚名、踏实干事的干部要多加留意，对那些埋头苦干、注意为长远发展打基础的干部不能亏待。2008年2月18日，胡锦涛总书记在全国组织工作会议上强调，要坚持正确的用人导向，真正把那些政治上靠得住、工作上有本事、作风上过得硬、人民群众信得过的干部选拔到各级领导岗位上来。

老实做人、做老实人，是共产党员先进性的内在要求，是领导干部“官德”的外在表现。2008年5月13日，习近平在中央党校2008年春季学期第二批进修班暨师资班开学典礼上强调，各级领导干部要进一步增强大局意识、忧患意识、责任意识，认认真真学习、老老实实做人、干干净净干事。保增长维稳定关键在党，关键在人。2009年3月1日，习近平在中央党校春季学期开学典礼上进一步明确了新形势下领导干部要着重提高六个方面的能力。

在这六方面能力的基础上，在2008年7月中组部在京召开的领导班子思想政治建设座谈会上，李源潮又提出了“四个不用”：不用那些以权谋私、为己干事、干部群众信不过的人，不用那些不负责任、拉私人关系、投机钻营的人，不用那些不讲原则、不分是非的“老好人”，不用那些不干实事、无所作为混日子的人。选用干部既要重能力，更要重品行。“四个不用”，是对干部中存在的一些“耍滑和混”现象的有力鞭挞，也是对“耍滑和混”的为政行为坚决说不。树立选人用人的良好风气，组织部门的工作起着重要的导向作用。在2009年5月25日召开的全国组织系统推进“万名组织部长下基层”活动视频会议上，李源潮再次强调“组织部长主动与不跑不要的干部谈心沟通，跑官要官的

习近平提出的领导干部必须具备的六方面能力

△ 一要提高统筹兼顾的能力，善于运用唯物辩证法认识和处理问题，既统揽全局、统筹规划，又在重点突破中推动工作协调发展

△ 二要提高开拓创新的能力，善于根据事物发展的客观规律推动思维创新、方法创新、实践创新、制度创新，创造性地开展工作

△ 三要提高知人善任的能力，善于发现人才，正确识别人才，科学评价人才，合理使用人才，把各方面优秀人才会聚到党和国家事业中来

△ 四要提高应对风险的能力，善于对各种可能出现的风险进行科学预判和超前准备，增强临机处置能力，化风险为机遇，化被动为主动

△ 五要提高维护稳定的能力，善于见微知著，增强维护稳定的果断性，及时化解矛盾纠纷，妥善处理群体性事件

△ 六要提高同媒体打交道的能力，尊重新闻舆论的传播规律，正确引导社会舆论，要与媒体保持密切联系，自觉接受舆论监督

就会受遏制，老实人吃亏的现象就会减少”。组织干部主动下基层、查民意、做调查，堵死了跑官要官的空间，对选人用人工作的科学性提供了保障。

年轻干部的培养选拔要以德为先

大力培养选拔年轻干部事关党和国家长治久安，科学合理的干部年龄结构是一个领导班子始终充满生机与活力的重要保障。温家宝总理 3 月底在湖北省考察时强调，在应对国际金融危机，青年人要大胆创新，做一个有所作为的人。青年有希望，国家就有希望。目前，我国几乎所有省市都出现了“60 后”的党委常委或副省长，而任正部级官员的“60 后”，目前就有五位。正反两方面的经验教训表明，领导干部特别是有培养前途的年轻干部，往往也是形形色色的社会人士关注乃至苦心经营、倾心“投资”的“潜力股”，而“腐败年轻化”现象也说明加强年轻干部的党性修养显得十分迫切。

3 月 30 日，全国培养选拔年轻干部工作座谈会在北京召开，习近平在座谈会上谈到，做好培养选拔年轻干部工作，要坚持重在培养，以坚定理想信念、加强党性修养和弘扬优良作风为核心，进一步加强年轻干部的理论培训和实践锻炼，提高政治素质和能力素质；要坚持德才兼备、以德为先的用人标准，形成有利于优秀年轻干部脱颖而出的选拔机制。习近平强调，在实践中锻炼、考验和提高干部，始终是培养年轻干部的一个基本途径。越是有培养前途的年轻干部，越要放到艰苦环境中去，越要派到改革和发展的第一线去。李源潮在座谈会总结讲话中也指出，要遵循年轻干部的成长规律，科学优化领导班子年龄结构，实行老中青结合的梯次配备，既激励年轻干部奋发进取，又让其他年龄段的干部有前途、有奔头，充分调动整个干部队伍的积极性。年轻干部能否上得来、干得好、稳得住，制度环境的作用举足轻重。

从全国培养选拔年轻干部工作座谈会上传递出的信息显示，德才兼备、以德为先，重在实践锻炼、重视基层经历，等等，都将成为下一步年轻干部培养选拔的“关注点”。2009年中央相继制定和完善了《2009—2020年全国党政领导班子后备干部队伍建设规划》、《关于加强培养选拔年轻干部工作的意见》等文件，优化党政领导班子的结构、重视基层锻炼成为这两份文件的重要内容，这些为避免机关干部脱离实际、官僚化和机关化提供了保障。2009年5月，甘肃省下发《甘肃省省直机关中层干部轮岗交流实施办法》。办法明确作为后备干部需要加强培养锻炼的、岗位经历单一或需要通过轮岗交流提高领导能力的、正处级领导干部在同一岗位任职5年以上的等六类对象必须交流。《办法》同时要求不准个人或少数人指定交流对象，不准借干部交流突击提拔干部。干部轮岗交流应严格在职数和编制限数内进行，不准超职数、超编配备干部。

以最坚决的态度整治用人不正之风，遏制干部任用中的“潜规则”

与前几年召开的全国干部监督工作会议相比，2009年5月19日全国干部监督工作会议上，中组部部长李源潮的讲话更为严厉：“以最坚决的态度整治用人不正之风。要把整治用人上不正之风、提高选人用人公信度，作为干部监督工作的首要任务。”舆论普遍认为，选人用人“潜规则”是最大的腐败游戏，而李源潮部长以“最坚决的态度”剑指

李源潮在全国干部监督工作会议上的讲话要点

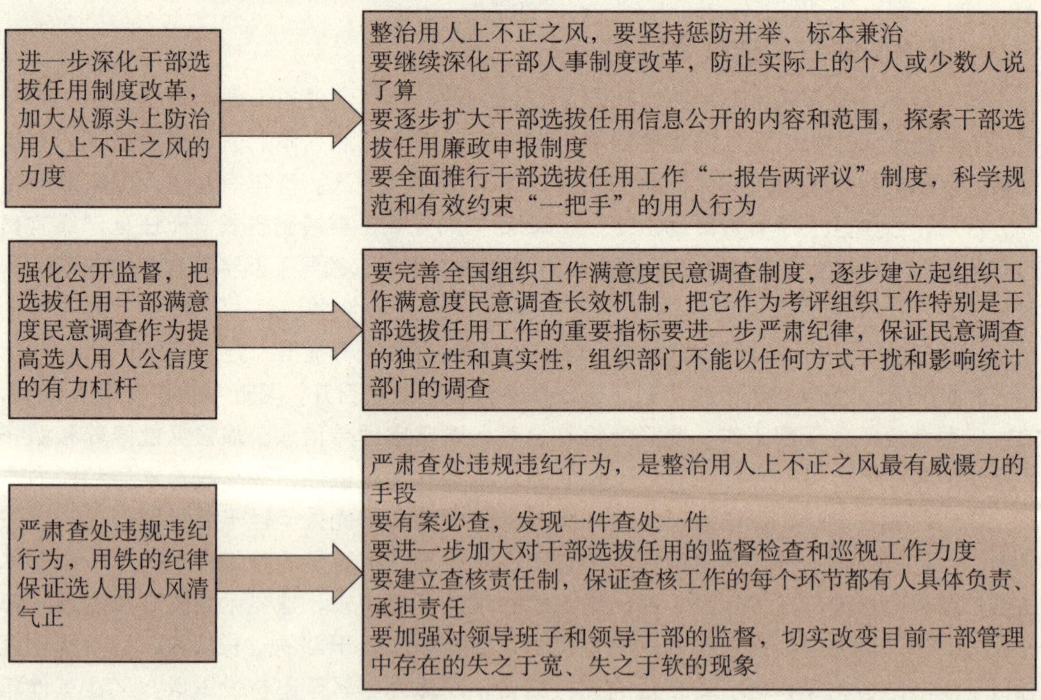

“用人不正之风”，这是向“用人不正之风”发出的“宣战书”，也是向“用人不正之风”发出的“通缉令”，更是向社会作出的庄严承诺，是给想干事的人以鼓舞，给想位子的人以警钟，给百姓以信心和期待。

这些年来整治用人上不正之风一直是组织和纪检部门的工作重点。2008 年 10 月中央纪委、中央组织部联合印发《关于深入整治用人上不正之风进一步提高选人用人公信度的意见》强调，要进一步严明用人纪律。对行贿买官、受贿卖官的，按照组织程序，一律先予免职，再依据党纪政纪和有关法律法规追究责任。对封官许愿或者为跑官要官的人说情、打招呼，以及泄露酝酿、讨论干部任免情况的，严肃批评教育，是组织人事干部的，要调离组织人事部门，造成严重不良后果的，要依据党纪政纪和有关法律法规追究责任。对因用人方面的问题受到责令辞职、免职、降职等组织处理的，两年内不得提拔。

《意见》出台几天之后，中组部又制定了《中央组织部工作人员行为规范》，并向全国组织系统印发了《组工干部"十严禁"纪律要求》。三份文件为把组工干部队伍建设成为讲党性、重品行、作表率的过硬队伍，同时也为组工干部设立一道不可逾越的"红线"，给组工干部戴上"紧箍咒"。

《组工干部"十严禁"纪律要求》主要内容

一、严禁听信、散布、传播同党和国家的路线方针政策和决定相违背的言论、小道消息。
二、严禁违规复制或携带涉密文件资料和有关载体，泄露党和国家秘密或工作秘密。
三、严禁在干部工作中"跑风漏气"，泄露未经批准对外公开的信息。
四、严禁"封官许愿"，为"跑官要官"者说情、打招呼、联系和引见有关人员。
五、严禁在干部考察工作中弄虚作假、隐瞒实情，违规干预下级单位和有关部门的干部选拔任用工作。
六、严禁滥交友、追求享乐、贪图钱色，违反社会主义道德规范。
七、严禁参加可能影响公正执行公务的宴请、旅游和其他消费娱乐活动。
八、严禁利用职务之便为本人、亲友或特定关系人谋取特殊照顾或私利。
九、严禁收受任何单位或个人的贵重礼品、礼金、有价证券和支付凭证。
十、严禁接受任何单位或个人支付应由本人或配偶、子女等亲属负担的费用。

地方干部选拔"自选动作"有效推进

针对选人用人方面的不正之风，2009 年 4 月，广东省出台了《关于严格干部职位职数配备管理的若干规定》《规范领导干部初始提名试行办法》《关于进一步做好干部选拔任用民主推荐工作的意见》《省管干部考察对象公示试行办法》《省管干部考察对象报告个人有关事项试行办法》《干部选拔任用工作"一报告两评议"试行办法》《关于从基层和生产一线选拔党政领导机关干部的若干意见》七个文件，旨在不断提高干部选拔任用工作的制度化、规范化水平，进一步提高组织工作满意度和选人用人公信度。这七个文件一个显著的特征是：现实针对性强。如，对于社会反映强烈的“裸官”现象，文件规定了对领导干部在提拔任用前应向组织报告个人事项的范围，重点考察其重要社会关系、婚姻变化情况、配偶及子女涉外事项等隐蔽信息。又如，一些地方政府在助理和副秘书长配备上不尽规范甚至严重超编，此次出台的七个文件明确规定，“省直机关和市县镇机关不设置领导助理职位，县以下党政机关不设秘书长、副秘书长职位”，既符合中央要求，又契合实际，反映了广泛民意。

另外，在选人用人方面，浙江省大力推行的市县三级党委常委会干部任用“票决制”全覆盖模式也备受关注。2009 年 2 月获通过的《浙江省委常委会讨论任用省管干部实行票决制的实施办法》规定，今后除了省领导兼任职务、挂职干部、师职军转干部安置等几种情况外，其他提交省委常委会的省管干部人选，都要进行票决。而前不久举行的十二届浙江省委常委会第七十二次会议，首次用无记名投票的方式，表决通过了 56 名拟任干部人选。这是浙江省委常委会首次以“票决制”替代以往的“议决制”来决定干部任用。至此，浙江实现了省、市、县三级党委常委会干部任用“票决制”全覆盖。专家认为，从实行“票决制”的实践来看，这一制度较好地处理了发挥常委会核心作用和扩大党内民主的关系，有利于加强民主集中制建设，有利于增强干部选拔任用的透明度，一定程度上改变了“少数人从少数人中选人”，对抑制“跑官要官”不正之风、防止用人上的失察失误，起到积极作用。

部分省市在干部任用方面的创新举措

省市	关键词	主要内容
云南省	省直管县委书记	要保持县委书记队伍的相对稳定，按县党政正职原则上要在同一县上任满一届的规定，严格控制县委书记任期内的职务变动。加大对县委书记的监督力度，特别是加强对县委书记用人行为、民主决策和廉洁自律等方面的监督。同时，要为县委书记履行职责创造条件，有条件的地方可让县委书记列席州市有关部门党委常委会和政府常务会，要把政绩突出、群众公认的优秀县委书记，作为州市党政领导班子和省直部门干部的重要来源
贵州省	应对重大事件中干部表现专项考察制度	研究制定了《关于在完成重大任务、应对重大事件中加强干部考察工作的通知》，积极探索建立在关键时刻识别和使用干部的制度机制，形成正确的用人导向
四川省	干部选拔新规：不确定职位推荐后备人选	在全国率先出台了《非定向推荐市厅级领导职务后备人选办法（试行）》，对市厅级领导职务后备人选的基本条件、基本资格、产生程序、具体数额和相应结构等方面作出了明确规定。《办法》规定在民主推荐中得票没有超过半数，民主测评中“优秀”得票率低于 60%、“不称职”得票率高于 10% 的，不能作为建议人选

续表

省市	关键词	主要内容
河北省	地方党政领导“治安政绩档案”	通过强化社会治安综合治理“一把手”工程，建立地方党政领导“治安政绩档案”，领导干部晋职晋级时要征求同级社会治安综合治理委员会的意见，以此加强社会治安，提高群众的生活安全感
陕西省	“三位一体”干部考核制度	以工作实绩考核为重点，对被考核单位年度目标责任、领导班子和领导干部、党风廉政建设三者相结合的考核。把考核指标量化、把考核结果与干部使用相挂钩
上海市	选拔任用干部需征求同级纪委意见	上海出台了《关于进一步加强对局级领导班子主要负责人监督的若干意见（试行）》、《关于党委（党组）实施“三重一大”制度的若干意见（试行）》“两个若干意见”，加强对局级领导班子监督，后一个“意见”中，选拔任用干部征求同级纪委意见成为重点之一

选人用人：坚决整治跑官要官

解决当前干部工作中的突出问题，实现吏治清明，关键在改革，希望在改革，根本出路在改革。胡锦涛总书记2008年在全国组织工作会议上指出，选人用人要坚持德才兼备、以德为先。在十七届中央纪委三次全会上，他再次强调，我们党的干部标准是德才兼备、以德为先，德的核心是党性。

李源潮指出，德与才是干部素质不可或缺的两个方面，有德无才，难以担当重任；有才无德，终究要败坏党的事业。与改革开放初相比，我国干部队伍的年龄结构、知识结构、专业结构发生了历史性变化。现在一些干部出问题，主要不是出在才上，而是出在德上。坚持德才兼备、突出以德为先，抓住了当前领导班子和干部队伍建设的关键。

3至5年时间实现十七大提高选人用人公信度目标

近年来，在党中央的领导下，整治用人上不正之风取得了明显成效。2008年8月，中组部部长李源潮在干部监督工作联席会议上明确要求：“用人上不正之风具有很强的顽固性，整治用人上不正之风，必须有更强的战斗力。我们要坚持从严治党、从严管理的方针，紧紧依靠广大群众，从群众反映最强烈的问题入手，采取有力措施，集中解决选人用人上的突出问题。要坚决纠正有的地方和单位查处不力、失之于宽、失之于软的偏向，以实际行动取信于民。”

李源潮指出，全国组织系统要以最坚决的态度同用人上不正之风进行战斗，力争用3至5年时间，使人民群众对干部选拔任用工作的满意度明显提高，对整治用人上不正之风工作的满意度明显提高，实现党的十七大提出的提高选人用人公信度的目标。

仲祖文强调让基层之路越走越宽

2009年以来，《人民日报》连续开展了“基层之路怎样越走越宽”的讨论，受到中组部的肯定。署名“仲祖文”的评论也一再谈到，干部在基层成长，干部从基层选拔，干部到基层培养，这是党的一贯用人方针，也是领导干部成长的科学规律。基层是普通人民群众日常活动的场所，只有在基层摸爬滚打过的人才能深刻地了解人民群众，才会对人民群众有深厚的感情，才有基础成长为一名执政为民的领导干部。“宰相起于州部，猛将发于卒伍”，这是古人都明白的道理。

但是，文章也坦陈，基层比较艰苦，基层比较复杂，基层认干不认说。许多年轻人尤其是年轻大学生不愿去、不敢去。其实，正因为艰苦才磨炼人，正因为复杂才长本事，正因为认干不认说才能养成务实作风。基层是培养干部、锻炼干部、识别干部最好的大学校。过去有焦裕禄、孔繁森，现在有王永利、王彦生。对这些在基层之路上不怕艰苦、不计得失、执著坚守、信念如磐的“老实人”，各级组织部门要关心他们，爱护他们，重视他们，精心地从中发现和培养领导干部。这样，基层之路就会越走越宽。

2008年，江苏省宿迁市通过自愿报名、公开推荐、组织决定的方式，选派市直机关七名处级干部到基层任职，分别担任乡镇党委和县（区）部门主要领导职务；湖南省也从省直机关下派五名厅局级干部担任县（市）委主要领导职务，其中正厅级干部2人。他们的做法，既加强了基层一线力量，又使年轻干部获得基层工作经验，是培养党政领导干部、改善机关干部队伍结构的好办法。

长期以来，高校应届毕业生成为党政机关干部的主要来源。据统计，中央国家机关司局级干部中，来自高校应届毕业生的高达44.6%，而具有县乡基层领导经历的仅占12.5%。应该说，能够直接进入党政机关特别是高级机关的，大都是大学毕业生中的佼佼者。他们学有专长，视野开阔，思维活跃，基本素质都很好。但是，这些干部也有明显不足，主要是缺乏对国情特别是基层实际情况的深入了解，没有经过艰苦、复杂环境的锻炼，解决实际问题的经验不足，应对复杂局面的能力不强。他们中的一部分同志是中高级干部的重要来源，随着职务的提升，缺乏基层经历的缺陷会越发凸显。“三门”干部过多，相当一批干部经历单一，已成为制约高素质干部队伍建设的一个突出问题。

解决干部经历单一问题，优化干部队伍结构，最有效的办法就是把干部放到基层去锻炼。基层是改革发展的主战场、保持稳定的第一线、服务群众的最前沿。到基层工作，有利于了解社会、了解群众，有利于锤炼党性、锤炼作风，有利于提高解决实际问题和驾驭复杂局面的能力，对于干部成长大有裨益。可以说，基层经历特别是基层领导工作经历，是领导干部的必修课，是不可或缺的工作经历。而且，干部职务层次越高，基层工作经历应该越丰富、越扎实。

中组部反复强调，广大干部特别是机关年轻干部，要增强到基层工作的紧迫感，积极主动地要求到基层去，在改革发展稳定的第一线摔打磨炼，锻炼提高。各级党组织要

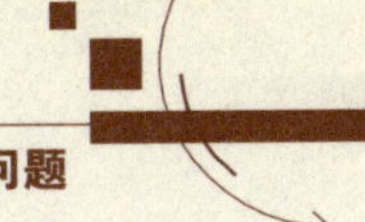

对干部成长经历进行认真分析，对于缺乏基层工作经历的干部，有计划地放到基层锻炼，让他们补上这一课。而且，越是有发展潜力的年轻干部，越要让他们到基层一线经受锻炼。要加强上下级机关干部的交流，把基层优秀干部选调到上级机关来，把上级机关缺乏基层经历的年轻干部放下去。党政机关录用公务员，要优先录用有基层工作经验的人员。要着力建立来自基层一线的干部培养链，树立干部从基层培养、人才在一线成长的用人导向。

既不用不讲原则的“老好人”也不用夸夸其谈的“马谡”

2008年7月，李源潮在中央组织部召开的领导班子思想政治建设座谈会上强调，选用干部既要重能力，更要重品行。要重用那些政治坚定，有开拓创新精神，工作有实绩，清正廉洁，群众公认的优秀干部，不用那些以权谋私、为己干事、干部群众信不过的人，不用那些不负责任、拉私人关系、投机钻营的人，不用那些不讲原则、不分是非的“老好人”，不用那些不干实事、无所作为混日子的人。要扩大选人用人的民主，坚决整治选人用人不正之风，提高选人用人公信度。

李源潮重申，把尊重民意和不简单以票取人辩证统一起来，对得票情况作具体分析，着重看干部综合德才素质和一贯工作表现，不简单以票数决定干部任用，防止误用不讲原则、不负责任的“老好人”。在“不以票取人”的时候，要有更合理的理由和更严格的审议批准程序。

干部人事制度改革直接涉及权力和利益关系的调整，牵一发而动全身。改革有风险，但不改革党就会有危险。李源潮在文章中指出，干部人事制度改革现在已进入攻坚克难的关键阶段。提高竞争性选拔干部的质量。按照“干什么、考什么”原则，改进笔试或面试方法，借鉴现代人才测评技术，真正考出干部的基本素质和实际能力。要全面准确地了解干部的德才表现和工作实绩，防止凭印象起用夸夸其谈的“马谡”。

干部要把好欲望关，不许涉足低俗场所

李源潮明确指出，加强领导干部作风建设，必须把倡导良好的生活作风和健康的生活情趣作为一个重要方面。要按照“讲党性、重品行、作表率”的要求，自觉培养健康生活情趣，保持高尚精神追求。李源潮指出，党的干部要洁身自好。陷入腐败深渊的领导干部，多数是从不能洁身自好开始的。现在有些干部认为小节无害，贪图安逸，情趣庸俗，出入低俗场所甚至色情场所，沉溺于灯红酒绿、吃喝玩乐，损害党的形象、败坏党风民风。李源潮强调，党员干部要抗得住诱惑，把好欲望关。必须明确一条约束，党员领导干部不许涉足低俗场所，不许找“三陪”小姐陪酒陪唱，否则干部考核时就要在日常品行方面记上污点。

解决一批涉及领导干部廉洁自律的突出问题

9月19日，中共第十七届中央纪委第四次全会公报发布，住房、投资、配偶子女从

业等情况，正式列入领导干部必须报告的个人情况。全会要求，各级纪委要在党委的领导下，切实增强政治责任感，认真履行党章赋予的职责，推动十七届四中全会重大部署和各项任务的贯彻落实。按照深化干部人事制度改革的要求，匡正选人用人风气，坚决整治跑官要官、买官卖官、拉票贿选等问题；按照做好抓基层打基础工作的要求，扎实推进基层党风廉政建设；按照弘扬党的优良作风的要求，协助党委抓好党的作风建设；按照加快推进惩治和预防腐败体系建设的要求，在坚决惩治腐败的同时加大教育、监督、改革、制度创新力度，更有效地预防腐败。

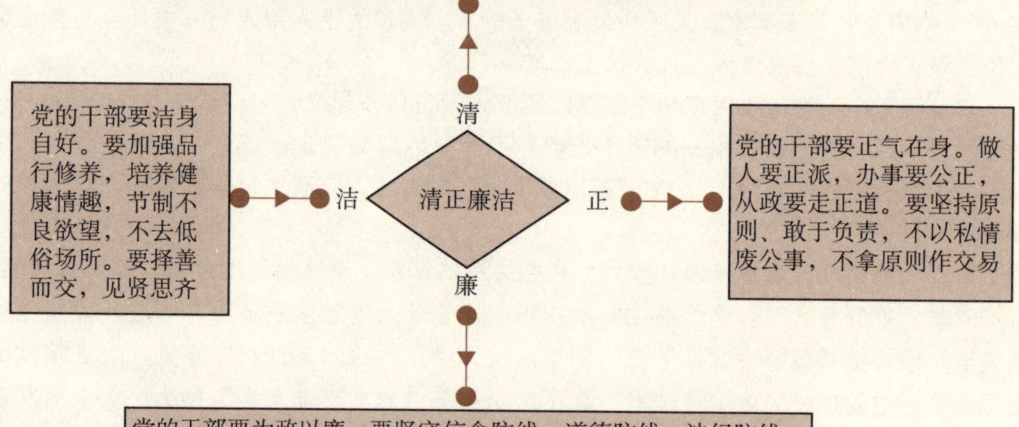

用制度和机制遏制“潜规则”

李源潮5月19日在中组部召开的全国干部监督工作会议上指出，用人上的不正之风和腐败现象依然是干部群众反映强烈的突出问题。要把整治用人上不正之风、提高选人用人公信度，作为干部监督工作的首要任务，用制度和机制遏制“潜规则”。

有媒体发表评论指出，要健全监督机制，多层次多渠道管理约束干部。强化党内监督；加强上级监督，按照干部管理权限，切实履行对干部的监督职责；加强领导班子内部监督。领导干部要自觉接受基层党组织的监督；鼓励、保护党代表对同级党的委员会、纪律检查委员会及其成员进行监督，建立健全党委常委会向全委会定期报告工作并接受监督制度。同时，要发挥人大和政协的监督作用。支持人大代表、政协委员通过适当方

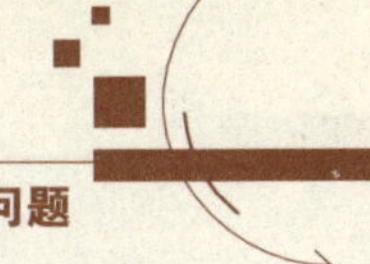

式提出批评和建议，加强对干部人事法律法规实施情况、重大方针政策贯彻执行情况的监督；加强群众监督。对群众举报的干部问题，要认真受理、及时核查。对打击报复举报人的，要严肃处理；加强舆论监督。高度重视媒体提出的批评、建议。对反映的有关问题要进行认真核实并切实加以解决。

落实好选人用人制度“四权”

类别	要点
完善推行“三项制度”，尊重和保障党员干部群众的知情权	一是探索推行空缺职位预告制度；二是完善推行考察对象公示制度；三是完善推行干部任前公示制度
着力拓展“三个范围”，尊重和保障党员干部群众的参与权	一是拓展参与民主推荐的范围；二是拓展参与考察谈话的范围；三是拓展参与民意调查的范围
坚持做到“三个不用”，尊重和保障党员干部群众的选择权	一是坚持做到民主推荐得票少的干部不用；二是坚持做到民意调查情况差的干部不用；三是坚持做到群众举报意见大的干部不用
建立健全“三大机制”，尊重和保障党员干部群众的监督权	一是建立健全举报信息收集机制；二是建立健全举报信息处理机制；三是建立健全举报信息反馈机制

人才准备：“接班人”选拔计划启动

新中国成立60周年之际，中央启动了对党政后备干部的大面积选拔工作。与此同时，旨在引进海外高层次人才的“千人计划”也进入全面实施阶段。

新时期干部人事制度改革的指导原则

原则	要点
坚持党管干部原则	党管干部是干部人事制度改革必须始终坚持的基本原则，任何时候都不能动摇
坚持科学化、民主化、制度化的建设方向	实现干部工作的科学化、民主化、制度化，是深化干部人事制度改革的重要目标
坚持德才兼备、以德为先的用人标准	坚持德才兼备、突出以德为先，抓住了当前领导班子和干部队伍建设的关键
贯彻民主、公开、竞争、择优的改革方针	扩大干部工作民主是深化干部人事制度改革的基本方向，就是要进一步落实广大干部群众对干部选拔任用的知情权、参与权、选择权、监督权

2008 年底召开的全国组织部长会议明确提出，2009 年要重点抓好“党政正职后备干部队伍建设，进行后备干部集中补充调整”。2009 年 2 月，中央制定下发了《2009～2020年全国党政领导班子后备干部队伍建设规划》。这是中央首次制定党政领导班子后备干部队伍建设规划，与之配套的《关于加强培养选拔年轻干部工作的意见》也随后下发。目前，大规模的“接班人”选拔计划正有序推进。按照中央规划，通过 2009 年集中补充调整，将在全国范围陆续选拔 1000 名左右的省部级后备干部、6000 多名地厅级干部和约 4 万名县处级干部。分析人士指出，此举不仅与 3 年后将举行的中共十八大有关系，也是为今后更长一段时间做人才和组织准备。

在本次选拔中，优化结构被放在了重要的位置，“干部年轻化”的要求被进一步贯彻。与此同时，干部任职经历受到特别重视，要求应该具有基层工作经历。可以预见，大力选拔来自基层的干部充实各级党政机关将会成为未来的趋势。特别值得一提的是，紧跟着后备干部培养规划文件下发的，是中组部《关于在党政领导班子后备干部集中调整中治理拉票行为的通知》。《通知》明确提出，相关情节一旦查实受到处理后，“两年内不得提拔”；情节严重的，“先免去现职或者责令辞职”。有关专家指出，这凸显了执政党着力培养一个让人放心的后继者群体的“苦心”。

目前，各地组织部门已开始着手搭建一个从年龄到经历都颇为搭配的“接班人”队伍。8 月 13 日，青海省委组织部召开选派优秀年轻干部挂职锻炼工作会议，平均年龄仅为 27.7 岁的 89 名年轻干部将赴玉树、果洛州乡镇挂职锻炼。8 月 25 日，贵州省委组织部召开全省地厅级后备干部集中调整工作部署会，部署该省本轮选拔计划中的首次集中调整，目标是遴选出 100 名左右的官员成为地厅级正职后备干部。8 月 26 日，山东省培养选拔年轻干部工作座谈会暨市厅级后备干部集中调整工作部署会在济南召开，就培养选拔年轻干部工作和加强后备干部队伍建设作出部署。

随着省直管县改革的推进，选配最优秀、最合适的县委书记显得十分紧迫。2009 年 5 月 18 日，中组部在京召开加强县委书记队伍建设座谈会，部署贯彻落实中央《关于加强县委书记队伍建设的若干规定》。李源潮在会上强调，“对县委书记的要求和管理，不能按一般的处级干部来对待，要把加强县委书记队伍建设作为全国干部工作的一项战略重点工程来抓”。2009 年 7 月前，云南省、河北省等省份相继落实中组部要求，规定县委书记的选拔任用需按程序报经省委常委会议审议。这是自 1983 年实行干部分级管理、下管一级管理体制后的一项重大调整。与此同时，各地在选拔任用县委书记方面也是亮点频现。继早前提拔多名县委书记到省直机关、厅局任职后，湖南省 2009 年 8 月再推用人新举，新提任 19 名县委书记为副厅级干部，其中有 16 人继续兼任县委书记。广东省、四川省、江苏省等多个省份也纷纷“高配”县委书记，海南省昌江县委书记甚至为正厅级。分析人士认为，中央和地方的一系列具体动作已释放出明确信号——县级干部作为传统意义“县官”的“基石”作用将更加凸显。

中组部 2009 年的几个大动作	
工作重点	内容
打造干部监督的电子网络	2 月，中组部正式开通“12380”举报网站，受理县处级以上领导班子和领导干部在选人用人问题上的举报。6 月，检察机关全国统一举报职务犯罪电话“12309”投入使用
万名组织部长下基层	5 月 25 日，中组部正式启动全国组织系统“万名组织部长下基层”活动。李源潮要求，组织部长主动与不跑不要的干部谈心沟通，跑官要官的就会受遏制，老实人吃亏的现象就会减少
修订考“官”大纲	中组部颁布修订后的《党政领导干部公开选拔和竞争上岗考试大纲》，不断提高考“官”工作的科学化水平
开展组织工作满意度民意调查	2009 年 7～11 月，由国家统计局组织实施 2009 年全国组织工作满意度民意调查
专门就地方县级纪检监察机关建设作出规定	6 月，中组部、中纪委等五部委联合下发《关于加强地方县级纪检监察机关建设的若干意见》和《关于县级纪检监察机关办公办案装备配置标准和实施办法的通知》两个重要文件，提高县级纪委地位，提升纪委权力，加大对基层干部的监督力度

固本强基：聚焦基层百万官员大轮训

2000 多位县委书记、3000 多位县公安局长、2000 多位县纪委书记、3500 多位县检察长……直至最基层的乡镇干部和 60 余万村支书，自 2008 年年底以来，中央从多个层面多个渠道对县级近百万官员进行了有针对性的培训，频率为新中国成立以来少有的。媒体将本轮规模空前的轮训形容为“中国百万官员的‘再锻造’”。中央党校叶笃初教授对这轮培训的评价是：应时、应势、应需之举。无论是从培训的规模、形式还是内容来看，本轮基层干部培训都堪称一项固国本、强党基之举。

基层官员一头担着中央，一头担着群众，可以说基层干部的工作能力关系到共产党事业的兴旺发达，关系到国家的长治久安。早在 2003 年，时任国家信访局局长周占顺就曾公开表示：在当前群众信访特别是集体反映的问题中，80% 以上是基层应该解决也可以解决的。当前中国正处于社会转型期，国际环境也日趋复杂，中央 2008 年年底明确了 2009 年“保增长、保稳定、保民生”的目标，这对身处一线的基层官员驾驭复杂局面、解决现实矛盾将是重要的考验。此次跨级直训不仅为中央的政策意图更准确有效地传达，亦为最高层提供了一次对基层形势的全面摸底的机会。

基层百万官员轮训一览		
培训时间	培训对象	培训主题
2008 年 11 月 10 日至 26 日	县委书记	农村改革发展、如何维护县域社会稳定和应对突发事件、怎样当好一个县委书记等
2008 年冬至今	乡镇干部、村支书	如何执行中央农村政策、引领经济发展、化解农村矛盾纠纷
2009 年 2 月 18 日至 5 月 30 日	县公安局长	学习实践科学发展观、公安部“三项建设”，提高县级公安局长五大能力
2009 年 5 月 8 日至 15 日开班	县纪委书记	提高工作执行力、遏制基层腐败、维护社会稳定
2009 年 2 月 26 日至 2010 年年底	基层检察院检察长	科学发展观、司法改革与检察改革、如何做好基层检察院检察长等
2009 年 6 月 2 日开班	基层监狱长	提高监狱管理水平和教育改造质量、加强突发事件应对、确保监狱安全稳定等
2009 年 6 月至 11 月	基层国土管理干部	主要为科学的资源观和资源管理观
2009 年下半年开始	中级法院、基层法院院长	主题为“人民法院为人民”，具体包括群体性事件应对等

县委书记轮训：提高“四种能力”、履行好“五抓职责”

在中国五级行政架构中处于第四级的“县”，实际上是一切政策的终端。十七届三中全会闭幕不久，中央决定在五所国家级干部培训学校，举办“学习贯彻党的十七届三中全会精神”县委书记培训班，对全国县党委书记进行一次轮训。先前以培训省部级、正厅级高官为主的中央党校，如此大规模地轮训来自基层的县委书记，体现出中央对县委书记这个层面前所未有的重视。舆论认为，在当下新一轮改革发展急需破题、基层群体性事件频发的背景下，迅速提高县委书记的执政能力和水平，避免新一轮与农村改革有关的政策在基层被虚化、异化，正是中共中央对县委书记直接“垂训”的良苦用心。

中央的殷切期望。2008 年 11 月 10 日，第一期县委书记培训班正式开班，习近平在开班式上特别强调“要全面准确把握十七届三中全会精神，扎实做好推进农村改革发展各项工作”。习近平同时对县委书记提出四点要求：要勤于学习、善于学习；要带头弘扬党的优良作风，始终保持共产党人的先进性；要认真贯彻党的群众路线，切实提高新形势下做好群众工作的能力；要善于当好班长、带好队伍。而两天后中组部部长李源潮在培训班上的讲话更多的是给县委书记一个清晰的职责定位：“县委书记处于农村工作第一线，对推进农村改革发展负有直接而重大的领导责任”；“县委书记是我们党执政治国的骨干力量，是党在当地执政团队的带头人”。县委书记权力大、责任大、影响大，他们的作用往往是一把“双刃剑”，正如李源潮着重强调的，县委书记要真正用心，真正用脑，

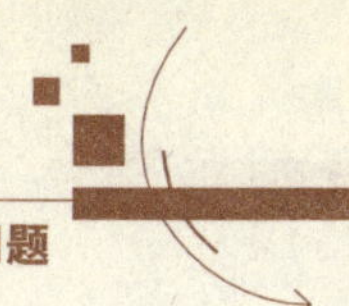

真正用力，才能把中央的决策部署落到实处。综合中央领导在县委书记轮训中的讲话，人民网文章将中央对县委书记的殷切期望概括为做好“三种人”、注意“四方面学习”、提高“四种能力”、履行好“五抓职责”。

中央对县委书记的几点殷切期望

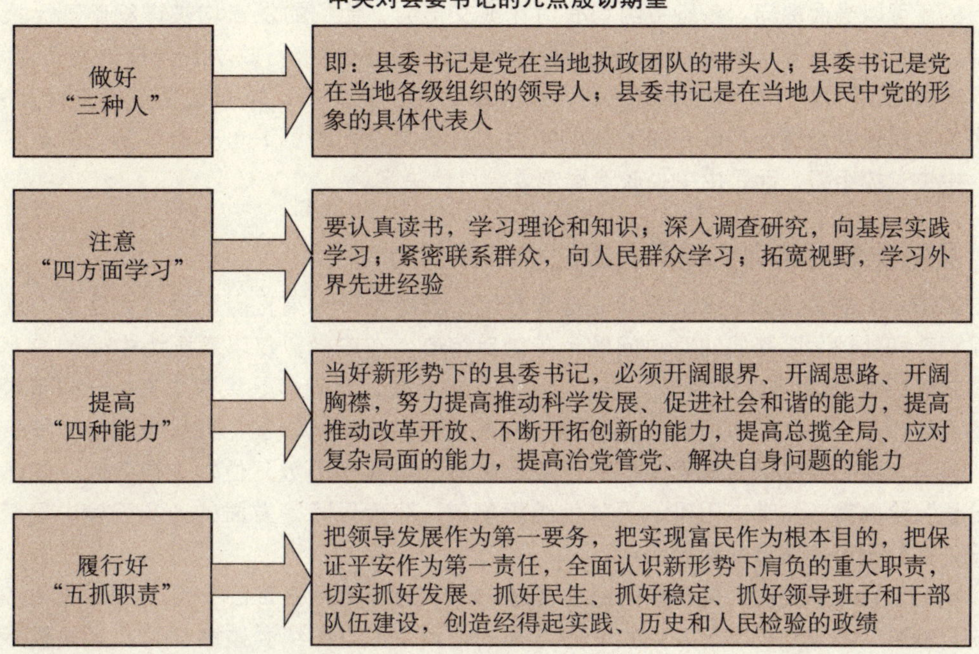

培训内容贴近工作实际。近年来发生的群体性暴力事件，其重要原因是由于部分基层干部平常工作中积累诸多问题，事件发生时又缺乏有效处理，最终导致矛盾激化、事态失控。譬如 2008 年 6 月发生于贵州的著名的“瓮安事件”就是一个典型的例子。类似的情况还有 2008 年 7 月云南“孟连事件”、多地出租车罢运事件、2009 年引起广泛关注的海南省“感城事件”、湖北“石首事件”，等等。值得注意的是，在这次第一期的县委书记培训课程中，有一门颇为特殊的科目，叫“维持社会稳定及突发事件处理”，主要是面授这些基层干部如何维护干群关系，以及增强处理突发事件的能力，表明中央已经把提高基层干部的工作素质和危机处理能力放到了相当重要的位置。

县委书记轮训的部分授课领导和课程主题

授课领导	课程主题
李源潮（中组部部长）	怎样当好一个县委书记
杜鹰（发改委副主任）	宏观形势和当前国家经济政策
陈晓华（农业部副部长）	农村联产承包地现状和改革
徐绍史（国土资源部部长）	如何进行农村土地流转
王其江（中央政法委副秘书长）	如何维护县域社会稳定和应对突发事件

与以往基层干部培训想比，此次县委书记轮训的学习内容不仅有中央文件，还有经济管理、基层治理和突发事件应对等实际操作。培训课程很全面，都是基层治理中的一些重点、热点。很多讲课的领导都是十七届三中全会文件的起草人，讲得简明透彻，不明白的还可以当面提问。各班各组均有讨论或交流会，他们的发言均被详细整理上报中组部，直至中央领导人案头，而这必须在当天内完成。据国家行政学院教授刘旭涛介绍，此次参加轮训不同于以往的任职培训，没有结业证，县委书记轮训完后不是直接升官，更多的收获是能力提升和对中央政策的把握上。此次轮训的组织也一改往例，并非中组部、中央党校组织，而是由中央政治局常委会讨论决定。

县纪委书记轮训：提升县级纪委的执行力

2009 年，先后有许宗衡、郑少东、朱志刚、皮黔生四位高官因严重违纪违法问题受到了调查和处理。而基层的腐败问题也是触目惊心。在安徽，仅以阜阳为中心的皖北地区，就先后有 18 名现任和原任县委书记因腐败被查处，原因多是买官卖官，一些基层官员的腐败行为几乎到了为所欲为的程度。专家认为，按现行体制，县级机关的“集权程度”过高，而纪委书记在常委中排名一般是最后一位或者倒数几位，往往会因“说话不够分量”给办案工作带来困难。再加上组织配备、经费保障等方面的现实困境，县纪委书记往往处于比较弱势的尴尬境地。

牢记宗旨不辱使命，做合格的纪委书记。从 2009 年 5 月 8 日到 5 月 15 日，首批 780 名来自基层的县级纪委书记开始接受中纪委的轮训，这是中纪委监察部首次大规模举办全国县纪委书记培训班。2009 年 5 月 12 日，贺国强在全国县纪委书记培训班学员代表座谈会上强调县纪委书记作为党委领导班子的重要成员和县纪委领导班子的“一把手”，岗位重要，责任重大，使命光荣。贺国强要求全国县纪委书记牢记党和人民赋予的使命，加强理论学习，注重实践锻炼，自觉勤政廉政，认真履行职责，坚决维护党的政治纪律，同腐败分子和消极腐败现象作坚决斗争，忠实捍卫人民群众的根本利益。此前，中央纪委副书记何勇在出席培训班开班式时强调，广大县纪委书记要珍惜党和人民提供的工作岗位，坚持正确的事业观、工作观、政绩观，严格自律，慎用党和人民赋予的权力，干干净净地为党和人民工作。

多管齐下，提升县级纪委工作的执行力。据《中国新闻周刊》报道，为县纪委书记授课的“先生”们大多是中纪委的副书记，涉及的内容主要有两大块：“妥善处理群体事件”“加强纪委机关的自身建设”。除此，还有国家发改委的领导讲授“国家宏观经济形势和经济政策”。每天安排大致是上午听课，下午讨论，讨论的时候，有中纪委的工作人员旁听并作记录。培训结束时，学员们均拿到了中纪委会同有关部门出台的两份最新文件，分别是《关于加强地方县级纪检监察机关建设的若干意见》和《关于县级纪检监察机关办公办案装备配置标准和实施办法的通知》，分别对县级纪委的组织建设和设备标准作了规定。《关于加强地方县级纪检监察机关建设的若干意见》规定：“在党委中任职的纪委书记，其常委职务排序，可按任同级领导职务时间，排在资历相同的常委前面。”舆

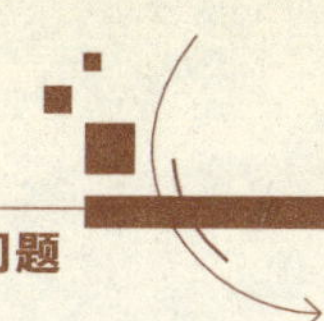

论普遍认为，在经济危机和压缩机关经费的情况下，县级纪委大幅扩编，反映中央对基层反腐的重视。透过这两个文件，提升县级纪委工作执行力的目的清晰可见。

工作靠前，通过遏制基层腐败维护农村稳定。早在2009年年初召开的十七届中央纪委三次会议上，加强农村的党风廉政建设就被列为2009年的一项重要工作。5月9日，本次培训的第一节课，中纪委副书记张惠新就在关于“妥善处理群体性事件”的课上讲道：“要认真做好信访举报工作，积极预防、妥善处置群体性事件。从源头上减少或避免群体性事件的发生，建立健全大规模集体上访和群体性事件预警机制。”监察部副部长姚增科在培训中提到：“县级纪检监察机关要特别重视查办贪污、挪用、截留强农惠农资金和征地补偿款的案件，侵占农村集体资金、资产、资源的案件，涉及加重农民负担的恶性案件。”实际上基层诸多大的矛盾都是“拖”出来的，原因在于一些基层领导的不作为。而中纪委提出基层纪委的工作要靠前，要在问题刚刚开始的时候就去解决，避免事情严重到爆发群体性事件的地步。这在一定程度上暗示解决基层矛盾要从亡羊补牢向未雨绸缪转变。如果基层腐败能及时遏制，基层的干群关系得到缓和，许多基层矛盾就不会被人为放大，进而引发群体性事件。

公检法系统轮训：提能力、促建设，维护社会公平正义

据统计，当前我国190万名公安民警，80%都在县级公安机关，全国共有3000多个基层检察院，占全国检察院的80%，可以说我们的公检法系统基干力量和主要精力都在基层。2009年年初的“躲猫猫”事件使得本应是公正代名词的公检法系统饱受社会质疑。特别是当前多种不利因素叠加，基层保发展、维稳定的压力骤增，通过对基层公检法系统一把手大规模应急应需的轮训提高他们有效处理各种矛盾的能力是有效途径。

公安局长轮训：重点培养县级公安局长五大能力。县级公安局长既是基层的干部，又是保护一方平安的主将，他们的素质、能力、水平如何，直接决定着县一级公安队伍的战斗力如何。此次县级公安局长大轮训从2009年2月18日起到5月30日结束，近

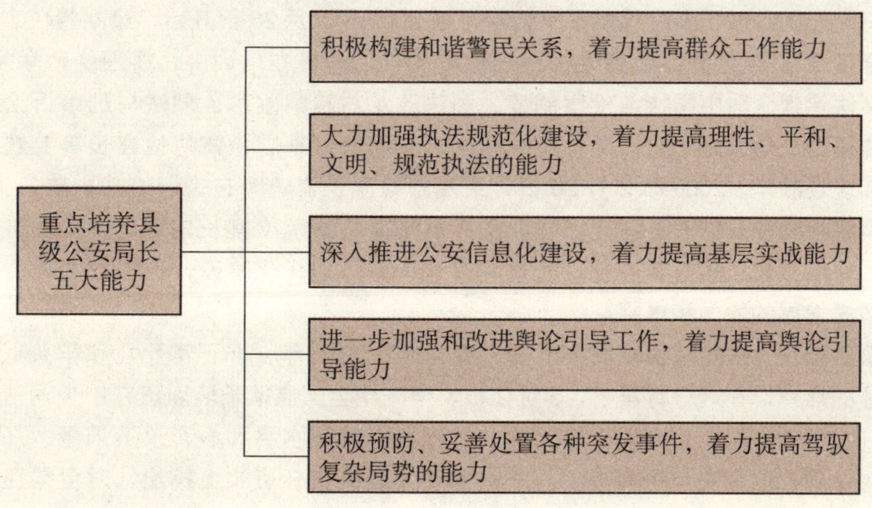

3000名县级公安局长在公安大学分别进行了为期10天的轮训。6期培训班共设置了35门课程，共有40位部、省领导、专家和民警以及基层的领导干部为学员们授课。这一轮训亦被公安部部长孟建柱称为“公安史上的第一次”。培训班的课程主要包括学习实践科学发展观和公安部提出的“公安信息化建设、执法规范化建设、和谐警民关系建设”这“三项建设”。授课老师包括公安部领导班子成员和部分地方公安厅局长等。

县级公安局长轮训教学特点

特点	具体内容
课程设置贴近实际	贵州省公安厅长谈“瓮安事件”，辽宁省公安厅长谈“蚁力神事件”，安徽省公安厅长谈“合肥家乐福事件”。这些都是现实当中发生的事情，而且这些讲解者又是当地（公安机关）的最高决策人，又是处置人，他们用他们的亲身经历，为学员们对整个事件进行解读
教学方式多样化、注重引导	教学分课堂教学，包括互动教学，还有现场教学，各个案件都有全程的录像，先看录像资料，从录像资料里边看，怎么样处置，发生到哪一个阶段，采用什么样的方式对群众，通过这样的方式来引导学员，正确地处理
教学评估表实现教学相长	通过教学评估表，既能够倾听学员的意见、督促学员认真听课，又可以督促授课者提高他们的教学教育水平，实现教学相长，达到这样一个确保培训质量的目的

基层检察院检察长轮训：推进基层检察院“四化”建设

每年全国两会，一些代表委员对检察机关的意见主要集中于基层检察院，在这些意见中，有关提升基层法律监督能力的占了很大比例。2009年6月23日，检察机关正式开通统一举报电话和举报网站，由于人数太多，导致网站瘫痪、举报电话几近打爆。这一方面表现了公众对检察机关主动公开举报方式的肯定和期待，另一方面也反映了当前公众表达渠道的缺乏以及对自身权利实现的焦虑。

第一期全国基层检察院检察长轮训班于从2009年2月26日开始，最高检决定用两年时间对全国3000余名基层检察院检察长进行轮训。学员在培训中，将围绕科学发展观、社会主义法治理念与中国特色检察制度、司法改革与检察改革、刑法与刑事诉讼法等相关法律前沿理论与立法动态、领导管理科学、如何做好基层检察院检察长等专题开展研讨交流和现场教学。2009年2月26日，最高检检察长曹建明在轮训班开学典礼上强调，基层检察院检察长是第一责任人。要扎实开展基层检察院检察长培训，切实推进基层检察院的执法规范化、队伍专业化、管理科学化、保障现代化建设，不断提高领导基层检察工作科学发展的能力和水平。

基层监狱长、法院院长轮训走出第一步。进入2009年，非正常死亡和牢头狱霸成为社会关注的焦点，在这一背景下，6月2日，第一期全国监狱长培训班在中央司法警官学院开班。培训分为两期，培训内容包括：提高监狱管理水平和教育改造质量、加强突发事件应对、确保监狱安全稳定等。司法部部长吴爱英在开班式上指出，对全国监狱长分

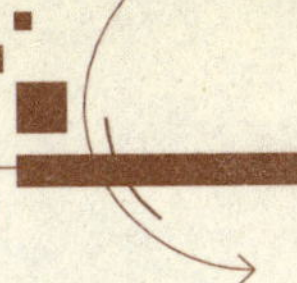

期进行培训，这是司法部贯彻落实中央关于大规模培训干部、大幅度提高干部素质的要求，加强监狱领导班子和队伍建设的重要举措。

另据最高法院 2009 年 6 月 7 日发布《关于应对国际金融危机做好当前执行工作的若干意见》中提出，人民法院要建立群体性事件预警机制。同时最高法院准备从 2009 年下半年开始，用一年左右时间，把全国中级法院、基层法院院长轮训一遍，主题为“人民法院为人民”。

20 世纪 80 年代以来中央对干部培训中力度最大的一次

关于本轮干部培训，评论较多的两个关键词是：“大规模”“首次”，甚至有人认为，这是 20 世纪 80 年代以来，中央对干部培训中力度最大的一次。国家行政学院社会和文化教研部副主任龚维斌教授 2009 年 6 月 18 日做客人民网与网友在线交流时表示，这次大培训与以往干部培训有三点不同：一是针对一把手进行培训，比如说县委书记、县纪委书记、公安局长等都是正职领导干部，几乎是全员培训，涉及的县、市区的领导干部很多，体现出了培训对象上的不同。培训是执政党管理干部的惯用方式，但这次规模罕有的培训大潮，一个巨大不同是“跨级直训”，多个县级要害岗位的官员直接进京受训。二是在培训的组织机构上还有其特点。是由国家级的培训机构来承担，而且有相当一部分课程是由国务院的一些部委的主要领导来亲自授课，包括一些中央领导来讲课，这次培训的规格是非常高的。三是培训的内容紧扣当前农村基层经济社会发展，包括民主政治发展的一些现实的问题来组织培训。而且，不仅有理论的讲述，还有一些经验的交流以及典型案例的解剖。

相关阅读

“60 后”高官：“钢铁是怎样炼成的”

2009 年 3 月 30 日，全国培养选拔年轻干部工作座谈会在京召开，这标志着新一轮年轻干部培养选拔的工作正式拉开大幕。习近平在会上强调，大力培养选拔年轻干部事关党和国家长治久安，要以改革创新精神推动培养选拔年轻干部工作不断取得新进展。据监测，“信念教育”“党性修养”“德才兼备、以德为先”“重在基层锻炼”等成为新一轮年轻干部培养选拔工作部署的高频词汇。2009 年 2 月，中央制定了《2009～2020 年全国党政领导班子后备干部队伍建设规划》，对新一轮培养选拔年轻干部工作进行部署，这是党中央首次制定党政领导班子后备干部队伍建设规划。4 月，另一份重要文件——《关于加强培养选拔年轻干部工作的意见》也得以进一步完善。而优化党政领导班子的结构配置成为这两份文件的重要内容。

据《法制晚报》2008 年统计显示，各省、自治区、直辖市的领导班子配备上，基本呈现“四、五、六”三级梯次格局。人民论坛的统计资料显示，截至 2008 年 4 月，中央和各省、直辖市、自治区两级政府中共有“60 后”省部级领导干部 71 人。2009 年 4 月，中国青年报社调中心对全国 31 个省、区、市 15525 人进行的一项调查显示，对于未来的年轻干部，70.4%的人表示“有信心”，22.1%的人表示“非常有信心”。

“60后”高官的成功之路

2008年1月底，31个省、自治区、直辖市五年一度的政府换届工作基本告一段落，几乎所有省市都出现了“60后”的党委常委或副省长。在200多名正、副职省长、主席、市长中，“60后”所占比例为20%。其中江西省副省长谢茹以不满40岁的年龄，成为最年轻的副省长。而生于1960年的湖南省省长周强所保持的最年轻正职省长的纪录则在2008年4月被河北省省长胡春华（时任，下同）刷新。

当前最引人注目的五位省部级高官“60后”分别是：共青团中央书记处第一书记陆昊、农业部部长孙政才、河北省省长胡春华、湖南省省长周强、新疆维吾尔自治区政府主席努尔·白克力。其中，陆昊、胡春华、周强都是出自共青团系统，共青团系统成为我国年轻干部培养选拔的重要途径。梳理这几位“政坛新星”的成功之路，可以发现一些新时期年轻干部选拔培养的共同点：扎实的专业知识、丰富的基层工作经验、突出的工作成绩、务实低调亲民爱民的作风与踏实严谨的学风，这些都是年轻干部实现快速进步的助推器。

“50后”仍是中坚力量

2009年2月，党中央制定了《2009～2020年全国党政领导班子后备干部队伍建设规划》，对新一轮培养选拔年轻干部工作进行部署。这是党中央首次制定党政领导班子后备干部队伍建设规划。3月底，召开了全国培养选拔年轻干部工作座谈会。随后，《关于加强培养选拔年轻干部工作的意见》开始提上日程。在这样短的时间内就一项工作——培养选拔年轻干部，制定《规划》、完善《意见》、召开会议，在我们党的历史上是不多见的。这表明我们党对加强培养选拔年轻干部工作重视已经达到了前所未有的程度，也表明新一轮年轻干部培养选拔工作已经拉开了帷幕。近两年，省部级干部密集调整，呈现出明显的具有时代特色的年轻化和知识化趋势。

由于一部分年轻干部刚刚走上岗位、经历比较单一，他们往往也是形形色色的社会人士关注乃至苦心经营、倾心“投资”的“潜力股”。对此，《瞭望》新闻周刊一篇文章认为，最近十几年来所出现的“腐败年轻化”现象，就从一个侧面说明了这个问题。做官先做人，从政先立德，年轻干部要锻炼，要经风浪，首先就要过好道德修养这一关。中共中央政治局常委、中央书记处书记、国家副主席习近平同志在全国培养选拔年轻干部工作座谈会上对年轻干部的为官之德提出了明确的要求：要加强年轻干部的道德修养，引导他们珍重人格、珍爱声誉、珍惜形象，增强道德责任感，常修为政之德，积小德养大德，努力成为思想纯洁、品行端正的示范者，爱岗敬业、敢于负责的力行者，明礼诚信、遵纪守法的先行者，生活正派、情趣健康的引领者。

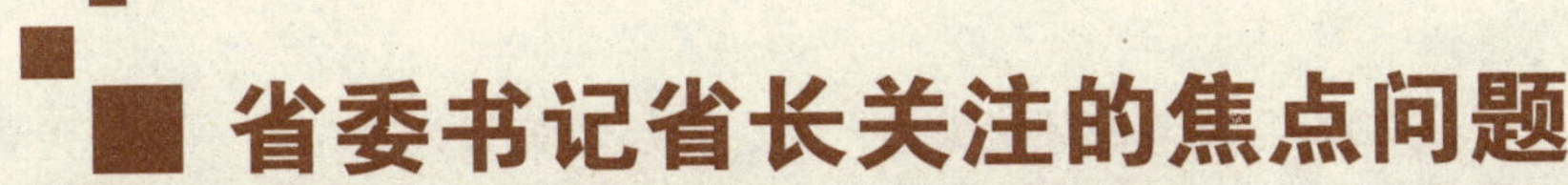

省委书记省长关注的焦点问题

REPORT ON CHINA'S NATIONAL CONDITIONS

中国国情报告

六省市 2009 经济社会发展主打歌

2009 年是外部环境最为严峻、发展形势最为复杂的一年。为更好地应对 2009 年严峻的经济形势，各地都及时调整了自己的经济惯性，针对新形势、新问题提出了各具特色的发展理念和发展定位。把各家“调子”连到一起，就构成了中国经济 2009 年的“主打歌”。

北京：人文、科技、绿色新定位

2008 北京奥运，“人文奥运、科技奥运、绿色奥运”三大理念深入人心。对于北京市来说，奥运是一个无尽的宝藏，有更深的内涵亟待挖掘。而北京市的决策者正是这么做的。2008 年 12 月 23 日至 25 日，北京市委十届五次全会召开，在全面总结 2008 年工作，研究部署 2009 年各项任务时，就对奥运成果做了第一个重大的转化——全会号召，要深入学习贯彻科学发展观，振奋精神，锐意进取，扎实工作，加快建设“人文北京、科技北京、绿色北京”。

奥运会后，北京面临的形势可以概括为三句话，那就是：站在新的起点，进入新的阶段，步入深水区。而从“人文奥运、科技奥运、绿色奥运”到“人文北京、科技北京、绿色北京”的提出，把新起点、新阶段、深水区的问题一下统一到一个全新的解决方案之下。同时，将“人文奥运、科技奥运、绿色奥运”延伸为“人文北京、科技北京、绿色北京”，还为新时期北京城市建设规划了科学合理的发展道路。“三个北京”互为依托又各有侧重，其中“绿色北京”对城市发展提出了环境友好和资源节约的要求，并在“人文北京”和“科技北京”的基础上更直观地体现了“全面协调可持续”的理念，体现了北京未来发展的更高标准。已有的实践表明，这三大理念是十分符合北京作为全国的首都，作为一个现代化国际大都市发展实际的。

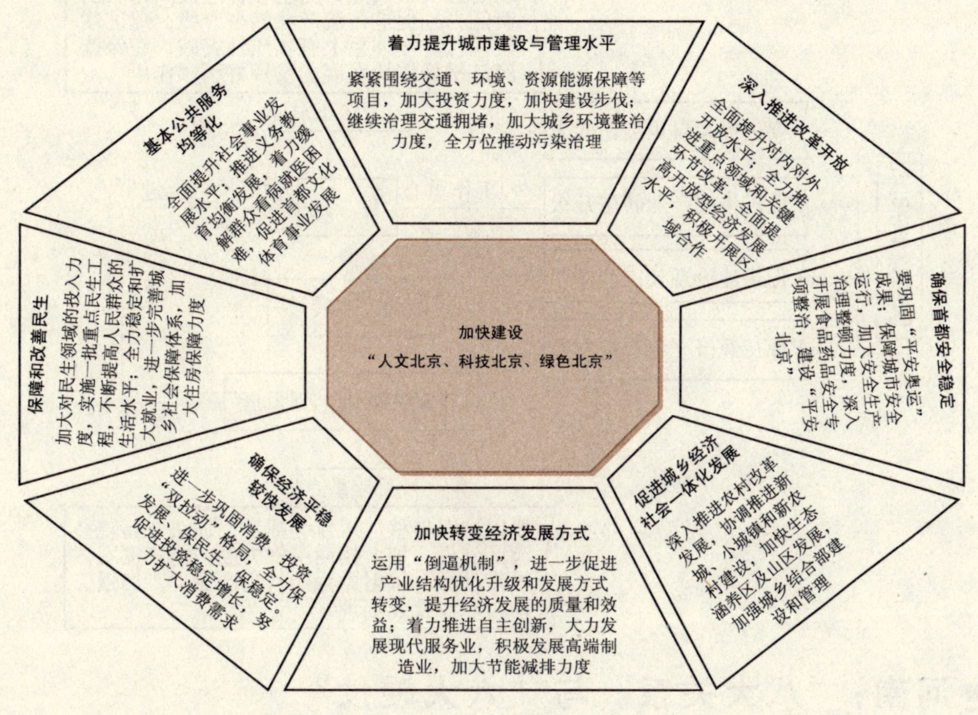

广东：努力实现“三促进一保持”

2009年1月5日上午，广东省委十届四次全会在广州开幕，会议总结了2008年工作，分析当前形势，部署2009年工作。全会明确提出了广东省经济工作的目标任务，其中包括努力实现“三促进一保持”。全会提出，要把保持经济平稳较快发展作为首要任务，把扩大内需作为保增长的根本途径，把加快发展方式转变和结构调整作为保增长的主攻方向，把深化重点领域和关键环节改革、提高对外开放水平作为保持增长的强大动力，把改善民生作为保增长的出发点和落脚点，全面完成2009年经济社会发展各项任务，为贯彻《珠江三角洲地区改革发展规划纲要》，促进经济社会又好又快发展奠定扎实的基础。

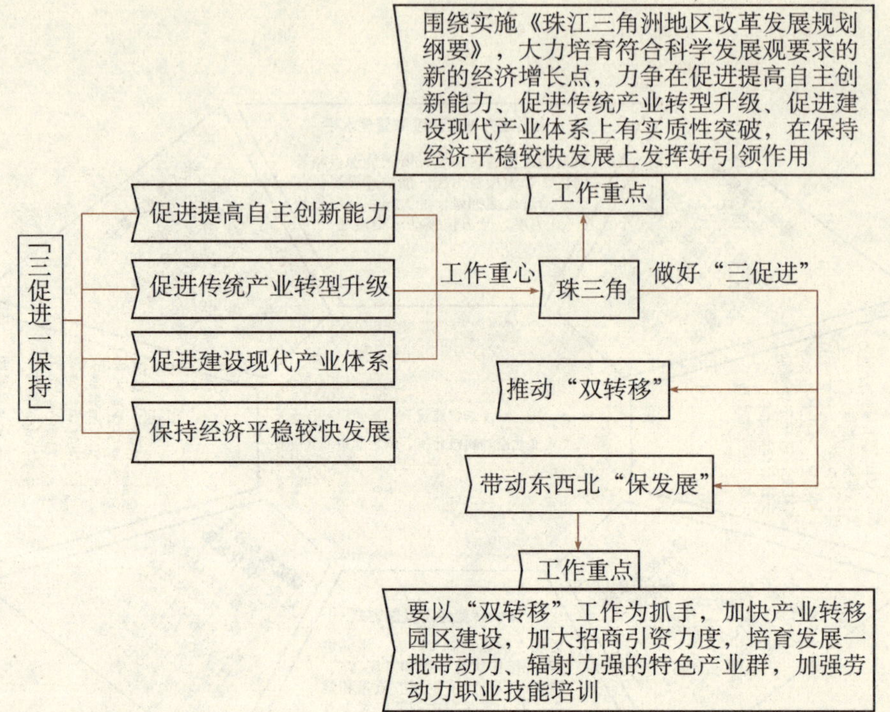

河南：“八大关系”与“六大硬仗”

按照河南省委八届九次全体（扩大）会议对2009年工作进行的部署。2009年河南省经济工作的总体要求是坚持“防冷消滞、保暖促长”，着力“应挑战、抓机遇，扩内需、保增

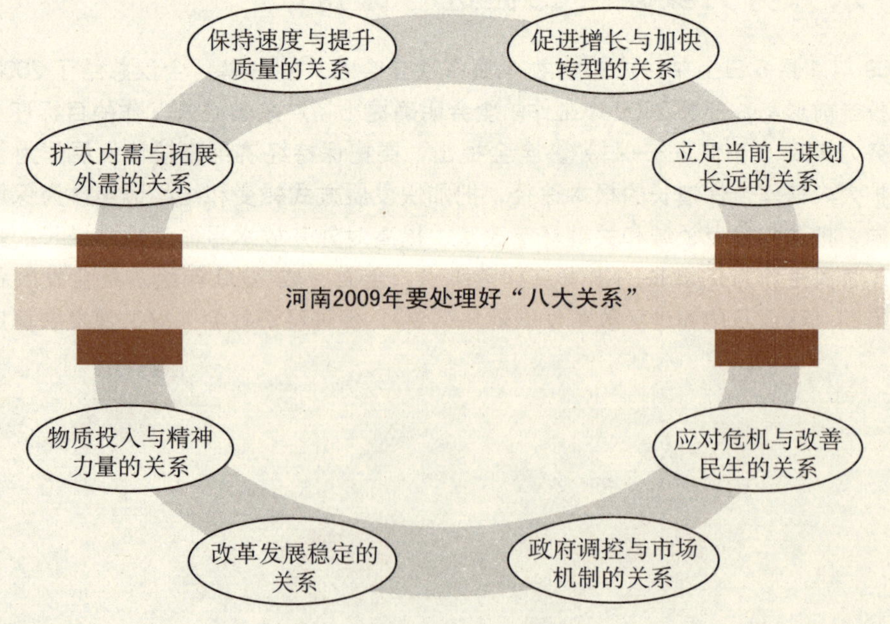

长，促转型、打基础”，立足扩大内需保持经济平稳较快增长，加快发展方式转变和结构调整，提高可持续发展能力，深化改革开放增强经济社会发展的活力与动力，加强社会建设解决涉及群众利益的难点热点问题，促进经济社会又好又快、跨越发展，加快中原崛起。

时任河南省委书记徐光春强调，要统筹处理好经济社会发展中的“八大关系”，打赢“六大硬仗”，千方百计保持经济平稳较快发展，保持全省经济社会跨越式发展的良好态势，加快中原崛起。会议明确了2009年经济工作的主要任务。

2009年河南经济社会发展要打赢“六大硬仗”

方面	具体内容
打好又好又快发展的硬仗	着力优化资源配置，坚持一手抓增量优化，新增投资更多投向薄弱环节和关键领域；坚持一手抓存量调整，推动资源要素向优势行业、优势企业、优势地区集中。要充分调动方方面面积极性，进一步激发全民创业的活力。要适时加强宏观调控，提高调控的应变能力和实际效果
打好农村改革发展的硬仗	以推进粮食核心区建设为契机稳定提高粮食生产能力，确保粮食500亿公斤的任务顺利完成，实现核心区建设的“开门红”。以加快农业基础设施和农村民生工程建设为重点大幅度增加对“三农”投入，努力使农村生产生活条件有明显改观。以落实惠农政策和大力发展劳务经济为抓手多渠道促进农民增收，最大限度挖掘农村内部增收潜力、拓展农民务工增收空间。以培育龙头企业和发展新型农业社会化服务体系为载体大力推进农业产业化，提升农业现代化水平。以推进土地流转和发展新型农村金融组织为突破口，加快农村制度创新，进一步让农村经济活起来
打好转变经济发展方式的硬仗	增强消费的拉动力，千方百计增加居民收入，着力挖掘农村消费市场，改善消费预期，培育消费热点，优化消费环境，拓展消费空间。要增强集约发展的带动力，加快传统支柱产业升级改造，优先发展高新技术产业，全面推动服务业上规模、上水平；积极实施中心城市带动战略，加快中原城市群建设步伐，推进“大郑东新区”建设；加快黄淮四市发展步伐；打造一大批产业集聚区。要增强自主创新的驱动力，大力引进先进技术和高层次人才，加大对自主创新和产业升级的政策支持力度，大力培育创新型企业，加快构建技术创新体系，积极实施重大科技专项等
打好深化改革、扩大开放的硬仗	要在深化国有企业改革上出新招，继续推动国有经济布局调整，建立国有资本经营预算制度。要在发展非公有制经济上创新路，搞好服务、加大扶持、放宽准入。要在加快资源性产品价格改革上迈新步，形成促进资源节约的有效机制。同时，稳步推进政府机构、公共财政体制、地方金融、投资体制等改革。要千方百计打造“服务政府”，营造“环境洼地”，构建“发展温棚”，努力使我省成为承接新一轮产业转移的首选地、集中地和战略高地。要积极稳妥地实施“走出去”战略，创新招商引资工作，努力提高开放水平
打好经济社会协调发展的硬仗	尽快把文化产业打造成中原崛起的新支柱，强化政府的推动作用，制订规划、出台政策、抓好项目、确立目标、实行考核、组建队伍；强化市场的主导作用，大力催生多元化文化市场主体，大力培育文化消费市场，抓好文化试验区改革和文化产业园区建设；增强开放的带动作用，积极推进文化资源与产业资本融合、文化品牌与先进技术嫁接、文化创意与新型业态结合、中原文化与世界文明交流

续表

方面	具体内容
打好改善民生、维护稳定的硬仗	要千方百计做好就业工作，实施更加积极的就业政策，积极推动以创业促就业，高度重视劳动密集型和中小企业发展。要加快完善城乡社会保障体系，扩大覆盖面、提高保障水平和统筹层次，切实加强保障性安居工程建设。要筹集不少于450亿元的资金继续办好"十大实事"。要做好新形势下的群众工作，切实把问题解决在基层、解决在萌芽状态。要着力加强"平安河南"建设，加强源头治理和全过程监管，大力开展专项整治，努力打造食品安全省，努力实现安全发展，加强社会治安综合治理

四川：2009年经济力争先于全国触底回升

2009年是四川灾后重建的第一年。为此，四川省及时提出了2009年经济社会发展主要目标，强调各项工作要服从于"止滑提速"这个当务之急，迅速行动，扎实推进，解决问题，着力攻坚，破项目推进难，破资金筹措难，破产业发展难，破扩大就业难，争取一季度见到实效，力争先于全国触底回升。实现经济增长目标，基调是爬坡上行、加快发展。

在四川发展的格局中，成渝经济区的四川板块如何布局是个重中之重。四川省政府2009年10月27日正式出台《关于加快"一极一轴一区块"建设推进成渝经济区发展的指导意见》明确：加快"一极一轴一区块"建设，形成国家新的重要增长极。

成渝经济区四川行政区划部分包括成都、德阳、绵阳、眉山、资阳、遂宁、乐山、雅安、自贡、泸州、内江、南充、宜宾、达州、广安15个市。《意见》指出，"一极一轴一区块"建设要坚持五大原则，即：坚持统筹规划，促进率先发展；坚持因地制宜，促进优势发挥；坚持市场运作，促进集约发展；坚持城乡统筹，促进社会和谐；坚持开放合作，促进协调发展。

《意见》明确，相关市、县（市、区）政府是加快"一极一轴一区块"建设的责任主体。省级有关部门要制定针对不同区域的差别政策，促进不同区域优势产业的培育和壮大。省直有关部门将在项目安排、生产力布局、要素保障、财政奖励等方面给予重点倾斜。

一极——成都都市圈增长极（成就引领西部发展的核心增长极）。

空间：成都、德阳、绵阳、眉山、雅安全市，以及资阳市雁江区、乐至县、简阳市，遂宁市船山区、大英县、射洪县，乐山市市中区、沙湾区、五通桥区、峨眉山市、夹江县。

目标：加快建设"两区、两枢纽、三中心、五基地"，即统筹城乡发展先行区、内陆开放示范区，西部综合交通主枢纽、西部通信枢纽，西部物流商贸中心、金融中心、科教中心，全国重要的高新技术产业基地、先进制造业基地、军民融合国防科研产业基地、现代服务业基地和现代农业基地，建成西部经济中心，成为引领西部发展的核心增长极。

一轴——成渝通道发展轴（变"中部塌陷"为经济发展次高地）。

空间：自贡、宜宾、南充全市，以及泸州市江阳区、纳溪区、龙马潭区、叙永县、古蔺县，内江市东兴区、资中县、威远县，乐山市犍为县、井研县、金口河区、马边县、峨边县、沐川县，遂宁市蓬溪县，广安市岳池县。

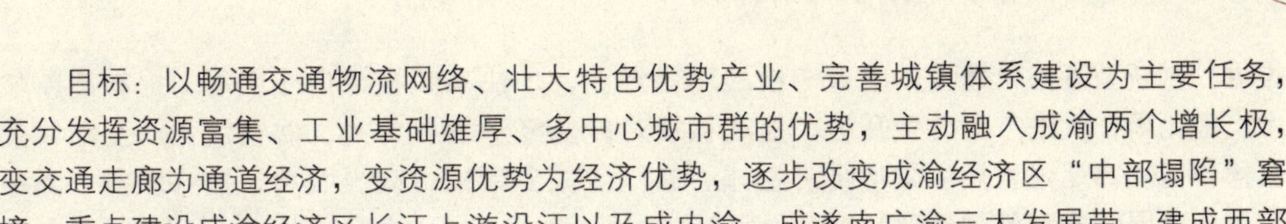

目标：以畅通交通物流网络、壮大特色优势产业、完善城镇体系建设为主要任务，充分发挥资源富集、工业基础雄厚、多中心城市群的优势，主动融入成渝两个增长极，变交通走廊为通道经济，变资源优势为经济优势，逐步改变成渝经济区“中部塌陷”窘境，重点建设成渝经济区长江上游沿江以及成内渝、成遂南广渝三大发展带，建成西部重要的商品集散地和经济走廊，成为我省经济发展次高地。

一区块——环渝腹地经济区块（打造川渝经济合作桥头堡）。

空间：达州全市，以及广安市广安区、武胜县、邻水县、华蓥市，泸州市合江县、泸县，资阳市安岳县，内江市隆昌县，遂宁市安居区。

目标：以服务都市、承接转移、形成基地、借力发展为主要任务，全方位加强毗邻地区的通道连接，积极对接产业，发挥配套作用，建设川渝合作示范区，形成承接重庆都市圈辐射的配套产业集群，打造川渝经济合作的桥头堡。

四川省2009年经济工作重点任务

- 抓紧灾后重建项目全面启动和建设，加快推进灾后恢复重建
- 抓紧农业生产能力建设，推动农业发展迈上新台阶
- 抓紧优势产业项目建设，努力加快工业化城镇化进程
- 抓紧重大交通基础设施建设，着力打造西部综合交通枢纽
- 抓紧恢复发展以旅游为重点的服务业，努力增强消费对经济增长的拉动作用
- 抓紧承接产业转移，切实增强充分开放合作实效
- 抓紧做好保障和改善民生工作，大力提高人民群众生活水平
- 抓紧推进关键环节和重点领域的改革，不断增添加快发展新的动力

湖南：长株潭试验区带动“两型社会”建设

2008年12月22日，湖南省委经济工作会议在长沙召开，会议全面部署了2009年的经济工作。会议提出，要积极推进“3+5”城市群建设，放大城市群“同城”效应。要加强区域中心城市建设，培育区域发展龙头，加快形成以城市群为主体形态、以特色大城市为依托、大中小城市和小城镇协调发展的新型城市体系。

湖南省委书记张春贤指出，2009年全省经济工作要加快推进“一化三基”战略，坚持加大投资扩大内需保持经济又好又快发展，坚持优化结构加强自主创新加快发展方式转变，坚持深化改革扩大开放增强经济社会发展活力和动力，坚持改善民生促进社会和谐稳定，大力推进科学跨越、富民强省。

张春贤强调，贯彻落实2009年经济工作的总体要求，要突出保增长、扩内需、调结构、促就业、强基础。关键要把握几点：一是千方百计保增长。通过保增长来保就业，保城乡居民收入，保财政，保城乡统筹。我们要的增长，是实实在在的增长，是质量效益好的增长，是既促进当前发展又增强长远后劲的增长，是以人为本、全面协调可持续的增长。二是坚定不移地推进“一化三基”。既有利于解决当前的突出问题，缓解发展的瓶颈制约，又有利于夯实发展基础，增强长远发展后劲。三是着力推进科技创新。大力

推进“创新型湖南”建设，培育一批战略性产业，加快高新技术产业发展，提高高新技术产业比重，促进产业转型升级，提高科技对转变经济发展方式、调整优化产业结构的支撑作用。四是注重搞活微观经济主体。进一步减少审批，减少收费，搞好服务，为中小企业发展创造良好的外部环境。

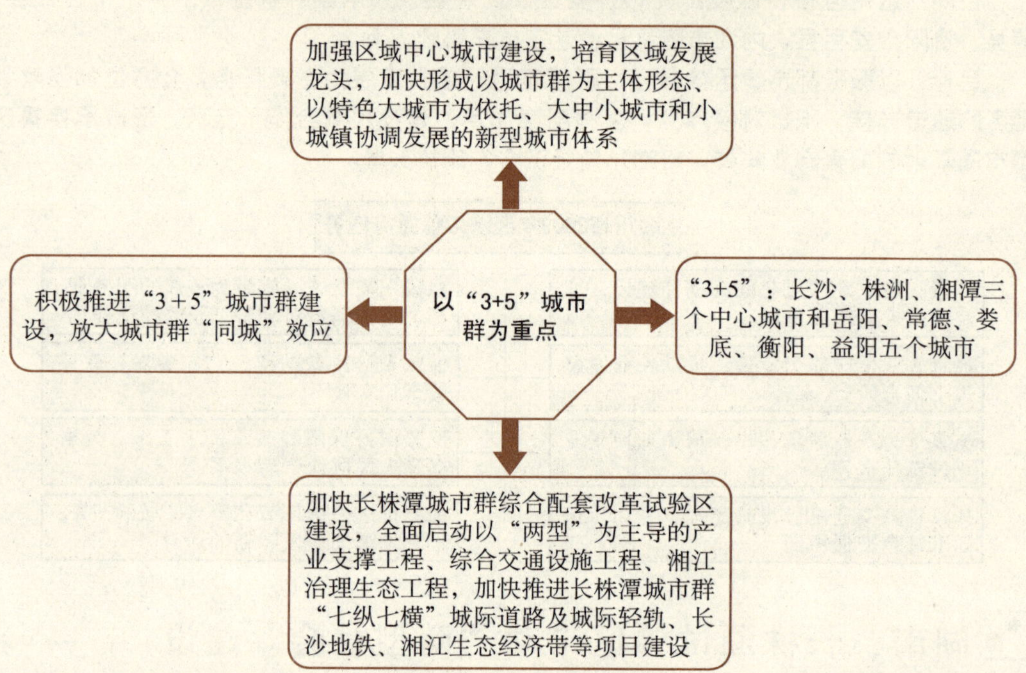

不仅如此，北京、上海、河南、辽宁、浙江等省市在保增长、扩内需、调结构等方面，对2009年经济社会发展工作作了具体部署。其中，各省均在加快转变经济发展方式、加快农村改革发展、切实保障和改善民生等方面作了详细部署，这三方面成为2009年各省发展的重点工作。

相关阅读

广东“双转移”进入攻坚阶段

产业转移工业园作为一种旨在解决区域经济发展不平衡的产业转移模式，从2005年开始就逐渐在广东省山区及东西两翼推进，并初见成效。2004年，按照广东省委、省政府的部署，省有关部门就推进珠三角产业向山区及东西两翼转移问题进行了为期近半年的调研。2005年3月，广东省政府制定出台了《关于山区及东西两翼与珠江三角洲联手推进产业转移的意见（试行）》，正式拉开了广东省产业转移工业园建设的序幕。实践证明，山区及东西两翼与珠江三角洲共建产业转移工业园这一区域合作新模式，符合经济发展规律，顺应产业转移大势，是落实科学发展观、建设“和谐广东”的具体行动，具有十分重大的现实意义和长远的战略意义。

最初，广东省认定的32个产业转移工业园，分布在粤东西北及中部地区不同区域，存在着布局不够合理、主导产业不突出等问题，迫切需要进行布局规划和产业调整。根据5月26日出台的《广东省产业转移区域布局总体规划》，32个省级转移园产业将适当调整，同时，将统筹规划建设1～2个大型产业转移工业园。2009年5月，该省政府正式认定位于珠三角城市群的江门产业转移工业园为第33个省级产业转移工业园。这就突破了原来仅仅局限于东西两翼和粤北山区的格局。按照《规划》要求，各地产业和园区要在粤东西北及中部地区形成新的经济增长极，带动城市群发展，形成以珠三角为核心，辐射粤东西北及中部地区，错位发展、资源互补、产业关联、梯度发展、点线面相结合的“一核、三圈、五轴、五块”网络状分布的多层次产业发展格局，基本建成现代产业体系。

6月下旬，广东省政府出台《关于抓好产业转移园建设加快产业转移步伐的意见》，提出通过加强产业转移规划引导、推进招商引资、完善综合扶持措施等进一步推进产业转移步伐。根据《意见》内容，政府将加大对产业转移园的共建扶持力度，包括建立相应的资金投入机制、工作机制等。从2009年起的未来5年内，珠三角各地级以上市（除江门外），每年至少拿出1亿元用于合作共建产业转移园建设，确保园区建设有持续稳定的资金投入。

为了配合和切实推动做好“双转移”工作，广东省委、省政府从2008年至2012年五年时间里，计划安排400余亿元资金，从八个方面进行扶持。加上广东省已决定降低欠发达地区电价，此项每年减少这些地区的电费支出约19亿元，全省5年支持“双转移”的资金总额将达到500亿元左右。

广东从八个方面扶持“双转移”

基础设施建设	扶持欠发达地区完善基础设施
转移园建设	以竞争形式扶持欠发达地区建设产业转移园
重点产业发展	加大力度扶持欠发达地区重点产业发展
产业转移政策	实施政府有效引导的产业转移政策
技能培训	实施免费技能培训
职业技能掌握	鼓励贫困农村适龄青年掌握职业技能
劳动力转移	以农田标准化建设减少农村单位土地使用的劳动力推动农村劳动力加速转移
耕地占补平衡	造新耕地挂钩置换，增加欠发达地区可开发土地和支持解决全省新增建设用地占用耕地的占补平衡问题

当然，受环境、条件以及企业内部实力等影响，企业在转移过程中也会出现脆弱性。广东省情研究中心最新发布的《2009年广东省情调查报告》指出，企业在转移过程中出现的脆弱性主要表现在：生产要素成本、政策环境、市场环境、产业配套及投资环境五个方面。企业脆弱性会随着如成本上升、环境约束带来的直接外部压力等显性因素和如企业所处产业环境、技术创新水平等隐性因素影响，在不同时点随时发生变化。应该提防珠三角企业进入产业转移工业园过程中出现脆弱性。

全省产业转移区域布局总体规划示意图（部分）

广东省产业转移工业园布局图

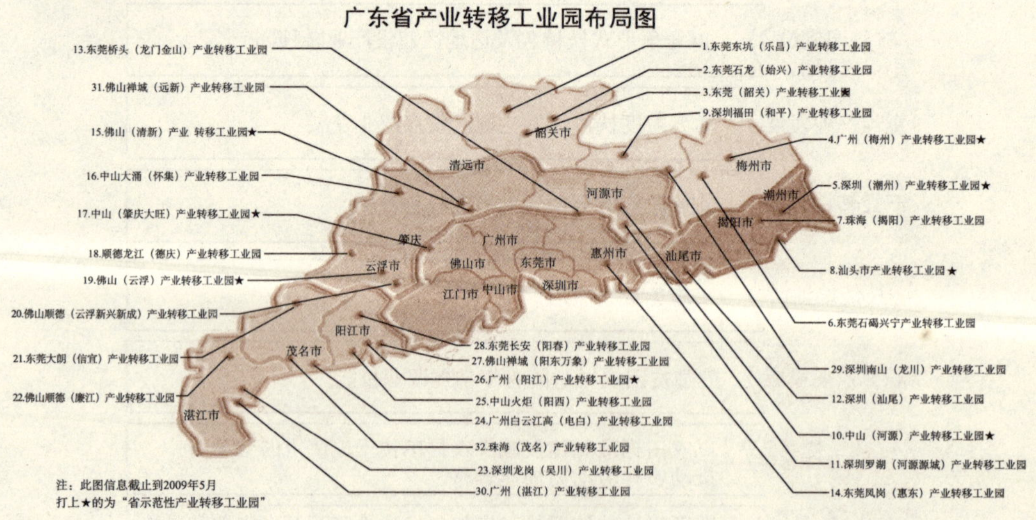

目前，广东省产业转移工业园在认定时已经确定了各自的主导产业，为产业集聚发展奠定了一定的基础。绝大部分省产业转移工业园能够按照原有的产业规划发展，部分

园区产业聚集发展效果初现。有专家预测，省产业转移工业园在未来几年内产业集聚水平将不断提高。以3年内所有项目建成投产计算，预计届时省产业转移工业园主导产业项目数将占63%，投资额将占73.5%。

3月底至5月上旬，按照《广东省产业转移和劳动力转移目标责任考核评价试行办法》的要求，广东省有关部门分别牵头组织开展了2008年度产业转移和劳动力转移目标责任考核评价工作。经考核，中山（肇庆大旺）产业转移工业园得分最高，为93分，考评等次为优秀。

广东省产业转移园考核评分

序号	省产业转移工业园名称	考核评分	考评等次
1	广州（梅州）产业转移工业园	84	良好
2	广州白云江高（电白）产业转移工业园	86	良好
3	深圳（汕尾）产业转移工业园	86	良好
4	深圳福田（和平）产业转移工业园	84	良好
5	深圳南山（龙川）产业转移工业园	81	良好
6	深圳南山（潮州）产业转移工业园	82	良好
7	深圳龙岗（汕头潮南）产业转移工业园	82	良好
8	深圳龙岗（吴川）产业转移工业园	60.5	合格
9	深圳罗湖（河源源城）产业转移工业园	89	良好
10	珠海（揭阳）产业转移工业园	60.5	合格
11	佛山（清远）产业转移工业园	92	优秀
12	佛山（云浮）产业转移工业园	88	良好
13	佛山禅城（阳东万象）产业转移工业园	84	良好
14	佛山顺德（云浮新兴新城）产业转移工业园	85	良好
15	佛山顺德（康江）产业转移工业园	82	良好
16	顺德龙江（德庆）产业转移工业园	89	良好
17	东莞长安（阳春）产业转移工业园	75	合格
18	东莞大朗（信宜）产业转移工业园	85	良好
19	东莞凤岗（惠东）产业转移工业园	89	良好
20	东莞桥头（龙门金山）产业转移工业园	89	良好
21	东莞石龙（始兴）产业转移工业园	65.5	合格
22	东莞石碣（兴宁）产业转移工业园	83	良好
23	中山（河源）产业转移工业园	92	优秀
24	中山（肇庆大旺）产业转移工业园	93	优秀

续表

序号	省产业转移工业园名称	考核评分	考评等次
25	中山大涌（杯集）产业转移工业园	93	优秀
26	中山三角（浈江）产业转移工业园	74	合格
27	中山火炬（阳西）产业转移工业园	82	良好
28	中山石岐（阳江）产业转移工业园	90	优秀

广东各市产业转移考核评分及等次

城市名称	产业转移考核		劳动力转移考评等次
	考核评分	考评等次	
广州市	88	良好	优秀
深圳市	86	良好	优秀
珠海市	84	良好	良好
佛山市	90	优秀	良好
汕头市	85	良好	良好
韶关市	90	优秀	优秀
河源市	91	优秀	良好
梅州市	88.5	良好	优秀
惠州市	86.5	良好	良好
汕尾市	87	良好	良好
东莞市	85	良好	良好
中山市	81	良好	优秀
江门市	86.5	良好	良好
阳江市	93	优秀	良好
湛江市	85	良好	良好
茂名市	86	良好	良好
肇庆市	91	优秀	良好
清远市	92	优秀	良好
潮州市	86	良好	良好
揭阳市	85	良好	良好
云浮市	88	良好	良好

“双转移”成效显著

从2008年实施“双转移”，到2009年首季，原有的32个省级产业转移园已投入开发资金236.4亿元，实现工业总产值208.21亿元，利税17.27亿元，对当地经济的带动效应初步显现。

"双转移"促使粤东西北地区加快了产业结构的优化升级。如河源市通过加快推进4个省级产业转移园建设，逐步形成了以手机、模具、钟表、电子电器等为主导的新兴产业，2008年总产值达105.2亿元、税收5.05亿元。梅州、清远等环珠三角地区甚至出现了石化下游产业、钟表制造业、石材加工业、服装制鞋业等一批新兴的中小规模产业集群。

"双转移"还拓宽了农民就业渠道，提高了就业质量。省劳动保障厅统计，农民培训转移后的工资水平比未受训的农民普遍提高20%～30%，农村劳动力逐步从粗放式就业向素质就业转变。越来越多的本地劳动力开始进入省级产业转移园。目前全省园区用工约27.2万人，其中66%来自本地。

值得关注的是，"双转移"给珠三角地区带来结构调整、产业升级的良好契机。如深圳市腾出产业发展空间后切实加大高新技术、现代金融、现代物流和文化四大支柱产业的项目引进，使第三产业比重首次超过第二产业，具有自主知识产权的高新技术产品产值比重提高到60%。目前，珠三角各市劳动密集型产业产值比重明显下降，其中深圳、佛山、珠海、东莞下降幅度超过2%。

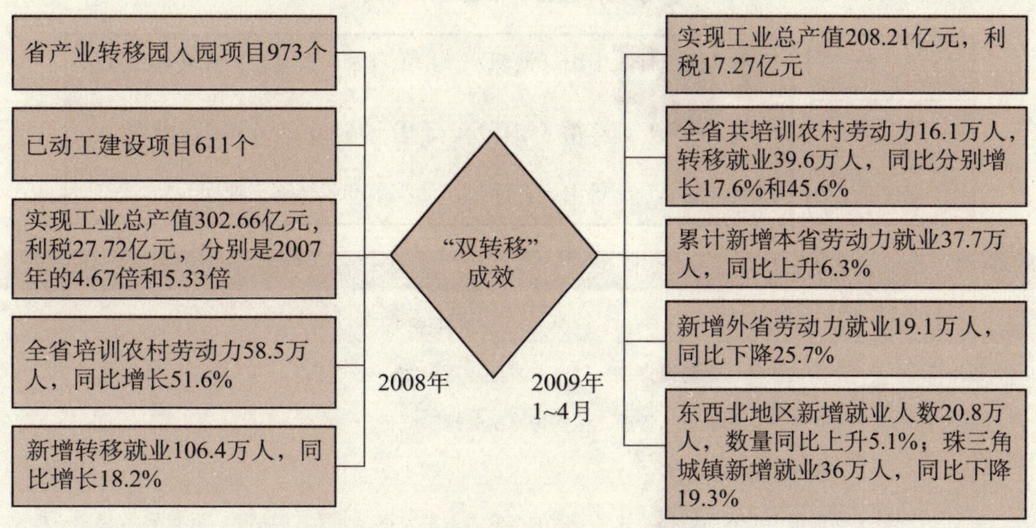

为顺利推进产业转移园建设，广东省着力完善工作机制。建立了由分管副省长为召集人，省直25个单位参与的"省推进珠江三角洲产业向山区及东西两翼转移联席会议"制度，切实加强对产业转移工业园建设的组织领导。同时，着力完善政策措施，先后制定了《广东省产业转移工业园认定办法》《关于贯彻实施广东省产业转移工业园认定办法有关问题的通知》《关于支持产业转移工业园用地的若干意见（试行）》《广东省产业转移工业园外部基础设施建设省财政补助资金使用管理办法》《关于加强山区及东西两翼与珠江三角洲联手推进产业转移中环境保护工作的若干意见（试行）》。

5月26日，广东省委、省政府在梅州市召开全省产业转移和劳动力转移工作会议，汪洋在会上强调，"双转移"与保增长是内在一致的，完全可以结合起来。必须以"壮士断腕”的决心，大力推进发展方式转变，推进产业结构优化升级。

推进“双转移”的舆论声音

时间	媒体	观点
6月3日	《南方日报》	一论坚定不移推进“双转移”：《释放引导发展的强烈信号》
6月4日	《南方日报》	二论坚定不移推进“双转移”：《选择产业转移和升级就是选择出路》
6月5日	《南方日报》	三论坚定不移推进“双转移”：《实现新一轮大发展的必要手段》

广东省委、省政府2008年5月出台的《关于推进产业转移和劳动力转移决定》提出，以竞争方式择优扶持欠发达地区15个省示范性产业转移园建设，每个示范园获得5亿元扶持资金。截至目前，已评选出3批次9个省示范园。据悉，全省第四批省示范性产业转移园评选工作已经启动，预计6月份再评选出3个省示范园。2009年下半年将启动第五批省示范园的评选，按照领导小组工作部署，将于年底前结束全部15个省示范园评选工作，并有可能提前完成。

广东已评选出9个省级示范园

批次	示范园
第一批	广州（梅州）、中山（河源）、中山（肇庆大旺）产业转移工业园
第二批	东莞（韶关）、广州（阳江）、佛山（清远）产业转移工业园
第三批	深圳（潮州）、佛山（云浮）、汕头市产业转移工业园

产业转移园优势

方面	具体内容
成本低	小的分散的，重新聚集在一起，成本低。可以统一处理污水，可以集中供热供电
方便管理	方便管理，如环境的管理，包括污水的处理等
方便服务	方便为企业提供服务
提升竞争力	目前很多世界品牌都入驻了清远的产业园，意大利、土耳其的都有，和世界品牌在一起也有助于提升企业的竞争力
提供扩张空间	原来的地方已经盛不下了，企业扩张了，但却没有地方发展。比如佛山市陶瓷工业大规模转移到了清远，规划了上万亩产业转移园区

产业转移园面临棘手问题

产业转移工业园切实解决了不少资源与项目对接的实际问题，但建设过程中也出现了不少问题。很多工业园都没有达到最低的经济运行标准，有的园区甚至连一个招商项目都没有，陷入进退两难的境地。东莞石龙（始兴）产业转移工业园是广东第一个产业转移工业园。奇怪的是，广东省经贸委的一份截止到2009年1月份的“省产业工业园建设进展表”上，当初风风火火大张旗鼓搞起来的东莞石龙（始兴）产业转移工业园已建设入园项目却为零。

“政府建设产业转移工业园区的初衷是好的，但是由于地方政府在决策之前没有进行相关的调研，对当地的资源和地区间产业的发展没有深入、客观的认识，有些地区盲目地一哄而上，导致了产业转移工业园鱼龙混杂、规划不合理，严重影响园区发展。”广东省社会主义学院副院长、民进广东省委会副主委鲁开垠坦言。

2009年年初的广东省政协会议上，民进广东省委呈交了一份《省级产业转移工业园建设中的问题与建议》，一时间引起广泛关注。该提案指出：虽然省级产业转移工业园区的建设对解决区域经济发展不平衡起到了一定的作用，但现实当中存在的一些问题如果不加以解决，会严重制约产业转移工业园区的进一步发展。按照提案的总结，这2600亿产值背后有六大不容忽视的隐忧。同时，产业转移工业园存在着重复建设现象，同一地区同时批准的省级产业转移工业园区数量太多，这既造成土地资源紧缺和限制了园区规模的发展，导致地方政府缺乏足够的扶持财力，同时也导致了招商引资的恶性竞争。

产业转移园存在的问题

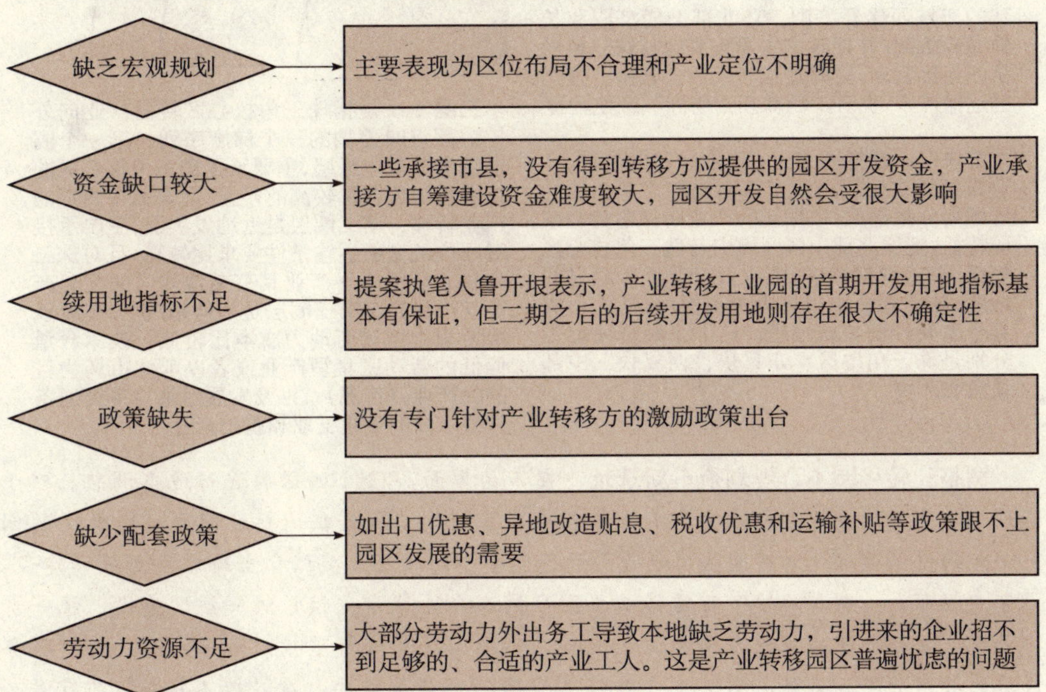

目标：2012年新增转移农村劳动力600万人。到2012年，珠三角地区人均地区生产总值达到80000元，全省建成30个左右省级产业转移工业园，其中15个左右省级示范性产业转移工业园。新增转移本省农村劳动力600万人，组织技能等级培训360万人，全社会非农就业比例达80%。到2020年，珠三角成为世界先进制造业基地、世界级都市圈。粤东西北及中部地区涌现出若干个相对独立的增长极。

各地产业和园区要在粤东西北及中部地区形成新的经济增长极，带动城市群发展，形成以珠三角为核心，辐射粤东西北及中部地区，错位发展、资源互补、产业关联、梯度发展、点线面相结合的“一核、三圈、五轴、五块”网络状分布的多层次产业发展格局，基本建成现代产业体系。

“一核、三圈、五轴、五块”布局规划

“一核”：即指珠三角核心区，是主要的产业转出地，具体指广州、深圳、珠海、东莞、佛山和中山六市。发挥珠三角核心区要发挥对全省产业的辐射和带动作用，把传统劳动密集型和资源密集型产业或生产环节转移到粤东西北及中部地区

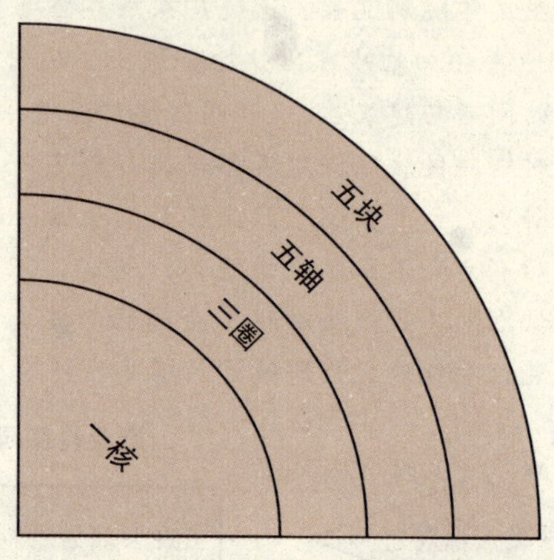

“五轴”：是指由珠三角转移而出的产业顺延一定的轴线向外落点，从而在省内形成相对密集的五条产业转移密集轴线。分别接入福建的海峡西岸经济圈、环北部湾经济圈和长株潭经济圈，并把客家主要集聚地与珠三角经济区连接起来，同时加强与广西、云南、贵州的运输往来，促进“泛珠江三角洲”产业转移

“五块”：是指通过全省产业转移的推进，产业布局将在珠三角、东西两翼和北部山区的区域划分基础上，依据新的产业转移趋势和布局特征，把原北部山区区域中与珠三角核心区相邻，交通网络较好，区位及产业优势明显的地区，独立划分出来作为中部板块，从而形成五个主要经济块状地带。这五个经济块地带分别是珠三角地区、东翼块、西翼块、中部块和北部块

“三圈”：是指珠三角核心区转出产业向外扩散落点时遵循的三个梯度序列。第一个圈层是珠三角边缘层，主要承接珠三角核心区的技术及知识含量较高的产业，是珠三角内部的产业转移。第二圈层是近地发展层，主要承接对区位及交通运输条件要求比较高，且对珠三角核心区的主导产业具有黏合效应的配套产业（产品）。第三圈层是延伸拓展层，主要承接要求土地和劳动力成本比较低、技术含量偏低的劳动密集型产业或者以延伸市场为目的的产业（产品），以及发展对港口等交通条件要求高的重化工业和基础产业

调整：转移园不合规划须重新选址。在布局方面，32个园区要进行适当调整。对于选址与主体功能区规划相冲突、不符合当地城乡规划、或者征地拆迁问题难以解决的园区，必须重新选址或者对园区用地范围进行调整。同时还要要结合当地城乡发展和建设，调整空间布局。调整后的产业转移工业园应纳入当地城市（镇）统一规划建设、统一标准管理，通过合理的功能布局和设施配套，实现园区与城市（镇）基础设施、公共服务设施的共建共享。另外，省级产业转移工业园的产业承接要打破“饥不择食”“有转必接”的状态，与当地资源优势、产业基础和产业规划相结合，必须要进行有选择的承接，并对相应产业进行调整。

对于对当地环境造成严重破坏、资源消耗量极大的产业严禁接纳，特别是北部山区的产业转移工业园要避免在招商上的“饥不择食”，防止珠三角将高污染、高耗能产业不加甄别地转移到山区。准确把握产业从劳动密集型向资本、技术密集型转移这一趋势，

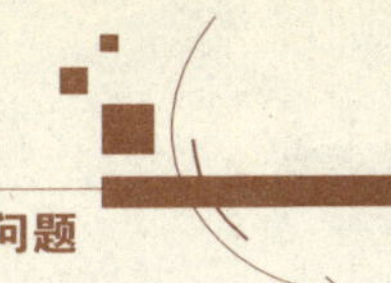

重点围绕本地支柱产业进行产业引进。

示范性园区面临三方面调整

方面	关键词	调整重点
功能定位	重点突出四个方面的新功能	省示范性产业转移工业园不仅仅是当地规模较大的产业转移工业园，还应该引导当地产业转移与承接方向，成为当地承接产业转移的“风向标”和产业转移工业园建设的典范。示范性产业转移园区还要成为产业调整与升级的推动者。省示范性产业转移工业园不但要通过承接带动产业转出地“腾龙换鸟”式转型升级，也要推动转入地的产业结构调整与升级
园区规划布局	遵循三方面的原则要求	第一，省示范性产业转移工业园要尽量选址于中心城市周边，与园区所在地的城市总体规划相衔接；第二，体现集聚发展的原则，加快工业向园区集中，提高产业集聚度。实行产业转移园单位面积投资强度最低标准，推广多层标准厂房建设，提高土地使用效率；第三，注重园区规划的实施管理。要按照科学布局、合理设置的要求，实施统一管理，加强园区的城市配套管理建设。园区所在地地方政府要进一步做好产业转移园总体规划的报批和控制性详细规划的实施，并加强对园区规划实施的监督管理，确保园区建设依法依规进行
产业布局	承接主导产业和配套产业	产业引进和发展要以“大项目—产业链—产业群—产业基地”的方式进行，以产业链的链式引进方式，培育特色产业群。突出主导产业，主导产业的选择要符合全省产业区域布局的要求，并与当地的产业基础和合作城市的产业优势相结合，重点发展合作城市优势产业的配套产业。另外，产业建设要与园区经营模式相联系，示范园应确定具有自身特色的目标定位，园区产业选择要围绕特色定位来确定

构想：大型转移园要催生工业都市。根据规划，新建设的大型产业转移工业园选择这样的功能定位：成为全省产业转移与承接的枢纽、新兴产业基地和区域性经济增长极、大型工业都市。通过承接国际、国内和珠江三角洲地区高新技术、先进制造业、装备制造业等转移产业，建成产业链配套完善、生产服务业配套齐全、产业聚集发展、具有比较完整的现代产业体系的大型产业园区。相关部门调研发现，粤东和粤西地区均具备大型产业转移工业园的区域布局条件。

大型产业转移园选址要求

要求	具体内容
园区要与城市融为一体	在大型产业转移园选址方面，《规划》明确，大型产业转移园首先要与当地中心城市的布局相融合，让园区与城市融为一体。让工业化带动城市化的发展，使大型产业转移工业园所在地的中心城市成为大型工业都市。其次，园区所选地方要符合主体功能区规划、省域城镇体系规划、省国土规划、土地利用总体规划以及当地城乡规划的要求，不设立在国家和省各法定规划所确定的各类限制开发的区域内

续表

要求	具体内容
选建地要符合环保要求	大型转移园选建地要符合各级环境保护规划的要求，产业承接对生态环境的影响要达到国家和省规定的环境保护要求。要在科学测算特定区域环境容量、确定污染物排放总量控制目标的基础上，来确定大产业转移工业园的选址，切实防止产业转移带来污染转移，确保园区建设不会对周围环境特别是水源产生大的影响
对周边能起到辐射带动作用	大园的选址还要看当地是否具有良好的区位优势和交通运输、园区供水供电等基础设施，公共服务平台是否完备等。另外，选址时做到与全省经济结构调整和转变发展方式相衔接，与本地经济社会发展战略相结合，围绕主导产业形成上下游相互配套、专业化分工合作的产业链，培育一批新的产业集群，对周边地区发挥辐射带动作用和示范作用

75 亿产业转移资金的“蛋糕”分配艺术

开展产业转移扶持资金竞争性分配改革，是广东省委、省政府深刻分析该省区域经济发展现状后，科学运用经济发展规律，通过解放思想、改革创新做出的重大战略决策，是该省推进产业和劳动力“双转移”的一个核心环节。

2008 年 3 月 1 日，广东省委书记汪洋在省委常委会议上提出，要对粤东、粤西、粤北欠发达区域的发展实施重点突破战略，建议“省里一年拿出一定数量的扶持资金，面向粤东、粤西、粤北各市招标，然后请专家去论证。谁的方案好，谁的效益大，就由谁来用这笔资金”。5 月份，广东省制定出台了关于推进“双转移”的决定，设立省财政产业转移竞争性扶持资金，2008～2012 年每年安排 15 亿元，采用招投标的竞争性方式，择优扶持欠发达地区示范性产业转移园区建设。通过在财政二次分配领域引入一次分配中的竞争原则，改变过去财政资金平均分配和对项目“一对一”单项审批的模式，以财政资金集中投放、择优配置为形式，以鼓励区域竞争、欠发达地区发展重点突破为手段，达到促进各地形成科学发展思路、区域协调发展的目的。

广东省产业转移竞争性扶持资金分配情况

产业转出城市	产业转入城市		落选城市
	批次	获胜城市	
广州、深圳 佛山、中山 东莞、珠海	第一批	梅州、河源、肇庆	韶关、阳江、潮州
	第二批	韶关、清远、阳江	汕尾、云浮、汕头
	第三批	潮州、汕头、云浮	茂名、汕尾、湛江
	第四批	梅州、揭阳、江门	河源、茂名、惠州、清远
	第五批	河源、湛江、茂名	清远、韶关、汕尾、惠州

此次广东省产业转移竞争性扶持资金评审指标体系主要包括 6 个一级指标，21 个二级指标，62 个三级指标。

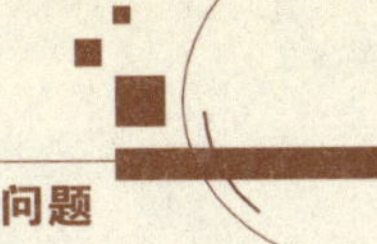

广东省产业转移竞争性扶持资金评审指标体系	
一级指标	二级指标
要件（园区）具备条件	园区现有建设规模　园区建设规划
推动形成经济增长极的潜力	支柱产业　高新技术企业
区域发展带动能力	财政收入　资金带动能力　人才建设　研发投入　要素市场　信息化建设
地方政府科学发展的思路	以人为本　全面协调　可持续发展　统筹兼顾
环境生态保护措施	生态环境　环境保护
各申报单位申报材料及现场演讲答辩情况	发展规划等资料齐备　数据清晰准确　演讲效果　答辩效果　总结性陈述

自2008年8月开始至2009年9月，广东省共进行了5次产业转移竞争性扶持资金的评审，这五场“争夺赛”的最后战果是：75亿元广东省产业转移竞争性扶持资金共由13个市夺得，其中梅州、河源两次中标，各赢得10亿元；其他市均中标一次，各赢得5亿元。惠州和汕尾尽管“参赛”两三次，但都被剃了“光头”，无缘分享这块财政“大蛋糕”。

随着第五批产业转移竞争性扶持资金竞标的结束，广东省75亿元产业转移扶持资金的竞争性分配工作正式结束。通过前后五批的竞标，扶持资金有效地推动了各地产业转移园区的建设。更为重要的是，通过这一财政分配领域的改革创新，无论在观念还是实践上，都对促进欠发达地区加快发展、加快形成科学发展思路发挥了积极作用。虽然最终惠州、汕尾两市与5亿元扶持资金无缘，但通过这样的竞争，无论是中标市还是未中标市都是赢家。

事实证明，广东省产业转移竞争性扶持资金是一种创新的财政资金安排方式，该战略实施以来，竞标和社会反应效果均良好，不仅把老百姓的钱用好了，而且带动了很多社会资金进入，使财政资金的使用效益放大了5～6倍，而且能引导各市形成科学的发展思路，形成新的经济增长极。

广东省双转移战略成效	
关键方面	具体数据
上半年全省产业转移园发展情况	2009年上半年，全省33个省级产业转移园入园项目累计达1895个，总投资额3532亿元，实现工业总产值357.52亿元、利税22.75亿元，同比增长12.38%和11.99%，对当地经济的带动效应初步显现
上半年全省累计新增转移就业	全省累计新增转移就业69.5万人，同比上升42.7%，珠三角地区截至5月累计新增43.4万人，同比下降24.1%，人力资源区域配置明显优化
上半年粤东、粤西、粤北地区生产总值	在此基础上，上半年粤东、粤西、粤北地区生产总值同比分别增长9.6%、7.7%、8.1%，分别高于全省2.5%、0.6%、1%
1～7月一般预算收入	一般预算收入分别同比增长12.3%、3.82%、8.68%，分别高于全省8.89%、0.41%、5.27%

苏粤陕保增长特设机构

为应对金融危机和经济增长趋缓，中央层面，国家发改委、财政部等有关部门已经成立了扩大内需协调工作组，共同研究部署和协调重大问题。这项工作在地方上也已提上日程。目前，山东、江苏、河南、广西等众多省区，均已迅速组建了官员班子，组建了扩大内需政策落实检查工作领导小组、扩大内需领导小组、保增长协调指挥中心等临时机构，特事特办，专责加大投资、扩大内需。

各省保增长特设机构示意图

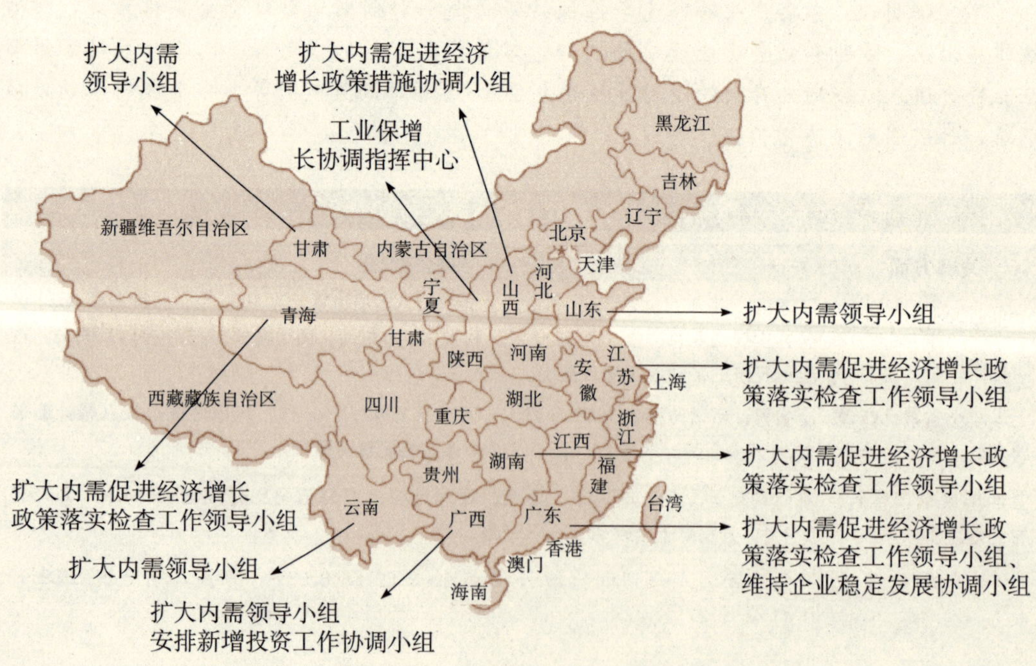

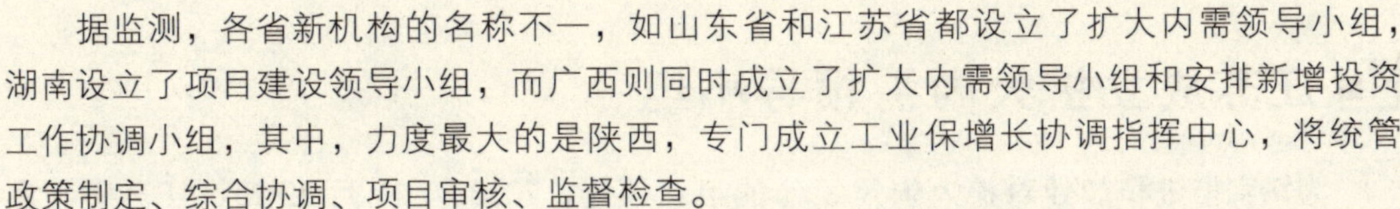

据监测，各省新机构的名称不一，如山东省和江苏省都设立了扩大内需领导小组，湖南设立了项目建设领导小组，而广西则同时成立了扩大内需领导小组和安排新增投资工作协调小组，其中，力度最大的是陕西，专门成立工业保增长协调指挥中心，将统管政策制定、综合协调、项目审核、监督检查。

另外，中央反复强调，要严把“资金投向关、资金来源关、程序控制关、制度保障关、责任落实关”，全力做好新增中央投资的监督检查工作。此次新增中央投资项目监督检查重点关注五方面内容。

中央扩大内需促进经济增长政策落实检查工作领导小组检查重点

一是严把资金投向关。新增的1000亿元中央投资主要是投向民生工程、重大基础设施、生态环境、自主创新和产业结构调整等方面。要重点检查资金有无投向“两高”行业、低水平重复建设和产能过剩行业项目以及党政机关办公楼等楼堂馆所项目

二是严把资金来源关。从项目前期工作阶段就要把加强资金源头督查放在突出位置，重点审查地方政府承诺的各类配套资金落实情况，确保项目建设资金不留缺口

三是严把程序控制关。要对照国家法律、法规的规定，遵循规划、计划、项目审核、用地管理、环境评价、决算验收等建设管理的程序，督查建设项目和资金的管理使用情况，土建工程和主要设备采购等是否严格按照国家有关规定进行了招标投标和政府采购

四是严把制度保障关。要高度关注中央投资政策的执行情况，注意发现和反映制度执行中不规范、政策不完善的问题，督促和指导各地区、各部门特别是基层单位认真贯彻落实基本建设投资资金管理的有关制度和法规，从实际出发制订具体管理办法，建立健全内控制度

五是严把责任落实关。督促各项目责任主体落实在投资安排、项目管理、资金使用、实施效果等各环节的责任，对截留、挪用、挤占、虚报冒领、奢侈浪费等行为，要按照有关规定进行处理处罚，追究相关责任人责任；构成犯罪的，应移交司法部门依法追究刑事责任

中央扩大内需促进经济增长政策落实检查工作领导小组成立后，各省区市也研究部署监督检查工作，绝大多数成立了扩大内需促进经济增长政策落实检查工作领导小组，并派出专项检查组对省直有关部门和所属市县落实中央决策部署的情况进行监督检查。各省监督检查领导小组重点检查内容均集中在检查地方对中央及省扩大内需政策的落实情况、专项资金的使用情况及相关单位和工作人员在项目建设中是否存在其他违纪违法问题等方面，确保中央及省政府促进经济增长政策措施顺利实施，配套资金安全、透明。

江苏成立扩大内需领导小组

为切实推进和加强对扩大内需工作的组织领导，2008 年 11 月 12 日，江苏省下发《关于成立扩大内需领导小组的通知》，决定成立扩大内需领导小组。由省委副书记、省长罗志军亲自挂帅担任组长。领导小组副组长由省委常委、常务副省长赵克志担任，成

江苏省扩大内需领导小组结构及检查重点

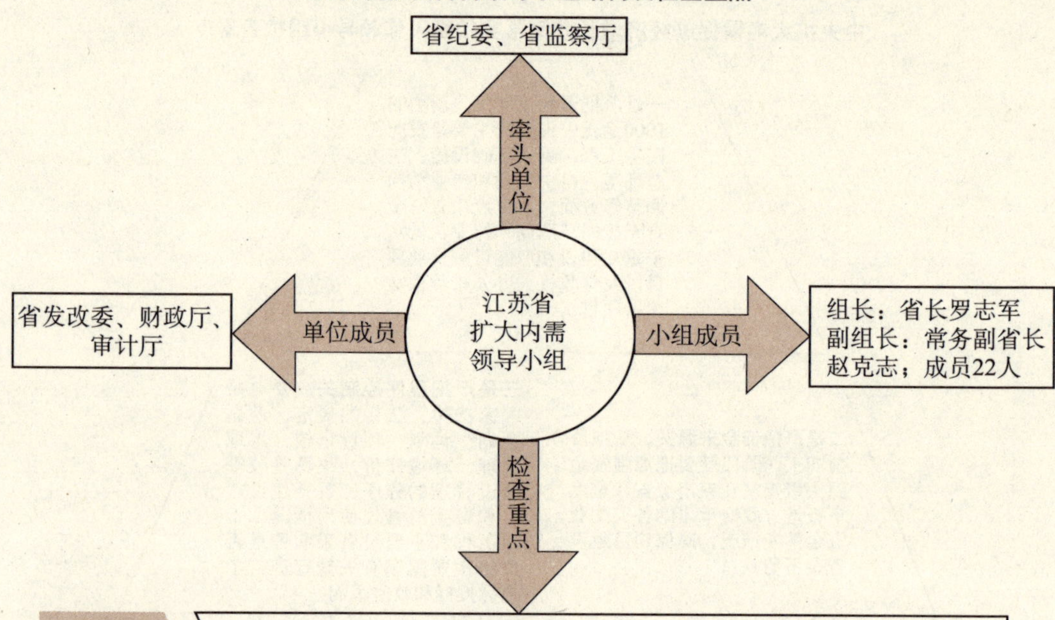

检查重点	内容
政策落实	有关地方和部门是否认真贯彻落实中央和省的政策措施
规划立项	工程项目规划、立项是否符合科学发展观的要求和中央及省规定的投向
资金管理	监督检查省有关部门是否迅速下达新增中央和省投资计划，是否按规定及时拨付资金，地方和项目单位的配套资金是否足额到位，资金管理使用是否做到了公开透明
项目建设	监督检查建设项目是否履行国家有关项目审批、核准、备案程序，是否严格执行土地、环保、节能等政策和管理规定，是否严格按照项目法人责任制、招标投标制、工程监理制和合同管理制等要求
工程质量	监督检查项目及施工单位是否建立和落实工程质量和安全生产领导责任制，是否存在盲目赶进度导致的质量安全隐患，是否严把工程质量关
人员职责	监督检查国家机关及有关单位工作人员在项目建设过程中是否存在滥用职权、玩忽职守、徇私舞弊、索贿受贿等违纪违法问题，项目建设相关单位和人员是否存在其他违纪违法问题

员共 22 人。同时成立七个检查组，分批开展专项监督检查工作。省扩大内需领导小组办公室设在省发展改革委，承担领导小组的日常工作。领导小组明确了监督检查的六大重点领域。

广东湖南派出七个检查组开展专项检查

为保证中央和省扩大内需促进经济增长政策得到落实，2008 年年底，广东省成立了由省纪委、省监察厅牵头，以省发改委、省财政厅、省审计厅为成员单位的省扩大内需促进经济增长政策落实检查工作领导小组，由省委常委、省纪委书记朱明国任组长。同时成立七个检查组，分批开展专项监督检查工作，每个检查组负责三个地级以上市及所在地的中央和省管项目。

2008 年 12 月 9 日，湖南省扩大内需促进经济增长政策落实检查工作动员会议宣布，成立由省纪委、省监察厅牵头，省发改委、省财政厅、省审计厅为成员单位的省扩大内需促进经济增长政策落实检查工作领导小组，同时组建七个检查组，分赴各省直单位和 14 个市州开展监督检查工作。

广东湖南扩内需监督检查小组检查重点

广东省		湖南省
监督检查落实中央和省各项决策部署是否思想统一行动迅速	1 政策落实	检查省直有关部门和各市州是否认真落实中央和省委、省政府的决策措施
工程项目规划是否符合科学发展观的要求和中央及省规定的投向	2 项目规划	检查工程项目规划、立项是否符合科学发展观的要求及中央和省委、省政府规定的投向
工程建设是否安全合格，防范事故风险和杜绝“豆腐渣工程”严防搞劳民伤财的“形象工程”和脱离实际的“政绩工程”	3 工程质量	检查工程建设质量是否安全合格
项目建设资金管理使用是否规范公开、确保安全透明有效	4 资金管理	检查项目建设资金管理使用是否规范透明
工程建设项目审批和建设程序是否依法合规；确保新增投资的使用和建设项目的确定决策科学和程序完备	5 项目审批	检查工程项目审批和建设程序是否依法合规
	6 违纪行为	快查严办重处各种违纪违法行为，严肃查处贪污、挪用、挤占、私分资金等行为，以及在项目投资和工程建设中索贿受贿、弄虚作假、铺张浪费等行为

另据监测，除江苏、广东、湖南外，青海省由省纪委监察厅牵头成立了扩大内需促进经济增长政策落实检查工作领导小组；省纪委、省发改委、省监察厅、省财政厅、省审计厅联合下发《关于加强监督检查，保证进一步扩大内需促进青海经济平稳较快增长重大决策等部署贯彻落实的通知》。2008 年 12 月底，青海省已组织了五个检查组就有关

落实情况开展监督检查。

2008年12月3日，青海省监察厅召开了省扩大内需促进经济增长政策落实检查工作领导小组第一次会议，会议对监督检查工作提出了四点要求：

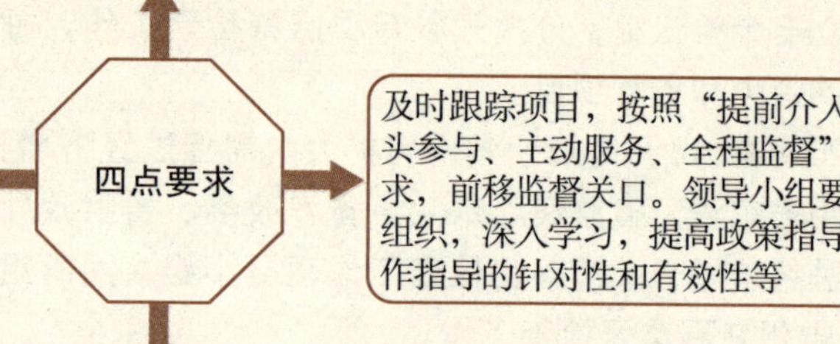

山东广东等扩内需领导小组很“厉害”

为全面贯彻落实国家关于扩大内需、促进经济平稳较快增长的重大决策，加强对全省扩大内需工作的领导组织，多个省份成立了扩大内需协调领导小组，主要负责扩大内需相关支持措施的组织协调和落实工作。在山东省，省长姜大明任组长的扩大内需领导小组在省发改委、经贸委、建设厅设三个办公室，统筹负责扩大内需和项目投资工作的综合协调、工业经济运行、市场开拓以及房地产业发展工作。下属各市业已成立了扩大内需领导小组。

2008年11月，云南省成立扩大内需领导小组，全面加强对全省扩大内需各项工作的领导和协调。同时要求各部门、各州市成立相应的领导机构和工作机构。省监察厅、省政府督查室和省发改委要加强对资金拨付、项目组织、实施进度、实施效果、建设秩序等方面的督促检查，严防推诿扯皮，严查敷衍塞责。对执行过程中不办、挡道、拖延的部门和干部，要进行问责处理。

2008年11初，广东省成立“维持企业稳定发展协调小组”。省长黄华华亲自担任组

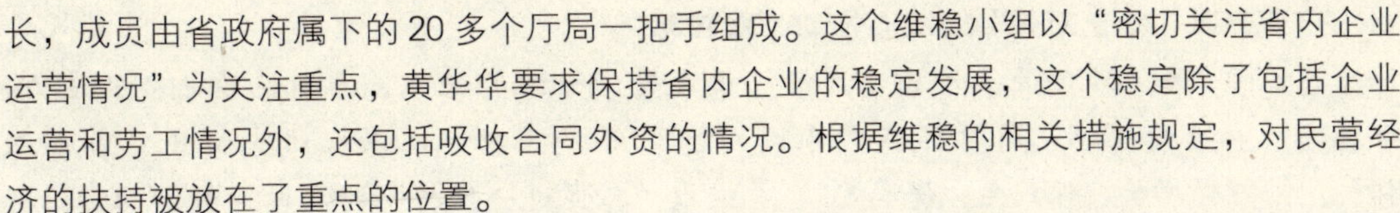

长，成员由省政府属下的20多个厅局一把手组成。这个维稳小组以“密切关注省内企业运营情况”为关注重点，黄华华要求保持省内企业的稳定发展，这个稳定除了包括企业运营和劳工情况外，还包括吸收合同外资的情况。根据维稳的相关措施规定，对民营经济的扶持被放在了重点的位置。

在这次的维稳小组中，广东省经贸委、外经贸厅、劳动保障厅以及财政厅是小组重点成员。该维稳小组下，再分别由各厅在其内部设立分小组，根据省级维稳小组的要求，各厅将密切关注企业运营情况，掌握省内各项经济数据，并定期向上级进行汇报。

陕西省率先成立工业保增长指挥中心

为了进一步贯彻落实陕西省委、省政府扩大内需、促进经济增长的各项措施，实现陕西省工业经济2009年增长18%的预期目标，陕西省政府出台了保持工业增长的16条措施，针对生产要素保障、贷款贴息、产品销售、产业发展、技改、融资等方面问题采取了一系列措施，并成立省政府工业保增长协调指挥中心，协同省级各部门力量，及时协调解决工业经济运行中出现的新情况、新问题，全力以赴推动工业经济增长。

2月12日上午，陕西省政府工业保增长协调指挥中心成立暨第一次全体会议在西安召开。省长袁纯清在会指出，“成立省政府工业保增长协调指挥中心，就是要通过多个部门一起上，多个措施一起用，多个机遇一起抓，全力推动我省工业经济增长，确保陕西省2009年各项增长目标任务的实现”。

工业保增长协调指挥中心成员单位职责

方面	职责
加强合作	加强配合，密切协作，联动上下，协调左右，有效整合财力、人力、物力以及信息等资源，形成推动省工业经济增长的合力
推进产业集群化	积极争取国家支持，加大对省重点企业和产业的支持力度，培植新的经济增长点，承接东部产业转移，推进产业集群化，对于工业项目和产业发展在财税、金融、土地等方面给予有力支持
解决企业难题	组织人员深入实际，深入企业，深入一线，及时协调工业经济运行中出现的问题，积极帮助企业解决发展中面临的困难

相关阅读

金融危机没有止住“吉祥三保”的脚步

2009年，来自大洋彼岸的金融危机对我国影响还在加深。以广东、江苏、浙江为首的外贸出口大省，成为受金融危机影响最为严重的地区。那么，在“保增长、保民生、保稳定”“吉祥三保”中，他们的表现如何呢？

广东：以"壮士断腕"的决心推动"双转移"

在国际金融危机的巨大冲击下，经济模式转型升级的挑战、再创发展之机的压力、拓展新兴市场的迫切，同时摆在广东面前。2009年年初，广东人率先提出"吉祥三保"——"保增长、保民生、保稳定"，并提出"三促进一保持"的具体方针。切实推进"三促进一保持"和"双转移"，成为半年来全省工作的重心。广东的这一系列转型动作，尽入世界眼中。外界嗅到了"腾笼换鸟"的气息，各国政要开始密切关注金融危机中的广东机遇，在三个月的时间里，新加坡前总理、现任国务资政吴作栋，越南总理阮晋勇和泰国总理阿披实先后到访广东。这在中国省份中，恐怕是绝无仅有的。

围绕"吉祥三保"，广东省见事早、出手快，结合中央部署全面和创造性地打响了一场攻坚克难、化危为机的"阻击战"。战役的核心就是"双转移"。但在这场金融危机袭来之时，双转移再度受到质疑。有人提出，"腾笼换鸟"式的产业升级转移使大批的中小企业严重吃不消，现在企业生存都成难题，哪里谈得上转移，认为"双转移"不合时宜。但半年多的实践证明，"双转移"是化金融危机为转型发展机遇的一项正确决策。截至2009年上半年，省级产业转移工业园的投入开发资金、动工项目、建成项目、吸收本地劳动力人数，比2008年年底时差不多均翻了一番。

为推动"双转移"发挥更大作用，2009年5月26～27日，广东省召开全省产业转移和劳动力转移工作会议，研究部署进一步推进"双转移"工作。广东省委书记汪洋在会上强调，"双转移"与保增长是内在一致的，完全可以结合起来。必须以"壮士断腕"的决心，大力推进发展方式转变，推进产业结构优化升级。

继"双转移"之后，为了帮助外贸企业实现内销，打通内销市场的"最后一公里"。2009年4月初，广东省借助驻外办事处、有关行业协会、广东省驻外商会的力量，开展了"广货北上"系列活动。主要是为了调动广东分布在全国的驻外办事处、粤商以及一切可以调动的资源，政府开道搭桥，组织广东名优产品在全国进行展销和经贸洽谈活动。"广货北上"战略提出后，广东省级行业协会、驻外各办事处、19家驻外省广东商会以及2837家粤企紧急集结，统筹资源，为广货北上鸣锣开道。汪洋和黄华华表示："我们到时候去现场，一起为他们站台。"在"广货北上"的强大推力下，1～6月全省工业品内销同比增长18.1%，比2008年全年内销增速高约5%，拉动工业增长8.4%。

"广货北上"坚持"政府推动、企业参与、市场运作"，全年密集安排了124项省内外广货促销和经贸活动，遍及30多个重点城市，涉及西安、合肥、重庆、南宁、长沙、上海、南京等市。2009年的步骤是巩固泛珠三角区域市场，积极开拓东北、中部、西北市场，进一步拓展东部沿海、粤东西北地区以及农村市场。为保证"广货北上"活动顺利进行，3月底，广东省经贸委专门制定了《2009年广东产品全国行系列活动方案》。

"广货北上"于4月6日在陕西省西安市揭开首站序幕后，又在中部安徽省、东北部吉林省、西南部重庆市等地相继启动。广货所到之处，受到当地经销商和消费者的欢迎。截至7月底，"广货北上"已开展67场，共计签约4500亿元，预计年内还将举行近百场。

同时，更加深入的"北上"计划正在展开。继续以搭建"广货北上"平台为重点深

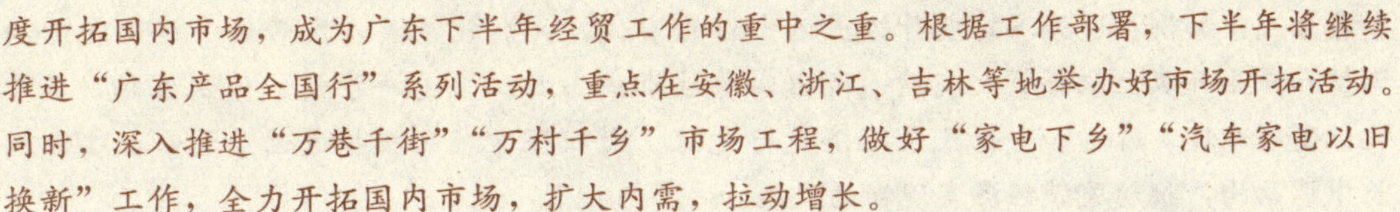

度开拓国内市场，成为广东下半年经贸工作的重中之重。根据工作部署，下半年将继续推进“广东产品全国行”系列活动，重点在安徽、浙江、吉林等地举办好市场开拓活动。同时，深入推进“万巷千街”“万村千乡”市场工程，做好“家电下乡”“汽车家电以旧换新”工作，全力开拓国内市场，扩大内需，拉动增长。

为给经济社会发展提供强大的智力支持。广东省委、省政府7月底出台《关于加快提升文化软实力的实施意见》，首次提出建设文化强省。“建设文化强省”战略目标的提出，对于正在探索实践科学发展观、推动经济社会转型升级的广东而言，正当其时。

数据显示，广东省上半年生产总值同比增长7.1%，GDP同比回落幅度从一季度的4.7%缩小到了3.6%，GDP同比回落幅度缩小。全省经济明显回暖再次证明，“双转移”确是广东应对国际金融危机的一个良方，是强劲的经济“助推器”。“广货北上”的顺利推进和后续效应，也在很大程度上改变广东企业以往重外销轻内销的趋势，扩大内需，拉动了增长。

浙江：困境突围关键看民营经济

民营经济大省浙江是这次受金融危机影响最严重的地区之一。“停工”“半停工”“倒闭”——这看上去更像一场文字游戏，但浙江企业遭遇前所未有的困境却是不争的事实。截至2009年2月底，浙江进出口已经连续四个月负增长，直逼1998年亚洲金融危机时浙江进出口同比连续五个月负增长的记录。但通过企业重组、产业转型与结构调整、扩大内需等措施，在金融危机的“寒冬”里寻找“春意”。例如，外贸比重原本高达95%的象山针织服装产业，初步实现向内转型；2009年前两个月出口骤降40%的玉环家具业，学会了内外贸“两条腿走路”；义乌2300多家玩具企业在外贸订单迅速减少的情况下，“掉转枪口”向内，挽救了整个产业。

最典型的一个例子就是，飞跃集团董事长邱继宝在摔了一个跟头之后，迅速从原地爬了起来。2008年3月，飞跃集团因资金链断裂引发财务危机，被媒体当做最早反映大型民企遭遇生存危机的标志性事件之一。十个月后，在省、市、区三级党委、政府的支持和帮助下，飞跃集团积极努力摆脱困境，最终实现核心业务重组，转“危”为“机”。7月22日，浙江省委书记赵洪祝在飞跃集团实地考察生产经营情况时，勉励邱继宝说：“你的名字叫‘继宝’。继宝，继宝，希望你继续当好民营企业界的‘国宝’。企业的发展总会出现这样那样的波折。但是，一定要向前迈步走，办法总比困难多。”

开始搞市场经济的初期，浙江采取的是无为而治。现在企业有困难了，政府就要及时出手。而且，企业越困难，越需要党委、政府热情关怀。这种执政风格的转变在浙江表现得十分突出。2009年上半年，浙江密集出台政策文件，助力中小企业发展。通过这些政策、文件，改善中小企业融资环境，助力企业渡难关。上半年6.3%的GDP增长速度表明，在政府和企业的共同努力下，浙江经济开始复苏已无异议。

关于浙江究竟该如何应对金融危机，赵洪祝在2009年“两会”期间接受媒体采访时指出，困境中突围的唯一出路，就是坚定不移地推进经济转型升级。浙江要在转变经济发展方式、加快推进经济转型升级上迈出新的步伐，关键就是要看民营经济能否在结构调整和产业升级上取得重大突破、迈出实质性步伐。浙江将进一步创新体制机制，不断优化发展环境，鼓励和支持民营经济先行先试、大胆探索，积极推进创业创新，在保增长中调结构，推动民营经济实现新的发展。

为帮助企业突围解困，落实企业减负要求，浙江省于2009年初出台《关于促进全省民营企业平稳较快发展的若干意见》，《意见》分四个方面，共19条，在结合浙江实际的基础上，具体规定了推进产业转型升级、促进资本有序流转、营造和谐宽松环境、落实服务减负政策等方面的政策措施。

浙江“救活”的部分企业及措施一览

企业	措施
浙江绍兴江龙控股集团有限公司的重组	重组方案：江龙集团一分为四，四个独立法人单独组建，由当地企业按块分别去收购兼并它。收购兼并以后，县政府给他们优惠政策
	财务清查：江龙控股的财务状况也基本摸清，县审计局牵头，会计师事务所为主体，组成三个审计小组，出具了评估报告
	风险控制：政府出面理清、妥处江龙与工人、供货商、银行等方面的关系
浙江绍兴华联三鑫的重组	成立政府工作组：绍兴县政府在三鑫破产第二天10月1日就成立了“三鑫石化应急处置工作小组”，引导其资产重组
	稳定局势：绍兴县政府有关部门已带队进驻，展开应急处置工作，要求当地银行在现阶段不抽贷、不起诉
	重组方案：最终由浙江远东化纤集团、绍兴县滨海工业区开发投资有限公司（国资）分别注资9亿元和6亿元
浙江台州飞跃集团的重组	资金问题：在当地政府的协调下，十余家银行和部分民间借贷方与飞跃达成协议，保证两年内不收贷，利息按基本利率执行。当地政府还着手对飞跃多余的生产能力、厂房以市场价进行收购，增加现金流
	重组方案：7月28日，在台州工业主管部门支持下，中捷股份与飞跃集团签订了《合作意向书》

为进一步破解中小企业资金供给总体短缺难题，浙江省中小企业局专门下发《关于在全省信用担保机构开展暖春行动的通知》，在全省信用担保机构中全面开展帮扶中小企业渡难关的“暖春行动”，进一步加快融资平台的扩容，吸收优质担保机构加入融资平台，不断创新担保服务，帮助中小企业尽快走出困境。为使“暖春行动”得以有效实施，2月4日，省中小企业局又专门下发《关于在全省开展中小企业融资解冻迎春活动的通知》，重点帮助成长型中小企业解决融资问题，推进中小企业融资生态环境建设。

浙江促进民营企业快速发展四项政策

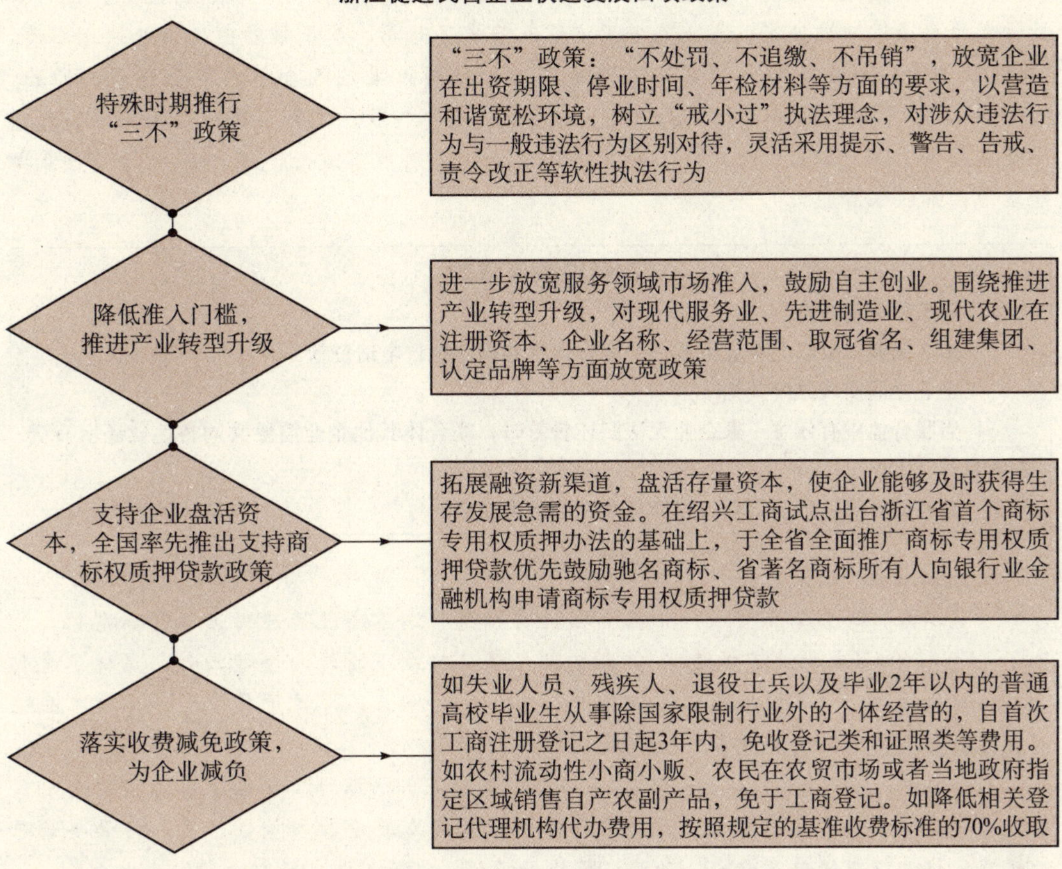

“暖春行动”助企业渡难关三举措

方面	措施
努力化解中小企业融资难	合理确定并适当降低贷款担保的收费标准。对有市场、有信用、有发展前景、确因资金问题出现暂时困难的中小企业，要适当降低保费收取标准。特别是获得中央和地方财政补助的担保机构要尽可能降低收费标准，减轻中小企业融资成本。各类政策性、商业性、互助性担保机构要及时了解中小企业，特别是经营困难中小企业的资金需求，帮助中小企业谋划和落实抵质押及担保贷款的方案，争取银行的信贷支持等
实行灵活的反担保措施	担保机构施行反担保措施要以企业核心资产为重点，根据企业的具体情况量体裁衣，量身订制，设计灵活多样、整合打包的反担保措施，结合企业的偿还能力确定信用比例，达到既分散风险，又克服抵押品不足的融资障碍
强化规范经营严防自身风险	担保机构要自我加强担保服务规范，杜绝违法违规经营活动。各地可学习借鉴湖州市的做法，注册资本金在3000万元人民币及以上担保机构可为有贷款需求的在保企业提供短期资金支持，借款期限不得超过一个月，利率不得超越司法部门规定的上线。全省担保机构之间需进一步加强信息沟通，积极通过财务审计、信用评级和市场信息收集、评估，定期分析行业风险、产业链风险和受保企业风险，以此防范和化解担保风险

针对中小企业贷款质押不足的情况，“网络联保贷款”可谓是一项创新之举。这种贷款方式主要通过网络来完成，既节省了流程也节省了时间，真正帮助中小企业快速融资。“网络联保贷款”业务是中国建设银行浙江省分行与阿里巴巴合作，在全国最先推出。2009年以来，“网络联保贷款”已经为700多家没有抵押物、没有大企业做担保的浙江中小企业提供了16.56亿元的贷款。目前，除了计划单列市宁波外，浙江省内所有企业都能实现网络联保贷款。

网络联保贷款

- 不需要任何抵押
- 由3家或3家以上企业组成一个联合体，共同向银行申请贷款
- 企业之间实现风险共担
- 当联合体中有任意一家企业无法归还贷款时，联合体其他企业需要共同替他偿还所有贷款本息
- 所有的评价、申请贷款、放贷都是在网络上完成的

江苏：工业“振兴之役”全面打响

一直以来，江苏工业重点行业在全国优势领先。江苏省沉着应对国际金融危机，交出了11.2%的GDP增速“成绩单”，表明其经济从持续下滑转向企稳回升，显现了蓬勃生机与健康活力。江苏经济能够突破困局，实现逆势增长，得益于集中力量主攻工业经济重点、培育新经济增长点等发展战略。

在2009年3月召开的江苏省委常委会上，江苏提出把抓好工业经济作为应对金融危机的重中之重，一方面要使工业经济在当前保增长促发展中担当重任，另一方面要着眼长远在优化升级中提升竞争力，加快调整振兴步伐，江苏工业“振兴之役”全面打响。

3月26日，江苏省省长罗志军在江苏省工业大会上指出，工业经济是我省经济发展的主导力量，是财政收入的主要来源，也是促进就业的重要渠道。保持经济平稳较快发展，重中之重是确保工业平稳较快发展，保工业就是保增长保民生保稳定。要推动工业经济尽快企稳回升，重点支持一批优势产业向高端环节延伸，重点培育一批大企业大集团，重点创建一批知名品牌，重点打造一批特色产业基地和产业集群。

江苏振兴工业新举措

方面	措施
大力推进结构调整	按照产业高端化、规模化、品牌化的思路，做强主导产业，做大新兴产业，做精传统产业
大力推进自主创新	充分激发企业自主创新的内生动力，尽快突破制约产业高端发展的关键技术，推动产业集群向创新集群转型，大力培养引进高层次创新创业人才
大力推进集约发展	以实施主体功能区建设规划为契机，加强对三大区域产业发展的分类指导，全面推进“四沿”产业带建设，进一步优化全省生产力布局。在产业、园区、企业三个层面上，实施万亿产业、千亿集群、百亿企业培育工程，加快形成优势明显、各具特色的产业集群和产业基地。以国家产业政策为指导，推动企业兼并重组，提高产业集中度和资源配置效率

续表

方面	措施
大力推进品牌创建	把品牌创建与技术创新、管理创新、营销创新结合起来，推动我省更多品牌由江苏名牌向中国名牌、世界名牌跃升
大力推进绿色制造	坚持结构调整、技术进步和管理创新“三管齐下”，建立激励、约束和倒逼机制，切实加强节能减排，加快淘汰落后产能，大力推动清洁生产，积极发展循环经济，促进可持续发展

为促进工业经济快速发展，以工业增长积极应对金融危机，江苏省政府于4月30日出台《关于加快推进工业结构调整和优化升级的实施意见》，明确了2009～2012年江苏省加快推进工业结构调整和优化升级的总体要求与主要目标、重点任务和政策措施。《实施意见》第一次提出以打造重点产业链形式推进工业加快发展，加快淘汰落后产能成为工业结构调整和优化升级的重要途径。之后，省政府办公厅又转发了省经贸委等部门《进一步支持重点工业企业重点工业项目特色产业集群和产业基地的意见》，加快工业振兴步伐。

6月3日，江苏省经贸委透露，为确保2009年顺利实现全省工业经济发展目标，江苏省已选排下达省级监控的新增长点项目631个。这些项目实施后，预期新增产值、销售收入、利税分别为1733.4亿元、1709.4亿元和166.2亿元，可拉动全省规模以上工业相应指标增长5%以上。为突出重点，目前已确定了100个重点增量项目予以优先扶持、重点监控。这些项目符合调高、调优、调轻方向，对推进全省工业经济转型升级将起到积极的示范作用。

100个重点增量项目分布情况

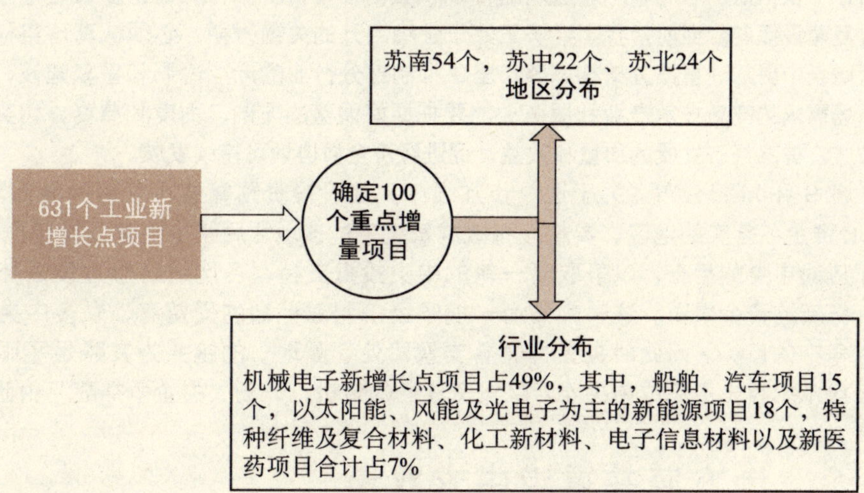

在以工业经济为重点的众多扩内需、保增长政策措施作用下，江苏经济运行出现积极变化，增长速度逐步回升。7月15日，江苏省政府召开全体会议，回顾总结上半年工作，研究部署下半年经济社会发展任务。江苏省省长罗志军在会上指出，上半年工作取得的成绩，充分证明中央和省委扩内需保增长决策部署是完全正确的，充分证明省政府应对危机的各项政策措施是及时有效的，为今后一段时期全省经济又好又快发展打下了坚实的基础。

"央企争夺战"全面打响

2009年8月26日，温家宝主持召开国务院常务会议，研究部署抑制部分行业产能过剩和重复建设，引导产业健康发展。会议指出：为应对国际金融危机的冲击，今年以来，国家制定了重点产业调整和振兴规划。目前，政策效应已初步显现，企业生产经营困难情况有所缓解，产业发展总体向好。但部分产业结构调整进展缓慢，一些行业产能过剩、重复建设问题仍很突出，不仅钢铁、水泥等产能过剩的传统产业仍在盲目扩张，风电、多晶硅等新兴产业也出现重复建设倾向。当前，我国经济正处于企稳回升的关键时期，必须认真落实科学发展观，在保增长中更加注重推进结构调整，坚决抑制部分行业的产能过剩和重复建设，大力发展符合市场需求的高新技术产业和服务业。要把握好调整的方向、力度和节奏，切实转变经济发展方式，提高经济发展的质量和效益，促进经济全面协调可持续发展。

财政部9月14日公布《关于进一步加强中央建设投资预算执行管理的通知》指出，"对于配套资金不落实的地区，要相应扣减或暂缓下达该地区后续中央建设投资预算"。

为了应对中央的检查，以争取新一轮的中央投资支持，各地纷纷想方设法补清此前欠款，开拓新的资金渠道。这时，作为一揽子经济刺激计划的受益者，众多中央企业就成了各省争夺的目标。而此时央企挥舞着支票四处"圈地"的镜头为其赚足了眼球。地方政府已经从中嗅出了完成中央4万亿投资任务的转机，一场"央企争夺战"由此打响。

央企、地方兼并重组中求双赢

央企与地方政府的合作似乎一拍即合，然而，地方政府与央企之间，各有各的算盘。在地方政府眼中，手握重金的央企显然是解决地方投资项目资金缺口和兼并重组本地企业的大好对象。吸引央企投资实质是吸引其背后的庞大资金。对于地方而言，现在去争取央企，主要是为了保证投资增长的后劲。据安徽省发改委一位官员表示："实事求是地讲，经过四批中央投资之后，后续投资已经有点跟不上。跟不上的原因，既与国家对项

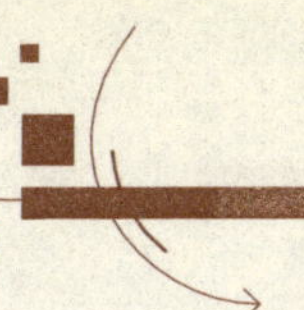

目审批较严有关，也与地方配套资金跟不上有关。与央企搭上关系，由他们来投资，地方的资金压力基本就解决了。”

河南省发改委一位官员则表示，一些投资规模大的项目，只有纳入国家总体规划才可能获批开工建设，而谋求与央企合作，明显有利于这样的项目获批。因此，抓住了央企就抓住了调整和振兴各项产业规划的产业政策资源。央企在政策资源的获取上，在土地、项目报批手续等方面的活动能力上，也是地方纷纷傍央企这个“大款”的真实原因之一。

经济危机放大了中国经济对央企的依赖性，在地方政府和地方企业的眼中，具有垄断地位、规模庞大的央企由于在遇到风浪的时候得到了政府的大力支持，因此抗风浪能力比较强，寻求与央企的合作是“背靠大树好乘凉”。而在结构调整的过程中，中型企业在面对强大的央企面前，生存空间必然缩小，与其在夹缝中生存，不如向央企靠拢，为未来市场定位找到一席之地。

至今尚未完成改制重组的地方大型国企，往往是历史包袱重、改革难度大的企业。这类企业要想与民营企业或外资企业实现重组，往往会在政策、体制、国家战略等方面遇到一系列棘手的难题，而“卖给央企”，则要简单得多。

当地方用“站在央企肩头，大戏还在后头”来庆祝引资央企的成功时，微笑的不仅仅是地方，央企亦然。国资委主动与地方合作实际上始于2006年，当时针对与湖南的合作专门发文。到了2008年8月，国务院国资委再度发函，要求央企推动与甘肃省企业的对接合作力度。2008年12月一次国资会议上，国资委主任李荣融就提出支持、鼓励与中央企业的联合重组、跨区域的联合重组。加强与地方合作是一条捷径。

在地方积极性的背后，是央企的“保级”与“发展”的动力。根据国务院国资委的要求，到2010年中央企业将减少到80～100家，要努力培育30～50家具有国际竞争力的大公司大企业集团。国资委主任李荣融一再表示央企如果做不到行业的前三，就有可能面临着被重组。随着大限的逼近，央企做大规模的冲动也昭然若揭。

除了外部的压力，央企本身长期就有着扩张的欲望与冲动，规模越大，获得的资产越多，净资产回报率和利润指标越好看，能撬动的资源也越多，薪酬亦会随之上涨。更何况在如今宽松的信贷政策之下。

“央地结盟”全国总动员

2009年以来，寻求与央企合作的省市呈现“全面开花”的现象，河北、江西、江苏、甘肃、湖南、河南、安徽、浙江、重庆等十多个省市，甚至纷纷组团赴京，专门召开针对央企的项目对接会。

9月10日，中部大省安徽省相关官员陆续进驻北京，这批官员主要来自当地发改委、国资委等部门。按照省政府的要求，这些人将为安徽正在汇集的各种大项目，找到合适的对接央企。他们需要在10月25日之前，至少保证省内3000亿元的投资项目与央企签约。安徽省发改委的官员说，“我们希望项目越多越好，从目前的形势看，能和央企攀上亲是再好不过的事情了”。

在安徽之前，湖南也已经派出了一个高层次的“项目帮”进京遍访央企。9月初，湖南省副省长陈肇雄率省直有关部门负责人，专程赴京走访了部分中央企业，商讨湖南企业与央企的对接合作。

即使在民营经济发达的浙江亦把吸引央企作为工作的重点，宁波、绍兴、嘉兴都举办了和央企对接会。此前，浙江省宁波市政府也上演了一次集体行动。宁波市发改委的官员9月9日在接受媒体采访时表示，我们不能满足于这样的成绩，我们还会继续争取。

在宁夏和甘肃这样相对落后的地区，更是毫不保留地欢迎央企兼并重组本地国企。“只要注册在宁夏，税收在宁夏，就业在宁夏，能使企业迅速做大做强，怎么重组都行。”宁夏国资委主任黄宗信说。

部分省份与央企合作情况

省份	合作资金	合作情况
安徽省	1万亿元	8月26日，在安徽省与中央企业合作发展座谈会上，安徽省推出887个招商项目与央企共同推进合资合作，涉及基础设施、能源、汽车、电子信息、装备制造等15个重点产业，预计总投资额超过1万亿元
辽宁省	4018.1亿元	9月25日，在辽宁省与中央企业战略合作发展座谈会暨项目签约仪式上，全省14个市与中央企业签约项目52个，总投资规模4018.1亿元，涉及签约中央企业27家，项目涉及工业、能源、基础设施、服务业等多个领域
浙江省	4000多亿元	自2008年下半年以来，浙江已与20多家大型中央企业合作协议，协议项目投资4000多亿元
湖南省	3600余亿元	截至9月3日，湖南与央企共对接合作项目188个，其中签订合同项目69个，引进资金413.45亿元；达成意向协议33个，涉及投资总额3600余亿元
江苏省	2220亿元	2月20日，江苏省与110家中央企业在京举行合作发展恳谈会。在签约仪式上，中石化、中化工、中国电力等35家央企与江苏集中签约了45个重大合作项目，这“一揽子”项目总投资额达2220亿元
四川省	1090亿元	10月15日，在“四川—央企产业对接合作座谈会暨项目签约仪式”上，来自国务院国资委监管的26户中央直属企业（含子公司）与成都、德阳、绵阳、乐山、阿坝等18个市州共签约大型项目46个，项目总投资额1090亿元（含战略协议金额），涉及能源、化工、航空、电子、生物、材料、纺织、农业等领域
陕西省	551亿元	自2009年3月以来，陕西省政府先后和长庆、神华、华电、中煤集团签订战略合作协议。长庆、神华、华电、中煤许诺：2009年将分别在陕西投资201亿元、150亿元、100亿元、100亿元进行项目建设
河南省	88.3亿元	10月24日，河南省与中央企业战略合作项目在郑州集中启动。河南省与6家中央企业合作的6个重点项目，总投资88.3亿元。这6个重点项目分别是，中国联通河南WCDMA三期工程、中国电信河南CDMA2000三期工程、中国兵器集团焦作光电产业园、中国恒天集团郑州纺织机械股份有限公司新纺机工程和中国移动河南TD三期工程

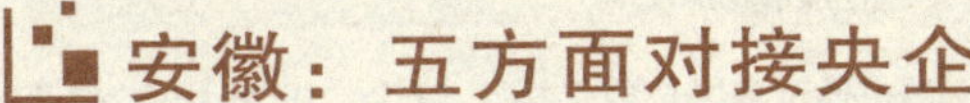

安徽：五方面对接央企

在安徽，掀起了专门针对央企进行招商的热潮。据悉，安徽省政府下达了与央企对接合作的项目任务，一共3000亿元，其中17个市承担2500亿元，省属企业承担500亿元。安徽方面为此做了精心准备，各市都推举了专责与央企合作的负责人，要求8月31日前将名单上报给安徽省政府。按照计划，安徽要在两个月内完成高达3000亿的央企引资任务。

8月26日，安徽省省长王三运率领安徽17个市负责人及省属企业主要负责人的政府代表团进京，与中央企业举行合作发展座谈会。安徽省省长王三运在会上说，安徽与央企的合作将主要在五个方面展开。安徽还将创新合作方式，尝试由央企根据自身的发展战略和投资方向，在安徽独立或合作建立产业园区。

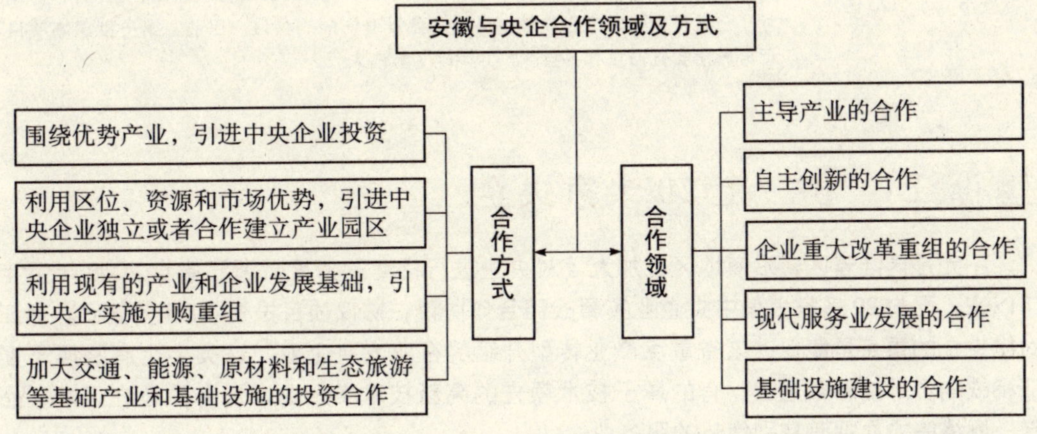

据了解，安徽省17个市和省属企业为此次进京与中央企业“相亲”做足了准备工作，共筛选出各类招商项目887个，投资总额超万亿元，涉及基础建设、能源、汽车、装备制造等15个重点产业。为了顺利推进与央企战略合作，安徽省开出了“最惠政策”，即不设条件、不限领域，不拘形式、只讲内容，只要有利于合作成果的形成，有利于形成现实的生产力，不管什么合作方式，都可以探索、可以尝试。

安徽各市与央企对接情况

省市	金额	对接情况
合肥市	2169亿元	截至9月15日，合肥市拟与中央企业合作项目共81个，总投资估算额达到2169亿元。全市拟近期签约项目13个，投资估算249亿元；洽谈推进项目45个，投资估算1250亿元；拟对央企推介项目23个，投资估算670亿元

续表

省市	金额	对接情况
芜湖市	600 亿元	在 8 月 26 日座谈会召开前夕，芜湖市通过省国资委上报了 19 个总投资达 600 亿元的与央企合作对接项目，此外还精心准备了 57 个合作项目，总投资达 1300 多亿元，希望能与中央企业在新材料、新能源、装备制造、电子信息、物流、旅游、文化等更宽泛的领域开展全面合作
马鞍山市	231 亿元	马鞍山市向省优选申报了华菱新一代高端重卡及核心零部件、光电产业集群、冶金重型装备产业化基地、新型电子元器件及磁性材料产业园、新能源发电配套 5 个项目、总投资 231 亿元，并已被纳入安徽省与央企合作招商项目册
铜陵市	217 亿元	截至 10 月 8 日，铜陵市与相关央企达成协议的合作项目多达数十个，第一批首轮明确签约项目 7 个，总投资达 217 亿元
六安市	120 亿元	在 3000 亿元的对接项目中，六安市分解落实到 120 亿元。六安市及时成立与中央企业合作发展工作领导小组，制定《六安市与中央企业合作发展工作方案》，并谋划了一批符合国家产业政策、央企主业投资方向的项目。目前，第一批谋划项目已分解落实到市直和各县区，并明确了责任人

浙江："傍"上 20 余家央企

不光是内陆省区，沿海地区也加大了对央企进行招商的力度。浙江省自 2008 年下半年以来，已与 20 多家大型中央企业签署战略合作协议，协议项目投资 4000 多亿元。浙江对接央企的重点是能促进该省重点产业转型升级的行业龙头企业，这类央企有的属于浙江稀缺的资源能源类企业，有的属于技术领先的高新技术类企业，还有的是在人才、品牌、网络等方面拥有特别优势的服务业企业。

有专家建议，浙江经济要"傍"的央企至少应具备三项特征：符合国家产业政策调整方向，已被正式列入国家十大产业振兴规划；聚合效应强，能够极大地拉动上下游相关产业链条；拥有自主品牌、研发技术和生产成本的比较优势。

为促使央企项目实现良性发展，浙江省不断完善服务企业的政策措施和工作机制。省发改委会同省级有关部门起草了建立联动审批机制的初步方案，该方案全面优化项目审批流程，共合并、并联、下放审批事项 11 项，减少近 10 个申报材料。今后浙江省一般项目从提出到开工建设的时间预计可缩短 16% 左右，审批环节承诺办理时间可缩短约四分之一。

7 月 8 日，在北京举行的宁波推进与央企战略合作恳谈会上，中国海运（集团）总公司、中国海洋石油总公司、中国汽车技术研究中心、国电电力发展股份有限公司、中石油、中海油等央企与宁波市共签约投资和战略合作项目 21 个，投资额达 330 亿元。

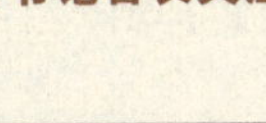

浙江省与央企重大签约项目推进情况

能源签约项目

● 天然气供应将进一步得到保障

浙江 LNG 接收站及配套天然气管道工程已获国家核准，计划 2012 年年底建成；“西气东输”二线工程浙江段管线年内全线动工；中石油已同意 2009 年新增浙江省西气东输计划气量 2 亿立方米；浙江省天然气南方管网公司和浙江省天然开发有限公司的组建和重组工作正在抓紧推进

● 一批能源项目取得突破性进展

秦山一期方家山扩建工程和三门核电一期项目已相继开工，浙西核电项目前期积极度推进，仙居抽水蓄能电站项目可望内核准

● 电网建设进一步加快

国家电网公司今年上半完成浙江省电网建设投资 72 亿元，超高压电网投产容易创历史高峰

产业签约项目

● 台州炼化一体化项目前期工作取得进展；宝钢集团重组宁钢公司项目，杭钢集团已正式注资宁波钢铁基地；新兴铸管集团年产 15 万吨铜深加工高端产品项目争取年内开工；中国兵器工业集团长三角光电产业园预计明年 4 月可进入试生产阶段；中远集团成立了舟山中远船务工程有限公司，明确了造船、修船、海工三大产业发展重点等

其他签约项目

● 国开行浙江分行，今年上半年信贷资产总额 1000 余亿元，创历史新高；北科建嘉兴创新园项目完成公司注册，有关子项目正在开展前期工作；衢州市政府与中国建材集团开展了新农村节能环保集成房屋建设和二碳纤维项目的合作；中国民航信息集团嘉兴数据灾备中心项目年底前开工等

为提升战略合作的实效性和针对性，结合工业“两创”倍增计划和现代服务业跨越式发展目标，宁波精心推出 8 个制造业基地和 14 个服务业基地以及 37 个先进制造业、现代服务业、科技合作重点项目，总投资 486 亿元。

四川：千亿合作项目创 60 年纪录

10 月 15 日，在“四川—央企产业对接合作座谈会暨项目签约仪式”上，来自国务院国资委监管的 26 户中央直属企业（含子公司）与成都、德阳、绵阳、乐山、阿坝等 18 个市州共签约大型项目 46 个，项目总投资额 1090 亿元（含战略协议金额），涉及能源、化工、航空、电子、生物、材料、纺织、农业等领域。其中，签订正式合同项目 30 个，投资总额 523 亿元；协议项目 16 个，投资总额 567 亿元。

在这场投资合作盛宴中，成都、乐山、阿坝三个市州在这场投资合作盛宴中分别吃到百亿以上大羹。中国国电集团、中国华电集团、中国化工集团、中国水利水电建设集团瞄准四川独特丰富的水能、油气等资源，分别投下超过 110 亿元的大单。

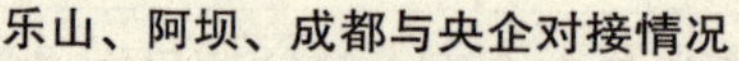

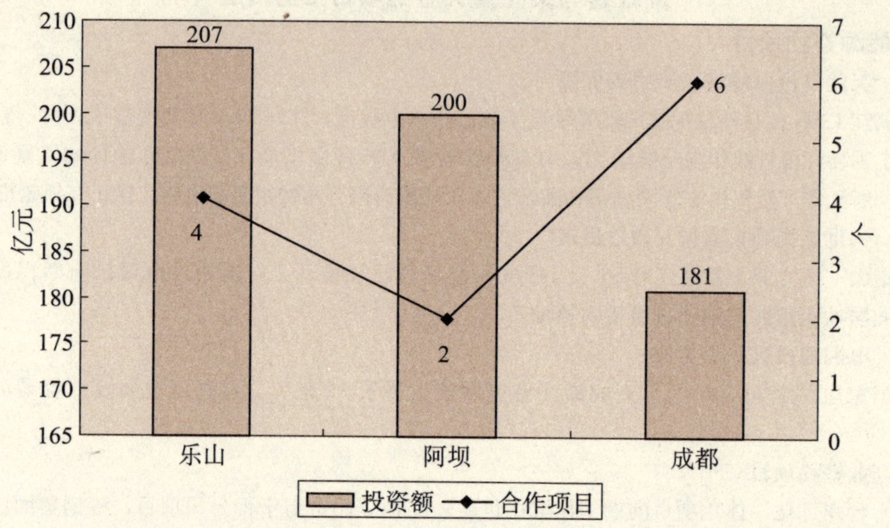

四川省国资委认为，这些项目建成后对四川经济的发展将起到不可估量的带动作用，能够带动周边经济实现几何效应的增长。特别是一些在边远落后地区的项目，将对当地经济的发展起到引领效应，有利于逐渐缩小地区差异，推动当地经济加快发展，为四川经济新一轮发展提供强有力的支持。当地媒体引述四川省国资委相关负责人的对此次行动的评价："这次是央企第三次大规模进川，同时也是新中国成立60年来规模最大最集中的一次央企进川活动。"

电力：四巨头"结伴"入川。在这些央企中，电力开发企业呈"结伴"入川之势。中国水利水电建设集团将向四川投资114亿元，建设老木孔航电枢纽、犍为航电枢纽两个项目。华电集团带来153亿元，将在阿坝州投资50亿元建水电项目，在乐山分别投资39亿元和54亿元合作"东风岩航电枢纽""龙溪口航电枢纽"项目。大唐集团则将在四川荥经县、天全县、乡城县投资72亿元建设、收购电站。

航空：中国商飞ARJ客机供应川航。2009年5月，中国商飞公司的国产大飞机项目圈定首批9家国内供应商，成飞公司是唯一一家提供机头的供应企业。2009年年底或2010年年初，首个"成都造"全尺寸大飞机机头金属样机将在成都"出生"。中国商飞公司将和成都市政府、四川航空集团、鹰联航空签署合作重组及ARJ飞机合同协议，总投资70亿元。据悉，成都交投集团将参与这次重组，与中国商飞公司和川航签订重组鹰联航空的投资股权协议。此前还有消息称，中国商飞公司已承诺为川航提供ARJ支线客机。2007年，中国商飞公司ARJ21—700飞机总装下线，这是首架中国自主研发、拥有完全知识产权的新型涡扇直线客机。

能源：三巨头登场中石油投75亿。中石油、中石化、中海油等石油化工巨头此次也悉数亮相西博会。资料显示，本次中石油在川投资将达75.3亿元，在广安、广元、南充、绵阳都有投资项目。另一能源巨头中石化带来了2.8亿元投资，将在广元合作"中石化成品油气供应”项目。中海油本次在川签约项目总额为3.54亿元，四川空分集团将与其合作“大型天然气液化设备研发项目”。另外，中国化学工程集团公司旗下成达工程有限公司将投资30亿元和新津县合作“成达工程有限公司石化下游产业项目”。在新能源方面，中国节能投资集团在青白江建设生活垃圾焚烧发电项目，投资总额8亿元。

面对熙熙攘攘的“央企争夺战”，人们不禁担心这种合作背后的国进民退问题。虽然在地方政府看来，“攀亲央企”是国家调控政策转向给他们带来的选择。央企的进入，不仅能为地方带来投资效益，更重要的是将会为地方应对下一步的政策调控带来实惠。但有官员指出，国家的重点已经转向了结构调整，简单地上项目和投资，已经不符合国家的政策导向。同时，也有专家对地方争夺央企的做法提出了质疑。中国政法大学教授李曙光认为，目前这种央企大规模并购地方企业的风潮值得警惕，一些央企是否具备市场并购主体的地位是值得怀疑的，“从央企在过去一系列海外并购的失败中可见其真正的竞争力并不强，央企过去所获得的利润增长，与其垄断地位，资产价格的上涨，以及国家资源的占有有关，在这其中到底有多少成分是属于经营与管理机制的创新所取得的，值得大打问号”。而央企在资源行业获得的利润，是“靠透支子孙后代的资源来换取发展”。

在这样的情况下，央企本身扩张的冲动，有着内部挖潜能力有限，为了向中央交出满意的利润答卷，开始向地方要资源的嫌疑。而地方政府考虑更多的可能是通过依靠央企向中央政府拿政策、资金资源的出发点。

也有专家认为，央企并购地方国企并不值得大力提倡，从以往的并购重组经验来看，国企与国企之间的并购重组，效果并不比民营与国企、外资与国企重组的效果好。央企与地方国企之间，出资人代表虽然不一样，但机制和体制却相差不多，经营的理念和价值取向上是趋同化的，并不利于重组后的创新。

地方政府看好央企可能更多的是垄断地位和中央政府的人脉关系，当遇到经营困难时，更容易得到政府的支持。而地方政府的领导人由于有任期的压力，首要考虑的可能是如何在借央企之力壮大地方经济，短期内增加财政收入，而不是考虑如何提高本地企业的竞争力和体制创新能力。而从纵向来看，多年来央企下放、上收搞了好几个来回，但市场经济体制改革以来，总的趋势是中央企业下放地方管理。如今央企大规模并购重组地方国企，看上去则是一种反向，是在维护“旧体制”。

现在大家都在争夺央企，央企来不来，主要看的是地方的条件。为了吸引央企投资，很多地方都在资源、税收、投资环境等领域竞相为央企提供优惠，大家在比谁的条件更优惠。对于正在上演的“央企争夺战”，一些官员也表示出担心，“这样下去，会不会有点走样”？

相关阅读

2009哪些省份招商引资成效大

2009年以来，各省积极应对国际金融危机对招商工作带来的不利影响，主动出击，多方联络，跟紧大项目，抓住好项目，盯死目标，狠抓落实，招商引资保持了良好发展势头。

安徽广西等省区招商引资成效显著

2009年一季度，天津市共引进国内招商引资项目304个，到位资金292.62亿元，同比增长33.83%。在6月9日至6月11日举办的第五届“珠洽会”上，湖南省派出的“招商兵团”超过千人，向海内外发布省级重点招商项目203个，总投资超过2500亿元。而安徽省实际利用省外资金842.5亿元，创近年来新高。此外，贵州、宁夏等西部省区招商引资工作也取得了一定成效，弯道超越的态势明显。

2009年以来部分省（区、市）利用外资情况

省(区、市)	招商情况
新疆	一季度，自治区招商引资到位资金88.69亿元，较上年同期增长13.08%，占全社会固定资产投资（172.48亿元）的51.42%
宁夏	1~5月，全区共实施招商引资项目440个，总投资2606.43亿元，实际到位资金173.23亿元，与2008年同期相比增长35.12%。国内投资项目430个，总投资2565.6亿元，到位资金171.18亿元；境外（含港澳台）投资项目10个，项目·总投资40.83亿元，实际到位资金2.05亿元
广西	一季度，广西新签内资项目756个，项目总投资487.69亿元，实施项目733个，到位资金397.2亿元，同比增长34.43%。一季度，实际利用外资4亿美元，与2008年同期持平
贵州	一季度，全省引进国（境）外、省外到位资金151.31亿元，比上年同期增长33.1%；省内区域经济协作到位资金完成72.3亿元，比上年同期增长40.41%；直接利用外资4326万美元，比上年同期增长200.83%
安徽	一季度，安徽省实际利用省外资金842.5亿元，创近年来新高。但受全球金融危机的影响，全省利用省外资金增速为近4年来同期最低水平，为33.5%，较2008年同期下降44.8%
天津	一季度，共引进国内招商引资项目304个，到位资金292.62亿元，同比增长33.83%。滨海新区引进项目60个，到位资金66.46亿元，同比增长83.37%；中心城区引进项目48个，到位资金70.06亿元，同比下降8.91%；其他区县引进项目196个，到位资金156.1亿元，同比增长47.96%
湖南	一季度，湖南省对台招商引资逆势增长，全省新批台资项目13个，实际到位台资9519万美元，逆势上涨24%，高于同期全省实际到位外资增长率3.7%
山东	在上半年新批的97个台资项目中，总投资额在1000万美元以上的有22个，3000万美元以上的有7个，其中4个项目规划总投资在1亿美元以上
辽宁	1~5月，全省各市累计引进国内资金实际到位额达到1456.5亿元，同比增长98.8%

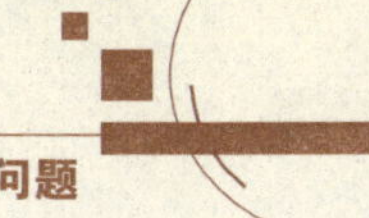

各省招商引资活动情况一览

省(区、市)	时间	招商活动	招商情况
云南	5月18日	云南省招商引资重点项目推介会	涉及项目400多个，总投资近2000亿元。这些项目涉及工业、农业、基础设施、商贸物流、教育卫生、旅游、环境保护等产业。推介会上，昆明市组织了总投资额达980多亿元的147个招商引资项目。红河、曲靖等州市也带来了近100个招商引资项目
重庆	7月8日～10日	第四届中国民营经济发展论坛暨全国知名民营企业重庆行活动（待举行）	力争引进45个以上签约项目，力争签约金额达550亿以上的目标
湖南	5月	湖南省“港澳招商活动月”	省级招商项目203个，总投资超过4000亿美元；其间共举办49项主要活动
	6月11日	第五届“珠洽会”	共收获123个项目，总投资317.33亿元，引进资金301.86亿元
宁夏	5月23日～29日	2009宁夏（香港）经贸文化旅游活动周	达成各类合作项目94个，签约投资总额853亿元
黑龙江	5月17日～22日	2009黑龙江（香港）经贸互助合作恳谈活动	共签订60项合作项目，签约金额达27.4亿美元
内蒙古	5月22日～23日	内蒙古代表团赴广东省佛山市举办招商、洽谈活动	呼和浩特市、包头市、鄂尔多斯市、兴安盟、乌兰察布市、赤峰市、乌海市与当地企业签订16个项目合作协议，协议金额达120亿元
青海	5月4日下午	2009青洽会	重点招商引资项目120项，投资额700多亿元。这批项目突出了太阳能和有色金属资源优势；突出了发展循环经济；突出了承接东部产业转移；强调了一、二、三产业的均衡发展
河南	2月15～20日	豫港澳投资贸易洽谈会	投资总额达到60.4亿美元，其中投资超过500万美元的项目就有75个。全省各市自行签约51个项目，投资总额16.9亿美元，合同外资16.4亿美元
吉林	5月24日	第12届中国北京国际科技产业博览会	有37个项目与国内外厂商企业达成合作协议或意向，合作金额1.7亿元
江西	5月20日	2009年江西·香港招商引资活动周	合同项目211个，外商投资金额39.6亿美元，比2008年增长13.1%。其中全省重点百人招商团签约项目10个，外商投资金额15.7亿美元
山西	5月28日、6月26日、7月28日	分别在北京、上海、深圳举办3场“2009年山西重点工程项目招商推介洽谈会”	推荐全省152个重点工程

书记、省长“御驾亲征”香港仍是招商热土

为推进招商引资工作取得实效，各省在完善招商优惠政策、优化环境、提供高效优质服务的同时，均成立招商团赴外省及港澳台、欧美地区进行招商引资活动。其中，辽宁、吉林、河北、黑龙江等省一把手亲自带队赴各地开展招商工作。由于受全球性金融

危机的影响，招商效果喜忧参半。港台媒体还对某省在日招商期间的冷场进行过报道，是否属实还有待进一步核实。

6月9日，湖北省省长李鸿忠率团赴港召开2009鄂港（粤）经贸合作洽谈会。期间，湖北省与香港签订“鄂港贸易合作框架协议”，双边政府搭建贸易平台，为企业提供贸易便利化。

除港澳地区外，欧、美、日等仍是主要招商对象。日本、韩国、新加坡一直是辽宁对外经贸合作的重点国家。2009年春节假期结束的第二天，辽宁省政府经贸代表团就赴日本、韩国、新加坡进行招商。招商中，辽宁省政府经贸代表团与三国工商企业人士广泛接触，全面宣传辽宁老工业基地振兴和对外开放取得的重大成果，特别是面对当前国际金融危机重点推介了辽宁的产业优势和巨大商机，全力推进产业集群招商，促进了一批重大项目签约和落地，招商活动取得丰硕成果。

5月21～30日，江苏省对外贸易经济合作厅组织部分沿江开发区和企业在美国、加拿大开展经贸推介活动。经过洽谈，在太阳能热水器、风能发电、木材加工等项目合作上取得初步进展。

2009年内地部分地区到境外招商情况

地区	时间	招商地	招商情况
镇江	5月13～22日	俄罗斯、印度	在俄罗斯正式签订5项技术合作协议。印度比尔拉集团在镇江新区注册3000万美元，投资超薄铝板项目；瑞蒙德公司在镇江新区一期注册2000万美元，建汽车齿轮企业
昆山	3月16～21日	美国、加拿大	一批装备制造、液晶玻璃基板、航空新材料、生物医药等主导产业和新兴特色产业新项目及增资项目签约，总投资达2.1亿美元
抚顺	2月	日本、韩国、新加坡	签订合同7项，项目总投7.32亿美元；超过5000万美元的项目有3个
烟台	1～3月	日本、韩国	截至5月7日，全市共有在谈千万美元以上外资项目81个，外资额22亿美元，预计年内能够报批38个，外资额6亿美元

江西“百人招商团”引资超百亿

2009年2月26日，江西省政府办公厅转发了《全省组织百名招商人员开展重点产业招商工作方案》提出，围绕江西省13个重点产业组建“百人招商团”，开展产业招商。江西省省长吴新雄在全省重点产业“百人招商团”培训班上指出，围绕江西13个重点产业组建“百人招商团”，是应对国际金融危机关键之时作出的关键之策、创新之举，对全省抓好项目、增强后劲、促进发展具有重要意义。3月16日至19日，“全省重点产业百人招商团培训班”在南昌举办。省长吴新雄亲自授课，洪礼和副省长出席“重点产业百人招商团”出征仪式，并为招商队授旗。

6月15日，“全省重点产业百人招商团”第二次工作调度会在南昌召开，会议通报了3个月来“百人招商团”招商工作情况及取得的招商成果。20支招商队赴省外拜访企业726家，接待来赣考察客商351批次，跟踪在谈项目211个；成功签约项目49个。

江西省商务厅副厅长、“百人招商团”常务副团长陶莉萍指出，7～9月份是招商黄金季节，招商团将大力开展产业招商，千方百计抓项目的落实、进资，力争洽谈项目尽快签约，签约项目尽快报批、进资。同时，将突出重点、龙头项目招商，特别要主攻光伏、LED、服务外包、锂电等产业招商。

“百人招商团”组成及运作情况

方面	具体情况
主要任务	围绕13个重点产业开展招商引资工作，培育壮大特色产业、优势产业和龙头企业，争取引进一批支撑江西省经济发展、在国内外有影响的重大产业项目
领导机构	重点产业招商工作在省开放型经济领导小组领导下进行，由省商务厅牵头，伍再谦同志负责，陶莉萍同志专抓此事，省发改委、省国资委、省工信委、省农业厅、省中小企业局、省旅游局配合，日常联络管理工作由省开放办负责
小分队成员组成	围绕13个重点产业成立19个招商小分队，每个小分队5～8人，共100人。小分队的人员组成，采取省市联动，以市为主的原则，由一名设区市（省直有关单位）的处级干部担任队长，省直有关单位（设区市）的处级干部担任副队长，成员由产业招商的承接开发区、产业龙头企业及所在地招商局干部组成
选派小分队成员要求	①政治思想好，责任心强，吃苦耐劳，具有奉献精神；②热爱招商引资工作，具有丰富的招商经验；③懂政策，讲信誉，会洽谈，操作能力强
小分队管理	产业招商小分队开展产业招商时间暂定为1年。省开放办对百名产业招商人员实行“一集中、三统一”，即统一管理、统一经费、统一考核、集中培训。各设区市、省直单位、有关企业抽调的小分队成员业务工作与原单位脱钩，工资编制不变，由省开放办负责组织考核。小分队在外工作期间的住宿、办公、交通、通讯及开展招商活动等费用由省统一解决
工作实施	1. 省开放办每月底召开一次小分队招商情况调度会，听取情况汇报，收集需要省领导高位推动的重点项目，并写出报告专报省政府领导 2. 省开放办根据省政府领导的指示精神，定期赴各招商小分队驻外地点进行检查督导

江西“百人招商团”小分队职责及目标任务

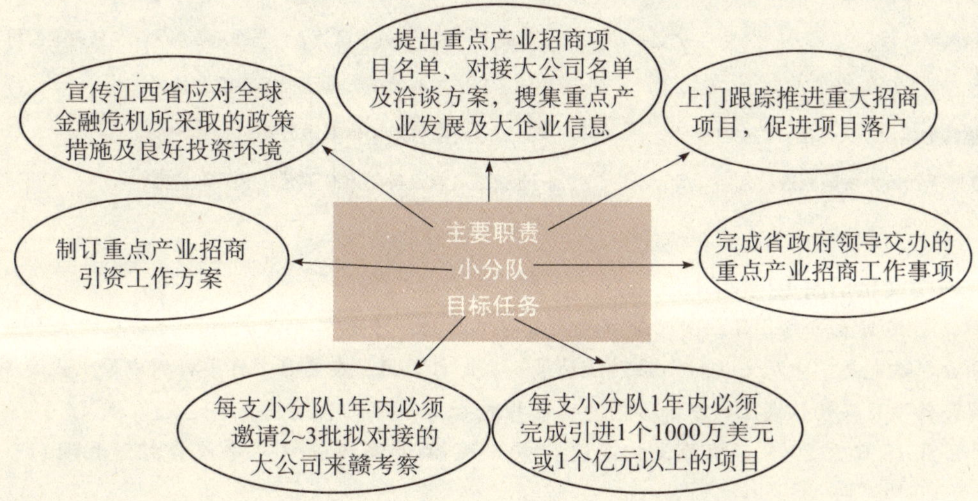

吉林省委书记率"最大"招商团抵港

3月29日至4月4日，时任吉林省委书记王珉率吉林省代表团赴香港、澳门开展"2009吉林—香港、澳门经贸交流合作活动"。此次活动是目前吉林省赴香港、澳门代表团中规模最大、层次最高、成果最丰的一次招商活动。这也是多路招商人马的集结，比如吉林省赴泰国、印尼代表团在副省长陈伟根的带领下，长春市代表团在高广滨的带领下，都已经走过一些地方，他们没有时间回家休整，而是直接抵达香港与大队伍会合。

此次活动，吉林省代表团将重点推出100个招商合作项目，涉及电子信息及高新技术、现代制造业、农畜产品及食品加工、石油化工等7个产业。在香港期间，吉林省代表团共与港方签约37项，投资总额592亿元人民币，引进外资567亿元人民币。此次对外所签约的项目大多集中于吉林省支柱产业和优势产业。

吉林省在港招商项目涉及产业一览

类别	项数	引进外资
汽车零部件类项目	4项	81亿元
农业及农产品开发加工类项目	6项	162.8亿元
资源类项目（含风力发电）	9项	30.5亿元
房地产等土地综合开发类项目	6项	86.5亿元
机械、电子制造类项目	3项	22.4亿元

吉林省在港部分签约项目

项目名称	投资金额	签约双方
东北亚商贸城	50亿	长春净月经济开发区管委会与金田阳光投资集团
方便食品项目	8400万元	农安合隆经济开发区管委会与香港嘉利好食品有限公司
年产百万吨化工醇	110亿	长春经开区管委会和香港大成生化集团
德风风电项目	7亿	长春高新技术产业开发区管委会与香港德风风电科技有限公司
东北亚商务中心	2亿	宽城区政府与香港中新集团控股有限公司
水稻基地建设及大米出口深加工	5亿	德惠市政府与香港中吉有限公司
150万千瓦风力发电制造设备	56亿	长春新域风能设备制造有限公司和环球汇业

河南文化招商走出国门

1月26日至2月3日，由河南省人民政府主办的"中原文化澳洲行"活动在澳大利亚成功举办，这也是"中原文化行"系列活动第一次走出国门。在2月2日举行的中原文化澳洲行经贸合作项目签约仪式上，参加签约的项目共达22个，签约合同总金额达27亿美元。

2月15日至20日，中原文化港澳行暨2009豫港澳投资贸易洽谈会相继在澳门、香

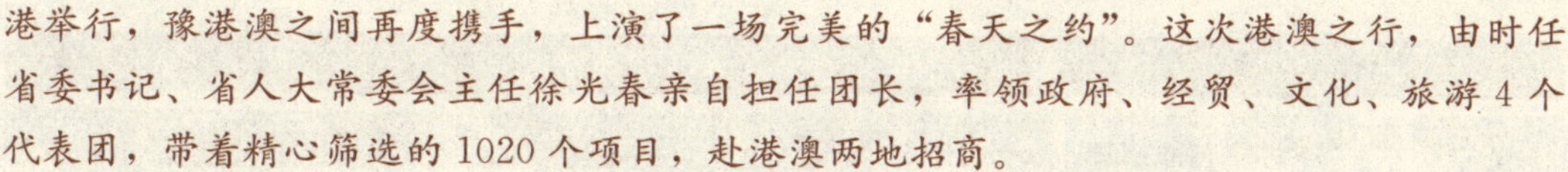

港举行，豫港澳之间再度携手，上演了一场完美的“春天之约”。这次港澳之行，由时任省委书记、省人大常委会主任徐光春亲自担任团长，率领政府、经贸、文化、旅游4个代表团，带着精心筛选的1020个项目，赴港澳两地招商。

“以文促商，以和促合，以长补短。”徐光春用12个字言简意赅地注释了中原文化港澳行的成因。他相信，通过加强文化的大交流，拉近豫港澳之间的距离，营造出和谐、和睦、和顺的人际关系和发展环境，相互取长补短，必将促进双方的大合作，实现三地的大发展。

“中原文化港澳行暨2009豫港投资贸易洽谈会”活动共征集到各类签约项目75个，投资总额63.8亿美元，合同利用外资46.79亿美元，其中先进制造业项目占半数以上。

河北省长率团抵港收获丰

“2009河北省（香港）投资贸易洽谈会”于4月1日至4日在香港举行。4月1日，时任河北省省长胡春华率河北省经贸代表团抵港，开始为期4天的招商活动，全力推介河北、扩大冀港合作。以“京畿重地、商机河北”为主题的此次投资贸易洽谈会，围绕“区域、产业、园区、城镇化”四大板块，通过高层推动、项目对接、主题招商等系列招商洽谈活动，重点加强河北与香港在高新技术、现代服务业等领域合作。

2009河北省（香港）投资贸易洽谈会鲜明特点

一是主题突出。本届投洽会以“京畿重地、商机河北”为主题，充分体现了在新形势下河北传统的区位优势正在加速转化为经济优势，对投资者产生了巨大的吸引力

二是准备充分。把项目谋划和前期对接作为筹备工作的重中之重，围绕建立现代产业体系和工业倍增计划，推出了700余个招商项目，其中重点项目100个

三是内容丰富。成功举办河北省高新技术产业专题招商会等五场专题招商活动，石家庄等8个设区市根据自身实际，重点围绕环京津、冀东经济区和临港产业，以及信息、新能源、新材料等招商概念，开展了有特色、重实效的专题招商活动

四是突出实效。充分调动企业的积极性，在项目筛选、活动参与、项目洽谈等环节突出企业的招商主体地位，真正把项目单位推到招商引资第一线。各级政府和有关部门积极做好搭建平台、政策指导、信息传递等服务性工作

五是节俭办会。本着“精干、节俭、务实、高效”的原则，严格审批赴港人员，最大限度减少行政人员数量，适当缩短会期，压缩经费开支

投洽会期间，共签订协议外资1000万美元以上项目71项，总投资66.3亿美元，协议外资40.4亿美元。项目个数、总投资及协议外资均超过2008年投洽会水平，其中协议外资比上一届增加4.7亿美元。本届投洽会是从1989年开始，河北省在香港举办的第20届投资贸易洽谈会，特点更加鲜明。

其他省市书记、省长带队招商情况

省市	时间	招商地	带队领导	招商情况
湖北	6月9日	香港	湖北省省长李鸿忠	达成总额约25亿元的订单协议
江苏	11月10日	台湾	江苏省委书记梁保华	年度双向旅游10万人次的合作计划，突破30亿美元的对台采购
黑龙江	5月17日～22日	香港	黑龙江省长栗战书	共签订60项合作项目，签约金额达27.4亿美元
四川	11月1日	台湾	副书记李崇禧	举办"川台经贸与旅游合作交流洽谈会"
北京	11月2日	台湾	常务副市长吉林	参加在台北举行的"京台科技论坛"

大陆地方领导密集访台

江苏省委书记梁保华11月9日率庞大采购团来台访问，随着两岸交流升温，大陆地方政府领导人来台络绎于途。而据台媒报道，2010年农历年前后，时任河南省委书记徐光春、天津市委书记张高丽可望率团来台，另外，四川省委书记刘奇葆、广西壮族自治区党委书记郭声琨都有访台计划。而天津市委书记张高丽可望2010年1月中旬后率团来台，也有可能是天津市委副书记何立峰率团。

大陆地方领导访台情况

时间	地方领导	论坛名称
11月2日	四川省委副书记李崇禧	四川经贸访问团
11月2日	广州市副市长李荣灿	广州光电采购团
11月3日	北京市副市长吉林	京台科技论坛
11月9日	江苏省委书记梁保华	江苏太阳能及电子采购团
12月中旬	上海市长韩正	上海世博会宣达团
2010年上半年	河南省人大常委会主任徐光春	河南经贸交流团
2010年上半年	四川省委书记刘奇葆	四川经贸交流团
2010年上半年	广西壮族自治区党委书记郭声琨	广西经贸交流团
2010年上半年	湖南省长周强	湖南经贸交流团

2009年5月广西壮族自治区主席马飙来台后，引发热烈回响，广西壮族自治区党委书记郭声琨规划明年上半年来台，因层级更高，采购规模不会比马飙小，并将宣传"广西惠台24条政策"。随后大陆高层访台不断，四川省委副书记李崇禧率领的大型经贸考察团，11月1日下午抵达台北国际会议中心举办"川台经贸与旅游合作交流洽谈会"。随行四川企业有35家来台，包括四川宜宾伊力集团、南充交通建设公司、川化公司等大买主。紧接着是北京市副市长吉林3日率团出席在台北举办的"第12届京台科技论坛"。而上海市长韩正也预定12月中下旬来台，宣传2010年5月登场的上海世博会。

各地特设机构专职招商引资

一些省份为加大招商引资力度，推进招商工作取得更大成效，相应成立了一些特设机构，专职招商引资工作。

云南天津建招商引资项目库　入库项目有“保鲜期”。2006年2月17日，云南正式出台《云南省加强招商引资项目工作具体实施办法》。该办法明确提出，云南省将建立招商引资项目库，入库项目有效期两年。省财政每年安排一定经费，用于对项目进行优选、包装。为建立招商引资的保障机制，云南省财政每年都将安排一定的工作经费，专项用于项目的征集、日常管理、调研、优选、包装等相关工作。

此后，天津市同年5月15日召开的“建立招商引资项目库工作推动会”决定，2006年该将筛选和提出一批高标准、高水平、近三年可实施的招商引资项目，建立项目库，全面提升招商引资整体水平。为了确保入库项目质量，项目审核程序将采用自下而上的方式，通过五个步骤筹划确定入库项目。

天津招商项目入库步骤

项目筹划	由项目编制单位负责筹划提出本单位招商引资项目。各单位按照“一张卡片、一张光盘、一个本子”的要求，认真编制相关材料
项目确立	由项目编制单位领导集体审核项目内容，集体讨论决策是否招商
项目论证	由项目编制单位组织有关专家对项目进行论证。重点是对项目的可行性、技术水平、经济和社会效益、生态环境影响等进行把关
项目上报	由各区县政府、相关委局组织专门力量，对所属项目编制单位提出的项目，逐个审核相关内容，按要求及时上报市发改委，重大项目报市政府审定
项目汇总	由市发改委牵头，会同市商务委、经协办、规划局、国土房管局、环保局等综合部门，汇总、审核各区县和各委局上报的招商引资项目，将符合要求的项目载入市级招商引资项目库

深圳成立投资推广署　加大招商引资力度。2月9日，深圳市投资推广署正式挂牌成立，这是深圳设立的首个促进投资的专职机构，主要职责是整合全市招商引资资源、统筹全市招商引资工作、全面开展全市重大产业项目招商。深圳市投资推广署成立后，将改变以往各个部门“各自为政”的局面，从而整合资源，统筹安排，切实增强招商引资的针对性和力度，有助于重点围绕重大产业项目形成新突破。

3月，深圳投资推广署与9家企业签订项目投资服务协议，意向协议总金额达2.3亿美元。签约企业涉及电子信息、生物制药、高端装备制造业、文化旅游等多个领域，签约项目的特点是单体投资额高、技术含量高、产业影响力大。

深圳市贸工局局长、投资推广署署长王学为透露，该署正在积极筹备建设“深圳市投资推广署服务平台”，为客商提供投资前期的支持服务和临时办公场所，其中包括商务咨询、会计事务、评估事务、律师事务、电子查询等在内的“一站式”投资咨询服务。

广西探索建立招商引资大兑现长效机制。在招商引资工作大兑现工作中，广西探索建立长效工作机制，改善整体投资环境，提高招商引资效率，取得显著成效。

广西探索建立招商引资大兑现长效机制

方面	做法
工作机制	自治区、市、县三级建立了招商引资项目大兑现工作领导机构，主要领导担任组长并对具体工作进行研究部署，初步形成党政齐抓共管、领导小组办公室统筹协调、相关部门积极参与的工作机制
服务机制	广西各地以改善投资环境为重点，创新服务理念和方式，普遍建立了“一个项目、一名领导、一个服务协调小组”的服务机制
协调督办机制	广西各市普遍建立了招商引资项目协调督办机制，设立了投诉举报电话，客商投诉问题办理速度明显加快

省部、省银、省企“合纵连横”大手笔

“保增长、促发展”是2009年全国两会的主要话题。但从各地的情况来看，大家不仅在说，而且更在做。除了认真审议总理的政府工作报告，就保增长、促发展的问题展开讨论外，各地纷纷利用这一时机，展开了一系列会外“公关”活动。重点部委、金融机构、大型央企等成为地方领导“公关”的对象。在应对金融危机，保增长、促发展的背景下，这一系列行动的展开值得关注。

跑“部”前进：应对金融危机

与往年相比，为应对国际金融危机对本地区的冲击，利用参加全国两会的机会，东部的几个大省市如山东、天津、江苏先后拜访商务部，并与该部签署了相关合作协议。山东省委书记、省人大常委会主任姜异康说，这次与商务部签订合作协议备忘录，是山东省应对国际金融危机、实现平稳较快发展的一次重要机遇。

部分省市与商务部合作情况

省市	时间	关键词	内容
山东	3月9日	与商务部签订合作协议备忘录	规定在内贸方面，要加快推进农村零售网点建设，构建商品购销体系，同时推进城市服务进社区、进家庭。在外贸方面，要调整外贸结构，开拓新兴市场，保持外贸稳定增长。商务部将发挥自身优势，为山东提供支持服务
天津	3月7日	与商务部签署了建立部市合作机制协议	确定了九项合作重点：加强对商务工作的领导和商务发展战略研究；落实滨海新区综合配套改革试验总体方案，探索在涉外经济体制改革和商贸流通体制改革方面先行先试；根据国内外经济形势变化，及时采取相应对策措施，努力保持外贸稳定增长；继续改

续表

省市	时间	关键词	内容
天津	3月7日	与商务部签署了建立部市合作机制协议	善外商投资环境，提高外商投资质量和水平；充分利用国际市场大变动的机遇，加快"走出去"步伐；进一步促进商品流通，拉动国内消费增长；重视和发挥出口加工区和开发区的开放平台作用；积极稳妥地推进服务业对外开放，扩大服务贸易规模，改善服务贸易结构；加强干部交流和高素质商务人才队伍建设
江苏	3月12日	与商务部签署部省合作协议	商务部和江苏省将在商务发展战略研究、外贸进出口、利用外资、对外经济技术合作、服务贸易、商贸流通、开发区建设、人才培训和干部交流等方面加强合作。商务部将全力支持江苏省商务事业持续稳定发展；江苏省人民政府承诺出台更多支持商务事业的政策措施

除了与商务部的合作外，江苏省还与国家旅游局和海关总署签订了合作协议，力争把金融危机给江苏带来的不利影响降到最小。

江苏省与其他部委局合作情况

江苏	3月9日	江苏省人民政府与国家旅游局建立局省紧密合作机制备忘录	国家旅游局将支持江苏旅游强省建设，支持江苏在旅游业发展模式上进行探索和创新，把江苏列为中国旅游目的地体系建设的试点省份，江苏省将把旅游业作为国民经济支柱产业来培育，进一步加大对旅游业的政策引导力度，加快旅游公共服务体系建设
	3月9日	江苏省人民政府与海关总署建立紧密合作机制备忘录	海关总署将重点在海关特殊监管区域建设、口岸建设发展、长三角区域通关一体化建设、电子口岸建设、打击走私、加强监测预警、支持企业"走出去"和"引进来"、营造便利通关环境等方面，对江苏经济发展给予支持。江苏省政府将努力为海关监管执法创造良好环境，加强海关特殊监管区域的管理和建设

河南是我国的产粮大省，为了保证农田灌溉，提高粮食生产能力，3月3日，省长郭庚茂在北京会见了水利部部长陈雷，就加强河南水利建设有关问题进行会商。而安徽、湖北结合自身的发展特色，则分别与国家发改委和国家能源局、工业和信息化部达成了一致。

2009年两会期间部分省份与部委会见合作情况

省份	时间	关键词	内容
河南	3月3日	省长会见水利部部长陈雷，就加强河南水利建设有关问题进行会商	河南省委、省政府决定进行粮食核心区建设，计划到2020年河南省增加粮食生产能力150亿公斤、全省粮食总产量达到650亿公斤。需要实施灌溉区建设、骨干河道治理、低洼易涝地治理和水库建设四类工程，以提高水资源保障、农田灌排设施配套和防洪安全保障能力

续表

省份	时间	关键词	内容
安徽	3月9日	就共同推进安徽省与国家发改委及能源局的合作发展进行了会谈	大力推进技术改造和战略重组，不断延伸产业链条，进一步提升能源产业竞争力，争取为保障华东地区乃至全国能源供应作出更大贡献。紧紧抓住国家能源产业发展的有利时机，做大做强传统优势产业，积极发展新能源产业，努力在国家重要能源基地建设上实现更大突破
湖北	3月6日	湖北省省长与工业和信息产业部部长进行了会谈	湖北省要求全省上下牢固树立“产业第一、企业家‘老大’”的理念，出台了为大企业提供直通车服务的若干规定和支持中小企业发展的政策措施，在全省营造了加快工业和信息产业发展的浓厚氛围和良好环境。工信部也表示将积极发挥职能，继续支持湖北工业和信息产业加快发展

作为一个西部省份，贵州的地形地貌决定了交通问题始终是经济社会发展的关键环节。加快贵州铁路建设，对于增强贵州省的“造血”功能，解决贵州人民群众最关心、最

2009 年省部重点合作示意图

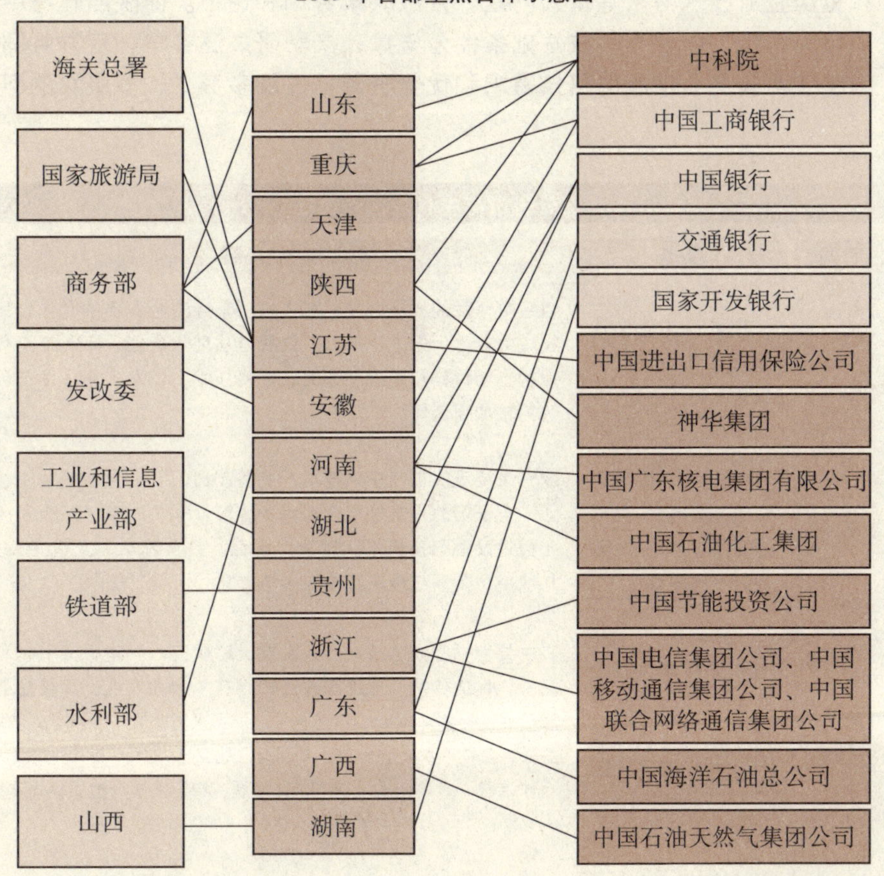

直接、最现实的利益问题，实现贵州人流、物流、资金流、信息流的快速流动，促进经济社会又好又快发展至关重要。为此，贵州省与铁道部于3月4日在京签署《铁道部贵州省人民政府关于加快贵州铁路建设的会议纪要》。双方一致认为，加快贵州铁路建设，对于完善西部路网结构，增强贵州与珠三角、长三角及全国各地的联系，提升贵州基础设施水平，促进贵州经济社会发展，实现历史性跨越具有十分重要的意义。

省院合作：抢占科技创新制高点

2009年全国两会期间，各省份在寻求与部委合作的同时，还把目光投向了科技创新领域，针对本省的具体问题，与对口单位进行点对点的合作。其中，中科院以其强大的科技优势成为许多省份追逐的热点。山东、重庆、陕西等省市纷纷打出了科技牌，充分运用技术的力量带动本省经济发展。3月8日，重庆市政府与中国科学院在京签署深化市院合作共同推进重庆城乡统筹发展合作协议。根据协议，中科院将组织中科院院士、专家队伍，围绕重庆市城乡统筹改革和发展、实施西部大开发战略、三峡生态环境保护和重庆企业技术需求等重大问题，开展决策咨询和论证。而陕西省与中科院则采取以项目为纽带，以现有科技基础条件为支撑，产学研广泛参与，双方共同推动的方式，围绕陕西省产业发展的科技需求和优势资源，开展多形式、多层次的科技合作与交流。

部分省市与中科院合作情况

省市	时间	要点	内容
山东	3月6日	与中国科学院全面战略合作协议签字仪式	组织中科院的科技力量，加强与山东经济企业界的合作，尽快将科技成果转化为先进生产力。要着力从现代农业、海洋产业和海岸带保护、新材料和先进制造业、生物技术、信息产业、生态环境保护等领域加强合作
重庆	3月8日	与中国科学院签署深化市院合作共同推进重庆城乡统筹发展合作协议	双方围绕重庆市汽车摩托车、装备制造、石油天然气化工、材料工业、电子信息等支柱产业和城乡统筹发展，以及“五个重庆”重大工程建设的科技需求，以重点园区、产业基地、龙头企业为依托，加快中科院科技成果在重庆转移转化和规模产业化
陕西	3月7日	与中国科学院在北京举行了科技与经济全面合作协议签字仪式	其主要包括重大科技与产业发展战略研究、共建研究机构和重点实验室、促进传统产业升级改造和高技术产业发展、改善生态与环境和提高现代农业发展的科技水平、加强人员交流与创新型人才培养五大方面，其中有关先进制造、能源化工、高新技术产业和生态保护方面的合作课题，对陕西省经济的快速发展、持续发展有重要科技支撑意义

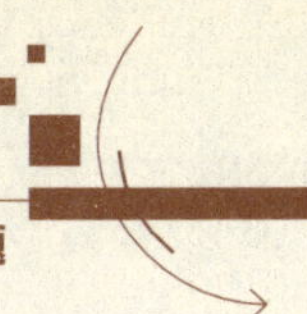

省企合作：打造互利双赢合作模式

浙江、江苏、广东作为东部的大省，也牢牢抓住了这一大好时机，寻找对口企业，结合实际情况，力争把优势变得更强。据统计，全国 IDC 数据中心、3G 实验基地、TD 产业园、全国手机阅读基地、全国移动集中采购中心、全国动漫产品创作基地、信息安全实验室等一批重大项目将落户浙江。经济强省广东与交行签署了合作协议，为广东省的优势产业和基础设施建设提供更多的金融支持，此外，广东省省领导还加强了与中国海洋石油公司的合作，迄今为止，中海油在广东的投资已经超过 1200 亿元，未来 5 年将超过 3000 亿元，预计纳税超过 800 亿元。

部分东部省份与中央企业合作情况

省份	时间	要点	内容
浙江	3 月 7 日	省政府与中国节能投资公司签署战略合作协议	战略合作协议主要内容是，充分发挥双方的优势和特色，通过节能减排合作机制建立、合作平台建设和合作项目的推进，促进技术、资本、人才、信息等资源的有效对接，不断拓展合作空间，加强发展规划对接，建立国际交流合作平台，积极推进节能降耗各领域的项目合作，实现双方合作共赢
	3 月 7 日	与中国电信集团公司、中国移动通信集团公司、中国联合网络通信集团公司签署战略合作框架协议	根据协议，中国电信、中国移动、中国联通将加大在浙江的网络基础设施建设投资力度，加快第三代移动通信网络的建设，尽早提供第三代移动通信服务。采取多项措施对浙江的经济和社会信息化建设、扩大就业、促进信息产业和信息服务业发展，加快信息技术和人才的引进及培养应用等各方面重点予以帮助和支持
江苏	3 月 6 日	省政府与中国出口信用保险公司在京签署战略合作协议	双方商定通过战略合作，充分发挥政策性出口信用保险的功能，满足外贸企业投保需求，支持外贸出口稳定增长。江苏省将与中国信保合作建立出口信用风险防范体系，中国信保还将采取积极的承保政策，帮助江苏企业应对出口领域经济和政策环境的变化
广东	2 月 19 日	广东省人民政府与交行签署合作协议	根据协议，未来 3 至 5 年内，交通银行将向广东省优势产业、重点基础建设项目、优质中小企业和高科技企业提供 2200 亿元人民币的意向性授信，为广东省交通、能源、城市建设、水利等方面的建设做好资金与金融服务
	3 月 4 日	省长汪洋会见中海油经理	中海油把广东作为发展战略基地进行建设，广东也将中海油作为“基地公司”，加大支持力度，创造良好环境。广东省政府将加快推进与中海油的合作项目，创造条件，抓好落实，力争项目早日开工、投产

与东部地区不同，西部地区把大力发展能源产业放在了重要位置，分别与各能源企业签署了合作协议。广西壮族自治区和陕西省分别与中国石油天然气集团公司、神华集团签署了合作协议，力争做到环保和经济的共同发展。

部分西部省份与央企共同发展重点产业的情况

省份	时间	要点	内容
重庆	3月10日	中船重工海装风电设备有限公司与中国华电集团新能源发展有限公司签下价值16亿元的风电机组采购合同	把重庆市在风电机组上的研发和生产优势，作为我国发展新能源产业的主力军，中国华电集团新能源发展有限公司此次采购了价值16亿元200MW风电机组，它们将在今明两年陆续交付，安装在江苏连云港等地的风场，正式并入当地电网承担发电任务
	3月13日	在京举行TD-SCDMA产业招商会	重庆计划用3～5年时间，引进内外资1000亿元，投入这一产业。到2012年，预计IT产业产值达到3000亿元。天安中国投资有限公司、北京凯思昊鹏软件工程技术有限公司、芯原微电子（上海）有限公司等与招商方就科研技术等方面达成合作意向，会上现场签约18项，涉及资金156.3亿元
广西	3月7日	自治区政府与中国石油天然气集团公司在北京签署战略合作框架协议	签署了《广西壮族自治区人民政府与中国石油天然气集团公司战略合作框架协议》，双方以签署的战略合作框架协议为切入点，采取非常方法、非常措施、非常力度、非常政策，全力支持中石油在广西的发展
陕西	3月6日	与神华集团签署陕北能源化工基地综合开发战略合作框架协议	坚持推进煤、电、油、运一体化，延长产业链，发展循环经济，开发清洁能源，努力实现产品结构和产业升级。更加注重以人为本和可持续发展，在实现经济总量翻番的同时，做到生态指标和吸纳就业的翻番

省银合作：资金支持促发展

中部的湖北、河南、湖南、安徽等省不约而同地加强与各大银行合作，各大银行将在几年内分别向各省提供一定额度的资金，支持相应地区的发展。3月8日，湖北省政府与中国银行股份有限公司签署了全面战略合作协议，根据这一协议，未来5年内，中行将向湖北省提供总额3000亿元的综合授信支持，这是迄今为止湖北省政府与金融机构开展银政合作签下的最大一单。河南省政府与中国银行、中国石油化工集团公司和中国广东核电集团有限公司签署了合作协议，中国银行董事长肖钢在签字仪式上说，国家“保增长、扩内需”等一系列政策措施的出台，为银行与地方政府深化合作提供了更加广阔的空间，“中原大地商机无限”。而重庆市政府则与工商银行在京签署合作协议，开展金融战略合作，涉及重大项目178个，意向贷款近3000亿元。

部分省份与金融机构合作情况

省份	时间	要点	内容
湖北	3月8日	省政府与中国银行股份有限公司签署全面战略合作协议	根据这一协议，未来5年内，中行将向湖北省提供总额3000亿元的综合授信支持。中行为湖北省重大基建项目、支柱产业和重点企业、高新技术产业和现代服务业、民营经济和中小企业、政府部门等提供优质投融资服务和涉外金融服务。省政府承诺在国家政策、法律法规和监管规定允许范围内，对中行业务给予积极支持。双方将以武汉城市圈为合作重点区域，3000亿元授信额度中，武汉城市圈融资比例将达70%
河南	3月2日	省政府与中国银行签署全面战略合作协议	中国银行将在未来5年内为支持河南省经济建设与社会发展提供总计2000亿元人民币的意向性信用支持，其中3年内支持中原城市群核心区建设和产业集聚区发展力争达到1000亿元人民币。中国银行河南省分行还与河南省商务厅签署了支持河南企业“走出去”战略合作协议，与河南高速公路发展有限责任公司、河南煤业化工集团、中核河南核电有限公司、河南投资集团、许继集团等企业签署了合作协议，金额合计达902.66亿元
	3月6日	省政府与中国石油化工集团公司签署了合作发展现代煤化工框架协议	根据双方合作协议，按照“一体化、规模化、基地化”的要求，省政府指定河南煤业化工集团与中国石化合作，在豫北地区建设集煤炭开采及煤化工于一体的现代煤化工项目
	3月8日	与中国广东核电集团有限公司签署合作开发框架协议	河南省政府支持中广核集团开发核电项目并开展核电项目各项前期工作营造良好投资环境。中广核集团积极参与河南核电项目开发及相关领域的建设。双方同意动员各方力量，发挥各方作用，通过多种途径，争取项目尽快列入国家规划
湖南	3月3日	与国家开发银行召开2009年度高层联席会议，并签署了《扩内需促增长开发性金融合作协议》	未来3年内，双方将在“民生工程、重大基础设施、生态建设、新型工业化、县域经济”等领域开展融资合作，项目融资额度为1100亿元。重点支持高速公路、铁路、能源、水利等重大项目建设；推进长株潭“两型社会”建设和全省新型城市化进程；加快推进全省城镇污水处理设施建设3年行动计划项目；支持全省棚户区改造、廉租住房等保障性安居工程建设，市县中心医院和基层卫生院建设，承办全省高校国家助学贷款和生源地助学贷款
安徽	3月2日	省政府与中国工商银行在京签署金融战略合作协议	中国工商银行根据国家产业政策和安徽区域经济特点，在重点领域开展深度战略合作。根据双方签署的金融战略合作协议，未来3年，中国工商银行将向安徽省提供一定额度的意向性融资，重点支持交通运输、能源、城市基础设施建设及支柱产业发展

在几个与银行合作的省市中，重庆、河南和湖北属较为典型的例子，分别与中国工商银行、中国银行建立合作关系，在未来几年，合作银行将向其提供一定额度的信用支持来扶持当地发展。

不仅如此，两会前后，许多地方政府还采取座谈会的方式与其他部门、企业进行充分的交流，相互交换了对经济发展及社会问题的意见和建议。如吉林省就利用全国两会

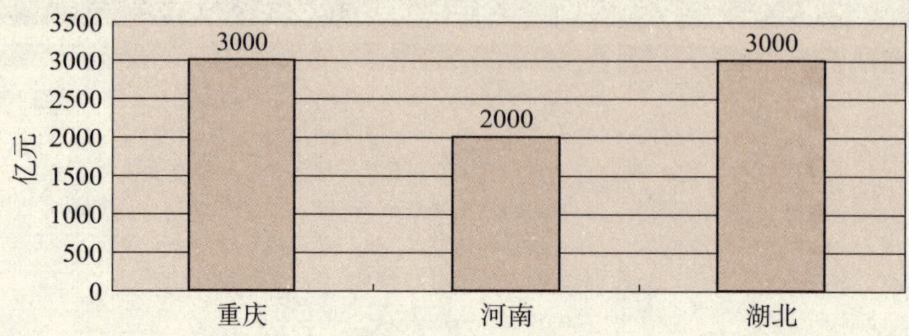

的大好时机，分别于3月6日和7日召开了与全国民营大企业和中央企业的座谈会，希望完善交流沟通平台，建立协调合作机制，进一步扩大合作成果。并表示将全面优化发展环境，积极创造良好条件，促进产业对接、项目对接、人才对接，大力推动合作发展。吉林省领导表示，将以促进加快发展为己任，以服务民企发展为职责，支持企业家，善待投资者，创造良好发展环境，落实好各项优惠政策，提供周到细致的服务，维护民营企业合法权益，让民营企业在共享东北振兴机遇中发展壮大。无独有偶，黑龙江省也与中科院进行了科技座谈会，双方就现代农业、生物与医药、核机电一体化、新材料等方面拟合作重点事宜交换了意见。

"晋电送湘"：省省合作新篇章

在中部省份的合作中，不得不提及的就是山西与湖南两省的合作了。为保持经济平稳较快增长，晋湘两省积极行动起来，携手合作扩大内需，深入开展能源领域战略合作。3月9日，晋湘两省在京签订《关于进一步加强能源领域合作框架协议》。两省分别采取积极的政策支持对方发展，并约定尽快启动"晋电送湘"工程，实现山西向湖南直接输送电力。

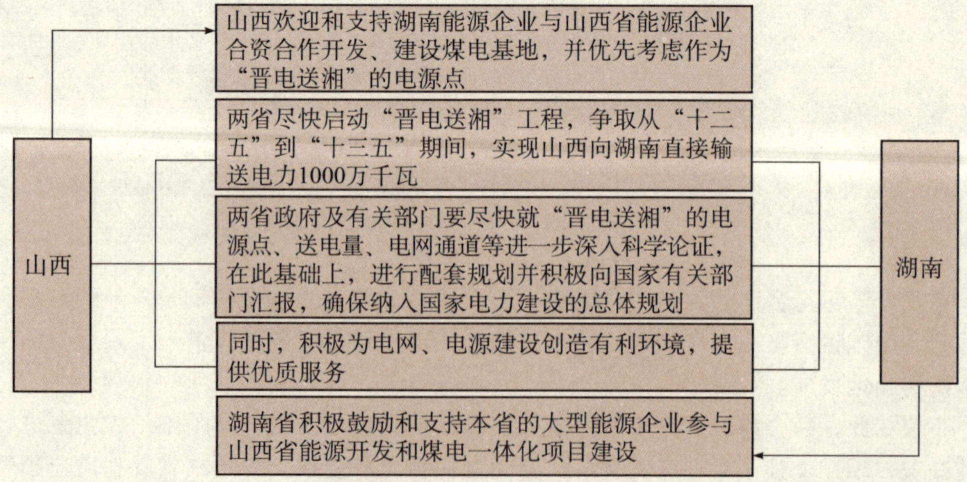

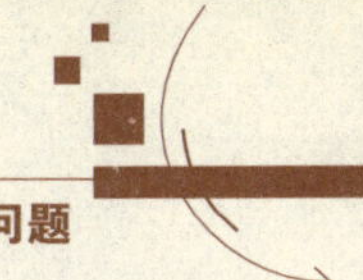

相关阅读

救企攻坚战：政府搭台银行唱戏

莫道今年春将尽，明年春色倍还人。借2009年两会的春风，中小企业融资难的问题前所未有地被中央领导层关注，随着温总理郑重承诺“保八”的信心，中小企业融资和农村金融等解决方案亦浮出水面。“保经济就是保银行，救企业就是救自己。”3月4日，国务院总理温家宝在参加政协经济、农业界委员联组会时借用招商银行行长马蔚华的话，表明中小企业融资问题对经济全局关键意义所在。会上，面对中小企业的融资难、发展难问题，马蔚华开出的药方是“政府和社会要给银行向中小企业融资提供支持”，共提出了六条建议。

马蔚华提出支持中小企业融资六条建议

减免营业税	凡是对中小企业提供融资服务的金融机构，政府能够适当地减免营业税
不良贷款核销	尽快出台能够简化小企业、特别是中小企业不良贷款核销的指导意见，建议将现在50万元快速核销的额度提高到500万元，把融资期限从现行的两年以上改为一年以上
建立担保制度	建立或者规范担保制度
风险补偿金	设立一定数额的中小企业风险补偿基金，对银行为中小企业进行贷款可能发生的损失，进行一定比例的补偿
贷款贴息	对高科技中小企业的贷款，实施贷款贴息的政策
成立融资机构	鼓励银行成立专门针对中小企业融资业务的机构或部门

在此之前，银监会曾召开专门会议，要求各大商业银行制定明确的时间表，设立中小企业融资贷款专门部门并开展业务，不过长久以来，中小企业一直不是银行信贷的“宠儿”，在经济下行的周期中，就更是如此。

“要和中小企业建立长期稳定的信任关系，而不是片面地采取停贷、限贷、压贷的行为，在银行自身体系的建设上下工夫，建立适合中小企业发展的融资、信贷制度。另外，要扩大产品创新的力度，为中小企业量身打造、定做一些金融产品。”马蔚华说。

与此同时，各地方也开始对中小企业融资加以关注。据监测，政府、银行、企业“抱团取暖”成为各省应对危机的新举措。各地不在单靠税收优惠、财政补贴、贷款援助等方式给予中小企业以资金上的支持。在辽宁、河南、贵州等地，出现了“银团贷款”“固贷融资”“政银企保”等多种模式，化解中小企业融资难题，支持中小企业快速发展。

辽宁：银团贷款瞄准巨额资金需求企业

3月18日，辽宁省银行业千亿银团贷款签约仪式暨新闻发布会在沈阳举行。在这次签约仪式上，省开发行等17家银行与12家企业现场签署银团贷款协议和合作意向19项，签约金额达1081亿元。据悉，本次1081亿元银团贷款只是2009年全省总额为8000亿银企对接项目的第一部分，预计4月份，还将启动第2批银团贷款项目。

辽宁省银行业协会相关负责人表示，本次银团贷款签约项目之多、贷款额度之高前所未有，涉及交通、煤炭、钢铁、电力、汽车、房地产等国计民生、重大基础设施建设，必将为扩大内需、拉动辽宁经济增长产生积极影响。

银团贷款合作模式及优势

合作模式

- 由获准经营贷款业务的一家或数家银行牵头，多家银行与非银行金融机构参加而组成的银行集团，采用同一贷款协议，按商定的期限和条件向同一借款人提供融资的贷款方式

服务对象

- 有巨额资金需求的大中型企业、企业集团和国家重点建设项目

优势

- 针对重大项目展开的银团贷款，极大地便利了企业融资，成为企业加快发展的强大助推力。通过进一步深化银行与企业、银行与政府以及银行之间的合作，合力应对危机

3月13日，云南省银行业协会21家会员单位代表共同签署了《云南省银行业团贷款合作公约》，并成立了银团贷款合作委员会。云南省银行业协会会长字如钧表示，《公约》的签订，将进一步推动和规范云南省银团贷款工作。

根据《公约》，银团贷款合作委员会将组织各银团贷款合作委员会参与银行对《银团贷款合作公约》规定的银团项目依法合规地展开银团贷款业务，并建立银团贷款日常风险防范和应急工作机制，及时通报银团贷款项目建设、资金使用、贷后管理等信息资料，共同控制、化解项目风险，维护和实现行业共同利益。还将研究分析市场动态和政府导向，向云南银监局、人民银行昆明中心支行及省有关经济主管部门反馈信息和提出建议等。

3月19日至20日，中国银行业协会联合各地银行业协会共计36家单位在山东召开全国银行业协会银团贷款业务座谈会，就建立合作联动机制，共同推动银团贷款业务发展达成八项共识。

银行业达成八项推动银团贷款业务发展共识

共识	内容
提高认识，顺势而为	在当前国际金融危机冲击下，中国经济处于下行周期，银团贷款对于支持企业做大做强、支持大型项目进而逆周期支持经济增长，同时防范大额集中和多头授信等信贷风险具有特别重要的意义，应提高认识、顺势而为，大力推动辖内会员银行加快银团贷款业务发展

续表

共识	内容
完善制度，搭建平台	应根据各地实际情况、本着切实有利于辖内会员银行的原则建立并完善银团贷款制度建设，制定相关公约、规范操作规则；尽快搭建信息交流、项目筹组、数据报送等交流平台，为会员银行开展银团贷款业务提供便利条件
创新机制，强化激励	应深入开展辖内调研，在实践中不断探索、创新及完善工作机制，重点建立信息机制、项目储备机制及协调机制等；应积极推动会员银行提高银团筹组效率，建立银团贷款激励机制，有效控制信贷风险，支持、鼓励并推动会员银行银团贷款相关工作
争取政策，积极引导	应积极与当地相关监管部门及发改委、金融办等政府部门联系沟通，及时了解政策动态，充分发掘项目，摸清有效需求，争取相关政策；根据实际情况积极引导各会员银行组织银团筹组工作，重点协调涉及面广、沟通难度大的客户及项目
开展检查，自律惩戒	应在各自区域范围内开展《银团贷款合作公约》执行情况的检查监督；对于违反《银团贷款合作公约》的行为应给予自律性惩戒措施，保证《银团贷款合作公约》在辖内的贯彻和落实
加大培训，广泛交流	中国银行业协会与各地银行业协会共同建立银团贷款人才培训交流机制；中银协将加强对各地协会银团贷款业务培训的支持力度，开发标准课程，提供培训讲师，开展论坛交流，共同促进我国银团贷款从业人员理念的提升和核心业务人才的培养
加强合作，互通信息	各地协会应指导会员银行之间加强合作，各地协会间也应加强联动，认真贯彻“默契、交流、呼应、互动”八字共识，共同建立银团贷款业务信息通报、案例交流等机制，中国银行业协会牵头各地协会按季度通报全国各地区银团相关信息、重要举措及先进经验
积极行动，再上台阶	应认真贯彻中央指示精神和监管部门相关要求，倡导“合作、发展、共赢”的理念，积极行动，务实高效；要从量化业务指标、提高专业性、健全工作机制等方面真正推动银团贷款业务再上新台阶

湖北：小企业信贷中心专职小企业贷款

2008年12月1日，银监会下发《关于银行建立小企业金融服务专营机构的指导意见》提出，为将资源集中服务于小企业市场，各商业银行可设立专营机构。对此，业内人士表示，此举将有利于银行为小企业融资提供更为专业的服务。

3月19日，招商银行武汉分行在全省率先成立小企业信贷中心，该中心成立后，将专职10万元至500万元小企业贷款。企业可用房产、担保、股权甚至应收账款质押贷款，期限最长不超过5年，利率参照人行指导利率并结合风险度确定。该中心负责人称，贷款将重点支持制造、建筑、商业、交通和物流、租赁、餐饮住宿六类小企业。据悉，这是湖北地区首家银行小企业信贷服务专业机构。2009年下半年，招行还将开设一家专为小企业提供服务的新支行。

小企业最高可贷3000万元。该中心将主要为年销售额1亿元以下的微小型和小型企业提供融资服务，放贷额度10万元起，以100万元至500万元为主，最高可达到3000万元，贷款期限最长5年。在利率上实行下限管理，即最低在基准利率上下浮10%，具体根据客户资信情况浮动。

从"对公"变为"对私"。招行成立的小企业信贷服务中心，将原有小企业客户授信业务和个人经营贷款业务进行了整合，有专门团队为小企业办理贷款业务。该中心将重点支持为知名外资企业和大型企业集团配套的上下游产业链上的小企业群体，具有区域特色及优势"产业族群"中的龙头小企业和经营历史一般在1年左右、成长性好、主营收入和净利润年均增长20%以上、产品具有较高科技含量、发展前景较好的小企业。在行业上，重点支持制造业、建筑安装、批发和零售、交通运输仓储和物流、租赁和商业服务、餐饮及住宿六类小企业较为集中的行业。

最快4小时就能审批完毕。小企业融资有"短、小、频、急"的特点，需要简洁的信贷审批流程才能"工厂化"地发放小企业贷款。因此，从2008年开始，招行开始进行个贷的六西格玛流程改造，现在的贷款服务中后台流程已十分简洁。一笔贷款到该中心的审批后台，最快4～8小时就可审批完毕；在获得贷款资料后，最快三天可以告知客户能否放贷。

该行还同时推出了针对小企业贷款的"周转易"业务。只要小企业一次获得该行授信，就可以通过"一卡通"循环使用额度，用于定向支付采购货款，最长50天延后结算。如果到期不能还款，银行将自动转化为贷款，不会产生逾期记录。"周转易"的最高额度可达1500万元，最长期限5年。

河南：国内首笔固定资产支持融资业务亮相

3月18日，工行河南省分行签约中原高速公路股份有限公司，中原高速以许昌至漯河高速公路未来15年的收费权做质押，从工行河南省分行获得26亿元人民币的融资支持。这也标志着国内首笔固定资产支持融资业务贷款新品亮相。此笔签约的26亿元贷款，系工行河南省分行为中原高速专门设计的以许昌至漯河高速公路未来15年预期收益为还款来源的26亿元固定资产支持融资方案，贷款主要用于补充公司在建项目和置换公司现有流动资金贷款及其他新建项目的投资。

固定资产支持速效业务贷款特点

还款源

- 借款人以特定资产（自有的、已建成并投入运营的优质经营性资产）未来经营所产生的持续稳定现金流（如收费收入、租金收入、运营收入等）作为第一还款来源

融资需求

- 为满足借款人在生产经营中多样化用途的融资需求而发放的贷款

意义

- 资产支持融资业务突破了传统信贷产品设计思路，扩大了客户使用项目贷款的灵活度，为企业加强资金核算、提高管理效益提供了又一新的渠道

陕西：西北首家"融资超市"启动

陕西省中小企业约有110万个，但融资难成为制约其发展的瓶颈。为了应对金融危机对中小企业的影响，多方合力帮助中小企业畅通融资渠道。3月17日，省财政厅、省

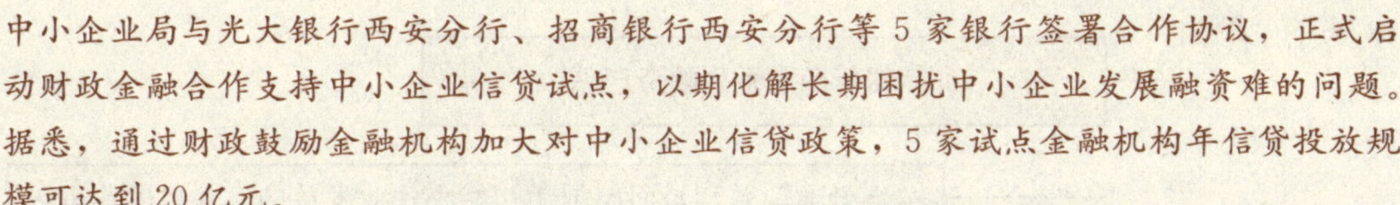

中小企业局与光大银行西安分行、招商银行西安分行等5家银行签署合作协议，正式启动财政金融合作支持中小企业信贷试点，以期化解长期困扰中小企业发展融资难的问题。据悉，通过财政鼓励金融机构加大对中小企业信贷政策，5家试点金融机构年信贷投放规模可达到20亿元。

陕西省财政厅会同省中小企业局出台的《财政资金引导金融机构支持我省中小企业发展试点工作方案》提出，通过推动建立“政府协调指导、金融机构主动服务、企业诚信发展”三位一体的联动机制，实现银企对接的常态化、制度化。

3月18日，由陕西省中小企业促进局、人民银行西安分行、陕西银监局共同主办的陕西“中小企业融资信息服务平台·融资超市”正式启动。该项目是西北首家定位于为各类中小企业提供在线融资信息服务的网络平台。是陕西省应对国际金融危机，多方合力帮助中小企业畅通融资信息渠道、突破融资难瓶颈的新举措。

陕西“中小企业融资信息服务平台·融资超市”的创建恰逢其时，平台提出建立“中小企业新型融资服务链”的模式走在了国内领先的行列中。“中小企业质押监管融资服务链”这一创新模式正是应对当前中小企业融资实际需要，辨证施治地帮助中小企业解决短期周转资金的新型融资服务方案，是形成融资服务“造血”机制良性循环的开拓性尝试。

陕西融资超市职能一览

融资信息的集散地	将企业、银行和其他相关服务机构的信息汇集其中，开展政策资讯、银企公共信息、在线咨询、贷款申请等有利于企业融资的全程信息服务，以信息化手段帮助企业寻找融资途径，提高融资效率，降低融资成本
企业融资一路通	通过对银行融资产品的展示，设立在线咨询、贷款申请、建立企业融资需求服务对接窗口。并引入担保、仓储等相关服务机构，开展“动产质押融资”服务，实现企业融资一路通
创建新型“融资服务链”	帮企业扩大融资范围，创立“物品估价质押封存——担保机构出具担保——银行履行担保贷款”的变通解决方案是缓解企业短期资金周转困难的新途径、新模式

北京：“四大系列”“六大产品”助力中小企业起跑

2009年，针对中小企业目前的困境，北京银行“小巨人”中小企业融资方案以客户需求为导向，全面解决处于创业、成长、成熟期等各种阶段中小企业的融资需求，包含“创融通”“及时予”“信保贷”“助业桥”四大系列，六大特色产品，共计49种丰富融资产品的产品平台。

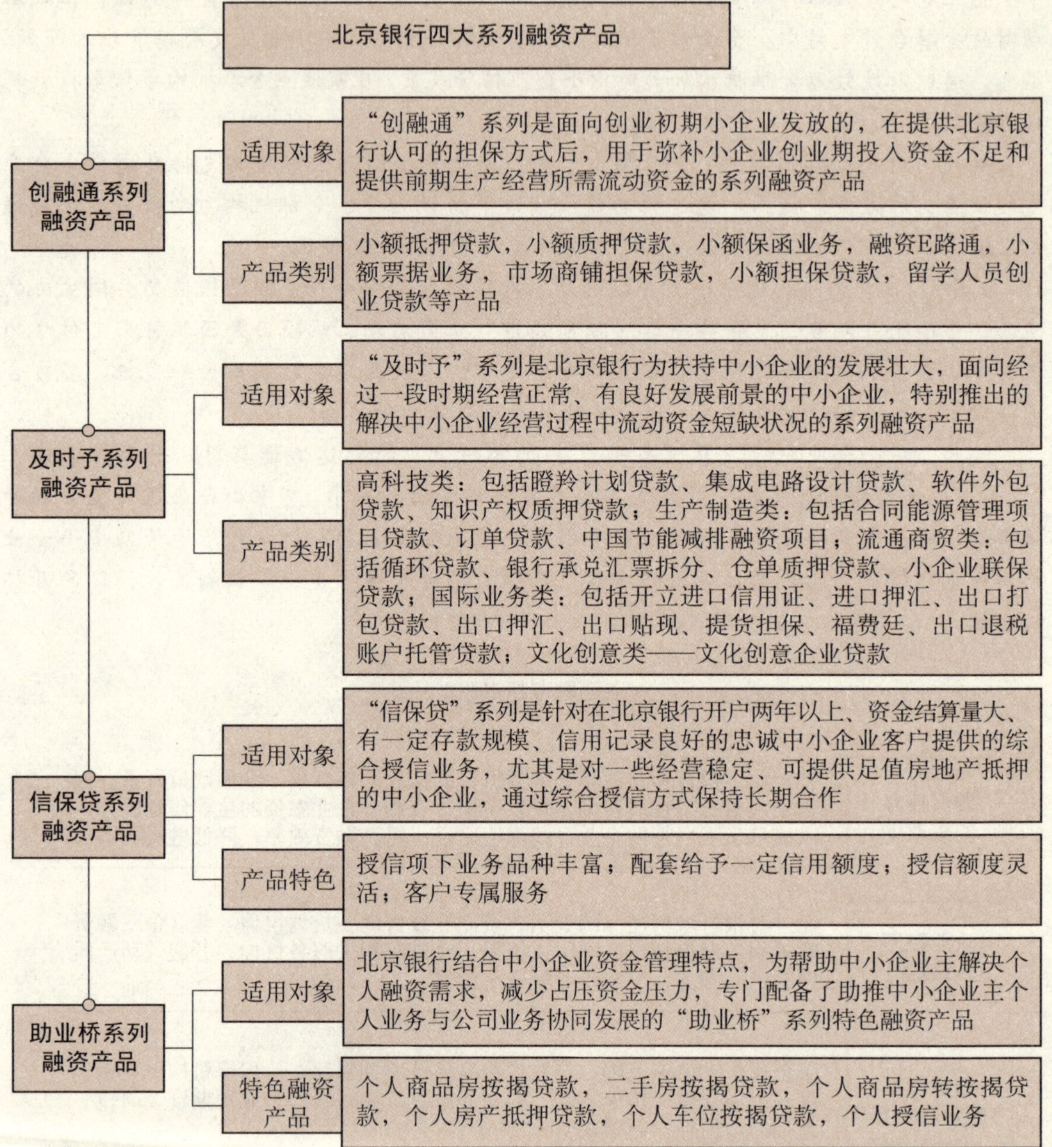

北京银行六大融资特色产品

产品	适用对象及优势	
知识产权质押贷款	适用对象	主要适用于能够以合法有效的知识产权做质押且已将该知识产权所形成的产品推向市场，实现科技成果转化，所形成的生产经营达到一定规模，具有知识产权实施能力和获利能力的科技型中小企业
	产品优势	以知识产权作为贷款质物；政府主管部门提供贴息支持；所有网点均可受理业务申请，方便快捷

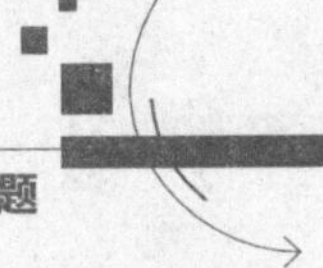

续表

<table>
<tr><th>产品</th><th colspan="2">适用对象及优势</th></tr>
<tr><td rowspan="2">文化创意企业贷款</td><td>适用对象</td><td>依法从事文艺演出、出版发行和版权贸易、广播影视节目制作和交易、动漫游戏研发制作、广告和会展、古玩和艺术品交易、设计创意、文化旅游、文化体育休闲等行业的文化创意企业，或积极推进文化创意集聚区建设的企业</td></tr>
<tr><td>产品优势</td><td>2007 年 11 月，北京银行率先与北京市文化创意产业促进中心签订战略合作协议，成为首都地区首家针对广大文化创意企业同时开展无形资产抵押贷款和专业担保公司贷款的银行；北京市文化创意产业领导小组办公室将对符合条件的文化创意企业提供贷款贴息支持</td></tr>
<tr><td rowspan="2">小额担保贷款</td><td>适用对象</td><td>城镇失业人员、复转军人、大学毕业生、农村转移劳动力</td></tr>
<tr><td>产品优势</td><td>微利项目给予政府贴息；55 个信用社区免反担保；银行提供高效审批</td></tr>
<tr><td rowspan="2">“融信宝”中小企业信用贷款</td><td>适用对象</td><td>在中关村科技园区内注册、属于中关村信用促进会会员的高新技术企业，同时，还应具备以下两个条件之一即可申请此类贷款：一是连续 2 年入围“瞪羚”计划，最近一个年度信用等级达到 BB 级别以上（含 BB-级）的企业；二是累计 3 年进行信用评级，且最近一个年度的信用等级在 BB 级别以上（含 BB-级）的非瞪羚企业。要求年销售收入 2 亿元以下（含），百家创新型试点企业全部纳入“融信宝”信用贷款试点企业</td></tr>
<tr><td>产品优势</td><td>对符合条件的中关村科技园区中小科技型企业发放无担保信用贷款；银行配合政府给予贴息优惠政策支持。自 2007 年 9 月 1 日正式签约以来，在中关村科技园区管委会四家试点合作银行中业务量排名首位，约占中关村科技园区中小企业信用贷款累计放款总量的 80%</td></tr>
<tr><td rowspan="2">中国节能减排融资项目贷款</td><td>适用对象</td><td>从事实施提高能源使用效率项目的企事业单位；或者提供产品设计、开发、安装、应用等实施能源效率项目服务的企业。该项目主要针对符合节能减排条件的项目提供融资</td></tr>
<tr><td>产品优势</td><td>北京银行是全国首家与国际金融公司（IFC）共同推出中国节能减排融资项目的城市商业银行；支持节能减排的行业领域广泛，目前北京银行已针对工业余热综合利用、建筑物节能、新能源利用项目等 20 余个项目展开融资洽谈</td></tr>
<tr><td rowspan="4">以“瞪羚计划”贷款、留学人员创业贷款、集成电路设计贷款、软件外包贷款、EMCO 合同能源项目贷款为主的专业担保公司担保贷款</td><td rowspan="2">“瞪羚计划”贷款</td><td>适用对象：中关村管委会每年 5 月确认并公布“瞪羚”企业名单（针对园区内高成长性企业），一般是注册在中关村科技园区的高新技术企业，且为中关村企业信用促进会会员，年总收入规模在 1000 万～5 亿元之间</td></tr>
<tr><td>产品优势：担保公司简化评审程序并执行优惠担保（基准保费下浮 10%）及评审费率；银行执行基准利率，开辟绿色审批通道；1 星级至 5 星级企业，可获得贷款贴息率 20%～40%</td></tr>
<tr><td rowspan="2">留学人员创业贷款</td><td>适用对象：中关村科技园区内经中关村管委会留学人员创业服务总部认定的留学人员创业企业</td></tr>
<tr><td>产品优势：担保费低，中关村管委会给予 1%的担保费补贴；执行基准利率，中关村管委会给予 50%的利息补贴；程序简化，并在全部资料齐备后 10 个工作日出具意见</td></tr>
</table>

续表

产品	适用对象及优势	
以“瞪羚计划”贷款、留学人员创业贷款、集成电路设计贷款、软件外包贷款、EMCO 合同能源项目贷款为主的专业担保公司担保贷款	集成电路设计贷款	**适用对象：**经北京市半导体行业协会认定并具备中关村企业信用促进会会员资格的企业
		产品优势：担保公司简化评审程序并执行优惠担保（基准保费下浮 10%）及评审费率；银行执行基准利率，开辟绿色审批通道；中关村管委会按一年期基准利率 50%补贴利息并给予 1%担保费补贴
	软件外包贷款	**适用对象：**以在北京市商务局进行合同登记的软件外包企业名单为准并具备中关村企业信用促进会会员资格的企业
		产品优势：担保公司简化评审程序并执行优惠担保（基准保费下浮 10%）及评审费率；银行执行基准利率，开辟绿色审批通道；中关村管委会按一年期基准利率 50%补贴利息并给予 1%担保费补贴
	EMCO 合同能源项目贷款	**适用对象：**提供“合同能源管理”服务的企业和接受服务的企业
		项目条件：实施节能项目的收益至少有 50%来自能源节约或者能源费用的减少；实施节能项目的客户单位使用项目实施后节省的能源费用，分期支付项目投资，客户单位不会因实施节能项目对自身现金流产生负面影响

贵州：首推“政银企保”模式

中小企业融资是一个世界性的难题，贵州省政府部门、金融机构一直致力于这方面的改革探索，在贵州省政府的部署下，省中小企业局、省银监局、人行贵阳中心支行分别组织有关银行业金融机构、担保机构、小额贷款公司、典当公司及部分中小企业代表齐聚一堂，于 3 月 17 日举行了中小企业金融服务对接工作会议。300 余户中小企业、13 家银行业金融机构及其支行和 30 余户担保机构、小额贷款公司、典当公司齐聚一堂。本次对接会签约涉及制药、高新技术、酒业、农副产品生产加工、食品加工、民族工艺、旅游业等多个行，签约项目 41 个，签约金额达 10.89 亿元。

“政银企保”对接模式是贵州省在当前应对金融危机，缓解中小企业融资难、担保难问题，促进中小企业平稳较快发展工作中的最佳探索。贵州省副省长孙国强要求，“政银企保”对接工作要实现经常化、制度化和规范化，建立起长效机制，形成相互支持，共同发展的好局面，为我省经济平稳较快发展做出应有的贡献。

贵州“政银企保”合作模式

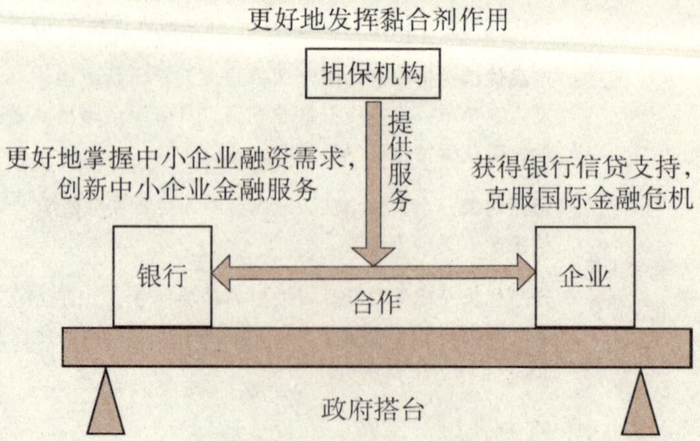

更好地发挥黏合剂作用
担保机构
提供服务
更好地掌握中小企业融资需求，
创新中小企业金融服务
获得银行信贷支持，
克服国际金融危机
银行
合作
企业
政府搭台

向先进生产力看齐——山西关停小煤矿改革样本

2009年，注定要在山西历史上留下浓重的笔墨。而写下这一笔的山西，代表性的符号，还是一个“煤”字。但与以往不同的是，这次他戴上了一个异常醒目的光环：向先进生产力看齐——煤炭资源整合。

煤矿是全国安全生产的重中之重，而小煤矿一直是煤矿事故的主要源头和重灾区。占全国煤矿1/3的产量却带来了全国煤矿2/3的事故死亡人数，使得国家下定“三年内基本解决小煤矿问题”的决心。2008年10月17日，国家发改委、能源局、安监总局、煤监局四部门联合下发了《关于下达“十一五”后三年关闭小煤矿计划的通知》，将对小煤矿进行扩能改造，使其达到安全有效生产的要求。《通知》延续了国家对待小煤矿的一贯政策——淘汰、整合和大集团兼并。

“将现有小煤矿淘汰关闭一批、扩能改造一批、大集团整合改造一批，力争到‘十一五’期末把生产能力在30万吨/年以下的小煤矿数量控制在1万座以内。”国家安监总局副局长、国家煤监局局长赵铁锤表示，这就是“十一五”后三年的小煤矿整顿关闭目标。

《煤炭工业发展“十一五”规划》已经明确提出，到2010年全国保留小煤矿数量在1万座以内。2005年以来，国家安监总局就开始推动小煤窑关停。截至2007年年底，共关闭小煤矿11155座，约占2005年初全国小煤矿数量的45%，淘汰掉落后生产能力2.5亿吨。

不过，关停小煤矿的进展与《规划》的目标仍有一段距离。作为中国煤炭工业大省，山西省这3年的小煤矿关停改造以及煤炭资源整合计划当仁不让地成为全国能否实现《规划》的关键和重中之重。

史无前例的煤矿资源整合

山西的几千座小煤矿曾经强劲地支撑了我国经济社会的快速发展。这几年，山西的小煤矿一直在整合，9万吨、15万吨、30万吨，门槛在不断提高，但全省煤炭工业“多、小、散、低”的粗放模式仍未彻底改变。目前，全省仍有各类煤矿 2600 座，其中 30 万吨及以下的小煤矿占了近 7 成。从 2009 年初开始，山西省开展了史无前例的煤矿资源整合，其目的是提高煤炭行业集中度，提高煤炭企业的机械化、信息化和安全生产水平，以从根本上建立节约资源、减少污染，改变山西矿难频发面貌的现代化的煤炭生产体系。基本目标是，到 2010 年底全省只保留 1000 座煤矿，在现有基础上压减 60% 多。

山西省小煤窑总体特点

主要特点	详细情况
资源和生态环境代价畸高	中小煤矿资源回采率只有 20% 左右，这意味着每采 1 吨煤要破坏和浪费 4 吨资源，按中小煤矿年产 3.5 亿吨煤计算，每年要破坏和浪费约 14 亿吨的宝贵煤炭资源。山西全省煤矿采空区面积超过 5000 平方公里，而且每年新增塌陷区面积近百平方公里；煤矸石堆存量超过 11 亿吨，占地已近 1.6 万公顷。保守估计，近 30 年来，全省因粗放采煤造成的生态环境损失接近 4000 亿元
税费流失严重收入分配悬殊	据煤炭和税务部门估计，近两年，山西煤炭实际产量在 8 亿吨左右，而每年的报表产量只有 6.5 亿吨左右，也就是说，每年有 1.5 亿吨左右是逃脱了监管的“黑煤”。参照国有重点煤炭企业吨煤近百元的税费负担计算，仅此一项，山西全省每年流失税费百亿元以上
矿难频发，主导产业几成“夺命产业”	山西煤监局对近两年国有大矿与地方小矿的产量和百万吨死亡率进行比较，地方国有煤矿百万吨死亡率是国有重点煤矿的 3.8 倍，而乡镇小煤矿百万吨死亡率则高达国有重点煤矿的 11.3 倍。小煤矿产 1 吨煤要付出 10 倍大矿的生命代价

“煤炭工业生产力变革的前奏”

山西煤炭业一向被视为我国煤炭工业的“缩影”。业内人士分析，晋煤规模化、集约化、循环经济和本质安全的全面转身，可以看做我国能源版图刷新的前奏。

山西省煤炭工业厅厅长王守祯的观点认为，煤炭是典型的高危行业、资本密集型产业，必须走以大企业为主、规模化生产、集约化发展的路子。世界产煤大国中，澳大利亚前 5 位煤炭企业占总产量的 70% 以上；美国前 4 位煤炭企业的生产集中度达 45% 以上；南非前 4 位煤炭企业的生产集中度达到 60% 以上；印度第 1 位煤炭企业的产量占到总产量的近 90%；德国近 2 亿吨煤炭全部由一家公司生产。

山西省看准了当前煤炭市场萎缩、产能闲置和要素价格全部下行的黄金机遇，利用今明两年时间淘汰落后小煤矿，推出 1000 个规模达到年产 90 万吨的机械化煤矿，用最小代价推进煤炭结构大调整。同时，针对涉煤利益各方的疑虑，推出一系列务实灵活的配套性产业政策，努力减少摩擦和震荡。此次煤炭资源结构调整被看做中国煤炭行业排头兵的“晋煤方阵”是自新中国成立以来变化最大的一次改革。

省长王君用几个概貌性特征勾勒出 2011 年山西煤炭工业的轮廓：全省只保留 1000 座煤矿，在现有的 2600 座煤矿基础上压减 60% 多；兼并重组整合后的煤炭企业规模原则上不低于年产300万吨，单井生产规模原则上不低于90万吨；煤炭生产全部实现机械化，普遍推广综采技术；安全生产全面达标；煤矿领导要有专业技术背景，从业人员全部培训后持证上岗。

山西省煤矿企业兼并重组流程图

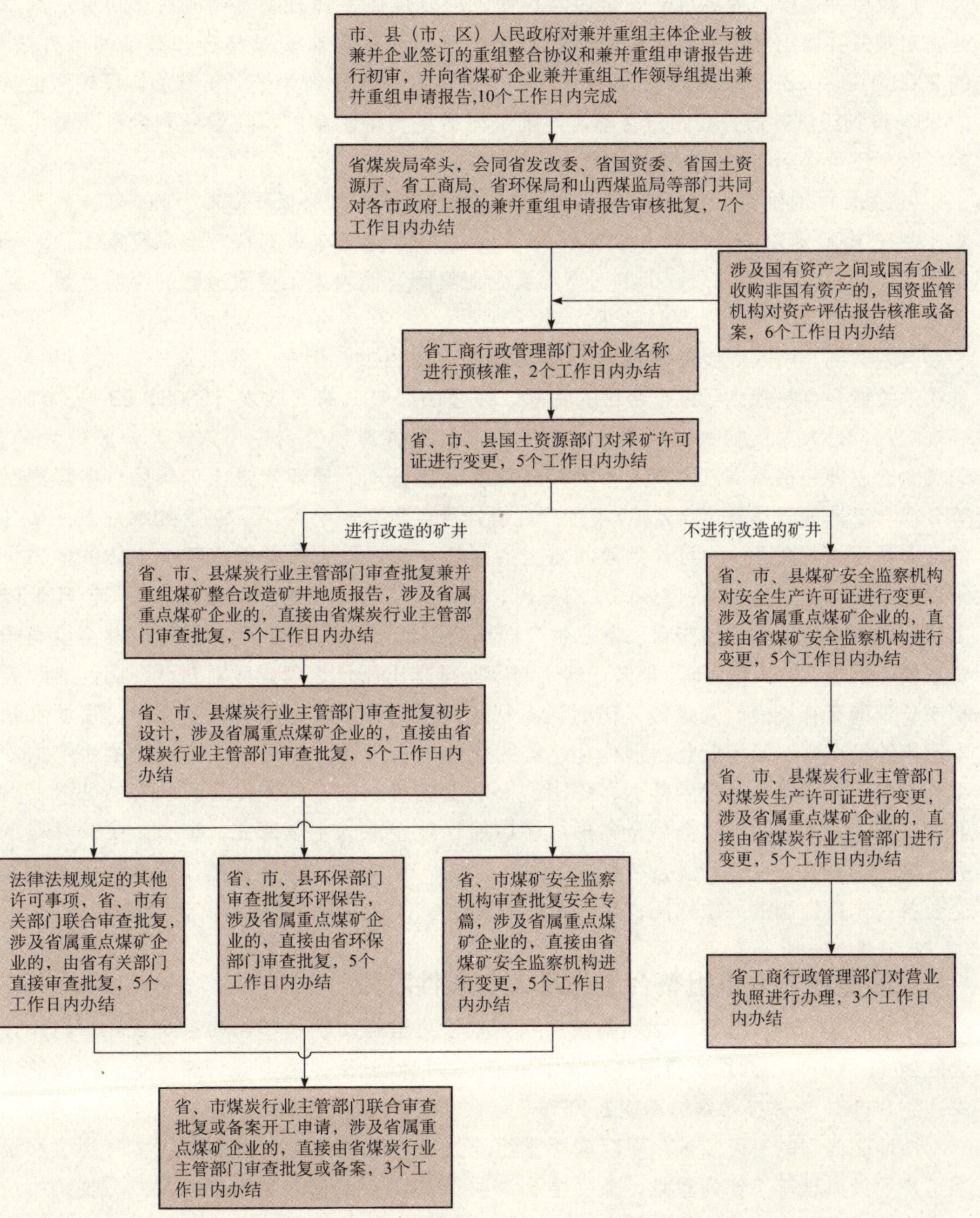

为加快关停小煤矿步伐，培育大型煤矿企业和企业集团，提高煤炭产业集中度和产业水平，促进煤炭产业结构优化升级，山西省于2008年9月2日出台《山西省人民政府关于加快推进煤矿企业兼并重组的实施意见》。《意见》提出了通过大型煤矿企业兼并重组中、小煤矿，形成大型煤矿企业为主的办矿体制，通过科学整合，合理布局，关小建大，扩大单井规模，提高煤矿安全保障程度，提升煤矿整体开发水平的总体目标。而山西省对被兼并重组煤企的补偿办法，则以施行《山西省煤炭资源整合和有偿使用办法》的2006年2月28日为分水岭：凡是在此日之后，向国家已缴纳资源价款的，可按原价款的50%得到经济补偿；在此日之前，向国家已缴纳资源价款的，在退还剩余资源量价款的同时，还可得到100%的经济补偿。

《意见》同时确定，到2010年年底，省内煤矿企业规模不低于300万吨/年，矿井个数控制在1500座以内。在全省形成2～3个年生产能力亿吨级的特大型煤炭集团，3～5个年生产能力5000万吨级以上的大型煤炭企业集团，使大集团控股经营的煤炭产量达到全省总产量的75%以上的具体要求。

必须看到，山西煤炭资源整合，并不是最近提出的，但是，只有这一次做得果断。其中的关键一点是找到了谁整合谁的钥匙。按照山西省政府晋政发【2008】23号文件明确规定：一是大力支持大型煤炭企业作为主体，兼并重组整合中小煤矿，控股办大矿。这类企业主要包括省属五大煤炭集团和省煤炭运销公司、省煤炭进出口集团、中煤集团等8家。二是现已具备300万吨/年生产规模，且至少有一个120万吨/年机械化开采矿井的地方骨干煤炭企业，也可作为兼并重组的主体。其他作为兼并重组整合主体的地方骨干煤炭企业（矿井），由各市人民政府提出，原则上应有一个生产规模在90万吨/年及以上矿井作支撑，兼并重组整合后企业生产规模应不低于300万吨/年，所属矿井至少有一个规模不低于120万吨/年。那么，这个制度安排是出于什么考虑呢？对此，山西省政府秘书长王清宪在接受有关媒体采访时说，从政策层面看，根据煤炭行业高危，资源和资本密集的特点，以及专业化、规模化、集约化的内在规律，为提高煤炭行业的生产力水平和健康有序的可持续发展能力，作出这一制度安排。这是科学发展观的必然要求。按照这个整合方案，重组整合后全省形成了以股份制企业为主要形式，国有、民营并存的办矿格局。国有、民营和混合所有制比例为2∶3∶5。其中，朔州形成了国有和民营煤炭企业各占半壁江山的办矿格局，吕梁民营煤炭企业的矿井数和产能都占到了60%。

煤炭企业兼并重组整合工作进入实质性阶段

从2009年9月25日，山西省政府召开加快推进煤炭资源整合和企业兼并重组座谈会。到11月初，山西煤炭资源整合方案报批工作已经结束，重组整合煤矿企业协议签订率达到90%，主体接管到位率达到71%。

按照山西省的进度要求，要以兼并重组双方签订正式协议、主体企业按时到位和证照过户手续办理等工作为重点，兼并主体与被兼并方、控股企业与被控股方、收购单位与被收购方都要在9月底前全部完成正式协议签订，10月底基本完成主体企业到位和证照过户换发工作，11 月全部通过验收。主体企业到位后，要全面接管被兼并、被控股和被收购煤矿的生产、建设及安全等工作，对符合安全生产条件的矿井，抓紧复工复产；对需要技术改造的矿井，及时开工建设；对安全没保障、资源枯竭等矿井，坚决予以关闭。要加大过渡期的安全生产工作力度，严格落实企业主体责任和政府监管责任，确保安全生产，确保不发生大的事故。要严格煤炭行业和资源开采的市场准入，对申办煤矿企业和单位的办矿资质、条件和能力要严格把关。同时，要坚决防止私挖滥采等非法采矿行为的死灰复燃。对于此次批准的整合方案中不具备过渡期生产条件，已经确定于2009 年年底以前实施关闭的 300 多座矿井，年底必须关闭。

提高效率加快煤炭产业改革步伐

2009 年 4 月，山西省政府在 2008 年《关于加快推进煤矿企业兼并重组的实施意见》基础上，下发了《关于进一步加快推进煤矿企业兼并重组整合有关问题的通知》，出台了《关于煤矿企业兼并重组整合所涉及资源采矿权价款处置办法的通知》等一系列相关配套规定。《通知》明确了兼并重组整合目标，落实了责任，确定了整合主体标准，明晰了编报方案。省政府随后出台的《煤炭产业调整和振兴规划》，其核心内容之一就是加快煤炭资源整合和企业兼并重组步伐。

为了加速推进全省煤炭资源整合的步伐，山西省要求市县两级政府作为责任主体，一把手亲自挂帅；有关部门及时掌握进展，及时研究解决新情况、新问题；作为实施主体的山西焦煤、同煤、潞安等国有大型煤炭企业，从大局出发，积极参与，周密部署、迅速行动，采取了并购、协议转让、联合重组、控股参股等多种方式，全力以赴抓好资源整合工作；被整合企业要顾全大局，主动配合，积极转型，谋求新的发展。

山西省煤矿企业兼并重组年度目标任务分解表

城市	参加兼并重组矿井	2008 年兼并重组矿井	2009 年兼并重组矿井	2010 年兼并重组矿井	2010 年底年兼并重组矿井
太原市	89	13	67	9	26
大同市	128	19	96	13	41
阳泉市	108	16	81	11	24
长治市	178	27	133	18	47
晋城市	259	39	194	26	62
朔州市	118	18	89	11	38
忻州市	126	19	94	13	37
晋中市	226	34	170	22	64
吕梁市	261	39	196	26	54
临汾市	321	48	241	32	73
运城市	40	6	30	4	13
各市小计	1854	278	1391	185	479

采取一系列做法保障各方利益

在推进资源整合中，山西省充分考虑了各种利益关系，总的原则是让合法的“存量资产”和“既得利益”受到保护、不受损失；资产权益如有流转让渡，要给予合理补偿；让原有的惠民政策和合法权益得以延续。

山西省采取的一系列措施
一、对重组进入煤炭大集团的煤矿企业，由煤炭大集团在煤矿所在地登记注册子公司，确保税费上缴渠道和各方既得利益不变
二、保持重组前的利益分配格局不变
三、对原国家和各级政府投入地方国有煤矿和乡镇煤矿的各类资金，转为国有股份，按股份分享利益
四、对原地方国有煤矿的从业人员，顺延签订劳动合同进入国有重点煤炭企业，保持原有的待遇不变

为了解决国有重点企业整合重组、收购兼并地方煤矿成本高的问题。山西规定，各级政府可将地方煤矿缴纳资源价款转为资本金，向收购兼并的主体企业转移注资；对于通过资源整合新增的煤炭资源，其资源价款可以免缴，转增政府资本金。设立省级整合重组专项基金，与中央设立的专项基金一起，支持煤矿企业的兼并重组，优先安排兼并重组煤矿企业用于煤矿安全改造、煤炭产业优化升级。

为了保证被整合的地方小煤矿资产“进退”自如，山西规定，整合重组、收购兼并主体企业从采矿权价款中注入资本金后，地方煤矿可将地面配套设施、矿井生产设备折价入股进入整合重组主体企业，形成产权多元的煤炭大集团。同时将整合重组煤矿的产、运、销，人、财、物全部纳入大集团统一管理。

民间资本退出以后往哪里去

在煤炭资源整合及企业转型过程中，民间资本退出以后往哪里去？山西省政府出台了产业促进政策，针对山西省民间资本投资遇到的准入障碍和土地、环评、资金、信息等“瓶颈”对症下药：一是通过转让特许经营权或合作经营等多种经营方式，引导民间资本全面进入基础设施和公共服务领域；二是对于重大转型、转产项目，区别情况采取保障用地、优先供地、划拨土地和集约用地四种办法，解决用地难问题，对转型发展的民营企业，排污量可实现“减量自用”；三是各级政府财政性建设资金一律向民间投资开放，政府投资应采取贴息、参股、补助等多种形式对进入鼓励领域的民间投资予以支持，加大对煤焦资本转型项目及困难民营企业的财政支持力度，并严格落实民间投资的各项税费优惠政策；四是鼓励金融机构实行信贷方式创新，通过政策引导和支持，组建民间投资担保公司，鼓励和帮助民营企业参与资本市场；五是政府要充实和及时更新招商项目库，完善投资信息发布机制，简化审批程序，强化监督职能。而随着整合工作的深入推进，一些方案和措施还将不断完善，使之更加贴近实际，更加符合大多数人和社会的整体利益。

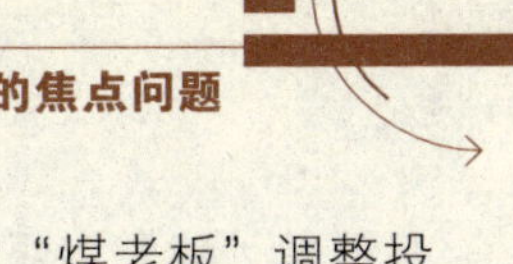

2009年10月，山西省委书记张宝顺在运城市调研时，就高度赞赏“煤老板”调整投资方向、拓宽投资领域、发展新型产业、兴办社会事业和福利事业的做法，要求地方党委、政府从各个方面进行大力扶持，帮助煤炭企业在转型发展上迈出更大的步伐。

“向先进生产力看齐”的争议

加快国有大矿对小煤矿整合兼并重组，减少地方小煤矿数量，这种小煤矿整合模式被外界称为“国进民退”。然而，“大整合”的举措，在互联网上引发了网民持续的褒贬交锋。褒者，以“优化资源、安全生产”等理由力挺之；贬者以“国进民退、不尊重产权”等为主题揶揄之。但更多网友一致认为，政府要站在“国计民生”的基本点上，兼顾各方利益和多元目标，妥善解决整合中出现的种种问题及隐患，才能不背离“利国利民”的政策初衷。

山西煤炭资源整合不仅仅是一个省个别产业的政策变化，目前已有进一步在全国范围内展开的势头并可能释放出三个重要信号：第一，政府对影响国计民生的产业将加大掌控，如煤炭、电力、稀有金属、稀土等行业，以保证宏观经济稳定运行和国家安全；第二，一朝拥有稀缺资源就能永远获暴利的时代终结，不可能让投机成功的人一劳永逸地获得财富；第三，落实科学发展观不会停留在口号上，可持续的发展将成为发展经济的主题。

从连续几个月来的“大整合”行动来看，山西省的这一做法确实有利于提高该省煤矿的安全生产水平，同时也有利于提高资源的利用率、减少税费的流失。但除了安全生产、资源利用等问题，还有哪些问题应该考虑？其中有些账不能不算。

第一，“国进民退”的问题。据媒体报道，一位煤老板总是随身携带着温家宝总理关于促进民营经济发展的讲话，比如“我们必须为民营资本的进入和民营企业的发展创造有利条件，打破垄断和限制……”其实，为了民营经济的发展，党中央、国务院都曾下发过多个文件，比如“非公经济36条”等。对照国家关于民营经济的政策，山西省的此次整合显然是背道而驰的。

第二，政府信用问题。2005年，山西对煤炭资源实行改革，“资源有偿，明晰产权”，吸引了一大批投资者进入，而不到4年时间又开始重新洗牌。如此这般，置政府的信用于何地？2009年10月31日，浙商转型会长论坛在杭州举行，30余位从山西赶来的煤炭浙商坦言：“此次山西煤炭整合，浙商是全力配合的。但只有更公正开放的市场经济秩序才能保证民营经济的进一步发展。”一位来山西投资煤矿的浙江老板明确地说“永远不敢”来山西投资或创业了。可以肯定，这绝不是一个人的想法。

第三，私有财产的保护问题。能够成为重组对象的煤矿大都是合法的，老板们用于投资、改造等各方面的投资都是他们的合法财产。依照《宪法》的规定，这些财产都是受法律保护而“不受侵犯”的——不仅其他公民、法人或其他组织不能侵犯他人合法的私有财产，政府也不能。可是，那些私营煤矿不仅必须卖给国有的煤企，而且连价格都由政府说了算——这是不是“豪夺”？是不是公然的“违宪”？

山西省整合煤矿政策的出台顶着安全生产和环保等正当理由，但是由于对煤炭行业重组牵涉的复杂利益关系缺乏应有的分析，缺乏对市场经济下政府行为边界的认知和法律规定下政府行为的程序的应有尊重，山西省政府的强势做法也面临着法律上的认定。有业内人士指出，现代市场经济内含多种契约组合，借此来维系资源的配置和利益的分配，简单化的行政干预都可能带来效果相反的后果。虽然有矿难和环境破坏等诸多问题，但是这些问题的形成机制是复杂的，需要有针对性的抽丝剥茧的应对之道，而不是简单的通过红头文件来关闭合法经营的中小煤炭，驱赶民营资本，修改游戏规则。

目前，山西省政府的这种做法已经招致沿海一些利益相关省份的反弹。据媒体报道，温州炒煤团目前面临的困境，已经引起了浙江官方的担忧。有报告称，2008 年浙江省煤炭消耗量约 1.2 亿吨，省内基本无煤可采，100%依赖省外、国外供应。客观地说，在山西浙商返销煤炭占浙江省消耗煤炭总量的 30%，为缓解省内能源紧张状况和解决劳动就业作出应有的贡献。

而目前浙商在山西投资煤矿企业已超过 450 家，投资总额在 500 亿元以上，浙籍相关从业人员在 10000 人以上。如何维持区域利益，维系公平竞争，浙江省政府面临来自当地企业家和公众的压力，因此自然会要求山西省政府合规行事。这是在法治层面，地方政府竞争的一种表现形式。

根据山西官方的说法，目前的煤矿资源重组计划得到了中央的大力支持。但是很显然，如果山西省政府的做法引发了重大纠纷，那么其所能获得的中央政府的支持也不是无限的，毕竟对于中央政府来说，维系市场规则的严肃性，维护政府信用，营造一个和谐的社会环境很重要。保障煤矿行业安全生产形势，确保当地环境的可持续发展，是山西政府无法回避的行政责任，但是对于现代公共管理来说，在确保目的的正当性同时，也要确保行政程序的正当性。鉴于目前正在进行的山西煤矿资源重组运动，已经受到公共舆论的广泛质疑，诸多利益相关群体幕后的博弈正在展开，如果处置不当，可能导致多输的局面。此间据媒体报道，一份名为《关于要求对山西省人民政府规范性文件内容的合法性、合理性问题进行审查处理的公民建议书》，已通过邮政快递的方式由杭州寄往全国人大常务委员会。这份由浙江省浙商资本投资促进会和浙江杭天信律师事务所律师联合写就的《建议书》质疑，山西煤矿整合的相关文件政策涉嫌“背离国务院文件精神”，并违反相关法律规定，侵犯了浙江煤老板的财产所有权。《建议书》还一并寄给国务院、全国政协及山西省有关部门。

《建议书》还指出，山西对被收购兼并企业的补偿价款确定、支付款项来源的相关规定——这也是目前浙江煤老板最为诟病之处——违背了公平、等价有偿的法律原则。建议方认为，作为兼并主体的七大国有重点企业以及其他地方国有、本地民营企业集团并没有相关协商确定补偿价款的权限，被兼并企业更没有自主权。另外，山西相关文件统一规定了由兼并主体支付兼并价款，而承担此种沉重负担的兼并主体并没足够的现款支付能力，必然造成这种收购兼并只有被兼并企业资产的转移接管，而没有收购对价的支付交接，由此将演变成山西地方国有、民营企业对外来民营资本的无偿征收。建议方提

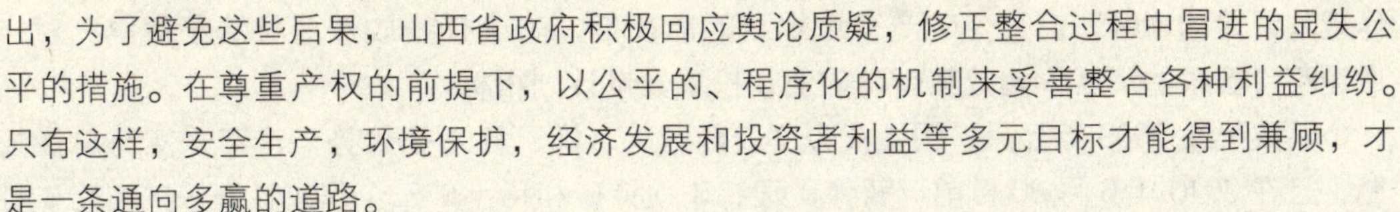

出，为了避免这些后果，山西省政府积极回应舆论质疑，修正整合过程中冒进的显失公平的措施。在尊重产权的前提下，以公平的、程序化的机制来妥善整合各种利益纠纷。只有这样，安全生产，环境保护，经济发展和投资者利益等多元目标才能得到兼顾，才是一条通向多赢的道路。

2009年11月2日，山西省党报发表长篇报道《向先进生产力看齐——解读山西煤炭资源整合》。文章开篇就说：2009年，注定要在山西历史上留下浓重的笔墨。眼下，承载厚望的煤炭资源整合已经胜利在望、胜利在握。文章说，资源整合是煤炭工业可持续发展的客观规律，是实现科学发展的必由之路。而在兼并重组主体的资格上，我们坚持国有、民营一视同仁。如果非要用进退形容，那就是强进弱退，优进劣退。一句话，先进生产力是改革的唯一标准。

11月15日，《人民日报》正式给山西定调：山西煤炭重组不是国进民退。

山西矿产资源整合的"鲶鱼效应"

2009年10月26日，国土资源部召开的一个电视电话会议，让全国矿产资源行业再次绷紧了神经。这次会上，工业和信息化部副部长苗圩宣读了经国务院批准，由国土资源部、国家发改委、工信部等12部委联合发布的《关于进一步推进矿产资源开发整合工作的通知》。国土资源部部长徐绍史在当天会议上表示，当前正是矿产资源整合的有利时机：一是宏观经济数据显示保经济增长任务取得了成效，国务院常务工作会议提出要加快推进结构调整和发展方式转变；二是矿业资源产品价格目前还处于震荡调整阶段，不会出现大幅度上升，是矿产资源整合的有利时机。

如果说3年前开始的矿产资源整顿，更多的是为了安全生产，那么这次整合则意义深远。随着近几年国际矿产资源价格持续上涨，波动剧烈，尤其是在铁矿石价格谈判这个问题上的被动，政府对于整个矿产的规划已经上升到全局的高度。

根据国土资源部统计，全国矿产资源开发秩序整顿规范工作进行3年多来，全国共清理出无证勘查开采14万起，超层越界11000多起，非法转让矿权2800多起，三类违法违规行为合计152000多起。关闭非法采矿、破坏资源、污染环境和不符合安全生产条件矿山48000多家，煤矿关闭11000多家，全国关闭的矿山总数接近60000家。2009年前三季度，全国各类矿山事故大幅下降，其中煤矿企业事故起数和死亡人数同比分别下降19.4%和23.8%，金属非金属矿山企业事故起数和死亡人数同比分别下降23.0%和27.0%。然而，国家安全生产监督管理总局副局长王德学却表示："全面整顿和规范矿产资源开发秩序虽然取得了阶段性成果，但是煤矿非法违法建设、生产、经营现象时有发生，金属非金属矿山'小、散、乱、差'的状况没有得到根本改善，一些地方矿业秩序仍然混乱。"为此，新一轮矿产资源开发整合的大幕已经拉开。

主管部门督促地方政府的有力手段便是矿业权。苗圩副部长介绍说，政府将探索建立探矿权合理投放机制和采矿权总量控制制度，积极推进探矿权有计划投放。对整合工作成效明显的地区，在符合矿产资源规划的前提下，矿业权投放数量可给予倾斜；对未通过整合验收的地区，调减其新设矿业权投放数量计划指标。

其实早在2009年5月，国土资源部就已对钨、锑、稀土等优势矿产开采实行总量控制，且在2010年6月30日前，暂停受理钨矿、锑矿和稀土矿三个保护性开采的特定矿种的探矿权、采矿权申请。除此之外，国土资源部正在推动矿产资源利用方式的转变。在10月20日天津举行的"2009中国国际矿业大会"上，国土资源部副部长汪民就表示说，国土部将引导企业采取收购、兼并和参股控股等方式对小矿产实施整合。

苗圩再次表示说："我们将鼓励优势企业充分利用资金、技术、管理等方面的优势，运用市场方式，实施整合，培育壮大矿业龙头企业。"

此次矿产资源开发整合范围包括煤、铁、锰、铜、铝、铅、锌、钼、金、钨、锡、锑、稀土、磷、钾盐15个重要矿种，也包括小矿、技术装备落后、效益差、有安全隐患的矿山。另外，此次整合要求也明确将探矿权的整合和矿业权的整合纳入规范范围。而山西推行的"国进民退"整合小煤矿模式有可能在全国范围内得以推广和复制。内蒙古、河南、陕西等地也积极表示，将参照山西经验，开始加快省内煤炭整合速度。

10月9日，内蒙古发出煤矿整合的通知，今后在配置煤炭资源时，将重点向国家和自治区重点煤炭转化、综合利用项目倾斜。同时，除了招标、拍卖等方式获得的矿权在配置资源时条件适当放宽外，在配置特殊稀缺性煤种资源时，项目的煤炭就地转化率必须达到60%以上。规定还指出，凡是新建的井工煤炭资源开发项目，单井的煤炭生产能力不得低于每年120万吨。新建的露天煤矿开发项目，每年开采能力不得低于300万吨。

河南省副省长张大卫在10月26日的电视电话会议上透露，河南省正在酝酿小煤矿生产安全长效机制。措施之一就是效仿山西，推行由骨干企业对30万吨以下产能的小煤矿进行兼并整合。同时，河南还将通过引进央企等办法，将矿产优势资源向国有企业手中集中。2009年6月，河南地质勘探局通过引入五矿集团的方法，将河南嵩县的金矿开采和勘探权与五矿集团分享，五矿集团同时带来了优势资金。

国土资源部部长徐绍史表示，资源整合的关键，实际上是利益协调和平衡。利益协调不好、平衡不了，资源整合工作不可能做好。所以，要通过探索和改革创新，注重应用经济手段、市场化运作等方法推进整合。"政府只能引导，如果政府去主导或者直接参与，恐怕这个仗还是非常难打。"徐绍史说。

相关阅读

山西、湖南等五省应对危机的新思维

从2008年年底开始，各省开始部署2009年工作，纷纷提出新口号，采取新思维、新战略，力争经济迅速回暖。我们对山西、湖南等省进行了重点监测发现，湖南省提出了"弯道超车"，而山西省的"转型发展、安全发展、和谐发展"和湖北省推行的"能力建设年"有各有特色，其经验和做法都值得其他兄弟省份借鉴。通过对这些地方政府发展经济新口号新战略的观察分析，梳理目前中国经济的主要脉络，有助于我们寻找应对当

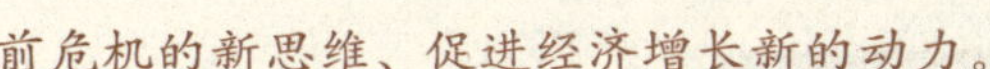

前危机的新思维、促进经济增长新的动力。

山西：转型发展、安全发展、和谐发展

3 月 31 日至 4 月 4 日，中共中央政治局常委、中央政法委书记周永康在山西考察工作，他希望山西认真搞好市县两级深入学习实践科学发展观活动，深入扎实推进转型发展、安全发展、和谐发展，努力建设富裕文明开放和谐的新山西。“三个发展”的提出，是山西省在 2008 年年底提出的新口号——2008 年 10 月，山西省委书记张宝顺深入剖析山西省学习实践科学发展观活动时指出提出，山西要实现科学发展，最关键的是要做到转型发展、安全发展、和谐发展。因此，山西省委决定把实现这三个发展作为深入学习实践科学发展观活动的重要载体和战略重点，作为要解决的最突出的问题。2009 年 3 月出席十一届全国人大二次会议的山西省全国人大代表向大会提交全团建议，请求国家尽快审批《山西省循环经济发展总体规划》，为能源大省实现转型发展作出有益的探索。

实现转型发展

要以企业、产业、矿城转型为重点，优化产业结构、推进节能减排、提高经济效益，推进经济社会协调发展和能源基地全面转型

↓

推进产业结构优化升级

从创新传统优势产业与提高新兴产业比重两个方面推进产业结构优化升级。推进煤焦产业实现规模发展、内涵发展、可持续发展、安全发展和多元化发展，下工夫搞好煤炭工业可持续发展政策措施试点；扩大电力装机、提高输电能力；依托太钢和富士康打造世界不锈钢和铝镁合金加工基地；着力发展煤化工、装备制造、旅游文化、高新技术等新兴产业，特别是通过有力的政策措施加快现代服务业的发展，构建新型、多元、稳固的支柱产业体系，赋予能源基地和老工业基地新的生机

↓

推动节约集约绿色发展

通过节能减排和生态文明建设两项举措推动节约集约绿色发展。下决心淘汰落后产能，全面完成脱硫除尘节水改造，加强环保监管、发展环保产业，确保实现“十一五”节能减排目标任务，努力改善人居环境，让绿色成为产业结构、增长方式、消费模式的主色调

↓

大力发展循环经济

以产业集群和园区经济两个载体为重点大力发展循环经济，把循环经济理念和技术渗透到各个行业、各类企业，使循环经济成为山西的主导型经济。国家把我们确立为循环经济试点省，这方面要下工夫，要破题，着力抓好示范市、示范县和示范园区、示范企业

↓

推进创新型省份建设

以自主创新和全民创业两个抓手增强发展的活力，推进创新型省份建设，鼓励和支持民营经济实现大发展，推进自主创业、知识创业、资本创业

实现安全发展

要以坚强决心和过硬举措，全面加强安全生产工作，尽快扭转安全生产被动局面，建立安全生产长效机制，走出一条符合科学发展、切合山西实际的安全生产、安全发展的路子

推进资源整合和企业兼并重组

继续推进资源整合和企业兼并重组，提高资源型企业准入门槛，提高煤炭产业和非煤矿产业集中度，努力从源头上解决问题

打击非法违法开采行为

严厉打击非法违法开采行为，坚决取缔和关闭违法违规矿井，杜绝超定员、超强度、超能力生产。凡是非法违法煤矿和非煤矿山，一律关闭，非法违法尾矿库一律炸平，要作为一个战役来打。战役性整顿后要坚持露头就打，绝不手软，防止死灰复燃，建立正常的矿山、矿业生产秩序

排查隐患和漏洞

深入排查隐患和漏洞，并切实加以整改，尤其是对煤矿、非煤矿山及尾矿库、化工企业、食品安全、客运交通等容易导致重大伤亡事故的领域，要坚决消除隐患、堵塞漏洞

改善安全生产条件

加大安全生产投入，改善安全生产条件，加强员工专业技能培训，提高生产和管理的机械化、信息化、现代化水平

开展反腐败专项斗争

深入开展煤焦领域反腐败专项斗争，深挖重大事故背后的腐败行为，遏制失职渎职和权力寻租导致责任事故发生。不但要抓事故的查处，还要抓事故后面的腐败问题，使工作和安全措施得到落实

加大责任追究力度

严格落实企业安全生产主体责任和政府安全监管主体责任，加大责任追究力度，实现事后追究向事前、事后追究并重转变，对重大安全隐患排查治理不力的，要视同发生事故严肃处理

在谈到如何实现安全生产时，张宝顺提出，要以省委、省政府名义制定出台加强安全生产工作的意见，对安全生产作出全面部署、提出新的要求；要制定一套安全生产工作考核评价体系，研究探索对县乡安全生产状况的评估机制，强化日常的安全监管和考核，把重点放在发现和排除安全隐患上，促进安全生产措施的制度化和规范化，增强安

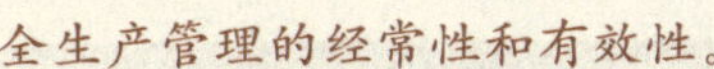

全生产管理的经常性和有效性。

1月21日，山西省政府发布《2009年安全生产工作意见》，提出2009年全省安全生产工作的奋斗目标。同时，省政府办公厅连续发文，转发全省各领域安全专项整治工作方案。在省政府官网上，从21日上午到下午，省政府办公厅关于“安全”的转发文件不断增加，全天连发17个，涉及电力、交通等17个生产领域。

实现和谐发展

把握好科学发展与社会和谐的内在统一性，正确处理各种社会矛盾，及时协调各方面利益关系，理顺群众思想情绪，积极为群众排忧解难，实现各方面事业有机统一、社会成员团结和谐

↓

促进协调发展

促进农村、城镇、矿区的协调发展。加快新农村建设步伐，大力发展现代农业，建立健全以工促农、以城带乡以及“以煤帮农”“以矿帮村”长效机制，增强城镇特别是工矿型城镇的综合承载能力，统筹解决矿城、矿业、矿山、矿工问题，抓好采煤沉陷区治理和煤矿棚户区改造，协调好村矿关系、城矿关系、城乡关系，这是带有山西特点的问题

↓

提高收入水平

切实提高居民收入在国民收入分配中的比重，提高劳动报酬在初次分配中的比重，运用财政和税收工具调节收入分配格局，建立资本利益与劳动利益的平衡关系，采取多种措施提高低收入者收入水平

↓

关注民生问题

扎实推进“五大惠民工程”，关注和解决民生问题，健全和完善覆盖城乡的社会保障体系，不断提高社会保障和社会事业的发展水平，为社会和谐稳定创造坚实的物质基础

↓

增加和谐因素

建立科学有效的利益协调机制、诉求表达机制、矛盾调处机制、权益保障机制，认真解决群众反映的突出问题，及时排查调处矛盾纠纷，把奥运期间抓信访工作的经验转化为长效机制，最大限度地增加和谐因素，最大限度地减少不和谐因素

2008年11月21日至24日，时任山西省委副书记、代省长王君在朔州市、大同市调研时强调，要紧紧抓住国家宏观政策调整和市场供求变化的时机，加快山西经济结构调整和发展方式转变步伐，继续巩固和加强第一产业，优化和提升第二产业，发展和繁荣第三产业。

三方面加快山西经济结构调整和发展方式转变步伐	
方面	部署
要以工业的理念、开放的思维发展现代农业	实现农业集约化、规模化、标准化生产。要因地制宜发展特色农业，立足当地比较优势，宜粮则粮，宜果则果，宜牧则牧。要以培育、引进农业龙头企业为着力点，大力发展农产品加工业，增加农产品附加值
大力推进二产结构调整	淘汰一批破坏资源、污染环境、安全没有保障的落后产能；用高新技术和先进适用技术改造提升一批传统产业，通过引进大企业、大集团嫁接改造，实现产品升级换代，做强做大一批优势产业；新上一批符合产业政策和转型发展要求的新兴产业
大力发展第三产业	不断繁荣生产型服务业、文化旅游、商贸流通和现代服务业，不断提高经济发展的后劲和活力。要深入研究产业梯度转移的规律，优化投资环境，加大对外开放、招商引资力度，做好资金、项目、企业引进工作，主动地承接发达国家和我国东部沿海地区产业梯度转移，发挥后发优势，促进经济结构调整和转型发展

湖南：率先提出“弯道超车”

“弯道超车”概念的提出，源于2008年年底湖南省委书记张春贤在省委经济工作会议上的讲话。在2009年两会上，面对尚未见底的全球金融危机，这个词语正被越来越多的地方党政决策者引用。“弯道超车”，几乎成了湖南乃至全国主动迎接挑战的代名词。

据监测，同样将“弯道超车”概念践行于经济发展中的，还有湖北等中部其他省份。湖北省省长李鸿忠说，危机造成的经济格局调整变化，为湖北加快发展、实现赶超提供了有利时机，超越常常发生在弯道处。沿海地区也提出了“弯道超车”这一目标。2009年全国两会上，在沪全国人大代表、全国政协委员就提出，上海要借金融大洗牌实现超越，实现“弯道超车”。广东湛江市委书记陈耀光则说，湛江要抓住发展钢铁龙头产业带来的契机，“弯道超车”，后发崛起。领先者的危机，往往是落后者的机遇。一场“弯道超车”的区域经济大比拼，已经开始。

据悉，湖南省把实现“弯道超车”战略的希望寄托在集中优惠政策打造“四千工程”上，即壮大一批千亿产业、发展一批千亿集群、培育一批千亿企业、打造一批千亿园区。为确保“弯道超车”，湖南省委、省政府结合自身实际，提出了诸多具体的可操作性的措施。

湖南决策层认识到，要成功实现“弯道超车”，产业的振兴是关键，尤其是要做大做强优势产业。湖南的优势产业包括钢铁、有色、石化，食品加工，工程机械，生物医药等。对这些重点产业，湖南省进行了充分地研究，针对不同的企业采取不同的措施来帮助企业面临的困难。比如采取政府收储的办法，防止有色行业产品不正常、非理性的大幅度回落；对部分企业、行业实施优惠电价；鼓励企业加强联合沟通“抱团取暖”；通过贴息、信用支持、担保等手段帮助中小企业解决融资难的问题。同时，湖南还加大了承接沿海地区产业转移的力度。在一系列“组合拳”下，2009年1到2月份湖南省规模工

湖南确保"弯道超车"四措施

创造财富扩内需	力争抓好投资，更重要的是加强社会保障建设，提高群众生活水平，鼓励居民消费，同时稳定出口
多项政策保就业	千方百计加强对返乡农民工的培训，提高他们的劳动技能、为他们再就业创造条件。专门出台了引导大学生就业的政策
信誉建设助融资	加强企业，尤其是中小企业的信誉度建设，让银行感觉到给中小企业投资不是风险，而是机遇，并放心大胆地向企业投资
因势利导促就业	适时出台了帮助农民工就业、创业的22条政策，鼓励返乡农民工在家乡创业，降低创业门槛，并提供创业资金和信贷支持

业增加值增速达到20.5%，1～2月全社会用电量增长10.99%，经济活跃度明显增强。

为了做大做强优势产业，湖南跳出产业抓产业，积极通过"保增长、保民生、保稳定"来实现产业振兴。

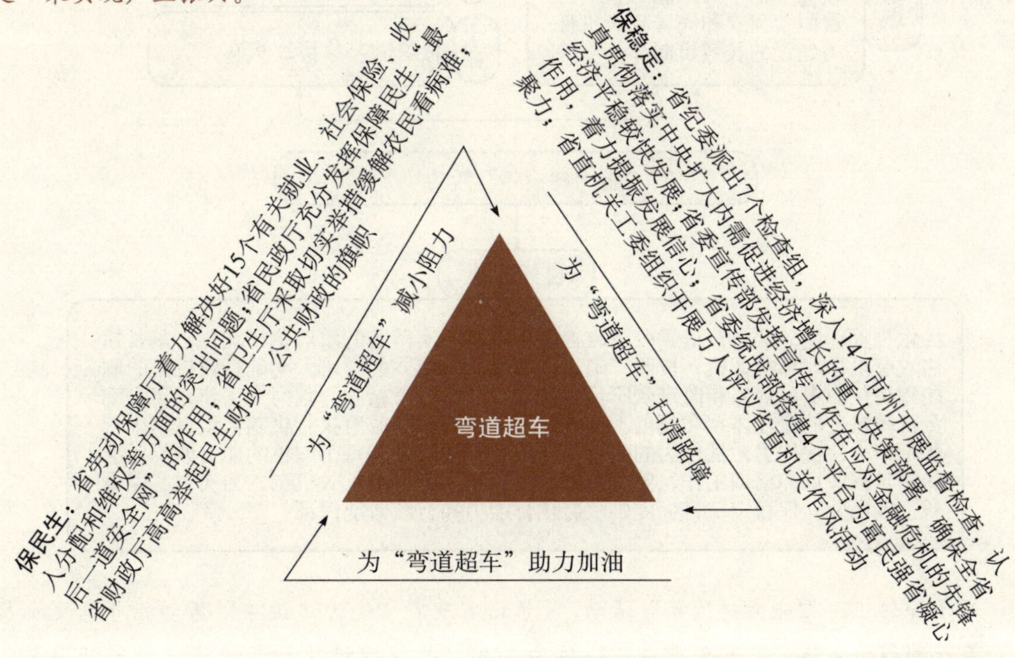

保增长：金融危机爆发以来，省政府办公厅共审核发出有关保增长、扩内需方面的政策性文件29件；省发改委始终把落实重点放在省委、省政府提出的"保增长、扩内需、调结构、促就业、强基础"的目标要求上，努力促进全省经济平稳较快增长；省交通厅着力推动湖南省交通建设后发赶超，2008年内共有18条高速公路开工建设，投资力度在湖南历史上前所未有；省国资委从资金、市场、销售、融资等多方面进行帮扶，推动监管企业安全健康过"寒冬"

湖北：全力推行“能力建设年”

2008 年，湖北省开展“政府执行力大讨论”活动，但少数机关、部分公务员仍存在执行不力、执行乏力甚至拒不执行等问题。3 月 24 日，湖北省召开第二次廉政工作暨能力建设电视电话会议，湖北省长李鸿忠表示，湖北 2009 年将在全省政府系统开展“能力建设年”活动，着力提高行政机关和公务员的个人能力。“能力建设年”将承接 2008 年工作，意在建立和完善政府执行力建设的长效机制。

湖北省政府办公厅印发的《省政府“能力建设年”活动指导意见》指出，自 2009 年 3 月起，湖北省将用一年时间，在全省政府系统开展“能力建设年”活动，提升行政机关及公务员特别是领导干部个人能力素质。具体“能力”包括“八项”，即学习力、敏锐力、创新力、组织力、团结力、自律力、执行力和服务力。

活动期间将制定行政问责制度和决策责任追究制度，行政不作为、乱作为和严重损害群众利益的行为，都将实施严格的行政问责和过错责任追究。近期，省活动领导小组办公室也将采取不打招呼、随机抽查的方式，对各部门进行督办。

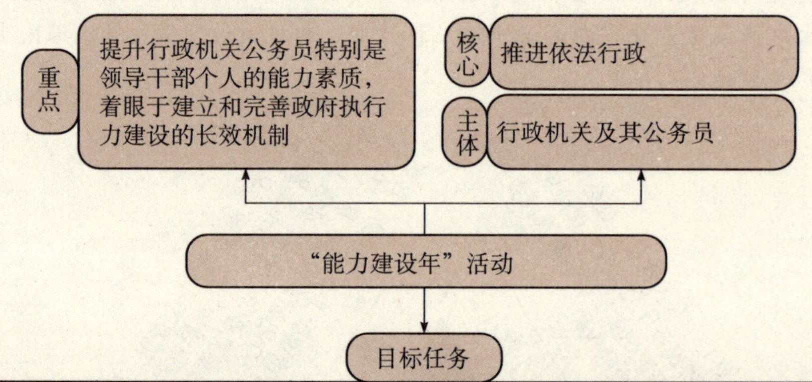

对于如何推进“能力建设年”活动，《湖北省政府“能力建设年”活动指导意见》提出，要以部门为主体、处室为平台、岗位为基础，扎实推进执行能力建设。各部门总体上可按照“确责明标、提升能力、总结评估”的基本工作进程，紧密结合部门实际有效推进。

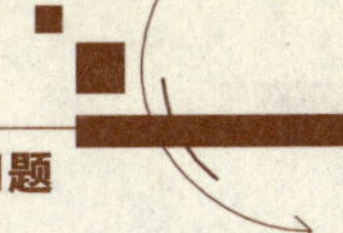

福建：继续坚持“四个重在”

“四个重在”是福建建设的实践要领，是福建省委书记卢展工2006年在省委“四个专题”调研检查情况汇报会上提出的，即重在持续、重在提升、重在运作、重在实效。“四个重在”提出后，全省上下认真贯彻落实“四个重在”，把福建经济社会发展推向新水平。

2009年，福建省提出要继续坚持“四个重在”，促使经济快速回升。福建省2009年《政府工作报告》提出，2009年政府工作的总体要求是，坚持“四求先行”“四个重在”，着力民心、着力民生，大力实施项目、品牌、创新和服务带动。此外，4月16日召开的省委常委会议强调，要始终坚持“四个重在”，按照既定部署，持续运作、持续落实，在应对危机中取得新的成效。

《福建日报》4月23日刊登评论文章指出，目前，国际金融危机还在蔓延扩散，经济运行的趋势尚不明晰，经济发展大环境还未明显改变。要扭住发展，最关键的还是坚持“四个重在”。持续是贯彻落实科学发展观的关键所在，也是应对风险的关键所在。持续的关键在提升，就是在坚持科学发展的实践中来提升。提升最根本的是靠运作，运作从大的方面讲就是执政能力，从具体实践讲就是工作能力、操作能力、落实能力、执行能力和工作作风。检验运作最根本的标准是实效。

文章指出，第一季度起势良好，但经济持续回升仍有待时日，任务十分艰巨。只要我们始终坚持科学发展，始终坚持“四个重在”，按照既定部署，持续运作、持续落实，持续“四求先行”，一定能有效应对当前面临的挑战，确保完成全年目标任务。

四川：全面推进“两个加快”

2008年8月13日，四川省委书记刘奇葆在汶川地震灾后恢复重建专题培训班上提出，要科学推进灾后恢复重建，加快建设灾后美好新家园；要统筹灾后恢复重建与经济社会发展，加快建设西部经济发展高地。“两个加快”，是对该四川对于四川今后发展的重大部署和目标任务的特定概括。

同时，新一轮思想大解放，催生了“两个加快”在当前和今后一段时期科学发展观在四川的实践。2008年9月19日，省委书记刘奇葆在中央举行的全党深入学习实践科学发展观活动动员大会暨省部级主要领导干部专题研讨班上作了题为《深入学习实践科学发展观 奋力推进四川“两个加快”》的发言，围绕“解放思想、科学发展”主题，省委书记刘奇葆将更新观念的共识，精辟地归纳为“六看六突破”。

在四川2009年的政府工作报告中明确指出，2009年是推进“两个加快”的关键一年。2009年1月19日，人民网刊登刘奇葆的署名文章，进一步阐述了“两个加快”。文章中提到，按照中央“加快”和“提前”的新要求，认真落实重建规划，及时调整重建工作，着力完善重建措施，力争提前完成3年恢复重建主要任务。总的考虑是，用两年时间，完成全省灾后恢复重建主要任务的80%，比原计划加快10%。确立建设西部经济发展高地的战略定位，要抓住扩大内需的重大机遇，着力实施“一枢纽、三中心、四基地”的发展规划。

两个加快

加快建设灾后美好新家园

目标

- 力争提前完成 3 年恢复重建主要任务
- 用两年时间，完成全省灾后恢复重建主要任务的 80%，比原计划加快 10%

四个优先

- 城乡住房重建优先，公共设施重建优先，基础设施重建优先，重大产业重建优先

加快建设西部经济发展高地

战略定位

- 着力实施“一枢纽、三中心、四基地”的发展规划，建设西部综合交通枢纽，建设西部物流中心、商贸中心和金融中心，建设重要战略资源开发基地、现代加工制造业基地、科技创新产业化基地、农产品深加工基地

2009 年大项目建设

- 以 500 个重大项目为引擎，强力推进“两个加快”。这 500 个项目分为重大基础设施、重大产业、重大民生和社会事业三大类，总投资 21591 亿元，年度计划投资为 2805 亿元，比去年重大项目实际完成投资增长 73.7%

500 个重大项目

项目类别	项目个数	项目总投资	年度投资
续建项目	231	9959 亿元	1966 亿元
新开工项目	169	6884 亿元	839 亿元
储备项目	100	4748 亿元	—

在“两个加快”的指引下，四川省大项目陆续开工，全省 2008 年底前开工的投资项目达 4300 亿元；2009 年四川省将以 500 个重大项目为引擎，强力推进“两个加快”。大招商遍及全国，省领导率队分赴 18 个对口援建省市招商引资，带回一份又一份大单；2008 年 10 月 27 日至 31 日，第九届西博会在成都成功举行，为四川签下 2600 亿元巨额投资。大环境不断改善，2008 年 7 月 1 日，四川省行政效能投诉中心挂牌。9 月 1 日，省政府宣布：省级行政审批事项由 1122 项精简为 486 项，四川成为国内行政审批事项最少的省份之一。

市委书记市长关注的重点问题

REPORT ON CHINA'S NATIONAL CONDITIONS

中国国情报告

薄熙来“唱红除黑”引发全国关注

天下已平蜀未平，天下未乱蜀先乱。历史上的川渝地区的治理，就是一个难题，放纵会出问题，但从严又要把握时机，讲求技巧。所以诸葛亮留下了“不审势即宽严皆误”的遗训。也因此，重庆这个最边远的直辖市总是频频进入主流媒体的关注视野。这里的每一个举动似乎都有着别的地方所没有的新闻效应。尤其是2007年12月薄熙来主政山城后，掀起一场前所未有的“唱红歌、读经典、讲故事”热潮，到2009年8月中旬，已经有3298万人次参与了“红歌传唱”活动。与此同时，震动全国的“打黑除恶”专项斗争也首战告捷，落入法网的涉黑成员多达1500余人，另有50多名官员因贪腐入狱。一宽一严，重庆“唱红除黑”运动正引发全国范围的广泛关注。

唱红歌很提精气神

薄熙来2007年年底主政重庆，经过细致调研，针对“大城市、大农村、大库区”的市情，给出了重庆的下一步定位，那就是“建设中国内陆的开放高地”，紧接着，提出了五个重庆的构想即宜居重庆、畅通重庆、森林重庆、平安重庆和健康重庆。而在一般人认为很“虚”的政治思想领域，则更是创造性地提出了以“唱红歌、读经典、讲故事、发短信”为主要内容的主题活动。用薄熙来的话说：“动员大家唱红歌、读经典、讲故事，就是要培养重庆人民良好的精气神。有了思想内涵，有了文化品位，重庆就能持久，就有合力，就有实现跨越发展的可能。”外界揣测：薄熙来主政重庆后首抓“提精气神”，不仅源于前述重庆发展所面临的长期问题，还可能与其“红色家庭”出身背景有关。

“红歌”——提气提劲的“精神氧吧”

2008年5月30日，薄熙来在调研时，倡议在全社会形成高唱红色经典歌曲的热潮。

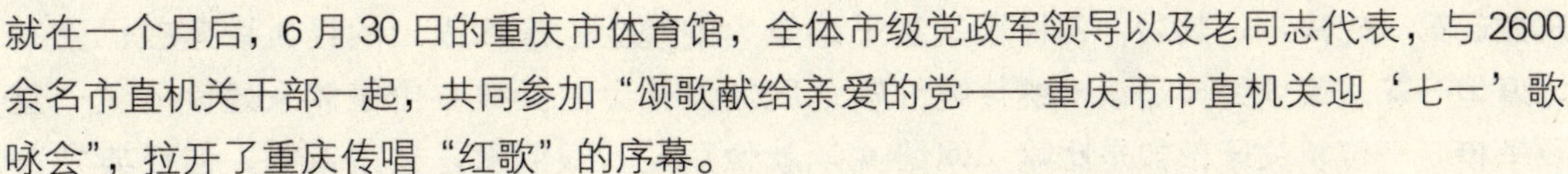

就在一个月后，6月30日的重庆市体育馆，全体市级党政军领导以及老同志代表，与2600余名市直机关干部一起，共同参加“颂歌献给亲爱的党——重庆市市直机关迎‘七一’歌咏会”，拉开了重庆传唱“红歌”的序幕。

2008年7月，重庆市委办公厅、市政府办公厅下发了《关于广泛开展红色经典歌曲传唱活动的意见》，市文广局也据此下发了《关于开展红色经典歌曲传唱活动的通知》，对全市的红歌传唱活动进行了精心安排部署。全市各区县高度重视，结合实际，采取措施，切实加强了组织、机构、人员、经费的落实，纷纷掀起红歌传唱的热潮，取得了实实在在的效果。在红色歌曲传唱活动中，全市以“共产党好、社会主义好、改革开放好、人民军队好、人民群众好、伟大祖国好”为主题，深入开展“英雄的颂歌”——机关传唱周；“团结就是力量”——社区传唱周；“光荣的岁月”——校园传唱周；“奋进的号角”——企业传唱周；“春天的故事”——乡镇传唱周；“希望的田野”——乡村传唱周六个主题传唱周活动。

重庆各级各有关部门注重在实践中不断探索和完善红歌传唱的长效机制，从思想引导、措施落实、时间设计、组织形式等方面入手，建立机制，完善计划，深入推进红歌传唱。同时，确定每年10月为“红色宣传月”，将弘扬革命传统渗透到日常工作中。每年定期组织开展全市红歌文艺比赛或调演，评选并命名一批“红色歌手”和“红歌传唱先进县”，调动组织开展红歌传唱工作的积极性。一位市民表示，传唱红歌，跟市委市政府提出建设森林重庆、健康重庆一样意义重大！森林是重庆人的生命氧吧，红歌是为山城人民提气提劲的精神氧吧！

“经典”——励志养神的“耐吃的豆干”

2009年年初，一本名为《读点经典》的小书成了重庆市许多党政干部随身携带的“口袋书”。在这本每月出版一辑的小书中，包含了古今经典语录、散文、诗词等。该书一出版，不仅在党政干部中备受好评，更受到了普通市民的追捧。从第三辑开始，《读点经典》登上了重庆书城销售排行榜榜首。

这套丛书的出版，源于薄熙来的一次工作调研经历。他在调研中发现，重庆当地某些干部的现代经济管理知识匮乏，个别区县领导甚至对一些经济术语一问三不知，一些干部的人文素养也有待提升。为此，2008年11月，重庆市委三届四次全委会提出，在全市开展经典阅读活动。2009年2月24日，重庆市委宣传部发出通知，要求全市所有党员领导干部把阅读经典作为人生追求、职业责任、生活时尚，还提出要创新形式，把经典阅读打造为重庆的文化品牌。

如今的重庆，从机关到学校再到普通市民中间，处处可见诵读经典的场景。在这场以《读点经典》为先导、政府大力推动的全民阅读活动中，党政机关把阅读经典与树立公仆精神、转变工作作风结合起来，企业把阅读经典与发展企业文化、增强企业核心竞争力结合起来，学校把阅读经典与素质教育结合起来。2009年年初，以“风雅颂”和“天地正气”为主题的重庆市大中小学经典诵读晚会的举行为标志，“读经典”活动在重庆掀起第一轮高潮，其后，各种极其富于感染力的晚会、深入浅出的经典讲座在巴渝大地遍地开花。阅读经典是该市继传唱红歌之后加强社会主义核心价值体系建设的又一重要举措。一位机关干部如是比喻：网络文学就像豆花，很刺激，也很新鲜。但经典名著是豆干，才耐吃。这些“耐吃的豆干”，已成为青少年成长励志、市民和机关干部修身养性的高效“营养品”

“故事”——强身健体的“思想钙片”

故事是人类文化的结晶、经验的积累。讲故事是最古老的艺术形式，是迄今为止人类仍然普遍接受的启蒙艺术。小故事蕴涵大智慧，2009 年 3 月 30 日，重庆市“讲故事”活动首场故事会在人民大礼堂隆重举行，姜昆、王刚等表演艺术家精彩演绎九个小故事，感动了 3000 余名现场观众。

4 月 24 日，一场别开生面的廉政故事会在巴南区花溪镇红光社区开展，来自巴南区的几位民间故事大王，用自己创作的故事向居民宣传反腐倡廉。这场社区故事会，拉开了由重庆市纪委主办的“廉政故事大赛”序幕。据悉，2009 年重庆市纪委将反腐倡廉宣传教育工作主动融入全市开展的“唱红歌、读经典、讲故事、发短信”四大活动当中，运用群众喜闻乐见的文艺形式，讴歌新时期涌现出来的勤廉兼优先进典型，筑牢党员干部拒腐防变的思想防线，营造“廉荣贪耻”的社会环境和舆论环境。该市纪委从 4 月份起通过媒体向全国征集廉政故事，7 月 28 日，“风正巴渝”重庆廉政故事会在市委礼堂举行，并评选出 11 名“廉政故事大王”。

“短信”——醒目养眼的“滴眼露”

继“唱红歌，读经典，讲故事”后，薄熙来在渝又掀起一股文化思想新潮，意用“红段子”引导新舆论。2009 年 4 月 28 日，在命名为“红言颂”的重庆市“2009 年第二届红色短信创作传播大赛”启动仪式上，薄熙来发出了大赛的第一条红色短信。短信中这样写道，“我很喜欢毛主席的几句话：‘世界是我们的，做事要大家来’，‘世界上怕就怕认真二字，共产党就最讲认真’，‘人是需要有点精神的’，这些话很精干，很实在，也很提气。”这场名为“红言颂”的活动，鼓励重庆官员百姓传送、转发“红色短信”。薄熙来称，红色短信意指积极、健康、向上的短信，既包括体现共产党红色精神的“红言”，也指古今中外的名人名言、格言警句和市民自创的符合中华传统美德、社会公德的励志箴言。在当下手机已从单纯的通信工具演化成一种新兴传播媒介时，一些“黄段子”“灰段子”在地人们指间大量传播。薄熙来明确提出，要用先进的文化占领手机短信阵地，使传播广泛的手机短信充分体现社会主义核心价值体系。截至 5 月 13 日，红色短信累计上传 12391 条，转发 478737 条，参与人数 170678 人次。其中以 1600 万次转发量而荣登“最受群众喜爱的红色短信”榜首的，就是薄熙来亲自创作的这条短信。5 月 13 日，首个“红言”短信创作传播中心在重庆市渝北区正式成立。目前，该中心首批聘请了包括机关干部、高校教师、大学生等在内的 30 名人员定期创作红色短信。

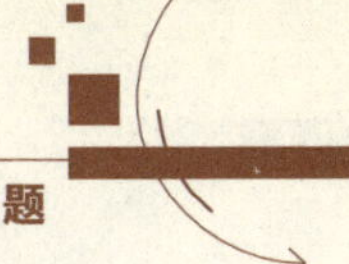

亿万级“黑老大”落网

2007年主政重庆后，薄熙来提出了“平安重庆”的目标。而次年6月，“打黑英雄”王立军从辽宁调至重庆任公安局局长，标志着“平安重庆”拉开序幕。此后，出租车“罢运”和系列腐败案中所暴露出的黑社会势力渗透的蛛丝马迹，促使薄熙来把建设“平安重庆”演变为一场持续两个多月的“打黑除恶专项斗争”。2009年6月，打黑行动悄然展开，8月，原重庆市公安局常务副局长、现任重庆司法局局长文强落马，震动全国。该案也成为目前整个重庆打黑专项行动中落马的级别最高的官员。截至2009年8月中旬，重庆市落入法网的涉黑成员已达1500余人，另有50多名官员因贪腐入狱。而这一切，只是个开始。用王立军的话来说，在这一轮打黑除恶斗争中，要“内除积弊，外销积怨”，对于黑势力的保护伞将一查到底。

重庆打黑除恶专项斗争工作部署

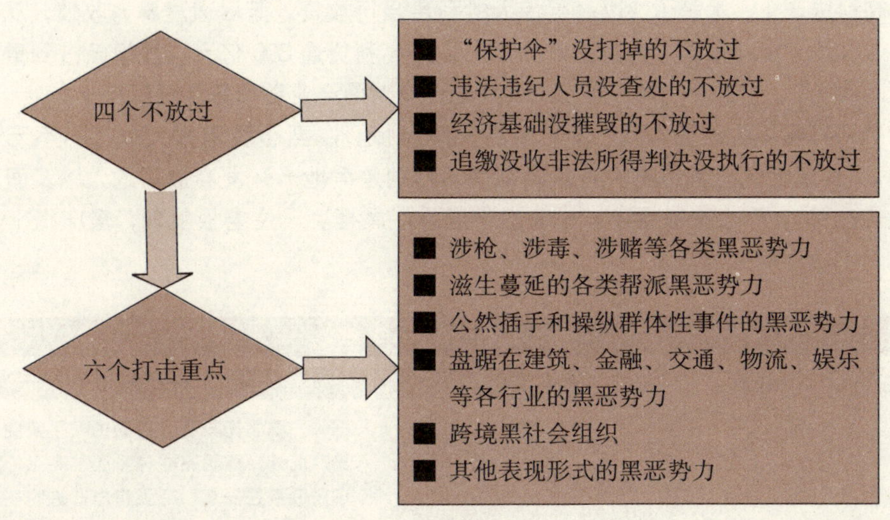

斩断黑帮产业链，多名亿万级“黑老大”落网

知情人透露，“两声枪响”让部署在国庆节后开展的重庆打黑活动提前启动。一声枪响发生在2009年3月19日19时42分，重庆市高新区石桥铺的某驻渝部队营房一名哨兵遭一蒙面歹徒枪击身亡。该案至今未破。另一声枪响发生在2009年6月3日凌晨，重庆江北区爱丁堡小区门前发生持枪杀人案，重庆男子李明航在回家途中被枪击致死。经查，这是一起“黑吃黑”案件。爱丁堡小区枪击案告破后，为了震慑猖獗的黑恶势力犯罪，重庆警方公开掀起“打黑除恶”风暴。6月15日，重庆公安局召开新闻发布会，通报案件情况并宣布启动打黑除恶行动，向社会公布已掌握的涉黑涉恶团伙数达104个。王立军开始了执掌重庆警界以来最大规模的行动。

在“打黑除恶”中，重庆多部门密切协作。检察机关公诉部门提前介入每一件已批捕的黑恶势力犯罪案件，引导公安机关侦查取证、完善证据，提高黑恶势力犯罪案件的诉讼效率和质量。市高院要求各级法院在准确适用法律的前提下，严格控制减刑和假释，其中对于黑社会性质组织罪犯，一律不予假释，对组织者、领导者一律不予减刑。

自2009年6月以来，重庆警方抓捕了一连串涉黑的经济界大鳄，甚至包括了重庆当地多名亿万富豪。6月25日，警方通报：数十个黑恶团伙的首犯陈明亮、龚刚模、岳村、樊华、王二娃、王天伦、雷德明、陈坤志等已经落网，大部分成员被擒，部分成员已投案自首，对漏网犯罪嫌疑人，警方将坚决展开域内外缉捕。7月14日，另一位经济界的大鳄黎强因涉黑被警方拘留。其中，黎强、陈明亮、龚刚模个人资产过亿，在行业内都具有一定的影响力，并且黎强、陈明亮曾是重庆市、区人大代表。

重庆市声势浩大的“打黑除恶”行动，不仅使一批危害一方的黑恶犯罪团伙及其“保护伞”应声倒地，还挖出不少黑色产业链。据悉，这些带着强烈组织化、黑恶化色彩的产业链，已经延伸到当地重要的经济领域。其中，最让重庆老百姓不满的，是部分被黑恶组织控制的民营公交运输业。此外，房地产开发产业、肉食品产业也被黑恶势力染指，而在庞大的高利贷产业，黑恶团伙以高得惊人的利息强行放贷，而后通过暴力收债，从中牟取巨额不法收入。重庆市警方披露的数据是，重庆高利贷逾300亿元，规模已占到重庆全年财政收入的1/3。在此“打黑”中土崩瓦解的还有赌博产业链和黑色娱乐产业。

政府“打黑”的铁腕作风引发了商界一阵恐慌。以至于香港《大公报》不无夸张地报道称，“在最近的打黑风暴中涉黑的富豪，特别是房地产开发商被捕的人以及闻风外逃的人数量逾百”。有企业被撂下，也有房产成为烂尾楼。一位老板发现，重庆街上竟然多了一些无主的奔驰宝马车。

重庆6名“黑老大”概览

姓名	关键词	个人简介	涉黑行为
陈明亮	身价上亿的区人大代表	现年52岁，被捕前系重庆江州实业集团董事长，身价上亿，是重庆渝中区人大代表。陈明亮是重庆最大的古玩商人	据称，陈明亮与善于打砸的“平头党”有瓜葛。此外，陈明亮亦与重庆“亮点”等娱乐场所联系在一起，有人指出，陈明亮指使其亲戚与手下，为“亮点”等娱乐场所招募性工作者
岳村	曾是警方“干将”	早年曾是一名联防员，后进入公安系统，以勇猛著称。多年后，下海经商成为千万富翁	在离开公安后的个人生活开始逐步腐化，他经常光顾娱乐场所，经常前往澳门赌博，“岳村这两年在赌场上输的钱已上亿”，但岳村却没有倾家荡产，其巨额财产来源，一时成迷
陈坤志	警界进商界，大肆洗黑钱	1966年出生，1988年毕业于中国人民公安大学，曾任民警。离开警局后，进入了商界，被捕前系重庆万贯财务咨询公司的负责人	据称他曾多次非法拘禁、放高利贷，贷出的月息通常在10%～15%。有消息称，近年来，陈坤志入股通安路桥后，便利用其大肆洗黑钱和转移国有资金

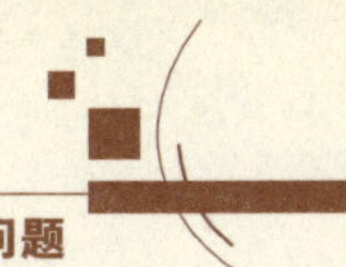

续表

姓名	关键词	个人简介	涉黑行为
黎强	有20多家企业的市人大代表	重庆渝强实业（集团）有限公司董事长，系重庆巴南区第二富、重庆市人大代表	根据警方调查，黎强拥有20多家企业，涉足主营道路客运到房地产开发、汽车维修等诸多领域，为了争夺客运线路不惜以“涉恶涉黑”手段进行争夺
王天伦	曾是杰青农民候选人	出生于1966年1月，曾是重庆2005年第9届杰出青年农民的候选人，据以往的报道，王天伦曾是一名爱心企业家，赞誉他是“一个催生出城市‘放心肉’的人”	2003年7月，他创办了目前西南地区规模最大的现代化生猪屠宰加工企业——重庆今普食品有限公司。但如今，人们认为重庆今普是王天伦昔日借助黑恶势力通过欺行霸市而最终诞生的产物，重庆今普在重庆猪肉市场上占有41%的市场份额
岳宁	雄霸高端娱乐业9年	现年41岁，被捕前系重庆国程企业管理顾问有限公司董事长与万豪白宫会所董事长。是一名“雄踞重庆高端娱乐业霸主地位长达9年”的传奇式人物	2009年6月29日晚，重庆警方出动了数十辆警车，组织了数百名荷枪实弹的警力，对白宫会所和白金台会所两家涉黑夜总会进行了突击检查，带走了大部分工作人员

庇黑局长“落马”，公安系统“大换血”

除打击黑恶团伙外，重庆政法队伍内部正在掀起一场肃清“内鬼”的风暴，其标志性事件就是有“重庆最大黑保护伞”之称的重庆市司法局局长文强被“双规”。8月7日，重庆市纪委证实，现任重庆市司法局局长的文强涉嫌严重违纪，目前正在接受组织调查。此前，文强曾当了16年的重庆市公安局副局长，他主办的多个要案曾被公安部记一等功，一度被视作警界英雄。8月13日，重庆市政府新闻发言人周波说，文强被“双规”充分证明了重庆市委、市政府打黑除恶的决心是坚定的，不管背景有多深，关系有多复杂，经济实力有多大，只要侵害了人民的利益，都将一查到底，绝不手软。

除文强外，还有多名涉嫌包庇黑恶势力的党政干部和政法干警被调查，包括多个区县公安分局的局长、副局长，其中一些人也曾被冠以“英雄”“模范”等称号。一些政法干警甘当黑恶势力的“保护伞”，在于双方结成了紧密的利益关系。“黑老大”或缴纳保护费，或在其盘踞的行业、企业让“保护伞”入股分红。而在打黑行动启动的次日，重庆法院系统也发生“强烈地震”，重庆市高级人民法院副院长张弢、原执行局局长乌小青等人涉嫌严重违纪被正式公开宣布正在接受组织调查。外界普遍传言张弢被双规与一桩土地拍卖案相关。据知情人透露，重庆市高院、一中院及五中院等均有不少法官被控制调查。

另据重庆人事网显示，重庆市公安局正公开招募300名基层警员。这样的招聘规模是罕有的，这在某种程度上可能预示着，公安系统将面临部分“换血”。

打黑除恶初战告捷，任重而道远

通过近两个月的艰苦鏖战，重庆打黑除恶专项斗争取得了辉煌的战果。截至8月15

日，已成功抓捕黑恶团伙成员 1544 人；收缴枪支 48 支、子弹 877 发；查封、冻结、扣押涉案资产 15.3 亿元。累计破获查处各类案件 1009 起，其中破获刑事案件 892 起。特别是 14 个横行该市多年的主要黑社会团伙已受到致命打击。目前，重庆命案破案率达到了 91.35%；杀人犯罪案件数量下降了 14.74%，为 5 年来同期的最低数字；重庆市公安局 110 报警中心接警量目前下降了 40% 左右，市民的安全感进一步增强。重庆市政法委书记刘光磊 8 月 17 日在接受当地媒体专访时称，打黑除恶专项斗争开展以来，人民群众踊跃检举、揭发、控告黑恶犯罪，向公安机关提供线索 9165 条，其中 80% 都是实名举报，群众的参与热情非常高，可以说是打了一场真正的人民战争。打黑除恶第一阶段工作告捷，但任重而道远。

刘光磊指出，目前“滋生黑恶势力的土壤和环境依然存在，黑恶势力犯罪活动仍然处于一个比较活跃的时期”。首先是渗透的领域不断拓宽，大到能源、交通、建筑等事关国计民生的重点项目，小到粮油菜肉等事关老百姓日常生活的商贸活动。

其次，当地黑恶势力千方百计拉拢腐蚀党政干部和政法干警，寻求“保护伞”。一些黑恶犯罪头目甚至披上了人大代表、政协委员等政治光环，加紧向政治领域渗透，寻求“政治庇护”，危害执政基础。

再次，当地有的黑恶势力以黑养商、以黑护商的特征明显，一些黑恶势力已经坐大成势，组建的公司拥有不法资产上亿元，并以公司企业为依托从事洗钱、偷税漏税等犯罪活动。

刘光磊称，当地黑恶势力犯罪手法多样，手段凶残，一些黑恶势力相互火拼争“场子”，强行收取保护费，导致命案频发；一些大肆从事绑架和敲诈勒索活动，个别黑恶团伙甚至绑架他人到澳门，以赌博为手段进行敲诈，涉案金额特别巨大；一些“放水”（放高利贷）敛财，以高得惊人的利息强行放贷。不少犯罪集团已经集“黄、赌、毒、枪”于一体，疯狂从事杀人、伤害、绑架、贩毒等严重刑事犯罪活动。有的甚至组织、唆使黑恶势力成员，利用征地拆迁等煽动群众集访闹事，向党委、政府发难。这些都严重干扰和破坏了该市正常的市场经济秩序，严重危害了人民群众生命财产安全，成为建设“平安重庆”的巨大障碍。

刘光磊表示，要给黑恶犯罪致命一击，做到政治上铲除、经济上摧毁、组织上消灭。该市下一步将抓紧侦破涉黑涉恶案件的审理，深挖保护伞，加大打击力度，强化综合治理并建立长效机制。

打黑风暴：为什么是重庆

重庆打黑正如火如荼。为什么这样一场声势浩大的打黑行动发生在重庆？这引起了人们对山城重庆独特的政治、经济、文化和地理环境的分析考量。按照有关专家的研究，黑社会是市场经济的伴生物，如何拒绝和减少“简单牟取暴利的机会”，是预防和惩治黑社会长效机制的关键。我国东部沿海地区，市场经济发展比较成熟，新旧体制磨合较好，黑恶势力相对较少。

而重庆的经济基础有三个特征，一是老工业城市，二是直辖市，三是大农业地区。重庆下辖四个农业地区，都是原来四川省的地市级区划，全是国家级贫困地区，高校招生都有降分照顾。“大城市、大农村、大库区、大山区”是重庆的市情。重庆直辖后，加速了向市场经济的转型，国内外资本大量融入。由于是老工业城市，产业工人多，而且是大量下岗。另外，城市扩建，大量失地农民流入城市。这些生活在社会底层的人们，对社会不满情绪增加，当中的一些人成了游手好闲之徒，给黑社会的发展提供了“人力资源”。以重钢为例，下岗的产业工人住在几十年的老房子里，而旁边就是高档写字楼、商品房，反差太大，一些人肯定心理不平衡。这是黑社会产生的社会基础。旧体制难以适应市场经济体制，新旧体制冲撞使产生黑社会的空间变大。这种冲撞，重庆比其他城市更为激烈。

作为中国西部唯一的直辖市，与北京、上海、天津截然不同，无论是辖区面积，还是人口，重庆都是一个中等省的规模，境内3000多万人口中近70%为农民，其中150万人仍在贫困线之下。虽然1997年6月重庆直辖以后，进入了快速发展时期，GDP每年递增10%以上，但其2008年人均GDP按美元折算大约为2000美元，仅为上海的2.76%、北京的3.17%、天津的3.61%。

重庆因水而兴，江湖上“码头”文化盛行。而巴蜀地区的江湖传统，“袍哥”首当其冲。这一兴起于明末清初的民间秘密社团，进入近代以后，经历复杂而漫长的蜕变，逐渐演化为今日黑道社团。码头文化需要一种团队精神，大家一齐喊号子。而山城重庆的特殊地理位置，也需要团结合作。譬如，重庆满大街行走的棒棒军，哪怕是送一台电视机，也需要大家团结合作才行。这是重庆黑社会产生的文化背景。从历史上看，重庆地处西南，民风彪悍，哥们义气深重，匪患不绝，“袍哥”组织根系发达，年代悠久，影响深远，新中国成立后一度销声匿迹，但在改革开放后，其以新的形式，重新滋生并发展起来，以致警匪勾结、官黑勾结、错综复杂，严重危害公共安全，甚至公然与政府对抗。

另外，红帽子现象促进了重庆黑社会的形成和发展。一些民营企业家一旦发家了，就有官员傍大款，主动给这些民企老板一顶红帽子，给了很多头衔和荣誉。戴了红帽子，就有特权了。黎强开始并不是黑社会，有个逐渐演变的过程。有红帽子戴着，又有官员庇护，在经济快速发展的同时，黑社会势力也快速坐大坐强。

而用时任重庆市委副书记、市长王鸿举的观点说，重庆存在黑社会性质组织有其必然性。经济社会发展到一定程度的时候，比如国际上公认的人均收入2000～5000美元阶段是各种社会矛盾高发期，是集中出现的时段。在这个高发期，各个方面的建设或者是政府工作不尽完备的情况下，“黑恶势力的出现是必然的”。

根据西南大学法学院教授汪力的研究，重庆黑社会经历了三个发展阶段：一是1980年至1990年初的孕育期；二是1990年中期至2004年的生存期；三是2005年以后的快速发展期。而“成长晚，发展快”是重庆黑社会的特点。黑社会作为刑法上的罪名，是1997年以后才出现的。1997年修订后的刑法第二百九十四条规定了组织、领导和参加黑社会性质组织犯罪，以及国家机关工作人员包庇、纵容黑社会性质组织犯罪。这是全国人大首次将“黑社会性质的组织犯罪”列入刑法。随后，在2001年和2006年，在全国范围内开展了两次打黑除恶专项斗争，重庆也搞了，并把保护伞——重庆市公安局治安总队总队长李虹，以包庇、纵容黑社会性质组织罪、贪污罪，判处有期徒刑7年。早期，重庆黑社会还处于发展时期，主要以开赌场、放高利贷为主，不像现在，以公司形式存在，并渗透到各行各业。从这次落马的黑老大发家史来看，黎强、陈明亮、陈坤志、王天伦等，虽然有的作案时间长达10年，但财富聚集的鼎盛期都是在2005年以后。

根据相关统计数据，1999年以来，重庆市有1400多起命案尚未侦破，还有近500名杀人犯在逃。2008年，重庆发生涉枪案件955起。对此，薄熙来在多个场合重复这样一段话："这些杀人犯总要抓回来，这是底线，不把杀人犯缉拿归案、绳之以法，怎么还受害者以公道？老百姓又将怎么评价我们的政法队伍？"

涉枪案件多，命案难破，大都与重庆的黑社会有关，也是黑社会坐大坐强的重要标志之一。典型的一个案例是，2008年7月29日，重庆市长寿区渔民易大德的三儿子过生日，因为老易一直不答应让重庆大洪湖水产有限公司无条件收回鱼塘，该公司纠集黑社会人员近百人前来闹事，双方产生冲突。对方人员手持凶器将易大德一家和亲属5人砍成重伤，其中易大德的二儿子当日下午死亡，四儿子脑子受伤留下后遗症，大儿子和易大德也躺在医院。奇怪的是，报案后当地警方用了一个小时才到达现场，且无一人被警方当场抓获。而侦办此案的就是被喻为文强手下"四大金刚"之一的重庆市公安局刑警总队副总队长黄代强。出院后，易大德多次到公安机关请求缉拿凶手，但警方的答复就一句"正在调查"。多日苦等之后，易大德的三儿子跑到朝天门爬到一个30多层的楼房上跳楼。当时，现场来了各个区公安局的数位局长，协商未果，最后在楼顶上耗了四个多小时，最终是"打黑局长"王立军赶到现场把他给背了下来。

2009年10月9日，这位老农做了一件惊动全国的大事：他自己掏10万元在《重庆商报》登了一个整版彩色广告，上书"铲除黑恶势力得民心，顺民意。向奋战在打黑除恶一线的人们致敬！"

5天后，10月14日，谢才萍涉黑团伙案在重庆第五中院开庭时，一些曾经被谢才萍团伙迫害过的市民带着家人当初被害时血淋淋的照片赶来，在现场泣不成声。庭审一直持续至10月15日深夜，但法院大门口依然灯火通明，人头攒动，上百名群众始终聚集在法院门口不肯离去。

经过打打杀杀的原始积累，重庆黑社会已经坐大坐强，并具有以下几个显著特点：一是建立了一个以"老大"为核心的、组织严密、体系完整的犯罪集团；二是实现了"企业化"的存在方式，以企养黑，同时以黑助企，将通过黑社会犯罪活动攫取的"黑钱"通过企业经营的方式"漂白"；三是千方百计向政治领域渗透，寻求政治庇护；四是参与社会公益和慈善活动，增强黑社会组织的群众基础和欺骗性。其中最典型的案件有两个，一是枪杀哨兵事件，二是出租车罢市事件。这是重庆打黑最直接的原因。

但即便如此，重庆市委书记薄熙来在谈到重庆打黑初衷时表示："打黑不是我们要主动而为，而是黑恶势力逼得我们没办法。"为什么要这么说呢？专家们分析认为，薄熙来所说的"被逼打黑"就是到了非打不可的时候了。打黑有个时机问题，黑社会也有个发展的过程，在黑社会没有充分暴露的时候，面临侦查取证难，这是一线警察普遍反映的问题。而黑社会经营的产业，从形式上看都是合法的，不像杀人、贩毒等明显违法。“大凡以企业形式存在的黑社会，又戴上了红帽子，比较难打。需要让他们充分暴露，让他们跳出来表演，才能抓住他们的尾巴。”

在重庆打黑风暴中，有两个关键人物非常重要，一是薄熙来，二是王立军。2007年12月，薄熙来主政重庆，半年后，远调自己的老部下、打黑经验丰富的王立军空降到重庆，强有力的领导指挥能力是重庆这次打黑模式的显著特征。

而在打黑的每个关键时期，薄熙来都会出来公开讲话，以“消除杂音”。譬如，针对打黑“作秀”说，“适可而止”说，“见好就收”说，薄熙来多次公开看望打黑干警及政法工作人员，表态“一定要把专项斗争进行到底，请大家放心!”“打黑除恶不是请客吃饭，不能温良恭俭让。我们温柔，黑恶势力不会温柔，而且要杀人的!”文强被双规后，媒体不时就有文强的消息出来，包括照片，显然这是一个很好的策划，一方面说明办案的透明，另一方面还有威慑作用。特别是后来的公开审判，起诉书部分上网，都向外界表明重庆的开明与开放。不仅如此，薄熙来还强调，我们历任书记、市长对这项工作都高度重视。重庆直辖以来，张德邻、贺国强、黄镇东、汪洋四位书记，蒲海清、包叙定、王鸿举几位市长，都对打黑除恶态度鲜明，而且力度很大，工作很实。今天，我们不用多讲别的，就把国强同志当年讲的话多重复几遍就管用！镇东和汪洋同志都讲，要对黑恶犯罪保持高压态势，要形成强大震慑。2001年到2005年，全市打掉黑恶犯罪团伙17个；2006年到2007年，全市打掉恶势力团伙251个，打击处理违法犯罪人员1790人，规模不小。打黑除恶的斗争在继续，这就像跑接力，从德邻、国强、镇东和汪洋同志手中一棒接一棒，现在轮到我们了，绝不能中断！一定要有共产党人的浩然正气和无所畏惧的牺牲精神，把打黑斗争进行到底。此举进一步赢得了公众的广泛理解与支持。

舆论关注：重庆打黑行动推向全国

重庆市大规模打黑除恶专项行动取得的重大成果吸引了全国目光。央视两大新闻评论栏目《新闻1+1》和《今日观察》予以高度关注。8月18日，《今日观察》播出节目称，重庆打黑除恶大快人心，对黑恶势力要斩草除根。节目特邀评论员认为，有几点很重要，那就是：加强法治和自治组织的自治能力；坚持严打，从经济上抑制其发展，加强警察组织建设；深层问题是行政体制改革和行政职能的合理配置。

8月20日，《新闻1+1》节目播出《打黑，拔黑伞，挖黑土》节目对重庆打黑予以关注。特约评论员认为，通过打击文强这件事可以看到，重庆打黑依靠的是薄熙来和王立军这两个非常强有力的人物，现在打黑很大意义上还是和人有关系，只要坚决地打黑，坚决地除黑，就可以把黑社会压制起来。国家层面上要考虑的是，如何对黑社会始终保持高压的态度，让地方的领导人，让公安局长始终对黑社会保持高压，但是最重要的一个问题是，如何让人民群众的需求转化为对地方党政领导的现实压力，只有有制度地将人民群众的需求转化为对政党和行政机关的压力，动力就会源源不断产生。

8月20日，新华网转载《长江日报》题为“打黑行动应由重庆推向全国”的评论文章称，黑恶势力的存在，并非重庆一地的特有状态，打黑除恶，也是全国各地都有过的普遍行动。但我们却能明显看到重庆的打击行动取得了更为突出的成果，这首先取决于政府对于黑恶势力的态度，在于政府是否敢于碰硬，勇于彻底破除社会背景、复杂关系以及自身形象上的种种顾虑。文章指出，固然不能根据现有的成果就乐观断定重庆的黑恶势力已经一举肃清，但重庆市面对黑恶势力的坚决态度和深入行动必须得到明确的肯定，并有推向全国的必要。打黑除恶，是一个维护正常的社会秩序的问题，也是一个权力系统自我清洁、自我强健的过程。让正常的防范治理机制发挥作用，不要在成长—集中打击—再成长—再集中打击的循环中损耗公众对政府治理的信心，是比运动式打击更为有效的长治之策。

2009年是国庆60周年，事实上，新一轮打黑除恶专项斗争正在全国范围内展开。7月7日，中央政法委副书记孟建柱在全国深入推进打黑除恶专项斗争电视电话会议上强调，各地区、各部门要坚持“黑恶必除、除恶务尽”的原则，保持主动进攻的高压态势，确保打黑除恶向纵深推进。同日，公安部副部长张新枫要求，各级公安机关要把打黑除恶专项斗争放到更加突出的位置来抓，打黑不力导致社会治安重大问题问责领导。期待更多地方能像重庆市一样破除种种顾虑，敢于碰硬，确保打黑除恶取得实效。

2009年11月30日上午，中央社会治安综合治理委员会2009年第二次全体会议在北京召开，中央政法委书记周永康在会议上指出，要加大破积案、打流窜、挖团伙、追逃犯、端窝点的力度，依法严惩严重违法犯罪分子，对黑恶势力要一打到底，对保护伞要一挖到底。

【新闻背景】历任5书记如何传递打黑“接力棒”?

重庆市委书记薄熙来在10月28日看望慰问打黑除恶一线干警时强调，“打黑除恶”是中央有明确要求的“规定动作”，是建设和谐社会、“平安重庆”的必然选择。历任重庆市委书记、市长对这项工作都高度重视。他说：“打黑除恶专项斗争不是我们重庆的发明创造，是中央有明确要求的‘规定动作’，也是建设和谐社会、‘平安重庆’的必然选择，是人民群众广泛支持的正义之举，也是以人为本，落实科学发展观的具体体现。”

“我们历任书记、市长对这项工作都高度重视。重庆直辖以来，张德邻、贺国强、黄镇东、汪洋四位书记，蒲海清、包叙定、王鸿举几位市长，都对打黑除恶态度鲜明，而且力度很大，工作很实。”

这里，薄熙来向关注重庆“打黑除恶”的广大公众传递出这样一个信息：张德邻、贺国强、黄镇东、汪洋先后四位书记都高度重视打黑除恶工作，打黑除恶态度鲜明，像跑接力，一棒接一棒。

【第一棒】张德邻 1995.10～1999.06任重庆市委书记

——政法系统内部各个部门要密切配合，贯彻中央领导同志提出的“从速、从重、从严”的方针，把犯罪分子的嚣张气焰打下去。

【第二棒】贺国强 1999.06～2002.10任重庆市委书记

——对黑恶势力猖獗的地方，上级政法部门要派出强有力的工作组坐镇督导，以除恶务尽，不留后患。尤其对涉嫌充当“保护伞”的，不管涉及谁，要一查到底，依法严

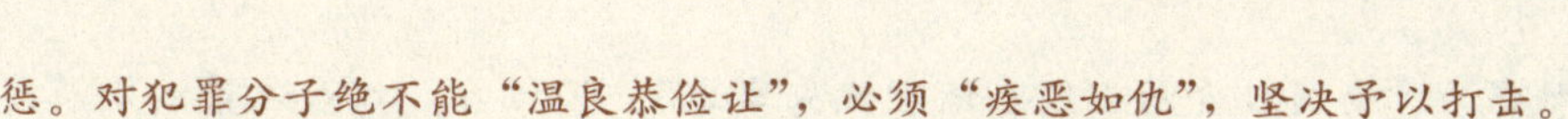

惩。对犯罪分子绝不能“温良恭俭让”，必须“疾恶如仇”，坚决予以打击。

【第三棒】黄镇东 2002.10～2005.12 任重庆市委书记

——当前我市稳定安全工作处在一个特殊重要的时刻，要始终坚持“严打”方针，保持对刑事犯罪的高压和主动进攻态势，严厉打击各种恶性犯罪。

【第四棒】汪洋 2005.12～2007.12 任重庆市委书记

——要依法打击各类犯罪活动，始终保持对刑事犯罪活动的高压态势和对违法犯罪分子的强大震慑，不断增强人民群众的安全感。

【第五棒】薄熙来 2007.12～ 至今

——打黑除恶是人民群众的强烈要求，是许许多多血淋淋的犯罪事实在警示我们：必须回应受害群众的正当诉求，这是我们责无旁贷的天职！

从开展“打黑除恶”专项斗争以来，重庆市检察机关共受理公安机关涉及打黑除恶提请批准逮捕 935 人，批准逮捕 814 人。其中涉及贪污贿赂犯罪案件 44 件 49 人，渎职侵权犯罪案件 3 件 3 人，涉及县处级以上要案 20 人，厅级干部 10 人，涉及政法干警 29 人，行政执法人员 4 名。截至 10 月，重庆市公安机关共查封、冻结、扣押涉案资产 17 亿余元。9 月 25 日，中共中央政治局常委、中央政法委书记周永康对重庆市打黑除恶工作作出的批示，称“打击、铲除黑恶势力，是让老百姓过上安定日子的‘民心工程’”。

相关阅读

长安杯：“平安城市”建设的角逐很激烈

运动员，以获得奥运会冠军为荣；演员，以获得奥斯卡奖为荣，对于地市的社会治安综合治理工作来说，能获得“长安杯”也是最大的肯定。“长安杯”，取“长治久安”之意，是全国社会治安综合治理优秀地市奖，是公安领域的最高荣誉。该奖是 2005 年中央综治委设立的。中央每四年对全国 200 多个地市进行一次全国社会治安综合治理优秀地市评选，获得“长安杯”的城市，必须是连续三届 12 年全国社会治安综合治理优秀地市得主。它的考核测评体系是反映一个地区经济发展和社会稳定水平最权威、最严格的一杆标尺，是社会建设领域时间跨度最长、涵盖内容最广、社会影响最大的一项综合考评。

2009 年 5 月 18 日于北京召开的中央社会治安综合治理委员会表彰大会，隆重表彰 2005～2008 年度全国社会治安综合治理先进集体和先进工作者。而根据 2005 年至 2008 年评选结果，中央社会治安综合治理委员会决定：对达到连续三次被表彰的北京市西城区等 19 个集体、县（市、区）和地市授予“长安杯”，对已获得“长安杯”的天津市西青区等 19 个集体、县（市、区）和地市，再次确认“长安杯”荣誉称号。

烟台：“五连冠”来之不易

本次全国社会治安综合治理表彰大会中，山东省共有 24 个先进集体、先进工作者受到表彰，是全国受表彰数额最多的省份之一：烟台、淄博、济宁、日照、临沂被评为全国社会治安综合治理优秀城市。烟台市连续五次上榜，成为获此殊荣最多的城市之一。1991 年全国第一次社会治安综合治理工作会议在烟台召开，从 1992 年到 2009 年，烟台已经连续五次被评为“全国社会治安综合治理优秀城市”。2005 年，烟台在第四次获得“全国社会治安综合治理优秀城市”之后，首次夺得“长安杯”，2009 年再次确认“长安杯”荣誉称号。根据烟台市政法委的调查数据显示，97.7% 的受访群众对烟台社会治安状况表示满意，94.8%的受访者认为有安全感。

烟台市为良好社会综治进行的努力

- 截至 2008 年年底，烟台全市专职社区保安队伍已达 5600 余人，9000 人专职巡逻。电子眼 6.5 万个
- 烟台市已经对 400 余个重大事项进行了社会稳定风险评估，60 多个项目经评估后暂不实施
- 全市 13 个县市区全部设立了社会矛盾排查调处中心，所有镇街都设立了调解中心。全市建立基层调委会 7991 个，建立村民说事室 123 个，建立和谐共建理事会 37 个

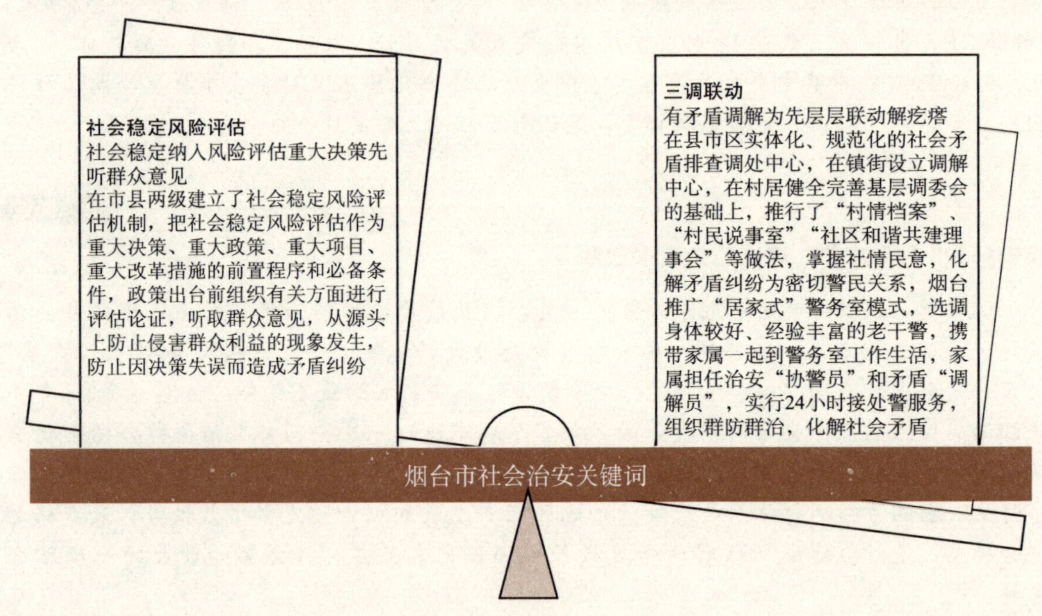

南通：12 年炼就“大调解”机制

2008 年 11 月，中央考核验收组在对南通市社会公众安全感、综治组织建设、领导责任制落实、保障机制、严打整治、专项斗争、矛盾纠纷排查调处、重点区域治安秩序、社会治安防控体系以及工作创新等 10 大类 170 多项指标进行了全面考核验收的基础上，南通成为本届“长安杯”获奖城市。

12 年来，南通市从区域实际出发，不断探索创新社会治安综合治理的工作机制、方法、手段，建立以“平安南通”建设为主线，以大调解、大防控、大基础、大练兵为重点的“一体四翼”新格局，形成了具有南通特色的平安建设运行模式。大调解、大防控、大基础、大练兵、大轮岗、大督察等模式，成为叫得响的南通平安建设品牌。其中，“大

调解"机制被中央总结为党的十六大以来新形势下社会管理模式的创新之举，与浙江"枫桥经验"齐名，受到中央领导的高度肯定，被载入近6年全国社会治安综合治理史册。

南通"大调解"机制

一个宗旨，坚持执政为民，构建和谐社会关系，维护社会稳定

两个基点，整合资源，整体联动。在党委政府的统一领导下，将司法、公安、信访、城建、农经、土管、计生、交通等各部门分散的调解资源重新配置，整合上下级之间、部门之间及社会上的调解力量，将传统的民间调解与行政调解、司法调解相结合，形成全社会参与、整体联动的工作局面，最大限度地发挥调解的效能

三免原则，大调解以无偿、利民为特征，实行免费咨询、免费调解、免费服务。社会矛盾纠纷调处服务中心（以下简称"调处中心"）的工作经费列入财政预算，专项列支，专款专用

四项职权，党委政府赋予调处中心矛盾纠纷受理调处权、分流调度权、调处督办权、综治"一票否决"建议权

五理机制，对矛盾纠纷实行统一受理、集中梳理、归口管理、依法办理和限期处理

六级网络，市里设大调解指导工作委员会，县、乡两级设调处中心，村（居）建调解委员会，村（居）民小组有调解小组，调解小组根据实际情况确定若干矛盾纠纷信息员。市、县级由信访部门具体负责，乡镇以下由司法机构负责

七道程序，是指接待受理、组成调解庭、调查、调解、达成协议并制作调解协议书、结案存档、跟踪回访

八项纪律，调处中心及其工作人员：不准以任何形式进行有偿调解服务；不准在接待和调处过程中对当事人态度生硬、冷漠、推诿；不准徇私枉法，违法调解，损害当事人合法权益；不准在调处过程中接受当事人及相关人员的吃请、礼品或提供的其他利益；不准超时限调解或久拖不决；不准泄露当事人隐私、商业秘密，损害当事人名誉；不准在调处过程中和调处结束后压制、打击报复当事人；不准与法律服务人员相串通，以介绍案源牟取私利

九项职责，严格执行有关法律法规和规定；研究制定调解工作年度计划、工作制度、目标管理和考评办法；接待群众来电来信来访，做好矛盾纠纷受理和分流处理工作；主持重大、疑难矛盾纠纷的调处；组织业务培训和考核；对重大、疑难矛盾纠纷和热点难点问题组织听证对话；探索化解社会矛盾纠纷的新举措；及时反映，定期分析总结推广先进典型经验；完成上级和同级党委、政府交办的其他任务

十项制度，主要包括：领导值班接待和首问负责制度，矛盾纠纷定期排查制度，矛盾纠纷受理、分流和归口管理制度，重大、疑难矛盾纠纷及时报告制度，矛盾纠纷办结报告制度，督查督办制度，调解员培训、考核和管理制度，责任倒查追究制度，档案管理制度，考核奖惩制度

西安：12年努力捧回"长安杯"

西安市因连续三届获得"全国社会治安综合治理优秀地市"荣誉称号，被授予全国社会治安综合治理最高奖——"长安杯"，成为西北地区唯一获此殊荣的省会城市。这标志着西安市社会综治工作连续12年保持全国领先水平。在本次获得"长安杯"的19个集

体、县（市、区）和地市中，只有西安和成都两个省会城市。

西安市社会治安防控网

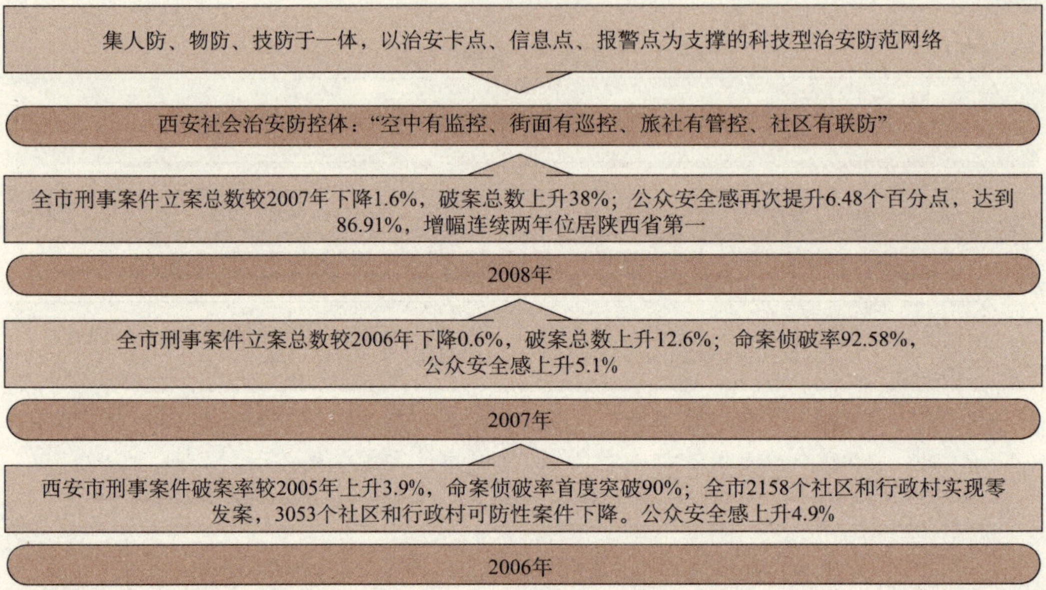

集人防、物防、技防于一体，以治安卡点、信息点、报警点为支撑的科技型治安防范网络

西安社会治安防控体："空中有监控、街面有巡控、旅社有管控、社区有联防"

全市刑事案件立案总数较2007年下降1.6%，破案总数上升38%；公众安全感再次提升6.48个百分点，达到86.91%，增幅连续两年位居陕西省第一

2008年

全市刑事案件立案总数较2006年下降0.6%，破案总数上升12.6%；命案侦破率92.58%，公众安全感上升5.1%

2007年

西安市刑事案件破案率较2005年上升3.9%，命案侦破率首度突破90%；全市2158个社区和行政村实现零发案，3053个社区和行政村可防性案件下降。公众安全感上升4.9%

2006年

京津沪粤杭：谁将成为未来的“动漫帝国”

这是最坏的年代，也是最好的年代。决定性的因素，就是看谁能在这场金融危机中抓住发展的契机。文化发展的“反周期”让中国动漫业在金融海啸中一枝独秀。2009年国产动漫喜事接连不断，市场层面，影院版《喜羊羊与灰太狼》门票过亿，《麦兜响当当》和《马兰花》的票房收入也分别达到6000多万元和1000多万元；政府层面，继中央提出将动漫产业作为重点文化产业要“加快发展”之后，财政部联合国家税务总局下发对动漫产业的产业税收扶持政策；资本层面，国内首家动漫类上市公司奥飞动漫8月31日开始申购。国产动漫在金融危机肆虐的背景下露出了回暖的苗头，有舆论预言，中国动漫正迎来“动感”春天。在国家政策的强力支持下，各地纷纷出台政策，采取措施，大力推动动漫产业发展，其中，京津沪粤杭引人关注。

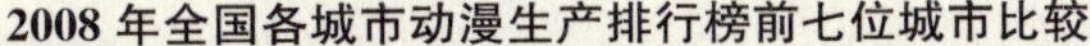

2008年全国各城市动漫生产排行榜前七位城市比较

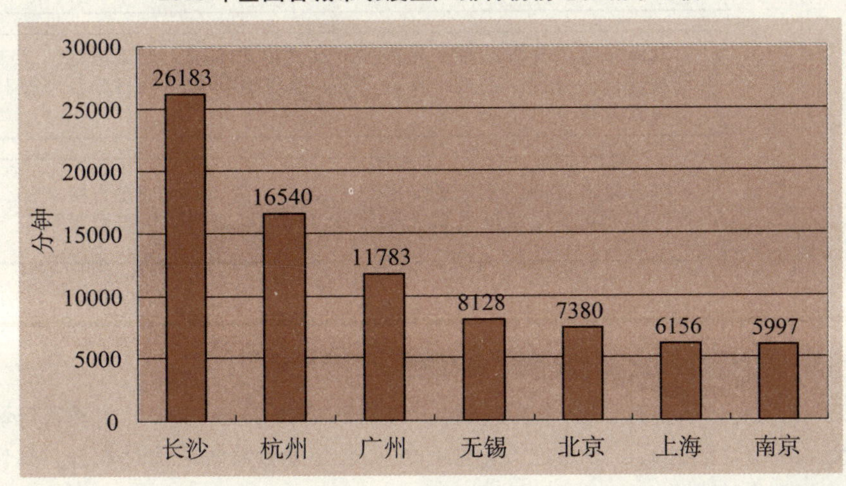

规划频出，多部委联合推动动漫产业发展

在文化创意产业中，网络游戏等细分行业近年发展突出，创造出新的盈利模式，并且实现了出口，但是动漫产业发展却一直比较落后，盈利模式简单，企业抗风险能力差。数据显示，在13亿人口当中至少有5亿是动漫市场消费者，中国动漫市场具有1000亿元的潜在价值空间。但整个行业存在缺少大规模、高水平、产业链完整的龙头企业。对此，国家高度重视，并且为扶持动漫产业发展出台了诸多优惠政策。2009年的国务院政府工作报告更是首次提出积极发展网络动漫等新型消费，温家宝总理在2009年的政府工作报告中指出："积极发展网络动漫等新型消费。"温家宝于2009年2月15日至16日、3月29日到31日、4月20日、7月26日，分别到天津、武汉、深圳、吉林等地调研时，曾视察动漫游戏企业，表达出中央政府希望通过培育动漫消费拉动经济增长的强烈愿望。3月，温家宝总理在武汉考察时表示："要让中国文化走向世界，要向世界展示中国的软实力，让中国的孩子多看自己的历史和自己国家的动画片。"7月22日，温家宝总理主持召开国务院常务会议，讨论并原则通过《文化产业振兴规划》。会议指出，要做好"加快发展文化创意、影视制作、出版发行、印刷复制、广告、演艺娱乐、文化会展、数字内容和动漫等重点文化产业"八项重点工作。

财政部、国家税务总局扶持动漫产业发展的有关税收政策要点

税种	政策要点
增值税	2010年12月31日前，我国对属于增值税一般纳税人的动漫企业销售其自主开发生产的动漫软件，按17%的税率征收增值税后，对其增值税实际税负超过3%的部分，实行即征即退政策。同时，动漫软件出口免征增值税
企业所得税	经认定的动漫企业自主开发、生产动漫产品，可申请享受国家现行鼓励软件产业发展的所得税优惠政策
营业税	对动漫企业为开发动漫产品提供的动漫剧本编撰、形象设计、背景设计、动画设计、分镜、动画制作等劳务，在2010年12月31日前暂减按3%税率征收营业税
其他	经国务院有关部门认定的动漫企业自主开发、生产动漫直接产品，确需进口的商品可享受免征进口关税和进口环节增值税的优惠政策

文化部：筹建中国动漫集团，欲做强动漫产业

继2009年初文化部公布了原创动漫扶持计划（2008年），为101个动漫项目和团队资助700万元人民币之后，8月26日，文化部一位人士在接受媒体采访时表示，文化部正在剥离下属4家单位的资产，组建中国动漫集团，并且剥离工作于2008年年底开始酝酿了，

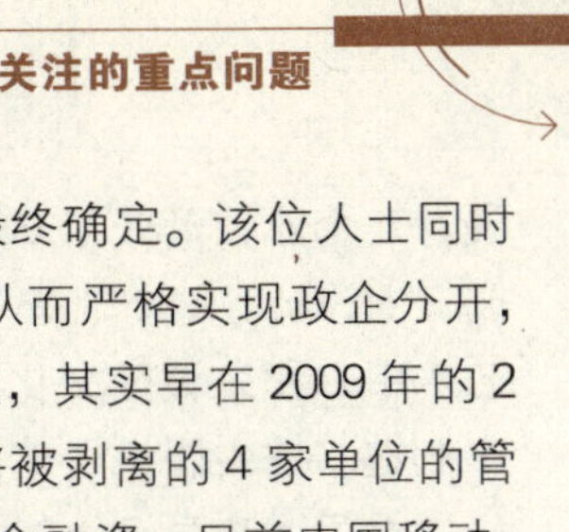

同时计划吸纳其他社会资本参与重组，不过正式挂牌日期还没有最终确定。该位人士同时还透露，文化部决定将这4家事业性单位改制成为股份制公司，从而严格实现政企分开，在经营上独立核算自负盈亏，把它打造成国内动漫行业的龙头企业，其实早在2009年的2月份就成立了中国动漫集团筹备小组，该小组的成员都来自于即将被剥离的4家单位的管理层。在融资方面，除了被剥离出来的4家单位的资产，还进行社会融资，目前中国移动、中国联通都在和文化部进行接触和沟通。有关人士认为，国内动漫企业多属于中小型企业实力普遍不强，与国际巨头相差甚远。以迪斯尼公司为例，该公司总资产500亿美元，年收入300亿美元，市值达600亿美元，而2008年中国动漫产业的总产值为300亿人民币，这个数字却是由5000多家动漫企业共同创造。因此，此次文化部组建中国动漫集团将之打造成具有国际影响力的大型动漫企业意图明显，并以此带动国内动漫产业做大做强。

动漫产业风起云涌引关注

发展动漫产业是我国壮大文化产业的一项重要内容。各地也在纷纷出台政策，鼓励动漫企业的成长。其中，京津沪粤杭等都引人关注。

北京：成立动漫游戏产业联盟

为加快产业发展，针对目前北京市动漫游戏企业研发能力不足、市场渠道狭窄、市场推广及运营成本较高，以及公共技术平台和人才培养体系建设不足等状况，8月12日，北京动漫游戏产业联盟正式成立。北京动漫游戏产业联盟是一个互动组织，旨在加强政府和企业之间的联系和交流，充分发挥桥梁、纽带的作用，改善和推动游戏动漫行业的发展，及时传递政府发布的各项扶持政策，同时拓宽行业内交流，及时提供信息。据悉，加入北京动漫游戏产业联盟需交纳会费，费用从每年1000～3000元不等。联盟首任秘书长表示，目前联盟在成立阶段很重要的一项工作就是帮助政府和企业双方完成相关企业的认定工作，并在中小企业如何更好利用政府及相关机构提供的软硬件设施方面给予及时辅导。在为会员企业的服务中，还有非常重要的两个方面，一是中小企业的孵化，二是投融资方面的服务。目前包括交通银行、北京银行在内的多家投融资机构、担保机构、评估机构已经开始注意到北京市文化创意产业的潜力，并且愿意与文化创意企业进行接洽。作为联盟本身，除了现阶段设立投融资部，利用现有资源帮助会员企业得到更多资金支持外，也已经开始以联盟身份与中关村科技园区投融资促进中心等相关机构联络，希望能在日后得到更多专项资金支持。业内人士认为，相较以往的大会出席者多是业内漫画家，这次更多的是一些产业的运营高手，职业经理人，本次联盟大会的产业性更强，这对动漫产业的发展具有很大的促进作用。

此前，北京市“国家动画产业基地”授牌仪式6月27日举行，北京市海淀区、石景山区和通州区三家文化创意产业集聚区荣获该称号。专家称，三区被授牌，是北京动画产业进入新一轮发展阶段的信号。目前，北京市涌现出了一批在全国具有较大影响的动漫游戏企业，形成了6个动漫游戏产业集聚区，分别是中关村创意产业先导基地、德胜园工业设计创意产业基地、北京数字娱乐示范基地、国家新媒体产业基地、朝阳大山子艺术中心和东城区文化产业园，并初步形成了包含创作、出版、运营、发行较为完整的产业链。据中国电子信息产业发展研究院、赛迪顾问股份有限公司2008年底联合公布的一项专项调查显示，2008年北京市动漫运营收入突破10亿元大关，其中北京的漫画图书报刊出版居于领先位置。

天津：开建首个国家动漫产业综合示范园

近来，天津动漫业的"喜事"是接连不断。7月1日，以打造中国"梦工厂"和"迪斯尼"为发展目标的中国首个且规模最大的国家动漫产业综合示范园在滨海新区中新天津生态城开工。2009年3月4日，天津市政府与文化部在北京签署文化发展战略合作框架协议，正式确定国家动漫园项目落户中新天津生态城。国家动漫产业综合示范园是文化部与天津市的重要合作项目，也是文化部与地方共建的唯一的动漫产业示范园。文化部部长蔡武在致辞中称，在天津滨海新区建设国家动漫产业综合示范园，是文化部落实中央精神、推动动漫产业发展的重大举措，标志着我国加快动漫产业结构调整和产业升级、产业集聚，迈出了重要一步。

该示范园选址生态城南部，规划总用地面积1平方公里，总建筑面积约62万平方米，设计理念为建成特色鲜明的"主题公园式"高技术产业基地，形成"公园中的产业园、产业园中的主题公园"的空间景观特色，突出娱乐性、参与性、体验性，打造"可以浏览的产业园区"。拟划分为创意编剧策划区、研发与孵化区、综合服务区、高端设备集成和智能衍生品集成基地、高端办公区、动漫人才培育学校和动漫主题公园。预计3～5年内建成。建成后，这里将成为集动漫、动画、游戏、动漫影视制作和后期衍生物为一体的研发中心，以及生产制造中心，中国标准的制订中心。此外，当日共有4家单位与中新生态城方面签署合作协议，在动漫产业园内建设文化项目。

中新天津生态城合作项目一览

合作方	合作内容
中国传媒大学	将在生态城设立"中国传媒大学国际动画学院"，建设"国家动漫国际交流与研究中心""中国传媒大学动画学院教学创作基地"，力求未来3至5年打造至少一部高水准原创动画精品
《读者》集团	在生态城设立《读者》出版集团全国文化创意中心，成立《读者》新媒体公司，从事动漫产品的制作发行以及人才培训等
南开中学	将与生态城合作建设南开生态城学校，努力将其建设成体现生态城国际化、生态型、开放性特点的优质学校
上海世茂建设有限公司	与生态城签约两个项目，一是在动漫园内建设六星级酒店，同时与生态城合作开发大型综合项目。该综合项目包括100公顷住宅和商业用地及80公顷公园用地，计划于2014年竣工，建成后将容纳万余户居民，预计总投资100亿元

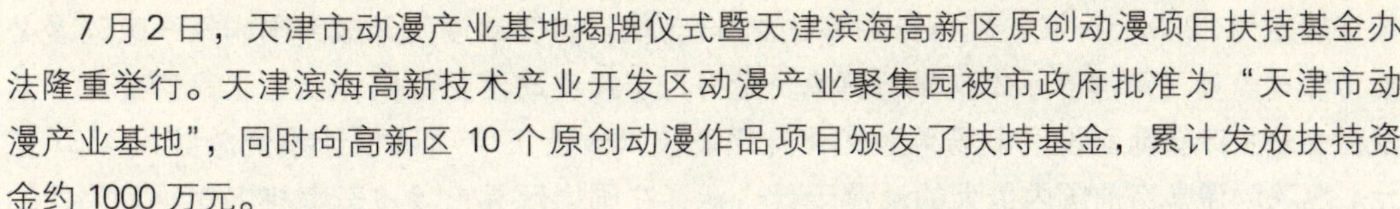

7月2日，天津市动漫产业基地揭牌仪式暨天津滨海高新区原创动漫项目扶持基金办法隆重举行。天津滨海高新技术产业开发区动漫产业聚集园被市政府批准为“天津市动漫产业基地”，同时向高新区10个原创动漫作品项目颁发了扶持基金，累计发放扶持资金约1000万元。

近年来，通过培育发展，天津滨海高新区动漫产业已逐步形成自身特色：一是鼓励企业原创生产和技术创新；二是突出产品技术的民族性和高科技性；三是产品销售面向国内国际两大市场。目前，天津滨海高新区动漫产业在企业品牌、产品研发、技术创新等方面在国内具有一定比较优势和竞争实力，特别是原创漫画和手机游戏在国内同行业中居于领先位置。

上海：成立动漫产业促进会先试知识产权质押融资

作为上海文化产业核心组成部分的动漫产业，正在孕育一个“众强联手”的“航空母舰”，成为今后产业发展的助推平台。8月31日，张江文化控股公司透露，上海动漫产业促进会将落户张江，动漫剧本策划、造型设计、制作、出版、衍生产品研发、营销推广、中介服务、产业投融资等多个专业环节的企业将在这个平台上集结，合力唤醒上海动漫产业的潜在价值。

有关专家表示，动漫产业具有极强的行业延展特点，形成产业集群、打造完整产业链，是动漫产业发展成熟的关键。为此，上海动漫产业促进会应运而生，促进会将整合动漫产业各专业领域具有明显优势的企业资源，在动漫产业链中的各个环节实行专业分工，取长补短，形成具有较强竞争力的产业集群，进而推进具有一定数量、较高质量的动漫产品，培育一批动漫产业的充满活力、专业性强的“小巨人”。据悉，在这个大平台上，将设动漫原创与技术平台、媒介中介平台、动漫衍生行业平台、投融资服务保障平台以及人力资源与就业实习平台等贯穿产业链不同环节的服务平台。

8月26日，上海版权局版权产业促进处负责人在上海多媒体交易平台举办的“金融危机下国内原创动漫企业生存之道”交流会上称，上海金融办、上海版权局等有关部门正在抓紧落实8月下旬出台的《关于本市促进知识产权质押融资工作的实施意见》，通过搭建知识产权质押融资服务平台，为动漫这类知识产权型企业提供融资便利。该负责人表示，注册商标、著作权等质押融资对动漫企业来说很适合，动漫企业以前项目融资方式居多，今后可以通过商标或卡通形象质押等方式获得银行贷款。据悉，上海想做的是打造第三方的知识产权质押融资服务平台，知识产权型企业可以把商标等提交给政府，政府再把企业质押物转交给第三方的质押融资服务平台，让这第三方平台给出一个评估价，银行参照评估价给企业放贷，如果需要政府也可以给予部分担保。

广东：奥飞上市拉开动企上市序幕

8月31日，广东奥飞动漫文化股份有限公司动漫新股正式发行，成为A股首家动漫类上市公司。据悉，奥飞动漫本次拟公开发行4000万股，其中网上发行3200万股；发行价格确定为22.92元/股，发行市盈率达到58.3倍。奥飞动漫因此成为国内第一家动漫类上市公司。奥飞动漫表示本次发行募集资金将用于投资动漫影视制作及衍生品产业化、动漫衍生品生产基地建设、市场渠道优化升级及技术改造三个项目预计投资总额为4.67亿元。奥飞动漫是目前国内最大的动漫玩具企业，在国内玩具市场占有率排名第一，公司的业务包括了动漫制作、玩具生产与销售以及图书业务。业内人士指出动漫企业能够上市对整个行业来讲都是鼓舞人心的事情，让业界看到了一个标杆。资料显示，如今广东动漫已开始形成以广州为中心、深圳为支撑，以东莞和澄海为加工制造基地的动漫产业集群。

监测显示，目前湖北江通动画已经申请了创业板上市，浙江中南卡通也有上市计划，而湖南宏梦卡通早有了在纳斯达克上市的准备。而中投顾问认为，中国企业要想增加自身影响力，提高与外企的竞争水平，必须有一大批企业一起走出国门参与国际的竞争，动漫行业也不例外，相信上市只是国产动漫企业做大做强的一个开始。

杭州：打造中国的“动漫之都”

在积极应对全球金融危机的背景下，围绕打造全国文化创意产业中心和建设“动漫之都”的目标，借着中国国际动漫节成功举办的东风，杭州动漫产业抢抓机遇、乘势而上。8月25日出炉的《杭州市人民政府办公厅关于推进我市文创企业创业板上市工作的实施意见》，对该市拟登陆创业板的包括动漫企业等在内的文创企业，在资金、政策、品牌建设等方面提供全方位支持。据悉，针对细分行业制定专门的创业板上市鼓励政策，在全国尚属首例。

《意见》明确，其扶持对象包括主营信息服务、动漫游戏、设计服务、现代传媒、艺术品、教育培训、文化休闲旅游、文化会展等文创类业务的企业；企业还要满足几项“硬指标”：最近1年净资产不低于2000万元，最近2年净利润（以扣除非经常性损益前后孰低为依据）累计不低于1000万元且持续增长，或最近1年净利润不低于500万元、营业收入不低于5000万元且最近2年营业收入增长率不低于30%；另外，该企业还须在细分行业中位居前列，且2年内无不良信用记录。

对于纳入创业板后备库的文创企业，自认定为培育对象当年起3年内，对企业所得税年递增15%以上部分的地方财政所得，由同级财政按照不低于50%的比例以适当方式奖励给企业。成功实现上市的文创企业，募集资金5000万元（含）以下的，给予一次性50万元的奖励；募集资金1亿元（含）以下的，给予一次性80万元的奖励；募集资金超过1亿元的，给予一次性100万元奖励。

《意见》规定，上述企业还可享受文化体制改革、文化创意产业发展的相关扶持政策，同等条件下优先安排市文化创意产业专项资金及各项补助资金；对创投机构以股权方式投资培育对象的，视同投资国家鼓励发展产业或未上市中小高新技术企业，享受相关扶持政策。

2005年以来，杭州在全国率先出台了动漫产业政策和发展规划，每年5000万专项资金用于动漫产业发展。2008年，杭州正式提出了打造全国文化创意产业中心的战略目标，

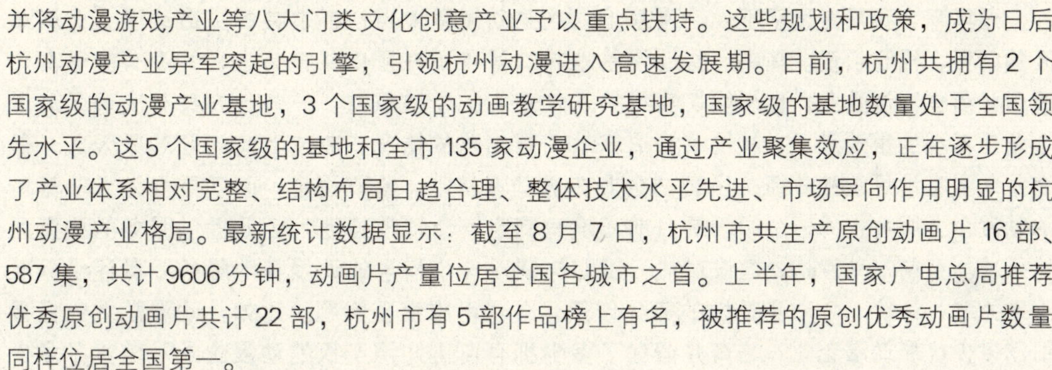

并将动漫游戏产业等八大门类文化创意产业予以重点扶持。这些规划和政策，成为日后杭州动漫产业异军突起的引擎，引领杭州动漫进入高速发展期。目前，杭州共拥有2个国家级的动漫产业基地，3个国家级的动画教学研究基地，国家级的基地数量处于全国领先水平。这5个国家级的基地和全市135家动漫企业，通过产业聚集效应，正在逐步形成了产业体系相对完整、结构布局日趋合理、整体技术水平先进、市场导向作用明显的杭州动漫产业格局。最新统计数据显示：截至8月7日，杭州市共生产原创动画片16部、587集，共计9606分钟，动画片产量位居全国各城市之首。上半年，国家广电总局推荐优秀原创动画片共计22部，杭州市有5部作品榜上有名，被推荐的原创优秀动画片数量同样位居全国第一。

武汉：出台动漫产业振兴方案

2009年6月19日，武汉市出台动漫产业振兴实施方案。提出：力争用5年左右，打造2~3个具有国际竞争力的龙头动漫企业，培育2~3个具有中国风格和国际影响的动漫品牌，原创精品生产规模进入全国前五位，实现动漫产业年产值100亿元。据不完全统计，武汉市目前有动漫创意类企业百余家，从业人数近万人，年动画片产量近2万分钟，年出版动漫报刊近500万册。无论是生产规模还是原创作品数量，武汉市在全国的排名均处于第一方阵。

方案显示，武汉市动漫产业发展重点是：数字动画、手绘动画、影视动画等数字影视作品；各种漫画创作和出版；具有民族和鲜明时代特点的单机游戏和网络游戏；以手机娱乐及增值服务为主的短信、彩信、游戏、数字影像、信息类作品；以数字电视网络和3G为平台的游戏产品等。据悉，武汉市将动漫产业纳入了新兴产业振兴计划，并成立工作专班。此后，8月5日，武汉市委、市政府召开文化创意产业座谈会，市委宣传部长朱毅在会上透露：武汉市将出资5000万元，用于资助动漫产业发展。

问题与反思：动漫产业亟须规范引导

动漫产业是21世纪的朝阳产业。数据显示，目前，全球动漫产业（数字内容）产值达2228亿美元，与动画相关的衍生产品产值超过5000亿美元。从全球来看，动漫产业已经成为一个庞大的产业。专家估计，中国动漫产业还有3000亿元的发展空间。近年来，随着我国动漫产业的蓬勃发展，各地纷纷掀起了“动漫基地热”“动漫会展热”，在促进动漫产业发展的同时，其中一些由于缺乏科学论证和总体规划，引发了资源浪费、知识产权保护等诸多问题。在2009年6月23日召开的扶持动漫产业发展部际联席会议上，针对目前动漫产业基地建设和动漫会展举办中出现的问题，文化部、财政部、教育部、商务部、新闻出版总署等扶持动漫产业发展部际联席会议成员单位的相关负责人提出，要加强对产业基地和会展的规范引导。业内人士也指出，政府应当加强对动漫产业基地建设和动漫会展开办的规范引导，发挥动漫基地和会展为动漫企业服务的实际作用。

近年来，我国建设了不少动漫基地，这些动漫基地当初都是喊着打造动漫企业聚集区的口号，招商引资。其中一些动漫基地将口号停留在了口头宣传上，并没有能够真正吸引和留住动漫企业，也未能切实维护入住企业的合法权益。一些地方甚至出现了动漫企业在基地的租期满了，就忙着搬离基地另寻出路的情况。造成上述问题的原因之一是有些动漫基地只重视政绩，只管把企业抓进动漫基地，收取租金，而不重视为入驻基地的动漫企业服务；另一个原因是目前还没有制定一个动漫基地为企业提供服务的质量评价标准。目前，动漫基地建设过热、过滥与缺乏一个科学的动漫基地服务质量评价标准不无关联，评价一个动漫基地的实际作用，必须考虑诸多问题。比如，动漫基地究竟吸引了多少优质动漫企业？培育并留住了多少拥有自主知识产权的动漫企业？培养了多少动漫人才？动漫产业基地的管委会、办公室或者市场运营中心是否通过整合基地内的动漫企业资源，串联起动漫产品的制作、加工、推广等整个动漫产业链？

针对动漫基地和动漫会展过热的问题，文化部有关负责人表示，应该按照动漫产业自身发展的规律，结合各地的实际情况，加强规范引导。要通过制定统一规划和评定标准，在产业基地和会展的布局、资质、审批、评估、检验等方面形成一套明确、科学、合理的管理办法；要改善服务，加大对产业基地和会展的服务、指导力度，为重点基地和主要会展的做大做强提供条件，真正发挥其引领、示范作用。业内人士认为，一个动漫品牌的培养至少需要3年至5年的时间，在企业做好知识产权保护等各方面的工作的同时，政府也应当加大力度，加强对动漫产业基地、动漫会展的规范引导，发挥其应有的作用，促进我国动漫企业，特别是其中的中小民营企业的成长，实现我国动漫产业的健康发展。

相关阅读

打造创业型城市，成都、南京、贵阳力度大

2008年以来，为应对金融危机影响，保持就业局势稳定，2008年9月，国务院办公厅转发了人力资源和社会保障部等部门《关于促进以创业带动就业工作指导意见的通知》，明确提出“重点指导推动工作基础较好，条件相对成熟的城市……建立以创业带动就业的创业型城市”。2008年10月，人力资源和社会保障部下发了《关于推动建立以创业带动就业的创业型城市的通知》，提出了“建立国家首批创建创业型试点城市”的要求。2009年3月14日，全国创建创业型城市工作座谈会在北京召开，会议确定了82个城市为首批国家级创建创业型城市，创建时间为2009～2010年，主要任务是率先建立组织领导体系，完善政策支持体系，健全创业培训体系，构建创业服务体系和健全工作考核体系。这标志着创建创业型城市工作全面启动。

就此次会议召开，国务院副总理张德江专门作出批示：“促进以创业带动就业，是实施积极就业政策的重要举措，是应对国际金融危机、稳定我国就业形势的有效途径。要大力推动创业带动就业，着力完善创业政策措施，着力加强创业培训服务，着力营造有利于创业的社会氛围，充分发挥政策引导效应，充分发挥政府部门职能作用，充分调动社会各界力量，积极探索，开拓创新，密切配合，扎实工作，努力创建创业型城市，促进增加就业，促进社会和谐稳定”。这“三个着力”“三个充分”为创业型城市创建工作指出了明确的工作方向和工作重点。此后，南京、贵阳、哈尔滨等城市相继启动创建工作，创建热潮在全国范围兴起。

首批国家级创建创业型城市名单

省份（自治区）	数量（个）	城市
河北	3	石家庄市、唐山市、承德市
山西	3	太原市、阳泉市、晋城市
内蒙古	4	呼和浩特市、包头市、通辽市、乌海市
辽宁	3	沈阳市、大连市、鞍山市
吉林	3	长春市、吉林市、辽源市
黑龙江	3	哈尔滨市、佳木斯市、大庆市
江苏	4	南京市、苏州市、无锡市、泰州市
浙江	3	杭州市、湖州市、金华市
安徽	4	合肥市、芜湖市、淮北市、马鞍山市
福建	1	三明市
江西	3	南昌市、宜春市、萍乡市
山东	4	青岛市、济宁市、泰安市、威海市
河南	3	许昌市、鹤壁市、新乡市
湖北	3	武汉市、荆州市、荆门市
湖南	4	长沙市、株洲市、湘潭市、郴州市
广东	3	广州市、深圳市、肇庆市
广西	3	南宁市、柳州市、桂林市
海南	3	海口市、三亚市、文昌市
四川	3	成都市、绵阳市、攀枝花市
贵州	2	贵阳市、遵义市
云南	3	昆明市、玉溪市、曲靖市
西藏	2	拉萨市、日喀则市
陕西	3	西安市、宝鸡市、渭南市
甘肃	4	兰州市、天水市、酒泉市、庆阳市
青海	2	西宁市、格尔木市
宁夏	3	银川市、石嘴山市、吴忠市
新疆	3	乌鲁木齐市、伊宁市、哈密市

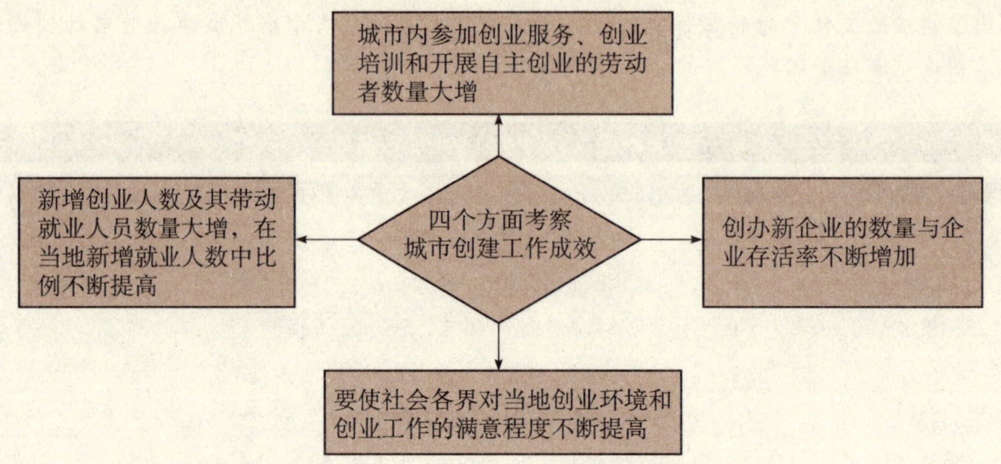

成都：密集出台多项优惠政策鼓励创业，两年建成全国创业型城市

进入6月以来，成都市密集出台多项优惠政策鼓励创业，两年建成全国创业型城市，力度之大，势头之猛，实属罕见。根据《中国城市创业观察报告》显示，成都创业环境位居全国第五位。

19号文格外关注有意创业的1%大学生，图谋“人才抄底”。6月5日，成都市委、市政府下发19号文件——《促进普通高等学校毕业生创业就业的意见》，将在成都高新区和5个城区，以及6个近郊区县，设置12个大学生创业园。值得关注的是，即便同样面临就业压力，19号文件却把“创业”放在了“就业”之前。当全国各地动员各种渠道提高大学毕业生就业率时，成都却格外关注有意创业的1%。与此同时，这个两年前获批成为国家“统筹城乡综合配套改革试验区”的城市，将“创业”作为促进大学生就业的突破口，别有深意，旨在一举几得。成都市委书记李春城说，既要立足当前又要着眼长远。在他看来，大学毕业生就业问题不是一个让人疲于应付的“包袱”，而要和这座城市的长远发展合拍。按照他的说法，要“通过降低门槛甚至是免费提供平台，面向全世界吸引各类人才”，让成都真正成为“一个会聚创业人才的洼地”。而成都提出的“新三最”目标之一，就是“中西部创业环境最优”。事实上，从2005年中央提出建设创新型国家开始，全国各地就开始出文件鼓励大学生创业。但是一直以来连政府都觉得这是很难完成的任务：项目、资金都需要政府埋单，创业者越多，政府投入越大。关键的问题是，这种投入看起来几乎没有回报：目前公认的大学生创业成功率，最高仅为1%。正如该市人事局一位负责人所言，成都的优势不在于某项政策，而是把大学生创业就业纳入到统筹城乡的盘子里，钱和政策都师出有名。成都市更重要的一个考虑是，通过这些政策不仅解决本地高校毕业生就业，还能吸引外地人才，在艰困时期实现“人才抄底”，为城乡统筹的人才需求谋篇布局。

出台多项优惠政策鼓励创业：试营业免工商登记，创业成功每人补贴5000元。继6

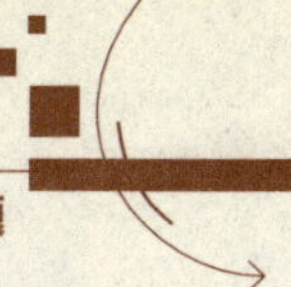

月5日出台《促进普通高等学校毕业生创业就业的意见》后，6月25日，成都市委、市政府下发了《关于进一步促进以创业带动就业工作的意见》。《意见》提出，2010年年底前，该市达到国家级创业型城市标准，创业带动就业比例达到1∶6，创业活动指数达到20%；每年新增创业企业2.5万户，新增个体工商户10万户，个体工商户转化为公司制企业1万户。力争用3～5年的时间，实现劳动者创业人数和通过创业带动就业人数大幅增加，形成比较完善的促进以创业带动就业政策体系，促使更多有创业意愿和创业能力的城乡劳动者成功创业，把成都建成中西部创业环境最优城市。为此，该市将在高校毕业生中实施“科技创业工程”；在农村未外出富余劳动力中实施“转移创业工程”；在返乡农民工中实施“回乡创业工程”；在城镇失业人员中实施“自立创业工程”；在残疾人等特殊群体中实施“自强创业工程”。

《意见》公布了多种优惠扶持政策，鼓励全民创业。包括创业成功给予5000元创业补贴；营业税起征点调整为5000元；成立专家服务队伍，为创业者提供创业服务，等等。其中值得关注的是，高校毕业生、失业人员以及返乡农民工创业，试营业期间可免个体工商户登记；鼓励高校毕业生、返乡农民工及其他就业困难人员等重点人群自主创业，在其办理工商营业执照并正常经营3个月后（视为创业成功），给予每人5000元的一次性创业补贴。

就业新政即将出台，惠及范围更广泛。6月26日，成都市召开创建全国创业型城市动员会暨促进城乡充分就业工作会，从2009年起，该市将用2年时间创建全国创业型城市。为此，成都市决定在全市范围内开展全民创业活动，而新一轮的促进就业工作也即将展开。

2009年是成都市贯彻落实新一轮积极就业政策的起始年，3～5年后，该市将在已经完成的“比较充分就业”目标上向“充分就业”迈进。根据安排，成都市将进一步改进和完善就业培训，继续抓好农民集中安置区就业工作，支持重点人群创业就业，强化困难人群就业援助，完善公共就业服务体系，力争通过3～5年的努力，实现更高层次的城乡充分就业。另悉，就业新政即将于近日出台。据透露，新政策建立完善了就业失业登记制度，各项补贴政策惠及的城乡失业人员及企业更加广泛，对就业援助的对象也作了明确界定和拓展，其中的“保岗位、降费率、强培训、施援助”等促就业、保稳定措施，是本轮政策的一大亮点。

南京：创业引导扶持资金至少1亿元，力争3年成为首批国家级创业型城市

5月26日，《南京市创建首批国家级创业型城市实施方案》下发。该市将力争通过3年的努力，开展创业培训3万人，扶持2.5万人创业，带动超过18万人就业，创建成为首批国家级创业型城市。

南京市创建首批国家级创业型城市年度工作目标一览

年份	具体目标
2009 年	市、区县劳动保障部门依托公共就业服务机构建立一个创业指导服务中心，市相关部门对应落实负责创业指导服务的职能单位；在全市打造 10 个具有一定规模的示范创业园（基地）；征集开发创业项目不少于 100 个，培育不少于 300 名优秀创业典型；开展创业培训 1 万人、扶持不少于 5000 名劳动者创业；带动就业超过 3 万人；市、区县共设立各类创业投资引导资金 1 亿元，认定的信用街道占街道总数 60% 以上，小额担保贷款规模达到 2 亿元。全市每千人中民营企业主达到 2 人，每千人中个体工商户数达到 10 个
2010 年	征集开发创业项目不少于 100 个，开展创业培训 1 万人，扶持不少于 8000 名劳动者创业，带动就业超过 5 万人，认定的信用街道占街道总数 85% 以上，小额担保贷款规模达到 2.5 亿元。全市每千人中民营企业主不少于 3 人，每千人中个体工商户数不少于 15 个。按照国家制定的创建标准和要求，通过首批国家级创业型城市的验收
2011 年	在实现征集开发创业项目不少于 100 个、开展创业培训 1 万人、扶持不少于 1.2 万名劳动者创业、带动就业超过 10 万人的就业目标任务基础上，对创建工作进行全面绩效评估

创业投入：劳动密集型企业贷款有贴息。缺资金是创业的首要问题。《方案》明确，南京市将设立至少 1 亿元的各类创业投资引导资金，用于创业培训、初次创业补贴、租金补贴和创业孵化基地建设等。

对于进驻经认定或备案的创业园区的初次创业人员或实体，按照带动本市户籍就业人员数，额外给予一次性场地租金补贴。同时，小额担保贷款扶持对象由本市下岗失业人员拓展到有就业愿望和创业能力、创业成功的本市农村劳动力、被征地农民以及在宁毕业的高校毕业生。

对于劳动密集型小企业，凡吸纳符合小额担保贷款发放条件的人员，并与其签订 1 年以上劳动合同的劳动密集型小企业，可根据吸纳人数，按照每人不超过 10 万元、最高总额不超过 200 万元的标准发放贷款。符合条件的企业按期还本付息后，由财政部门按规定贴息 50%。

创业培训：五类人员享受政府补贴培训。除了资金扶持，创业培训力度同步加大。《方案》明确，凡具有本市户籍、在法定劳动年龄段内的下岗失业人员、新生劳动力、农村劳动力、军队退役人员和残疾人，均可参加政府补贴的创业培训。

此外，该市还将采用多种方式，建设高素质的创业培训师资队伍。通过开展师资培训、教研活动、参观考察、教材开发等，提升创业培训服务机构及师资和咨询指导人员的培训水平和技能。目标是“每年培训中、高级创业培训咨询师不少于 50 人，对取得国家认定的资格证书的，给予相应的培训补贴。”

创业指导：定期编发创业产业发展指导目录。针对创业项目选择难，南京市将专门建立创业项目资源库，定期编制和发布南京市鼓励创业的产业发展指导目录，并多渠道转化、开发一批行业性、引导性创业项目，满足不同群体的创业需求。

对受委托机构或受委托人征集、开发，经评估并纳入“南京创业项目资源库”的创业项目，及时向社会公布，政府给予每个项目一次性项目征集、开发补贴3000元。

同时，各区县将依托公共就业服务机构建立综合性的创业指导服务中心，将创业服务延伸到街道社区，并鼓励社会中介、服务机构等各类资源参与创业培训、创业项目的征集开发、开业指导等，免费为创业者提供项目信息、开业指导、创业培训、小额贷款、税费减免等政策咨询“一条龙”服务。

南京市创建首批国家级创业型城市实施步骤

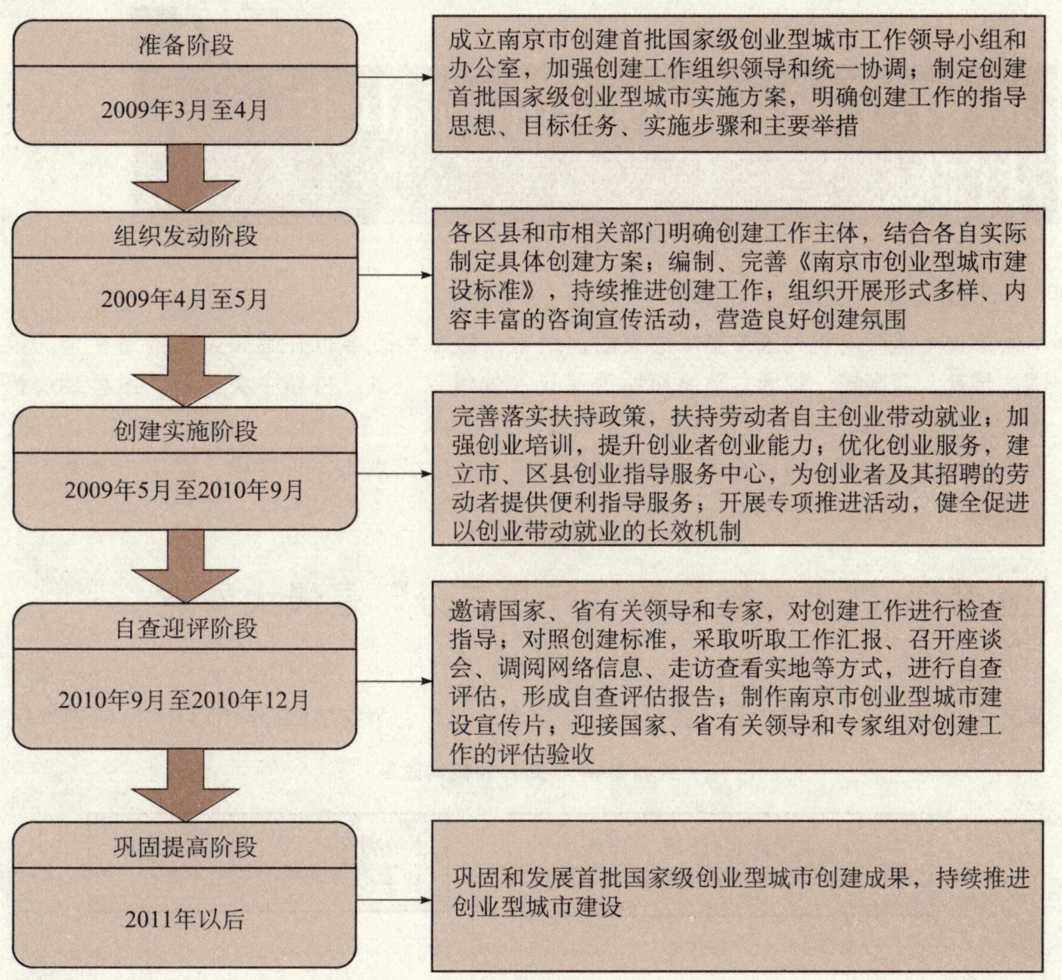

除成都、南京、贵阳等城市外，哈尔滨、海口、南宁等城市也采取多种措施大力推动创业型城市建设。显然，创业城市建设已成为城市软实力制高点。

政府改革：2009 年的城市主打歌

继省一级政府机构改革基本结束后，地市一级机构改革也开始如火如荼地在全国范围内铺开，我国新一轮地方政府机构改革正在向纵深推进。按照中央部署，市县政府机构改革争取在 2009 年年底前完成。监测显示，深圳、长春、武汉、广州、银川、天津、石家庄等地正在或即将展开大规模机构改革，其中，深圳市、长春市、武汉市最为引人关注。

深圳："大部制"和"行政三分"是最大看点

7 月 31 日，深圳市召开政府机构改革动员大会，同日，《深圳市人民政府机构改革方案》正式向外公布。深圳新一轮机构改革随之启动，力争在 2009 年 10 月 1 日前基本完

深圳 2009 年新一轮机构改革

7月31日	《深圳市人民政府机构改革方案》正式公布，启动深圳新一轮机构改革
8月5日	16个政府部门一把手通过深圳市人大常委会表决任命
8月6日	举行全市干部大会，正式下发了《深圳市政府机构改革方案实施意见》，并公布了涉及60名干部的任命和职务变动
8月10日	公布深圳市代市长、副市长的分工，与改革前变化不大

成。此后，一系列人事改革艰难启程。在8月6日举行的全市干部大会上，深圳市委书记刘玉浦表示，深圳的机构改革必须大胆创新与突破，在全国全省新一轮发展中，为全国的城市政府改革提供示范，做出探索。毋庸置疑，深圳此次改革力度大、精简机构多、涉及面广，其意义不仅是为全国城市行政管理体制改革探路，也标志着我国新一轮地方政府机构改革正在如火如荼地向纵深推进。

机构减少三分之一，精简上千公务员，设置七委是最大亮点

根据《方案》，改革后深圳市政府工作部门将实际减少机构15个，精简幅度达到了1/3，大大低于中央规定大城市为40个左右的机构限额，而行政编制总额没有突破。据透露，本次市政府直属机构总共将精简1000人，主要是通过让年纪大的人提前退休，然后给其升级加薪，比如原来副处级干部退休后给予处级干部的待遇。

深圳市此次政府机构改革，并不是简单的机构拆分，而是在探索实行职能有机统一的大部门体制基础上，按照决策权、执行权、监督权既相互制约又相互协调的要求，设置31个工作部门，并根据部门职能定位分别命名为“委”“局”“办”。而此次改革最大的看点，是首次出现了“委员会”这一政府部门架构，对不同职能部门领域进行了分拆合并。专家认为，与一般的“委员会”的务虚机构身份相比，深圳此次机构改革中设立的7大委员会属于具有政府实权的机构，将起到统筹协调的功能，极大提高政府行政运行效率。

深圳市政府机构职能划分

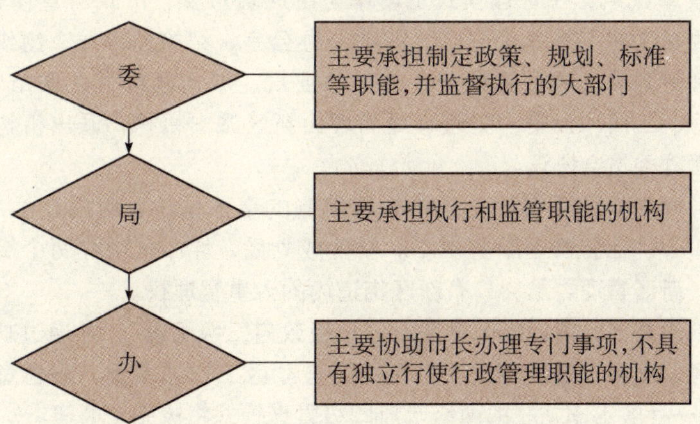

与深圳以往的七次机构改革相比，这次改革按照精简、统一、效能的原则，本着决策科学、执行有力、监督到位与既相互制约又相互协调的要求，积极探索行政管理体制的新路子，在加快政府职能转变、实行大部门体制、优化政府运行机制、健全行政责任体系、精简机构等方面呈现出五个新的主要特点，在产业管理、城市建设和管理、建设环境友好型和资源节约型社会、市场监管、加强社会管理和公共服务五大领域取得了重大突破。

深圳市新设七个委员会整合情况一览	
新设委员会	整合情况
发展和改革委员会	整合原工商局物价局的定价职能、统计局的统计分析和信息发布职能，联系统计局
科技工贸和信息化委员会	整合原贸易工业局、科技和信息局、高新技术产业园区领导小组办公室、高新技术产业带领导小组办公室、保税区管理局、信息化领导小组办公室
财政委员会	整合原财政局与地税局
规划与国土资源委员会	整合原规划局、国土资源和房产管理局
交通运输管理委员会	整合原交通局、公路局、城市交通综合治理领导小组办公室、轨道交通建设指挥部办公室
卫生和人口计划生育委员会	整合原卫生局、人口和计划生育局和食品药品监督管理局
人居环境委员会	整合原环境保护局、建设局、水务局，联系气象局

坪山新区：行政层级改革试验田

此次深圳政府机构改革的亮点，除在行政架构上实施“大部制”，还有精简层级，推进行政层级改革试点。6月30日刚刚挂牌的深圳市坪山新区，被选定为深圳精简层级，推进行政层级改革试点。在管理模式上，作为由深圳市委、市政府直接领导的功能区，坪山新区管理委员会将下辖9个局办，即综合办公室、纪检监察局、组织人事局、经济服务局、发展和财政局、社会管理局、公共事业局、城市建设局、城市管理局。此外，深圳市管的社保、工商、公安、交通等局向坪山新区派出机构，派出机构主要领导任免要和坪山新区管理委员会协调。

与此同时，坪山新区还将设立三个处级编制的事业单位，包括机关后勤服务中心、城市管理服务中心、社会管理服务中心。新区成立后，坪山、坑梓两个街道办将全建制纳入坪山新区，新区管理委员会享有新区街道内的人事管理权。

在行政体制改革上，坪山新区将实行“一级政府三级管理”，并通过功能区完成精简行政层级的试点。而坪山新区将试点整合街道与社区工作站资源，这也意味着目前深圳“市—区—街道—社区工作站”的两级政府四级管理模式将被完全颠覆。

在坪山新区管委会挂牌20天之后，7月20日，深圳市即与民政部签署《推进民政事业综合配套改革合作协议》。根据协议的安排，深圳将坪山新区试点街道与社区整合。此外，深圳还将探索建立推进居民委员会与业委会相互配合与支持的体制机制。至于改革的思路，深圳市民政局负责人在接受媒体采访时表示，由于此次整合涉及较大的体制性改革，具体方案仍在研究制定中。具体思路有可能同步进行，也有可能分步实施，同时也不排除同一个功能区内分步进行。

深圳此次广范围、大力度的政府机构改革，目前在全国还不多见。这是一次深层次、

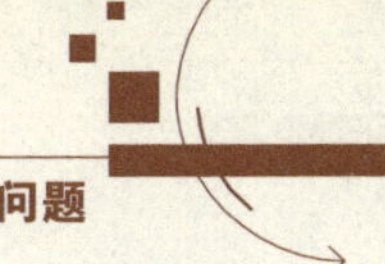

全方位的改革，因此备受外界关注。这意味着在经济“战场”已扮演多年“急先锋”角色并取得辉煌战果的深圳，正在行政管理体制改革方面再次担当“先行军”。

深圳市机构改革力促政府五大转变

改革前		改革后
政府职能越位、缺位、错位，管了一些不该管、管不好的事情	推动政府职能转变	此次改革围绕建立比较完善的中国特色社会主义行政管理体制目标，对政府职能转变进行了一系列探索，主要体现在：继续坚持市场化改革方向，着力推进政企分开、政资分开、政事分开、政府与中介组织分开，力争做到不越位、不缺位、不错位
深圳市七次大的机构改革一直坚持按大行业、大系统设立和完善政府工作部门，但一些机构还是简单对应上级而设，部分机构因特区内外而分工等，缺乏客观、系统、整体的设计，机构设置科学性、合理性有待增强	完善政府组织架构	此次改革按照中央提出的实行职能有机统一的大部门体制的目标要求，在贸易工业、交通、文化、城市管理、农林渔业等领域率先探索实行大部门制的基础上，进一步加大职能相近机构的整合力度，综合设置政府工作部门，在更多领域推进和完善大部门体制，努力形成职能有机统一、机构分类科学、功能定位准确、部门设置精干、适应深圳城市特点的政府组织框架
政府部门工作效率和效能受制于一系列“软件”环节，如部门决策相互冲突、公共政策缺乏一致性；执行上相互扯皮、推诿现象屡有发生	优化政府运行机制	此次机构改革按照决策、执行和监督既相互制约又相互协调的要求积极完善行政运行机制，重点对一些政府工作部门进行了适当区分，通过设委、局、办，将一个或几个相近领域内分散在各部门的决策职能尽量集中到一个部门，将几个部门的监督执法等具体行政行为的执行职能分离出来由专门机构承担，加强决策部门对执行机构的监督
部门职责交叉和权责不一致	健全行政责任体系	通过定职责、定机构、定编制“三定”，既赋予部门职权，又明确相应承担的责任，做到权责对等、避免权责脱节。坚持一件事原则上由一个部门负责，确需多个部门管理的事项，分清主办和协办关系，明确牵头部门，强化责任追究，推进依法行政，完善行政监察，切实增强政府的执行力和公信力
社会管理和公共服务相对薄弱	加快服务型政府建设	此次改革要求政府在做好经济调节的同时，更加注重市场监管、社会管理，更加关注民生，为群众、为社会提供优质的公共产品和公共服务，更有效地解决人民群众最关心、最直接、最现实的利益问题

但对于深圳政府机构改革方案，也有很多专家认为其改革精神不足，尤其是与其特区的地位相比，很让人失望。这些观点比较集中地反映在以下几个方面：

第一，改革力度不大，深圳恐怕已经难当中国改革开放“领头羊”的重任。政府机构改革，已经属于我国经济体制改革的最后堡垒，是市场经济制度建设的最大障碍，改革已经进入攻坚战，讲的就是政府行政机构改革。深圳是我国改革开放的象征，改革开放的旗手；深圳居于祖国南海边陲，紧临香港特区，国家的改革开放事业需要深圳继续发挥领军和探索作用，全国人民对深圳改革寄予厚望，一个边陲的单列市，一个曾经的改革试验田，即使乱一点，乱不了大局。然而，深圳自己拿出的方案显示，深圳已经背上沉重包袱，缺少精神状态，增添了“自恋意识”。“行政编制总额没有突破”竟然成为炫耀之处，实属可悲！

第二，机构设置混乱，缺少系统思想。究竟分为几大类？究竟哪几个部门应组合？观察不出指导思想是什么。为了追求“大部制”的效果便将科技和信息局，高新技术产业园区领导小组办公室，高新技术产业带领导小组办公室，保税区管理局，信息化领导小组办公室与贸易工业局合并、把贸易、产业发展、产业扶持、科技发展、信息化建设归到一起，是要使深圳永远成为“组装车间”？再如，将卫生局、人口和计划生育局合并成立卫生与人口计划生育委员会，而又成立皆在“促进经济发展与人口资源环境相协调”的“人居环境委员会”，那么究竟人口和环境协调工作放在哪里？又如，将应急指挥中心、民防委员会办公室（地震局）、安全生产监督局合并成立“应急管理办公室”，这是不是太有点牵强附会？目前社会管理任务越来越繁重，原来应由政府行使的职能，很多已经并正在由社会组织协调管理，并且中央一再强调社会建设的重要性，然而，整个方案自头到尾未见体现此种精神。

第三，高喊多年“决策、执行、监督”改革方向，而其中重要内容的“决策”无论如何也观察不出被如何重视，缺少强有力决策的政府很难是具有很强执行力的政府。决策代表方向、代表力度，决策失误是最大失误，决策比执行和监督更重要。我国政府机构决策职能分散、弱化，是长期存在的问题。例如中央政府，全局性的决策文件起草，往往由中央财经领导小组办公室、国务院研究室，也有临时抽人组建临时性机构完成。而理论铺垫性工作则更分散，有国务院发展研究中心、中国科学院、各高等院校，谁在统？由谁负责日常性的思考决策，没有！人们一直等待深圳“三分制”改革能够出点经验，自此个改革方案观察，可能在退步。方案中甚至没有见到政府研究室这样的重要机构，是不是放在办公厅了？果真如此，决策真的就无足轻重了！

第四，各政府机构大小不均，缺少美感，增添心理失衡，和谐政府难以建立。政府机构设置上，有的是由若干个机构组成，特别庞大，例如科技工贸和信息化委员会，由六个部门组合而成；有的不明不白变成了委员会，如财政局变成财政委员会，只变化了地税局归口管理就变成委员会，有意义吗？例如将文化局、体育局、新闻出版局、政府文化产业发展办公室合并成立文体旅游局，同时内含广播电视电影局、新闻出版局、文物局，这么一个庞大机构能称之为“文体委员会”？此种洗牌方式，把大小搞乱了，把主次搞乱了，把子丑寅卯搞乱了，最终把思想搞乱了。此种大小严重不均的组成方式，造成政府工作人员心理失衡，增添了不和谐因素，不利于形成推动工作的合力。

这些观点指出，深圳靠“特”，靠享受了众多全国人民享受不到的优惠发展起来了，今天的深圳不能再靠“特”来养活，更不能成为懒汉聚集地，特别是有深圳户口的深圳人不能真的做起寄生虫。

长春：全国首个民生工作办获中编办肯定

5月21日，长春市召开政府机构改革动员大会。市长崔杰脱稿讲出的一句话，点出了这次会议的重要和紧迫——“原则上，明天（22日）下班之前，机构改革调整到的干部要全部到位，25日开始，政府按照新的体制进行运转！”在全国市县机构改革尚未启动之时，长春此举拉开全国市县机构改革大幕。会上，酝酿一年多的《长春市人民政府机构改革方案》正式出炉。根据《改革方案》，此次改革的方向是简政放权、政务公开；改革任务是把不该由政府管的移出去，解决职责交叉等问题。改革后的政府工作部门将由原来的44个减为41个，改革重点领域涉及交通、卫生、人事、劳动等部门，“大部制”的思路贯穿其中。按计划，长春市政府机构改革工作在6月底前完成。

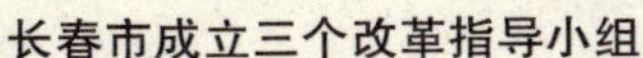

长春市成立三个改革指导小组

办公用房和资产协调指导组	由长春市市直机关事务管理局牵头，会同长春市政府办公厅、长春市财政局等部门，负责有关办公用房、车辆、固定资产、设备装备、财务经费、业务档案、保密、印鉴等相关划转处理协调工作
人员交接协调指导组	由长春市人力资源和社会保障局牵头，会同长春市委组织部、长春市编办，负责有关人员划转分流、人员档案交接、人员身份认定等相关协调工作
监察审计组	由长春市纪委（长春市监察局）牵头，会同长春市审计局，负责有关纪律监督、行政监察、资产财务审计、离任审计等工作

严控部门内设机构：各部门内设处室精简比例不低于5%

此次改革严格控制部门内设机构。部门的内设机构，要根据职责任务重新确定，机构数额原则上只减不增，涉及机构整合部门的办公室、干部人事、机关党委（总支），以及其他业务相近的处室，要精简合并。调整后，长春市各部门内设处室精简比例不低于5%。建立系统党委的部门，可设立党委的办事机构，但机关编制在30名以下的，不单设机构，与有关处室合并设置。

将业务处室的审批职责一律剥离，交由部门行政审批办公室承担。业务处室审批职责剥离后，要精简合并综合设置，并将其工作重点转移到制定政策、调查研究和监督检查上来。主要业务处（室）原则上可与上级对口设置，因受编制限制难以对应的，可采取合并设置或加挂牌子的办法，职能任务较少的，一般不单独设置内设机构。

改革特色：公众和民生为先，民生工作办全国第一家

此次机构改革的一大特色，是公众和民生为先的理念。据知情人士称，通过机构改革，将加强对全市经济社会事务的统筹协调，更加注重社会管理和公共服务，在教育、医疗、住房、就业、社会保障等方面搭建政府服务平台，建立完善市、区、街道和社区两级政府、三级管理、四级服务的社会管理和公共服务体系。

知情人士表示，改革中有不少创新都具有很浓郁的长春特色。这次机构改革最大的亮点，是设立民生工作办公室。机构改革方案中，该办公室被列为市政府办公厅管理的部门管理机构。将原由市委、市政府政策研究室承担的民生工作职责，划入民生办，负责全市民生工作的统筹规划、综合协调、组织指导和监督检查等工作。据悉，这是全国第一家，非常有特色，中央编办认为，将其作为一种探索，更利于民生工作的统筹协调和督促落实。

长春市新组建五机构一览

机构名称	主要职责
长春市工业和信息化局	将市经济委员会除煤炭、电力行业管理和煤矿安全生产监督管理以外的职责、市信息产业局的职责，整合划入市工业和信息化局。不再保留市经济委员会、市信息产业局。市工业和信息化局加挂市中小企业发展局的牌子

续表

机构名称	主要职责
长春市人力资源和社会保障局	将市人事局的职责、市劳动和社会保障局的职责、市政府办公厅承担的外国专家管理有关职责，整合划入市人力资源和社会保障局。不再保留市人事局、市劳动和社会保障局。原与市人事局合署办公的市机构编制委员会办公室单独设置，列党委机构序列
长春市交通运输局	将市交通局的职责、市城乡建设委员会的城市客运管理（含城市公交、出租汽车等）职责，整合划入市交通运输局。不再保留市交通局
长春市市政公用局	将市城乡建设委员会的市政基础设施维护、道路维修、燃（煤）气管理、城市供水管理职责、市房地产管理和住房保障局的城市供热管理职责，整合划入市政公用局
长春市政府民生工作办公室	为市政府办公厅管理的部门管理机构，负责全市民生工作的统筹规划、综合协调、组织指导和监督检查等工作职责。将原由市委、市政府政策研究室承担的民生工作职责划入市政府民生工作办公室

武汉：要创“行政三最”城市

7月30日，武汉市召开政府机构改革动员大会，公布《武汉市政府机构改革实施意见》，标志着武汉市自改革开放以来的第六次政府机构改革正式启动实施。对于这次机构改革，武汉市委、市政府目标明确：努力把武汉建设成为全国“行政效率最高、行政透明度最高、行政收费最少”的城市之一。按照统一部署，市政府机构改革任务9月底前基本完成，各区政府机构改革2009年年底前基本完成。

直属行政部门精简10个，3年内将消化4000名超编人员

按照《实施意见》，该市政府机构改革遵循“精简、统一、效能”的原则，方案制订主要基于四方面考虑：上下机构衔接，改革后，市政府有36个工作部门与省政府对口，占机构总数的87.8%；以整合职能为重点，积极推行大部门制；注重武汉市情实际，针对重点行业问题和社会热点问题，因地制宜制定特色改革措施；精简机构，严格控编。经过本轮改革，市政府直属的行政机构将由56个减为46个，直属的具有行政职能的事业机构将由12个减为9个。今起3年内，该市将消化4000多名党政机关超编人员。

长春、深圳、武汉三市机构精简比较

城市	精简机构	缩减人员
长春	3个	编制“零增长”
深圳	15个	1000人
武汉	10个	3年缩减4000人

处室以下一般不再设科，业务处（室）占比须超70%

本轮政府机构改革，“精简”二字唱主角。今后，市政府各工作部门的内设处、室，一般不再设科。确因工作需要设科的，须严格按程序报批。承袭“大部门制”改革精神，各部门内设机构的设置，也将启动“大处（室）制”改革。

根据“大处（室）制”改革要求，一个内设处（室）可以与上级对口部门的多个内设机构对口。从严从紧设置综合处（室）。根据改革要求，市政府各工作部门的业务处（室）个数应占其内设机构总数的70%以上。除少数编制基数较少的部门外，市政府部门内设处（室）行政编制原则上不少于5名。参照市政府部门的定职能、定内设机构、定人员编制和领导职数的“三定”规定，区级政府改革也将向冗政冗员“开刀”。区政府部门内设科（室）行政编制原则上不得少于3名，严格控制内设机构加挂牌子，不再配备部门领导专职助理。

拟创“行政三最”，机构改革开门要做“七宗事”

如何借大部门改革，争创行政效率最高、行政透明度最高、行政收费最少的城市。7月30日，武汉市长阮成发在全市政府机构改革动员大会上部署了相关部门开门要做的“七宗事”。

武汉市府机构改革开门要做“七宗事”

第一宗：把不该政府管的转出去	无论是新组建和调整较大的部门，还是机构未作调整的部门，都要把不该由政府管理的事转出去
第二宗：做什么事就担什么责	什么事情，哪个部门做，做到什么程度，承担什么责任，都要一清二楚。坚持一件事情原则上由一个部门负责
第三宗：用法规约束权力	要严格依照法律履行职责。机构改革后，怎样履行行政权力，必须严格按行政程序规定执行；尽可能细化自由裁量权，该从低的一律从低
第四宗：不公开的政务只是例外	办事事项、程序、时限和结果，都要在政府的门户网站和办事大厅公开。对各类行政管理和公共服务事项，除法律法规明文规定保密的外，其他都要一律公开 涉及公民和企业的重大事项，在决策之前都必须公示听证，还要听取专家的评估
第五宗：所有部门均需对外承诺	政府的所有部门都要将企业和公民反映的突出问题，向企业和市民承诺，由政府办公厅和行风评议办公室监督
第六宗：用计算机规范行政行为	学习借鉴北京等城市信息化建设的成功经验，逐步形成政务信息化新格局，提高政府的透明度
第七宗：行政服务中心方便办事	武汉市将建一流的行政服务中心，凡具有行政审批职能的部门和事项以及公共资源交易服务平台，都必须进入市行政服务中心集中办公

天津广州：政府效能大提速

发展取决于项目，项目取决于环境，环境取决于效能。对一个地区、一座城市而言，政府行政效能的高低，正成为制约地方经济发展的重要软实力。在国际金融危机还在扩散蔓延，尚未见底的当下，政府服务效能的重要性更凸显出来。为应对金融危机的不利影响，当前，许多地方正结合作风建设年、机关效能年等活动，紧紧抓住行政审批这个关键环节，最大限度地提高办事效率，展开新一轮行政效能竞赛。

天津：削减“文山会海”，提速行政审批

2009年以来，天津市委、市政府要求全市各级党政机关紧密结合深入学习实践科学发展观活动，不断加强作风建设，实现工作作风大转变、政府服务大提速、发展环境大改善，确保中央和市委、市政府重大决策部署的贯彻落实，扎实推进经济社会又好又快发展。

十会合一，仅85分钟。2009年2月12日，天津市政府召开综合工作会议，集中部署了民心工程、市区发展、市容环境综合整治和城市管理等10个方面工作，十个会议合并成一个开用时仅一个半小时。如果逐个召开各部门的专项会议，一个会议就要半天。这是天津市委、市政府着力转变作风，提高工作效率的一个缩影。

转变作风，天津市首先从“搬文山”“填会海”开始，要求坚决精简各类会议，能不开的会议坚决不开，内容相近的会议合并召开，尽量减少一般性层层照转的会议，提倡利用现代通信技术手段召开电视电话会议和网络视频会议。

着力简化会议程序。会议发言一般不超过3个，每个发言材料不超过1500字，发言时间不超过8分钟。在会议经费的使用上，不准发放纪念品和礼品，不准在风景名胜区或度假村召开会议，不准组织与会议主题无关的活动。严禁以各种名义和方式变相公款旅游，严格控制一般性出国（境）访问、考察和培训。

严格压缩各类文件、简报。发文注重实效，突出指导性、针对性和操作性。可发可不发的文件坚决不发，可长可短的一定要短，能低规格发文的绝不高规格处理。中央发至县团级单位的文件已作出明确部署的工作，一般不再以市委、市政府或“两厅”名义下发文件。凡属各部门职权范围内的业务性工作，由部门发文或相关部门联合发文能够解决的，原则上不得提高发文规格。凡是上级机关未明确要求制定实施意见的，一般不制定。各部门常规性、年度性工作安排，贯彻上级部门会议精神和工作部署的意见，一般不以市委、市政府或“两厅”名义批转或转发。一个单位就一项工作作出安排、提出要求，尽可能集中在一个文件中下达，避免重复行文。凡可采用电话传真等形式下达反馈的事项，不再正式发文。严格控制文件篇幅，除重大工作部署性文件外，一般不超过

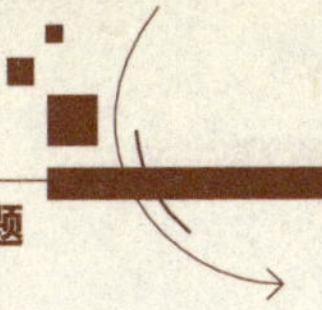

3000 字。

3 个月到 5 天变中求实效，效率提速 30%以上。天津市结合实际，采取多种措施，着力精简行政审批项目和审批程序，实行联合审批新机制，极大地提高了审批效率。

天津市行政审批大提速

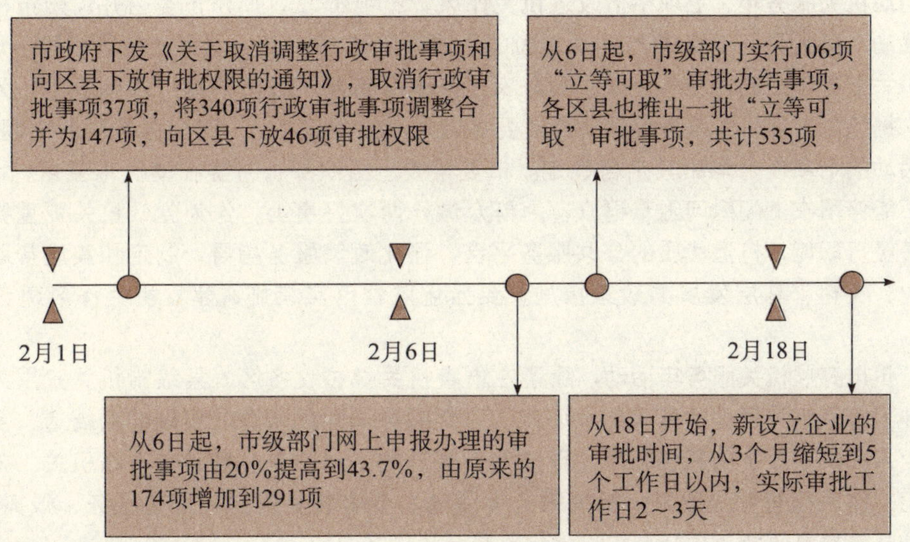

取消行政审批事项 37 项，不列入市本级行政审批事项 51 项，将 340 项行政审批事项调整合并为 147 项，向区县下放审批权限的行政审批事项 46 项。

在减少审批事项的同时，进一步简化审批手续，市级部门实行 106 项“立等可取”审批办结事项；网上申报办理的审批事项占全部审批事项的比例由原来的 20%提高到 40%，共 291 项；各类审批事项的承诺办结时限再缩短 30%以上，实际平均办理时限在 5 天以内。继续强化现场审批和联合审批；投资项目审批阶段的核准和备案全过程累计工作日，从原来的 42 天、30 天，分别缩减到 31 天、25 天；对新设立企业的审批时间，从原来的近 3 个月缩短到 5 个工作日以内。

市政府要求对改为备案的事项，坚决防止以备案的名义进行变相审批；对改为事后监管的，切实履行监管职能，建立健全后续监管制度；对交给中介机构等自律管理的，真正将事项交给社会团体、行业组织和中介机构进行自律管理，主管部门不得再进行审批；对下放区县部门审批的，迅速组织好上下衔接。确保下放的行政审批事项及时落实到位，下放到区县的行政审批事项都要进入同级行政许可中心实施“一站式”现场审批服务。

目前，行政审批大提速落实情况良好。市商务委审批事项精简 4 成，审批速度平均提高 61%，做到 100%现场审批；市卫生局审批事项全部开通网上申办；市劳动和社会保障局将 19 项审批事项精简为 11 项，审批要件由 93 件减少为 63 件。

广州：七举措改进机关作风，行批事项将再精简一半

2009 年以来，广州市提升政府效能可谓动作频频。继启动机关服务年活动，七项力举改进机关作风之后，又启动第四轮行政审批改革，行批事项将再精简一半。

启动机关服务年，七项举措改进机关作风。2 月 20 日，广州市委召开广州市机关服务年活动动员大会，市直 93 个机关单位的主要领导和 12 个区、县级市分管领导参加了会议。机关服务年活动以服务企业、服务农村、服务基层、服务群众“四个服务”为主要内容。据悉，开展机关服务年活动是市委书记朱小丹倡议的，“四个服务”的主题内容，以及活动的七项任务均由其亲自确定。市委常委、组织部长方旋在动员中要求，“四服务”不能停留在上门慰问困难群众，为群众做一两次好事上，作为党政机关更重要的是要认真履行职能，打造优质的公共服务平台，强化政策服务指导，制定和实施帮助和促进企业、农村、基层发展的政策措施。要强化监督落实措施，建立机关作风建设长效机制。

广州市开展机关服务年活动，除了在市直机关单位、各区、县级市机关开展外，还要延伸到市直机关管理的具有行政职能、公共服务职能的单位，要延伸到街道、乡镇和直接为人民群众服务的基层站所，形成上下联动的活动态势，务必使各级机关、公共服务部门的作风都有明显改进。机关服务年活动主要有转变作风、优化服务、狠抓落实、办事公开、提高效能、厉行节约、强化监督七项任务。

广州市机关服务年七项任务

任务	主要内容及相关安排
转变作风	重点解决领导干部作风不正问题，力争全市机关服务意识明显提升、机关效能明显增强、工作作风明显转变、办事效率明显提高，以作风的明显改进取信于民。上半年组织市直机关党组织负责人分组对各单位转变作风成效进行一次互评互学，检查督促转变作风整改措施的落实
优化服务	各机关单位要围绕全市发展大局和结合自身职能，在“四服务”中突出重点：服务企业，突出抓好“三促进一保持”；服务农村，突出推进城乡经济社会一体化；服务基层，突出工作重心下移；服务群众，突出为民办实事好事，把改进机关作风的成效直接体现在完善优化“四服务”的各项工作机制上。年底，各单位在机关服务年活动中立项实施的“四服务”实事，由基层和群众投票，评选出最受群众欢迎的机关惠民服务实事
狠抓落实	各单位要建立健全目标管理责任制，每一项需要落实的工作任务，都形成有领导分工负责、有承担责任部门、有完成任务目标、有具体工作措施、有明确时间进度、有检查督办和责任追究的落实工作机制，确保市委市政府各项工作部署的落实。2009 年下半年，由市领导听取分管工作责任部门汇报学习实践科学发展观整改落实方案有关工作任务落实情况

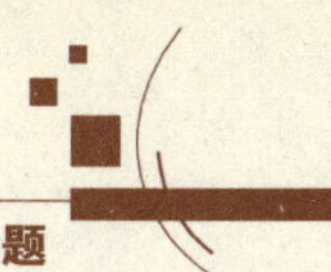

续表

任务	主要内容及相关安排
办事公开	上半年各单位对办事公开情况进行全面自查，凡按规定必须公开而未公开的、基层和群众要求公开而又可以公开的，都要进行整改，以方便基层和群众的适当方式予以公开
提高效能	各机关面向基层和服务对象的审批要“三减少一提高”，即减少审批事项、减少审批环节、减少审批时间，提高审批效率。推进网上办公、网上申报、网上审批、网上服务、网上办事，探索并联审批、集中行政许可等方式，提升机关工作效率和服务质量。年内组织一次行政审批项目清理，将市本级政府非行政许可审批事项减少或下放一半左右
厉行节约	全市机关要严格控制一般性行政经费支出，实行公务购车和用车经费、会议经费、公务接待费用、党政机关出国（境）费用、办公经费预算“五个零增长”。财政出资或国家机关主办的晚会、展览、庆典、论坛活动“四个减少一半”
强化监督	各级监察机构牵头对机关单位特别是窗口服务部门作风进行不定期明察暗访。各机关也要对自身的服务质量和作风进行抽查暗访，针对暴露出来的问题进行督促整改，并使之制度化、经常化。发挥人大代表、政协委员对机关作风的监督作用。建立和完善机关作风建设考核制度，把作风建设情况纳入党建党风廉政建设责任制考核范围，并将考核结果作为对部门目标责任制考核和领导干部政绩考核的重要内容

第四轮行政审批改革锁定三大重点，816 项行批项目精简 50%。1999 年以来广州进行了三轮行政审批制度改革，2700 项行政审批事项压缩至 816 项。3 月 2 日，广州市市长张广宁主持召开市政府常务会议，讨论并原则通过了《广州市开展新一轮行政审批制度改革工作方案》。《方案》提出，对现有的 816 项审批事项精简 50% 左右，科学合理“再造行政审批程序”，实行“并联审批”。张广宁强调，这次审批制度改革要与新一轮政府机构改革结合起来，以《珠江三角洲地区改革发展规划纲要》为指引，重点放在清理和减少审批事项，优化审批程序及时限上，以减项目、减程序、减时间，提高审批效率，加强审批监督作为改革的最终目的，建立公开、公正、高效、便民的行政服务体系，加快建设服务政府、责任政府、法治政府、廉洁政府和效能政府。4 月初，广州市政府正式印发《新一轮行政审批制度改革工作方案》，正式拉开改革开放以来第四轮审批制度改革的帷幕，显露出广州在这轮“先行先试”中再做“排头兵”的雄心。专家分析指出，这一次的审批改革，凸显出消减事项、减少层级和优化流程三大重点。

广州市第四轮行政审批改革三大重点	
三大重点	主要内容
消减事项	《方案》提出，现存816项审批事项要削减一半左右。其中除法律、行政法规、国务院决定另有规定，以及涉及国家安全和公共利益的事项外，对企业和证照的年检、年审一律取消；除法律、行政法规、国务院决定另有规定外，对职业技术技能的培训、考核活动，不再实行审批管理；对同一行政审批项目多部门、多环节审批的，按照相同或者相近职能由一个部门承担、其他部门配合的原则，予以调整
减少层级	方案按照减少审批层级，管理重心下移的原则，扩大了区、县级市政府权限。要求可以委托区、县级市政府及部门管理的事项，原则上都委托区、县级市政府及部门管理。既可以由市级政府实施，也可以由区、县级市政府实施的审批项目，依法下放到区、县级市政府
优化流程	在最终确定保留的行政审批及备案事项目录后，广州市政府还将进一步优化行政审批流程，对于需要多个部门分别实施审批且相互之间关联度大的事项，实行“并联”审批；明确审批的直接受理部门，由直接受理部门作为牵头部门负责受理，并抄告相关部门；明确每个审批环节的前后置条件、办理时限和责任；明确在规定期限内相关部门同步进行审核并出具批件，并向社会公示。此外，广州还将积极推行“网上”审批。完善审批业务网上办理的机制，明确网上审批的标准和规范，确保网上审批的合法性和有效性。降低公众网上申请审批事项的成本，到2010年年底，实现全市网上办理审批业务率达到80%

石家庄：开通房地产审批绿色通道，项目审批由60个工作日缩短为7个

为促进石家庄市房地产行业健康快速发展，保证城镇面貌“三年大变样”战略决策顺利实施，2009年1月，石家庄市政府出台了《石家庄市房地产项目联合审批绿色通道工作方案》。3月26日，石家庄市正式发布房地产项目联合审批新工作流程，标志着该市房地产项目审批绿色通道全面启动。根据石家庄市政府2009年2月和3月先后公布的《房地产开发行政审批及盖章项目清理情况》和《房地产开发收费（基金）项目清理情况》显示，该市计划将房地产项目开发盖章数从166枚削减到23枚；行政审批、办理等事项从147项削减到25项，房地产项目审批缩短为10个工作日。76项涉及房地产开发的收费（基金）项目保留17项（其中行政事业性收费项目7项、政府性基金项目3项、保证金项目2项、经营性收费项目5项），放开标准改为市场调节收费项目13项（含1项重新制定标准），取消、停止收费46项。

七个工作日完成新项目审批。石家庄市将房地产项目联合审批“绿色通道”设在投资促进中心政务大厅，所涉及的发改委、规划局等15个部门全部进驻，以市规划局、建设局的审批事项为主线，由投资中心牵头组织协调，涉及部门分阶段作为联审部门，以

“一门受理、许可预告、服务前移、联合会审、统一收费、限时办结”为原则，实施串并结合的联合审批工作机制。根据石家庄市房地产项目联合审批新流程规定，新建房地产开发项目审批分为规划用地、规划工程、施工、竣工验收四个阶段进行，涵盖13个主要节点，从项目申办建设用地规划许可证到项目开工建设，共计7个工作日（不含3天竣工验收时间），一改过去60天完成房地产项目行政审批事项。

服务前移，重点项目实施VIP代办制。石家庄市还按照提高效能的原则，大力减少审批前置条件，精减申报材料数量，特别是对部门审批中互为前置的要件进行了清理，由中心统一对项目负责，部门审批只审技术资料，相关证照及审批信息上传至中心工作网平台信息共享。调整前申报材料共计209项，根据省定方案调整后保留为67项（省保留70项）。同时，对重点项目实行VIP绿色通道代办服务制，凡是市政府确定的代办项目，一律由中心“VIP代办服务室”代办。所有要件审批按照“统一受理、提前介入、联合审批、信息共享、限时办结”的要求进行，切实解决项目审批中部门之间、项目之间互为前置的问题，杜绝两头受理，全程提供政策咨询并引导部门在项目审批中提前介入，力促项目尽快落地。

相关阅读

打造“透明政府”在路上

现代意义上的政府，必然是一座“玻璃房子”。政府的权力运作、决策过程让群众看得见，群众才会对政府产生信任感。2008年5月1日实施的政府信息公开条例，被舆论视为透明政府建设中的一个里程碑。党的十七大提出“让权力在阳光下运行”，自然也包含了建设“透明政府”的要求。而我国30年政务公开的实践有力表明，经由阳光政府走向法治政府，正成为进一步深化改革的重要路径。在这样的大背景下，各地纷纷打开大门，推倒高墙，正如歌词中所唱“我家大门常打开，开放怀抱等你”。在此，我们遴选五大典型案例，勾勒地方打造“透明政府”的最新进展。

杭州：政府从闭门开会到网络视频公开直播，“开放式决策”让民主领跑民生

2008年7月8日，6位市人大代表和政协委员及6位普通市民走进杭州市政府第30次常务会议现场列席会议，他们不但全程旁听决策过程，而且还可以参与讨论，毫无保留地发表自己的意见建议，并可以被吸纳进决策之中。至此，全程网络视频直播政府常务会议，邀请市人大代表和政协委员及市民代表列席会议成为一种常态。开放式决策，杭州在实践中创新探索，并且取得了成效。

所谓“开放式决策”，最核心的内容是，将市政府的常务会议扩大到政府官员之外，允许市民直接参与讨论，并通过网络进行直播，网民甚至可以通过视频接入会场发表意见。杭州市长蔡奇表示，以民主来促进民生，是该市一直在坚持做的事情。老百姓光有知情权还不行，还要有参与决策权。要从老百姓有权知道政府做什么，上升到参与决策政府要做什么。

11年前，杭州市就已经开始了“开放式决策”的探索之路。1999年，杭州制定《关于进一步完善全市经济和社会发展重大事项行政决策程序的通知》，提出“坚持决策民主化、科学化的原则，市政府对全市经济和社会发展重大事项的决策，要广泛听取人民群众和社会各界的意见，同时要认真征求市人大常委会、市政协及人大代表、政协委员的意见”。从此，杭州市在“开放式决策”路上不断尝试：国内首创了“12345”市长公开电话，成立了人民建议征集办公室、向社会公开征集为民办实事项目方案、建立市决策咨询委员会、邀请专家论证参与市领导重点调研课题等。2007年11月开始，杭州市政府将政府常务会议纳入“开放式决策”系统，邀请人大代表、政协委员列席会议。2008年4月，开始逐步实现网络直播，市民直接与会。数据显示，常务会议开放的一年当中，共有114位人大代表、政协委员，和54位市民列席了会议，并有69位网民通过视频参与互动。市民的意见被写进59项政府决策事项。

杭州市政府常务会议新突破

时间	新举措
2007.11.14	举行第17次常务会议，首次邀请6位市人大代表和政协委员列席。会后，市政府下发了《关于加强政府与人大代表政协委员联系的通知》，市政府在制定重要规划、方案、政策时，在对涉及群众切身利益、社会关注度较高事项进行决策时，应事前主动征求人大代表、政协委员的意见，并采纳相关合理建议
2007.12.11	市政府发出《关于对涉及群众切身利益的行政规章和公共政策实行事前公示的通知》，决定对涉及群众切身利益的行政规章和公共政策应当在正式决策前向社会公示，或在政府初步讨论后公示。公示时间一般为一周。对一些涉及面广、与群众利益密切相关的事项，在公示后，还应通过召开座谈会、听证会等方式进一步征求市民群众和人大代表、政协委员、民主党派人士的意见
2008.4.2	市政府举行第26次常务会议，此次会议打破常规，首次邀请中央、省级媒体参加，并通过“中国杭州”政府门户网站直播
2008.5.19	第28次市政府常务会议，在网络直播的基础上加入网民与市长视频互动环节，第一次实现了普通百姓可以“看”到会议的过程
2008.7.8	举行第30次常务会议，6位通过网络报名最后被甄选出来的市民代表出现在会上。他们以普通老百姓的身份第一次走进政府决策现场，充分直接真实地表达意见和诉求。自此，普通市民参与市政府决策活动进入常态化

出台政府文件，规范开放式决策。作为在全国第一个实行“开放式决策”的先行者，杭州政府的做法引起了全国专家学者的高度关注。2008年12月20日，十一位全国知名专家聚首杭州，肯定了杭州正在推行的开放式决策模式。专家一致认为，杭州市开放式决策是对社会主义民主政治的一种探索，也是深化行政管理体制改革的一项生动实践，走在全国前列。它不仅体现了以民为本的执政理念，更体现了新世纪对政府治理模式创新的要求，为拓宽政府决策空间，提高决策的科学化、民主化提供了重要的实践经验，具有合理性和可操作性，有较强的推广和借鉴意义。

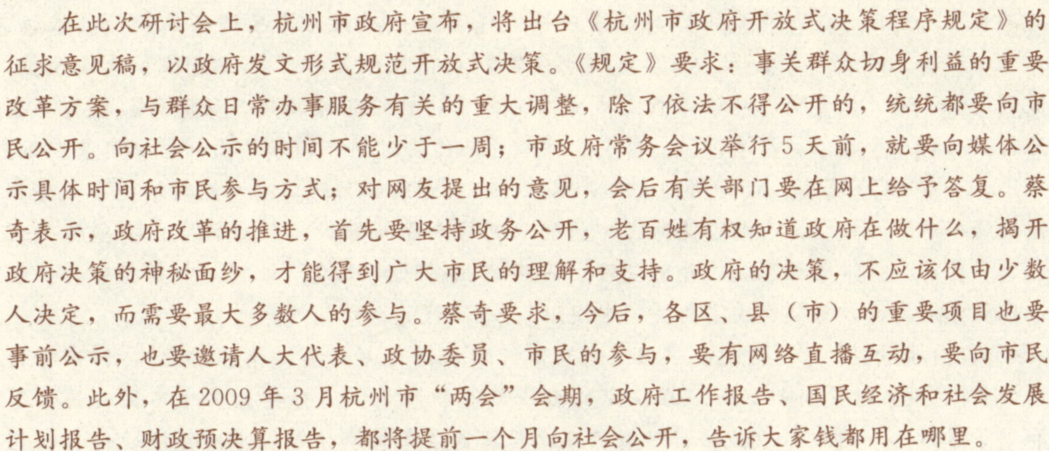

在此次研讨会上，杭州市政府宣布，将出台《杭州市政府开放式决策程序规定》的征求意见稿，以政府发文形式规范开放式决策。《规定》要求：事关群众切身利益的重要改革方案，与群众日常办事服务有关的重大调整，除了依法不得公开的，统统都要向市民公开。向社会公示的时间不能少于一周；市政府常务会议举行5天前，就要向媒体公示具体时间和市民参与方式；对网友提出的意见，会后有关部门要在网上给予答复。蔡奇表示，政府改革的推进，首先要坚持政务公开，老百姓有权知道政府在做什么，揭开政府决策的神秘面纱，才能得到广大市民的理解和支持。政府的决策，不应该仅由少数人决定，而需要最大多数人的参与。蔡奇要求，今后，各区、县（市）的重要项目也要事前公示，也要邀请人大代表、政协委员、市民的参与，要有网络直播互动，要向市民反馈。此外，在2009年3月杭州市“两会”会期，政府工作报告、国民经济和社会发展计划报告、财政预决算报告，都将提前一个月向社会公开，告诉大家钱都用在哪里。

南京：构建权力阳光运行机制，实现三大突破

近几年，南京市积极构建权力阳光运行机制，让阳光透视权力，走出了一条独具特色的权力阳光之路。2008年3月24日，南京市委副书记、市纪委书记陈绍泽称，构建权力阳光运行机制，创新政务管理运作模式，实现了三个突破：行政事项办理全上网，电子监察监控全覆盖，自由裁量权实现标准化运行。目前，该市权力阳光运行机制已基本形成了一、二、三、四的框架体系。

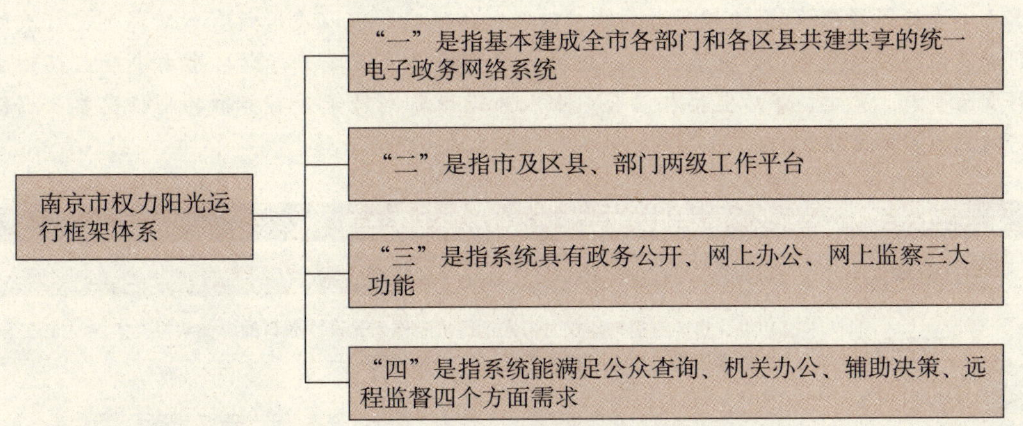

3731项行政权力全部编码公示，2147项“权力”被合并或叫停。2006年2月，南京市出台《加快电子政务建设，构建权力阳光运行机制的意见》，明确要求所有权力都需要清理、确认、公示，都要网上实时运行。经过2006年、2007年两轮清理审核，5878项市级行政执法事项最终核减到3731项，削减近40%；区县行政权力事项总数削减了50%。在对行政职权进行全面清理的基础上，编制了《南京市行政职权目录》，对全市所有行政执法事项进行了统一编码，使每项行政执法权都有了唯一的“身份”。全市54个行政部门的3731项权力的名称、编号、依据、内容，流程、时限、表单、办事指南等全部以规范的格式在网上公示。行政执法事项的办理过程和结果也能够直接在网上直接查询到。

政府用权群众“看得见”。构建权力阳光运行机制工作的亮点之一，就是编制权力运行流程图，岗位责任细化到人。对经清理核定保留的行政权力事项逐项确认行使依据、内容、程序、时限、责权等，科学合理地分解到具体执法机构、执法岗位和执法人员，做到流程清晰、权责明晰，从源头上减少人为因素，杜绝推诿扯皮。所有行政权力事项运行流程的每个环节、每个岗位、每个工作人员操作的时间和内容均由计算机记录在案。据悉，全市13个区县、54个部门全部开通短信、电话通知系统，自动及时地将事务办理情况通知申办人；申办人也可凭网上申请的序列号和密码及时上网查询申请事项的办理信息。目前，全市已经形成"外网受理、内网办理、外网反馈"机制，当事人和具体经办人员无须见面，有效解决了机关"中梗阻"、办事找关系等问题。

"自由裁量权"不再自由。根据《南京市行政处罚自由裁量权指导意见》，该市将行政处罚划分为14个标准环节，在法定的自由裁量权限内，再分解为若干不同处罚档次和若干种情形，建立行政执法标准数据库，根据违法事实和情节轻重由系统软件自动控制处罚幅度，有效限制了经办人员的自由裁量空间。通过电子手段和信息技术，切断了公务人员权力寻租的渠道，压缩了权力运行中的弹性空间，确保行政权力的廉洁运行。

"电子监察"网上巡逻。南京市建立了两级电子监察平台：一级平台为市"网上政务大厅"监察模块，由市监察局对全市行政权力网上运行情况进行实时监控和综合分析；二级平台为各部门、各区县电子政务系统监察模块，监督本单位行政执法事项的受理、承办、办结等情况。"电子监察"就像一双无形的眼睛，可以覆盖所有行政许可、行政处罚和其他行政权力事项，全面监督行政权力运行情况，实现了行政监察由事后监察为主转变为事前、事中、事后监察相结合，由人为弹性监察转变为有标准的刚性监察，确保行政权力在阳光下运行。

南京构建权力阳光运行机制工作进程一览

时间	举措
2005.6	市委、市政府把构建权力阳光运行机制作为先进性教育的中长期整改措施，成立了专题调研组，迈出了权力阳光运行机制的第一步
2005.7	市领导带领调研组先后到郑州、邯郸、广州、深圳、苏州等城市取经，分门类、分层次召开了多个座谈会
2006.2	市委、市政府印发《加快电子政务建设，构建权力阳光运行机制的意见》，组建专项工作领导小组
2006.5	制定出台南京市电子政务建设实施方案和电子政务建设的规范及标准
2006.6	市委、市政府召开全市动员大会，提出"一年明显见效，两年基本建成，三年巩固提高"的目标
2006.6	全国政务公开会议上，南京市作了重点发言。中央书记处书记、中央纪委副书记何勇，时任中央纪委常委、秘书长干以胜给予充分肯定

续表

时间	举措
2006.7～12	通过举行系列培训、推进会和现场会，首批40%的试点部门、区县通过验收，取得了明显成效
2007年初	中外主流媒体记者团对构建权力阳光运行机制进行了采访
2007.7	透明国际组织高级顾问兰斯多夫教授专程来到南京考察，对南京市构建权力阳光运行机制给予了积极的评价
2007.9	在全国政务公开工作电视电话会议上，南京作了重点发言，并被评为全国政务公开工作先进单位和示范点
2007.2～12	剩余60%的部门、区县完成系统的建设并通过验收。全市54个行政部门、13个区县权力阳光运行机制基本建成
2008.3	全国政务公开工作领导小组会上，南京市汇报了“构建权力阳光运行机制工作”

宿迁：全国官员博客最集中的城市

近年来，江苏省宿迁市着力在加强政务公开经常化、制度化、规范化上下工夫，全力打造“透明政府”，逐步形成了行为规范、运转协调、公正透明、廉洁高效的行政管理体制，推动了全市经济社会事业的快速发展。

《网上宿迁》开通领导“政务之声”。“以共鸣求和谐”，正是“政务之声”创办的初衷。2006年10月23日，宿迁市委书记张新实引来几十万点击的第一篇博文——《关于宿迁人行为举止细节问题》之后，当月，在市文明办组织下，宿迁就掀起公共场所文明规范行为的大讨论等活动。同年11月，宿迁市委、市政府的官方网站《网上宿迁》开通了领导集体博客“政务之声”，宿迁市305名副处级以上干部开通博客，发表各类文章2700余篇，被《人民日报》誉为“全国官员博客最集中的城市”。2007年9月，在市委、市政府的直接指导下，宿迁开展了“百件实事网上办”活动，市教育局、劳动局、民政局、交通局等21个具有公共服务职能的市直单位在网站上开设了“网上实事”栏目，汇总整理服务事项，方便市民办事查询。此后，《网上宿迁》又陆续开通大学生村官博客、政府新闻发言人博客、市民博客等。到目前为止，已有500多人在《网上宿迁》开博，原创博文4000多篇，点击量几千万人次，跟帖上万条。近一步拉近了领导与群众之间的距离，拓宽了干群沟通渠道。特别是2003年把政府门户网站和公众网络平台结合改造为《网上宿迁》，设置了“宿迁要闻”“部门信息”“县区动态”“信息简报”“公众论坛”“咨询投诉”等栏目，网站日均访问量近2万人次，全年访问量达500万人次。2007年，由国务院信息办牵头主办的“第六届（2007）中国政府网站绩效评估”结果，《网上宿迁》在全国333个地级城市中排名第58位，已成为市民获取政府信息的重要窗口、政府为民办事的服务平台。

打造公开透明民主决策的政府形象。宿迁市政府历来高度重视政务公开，专门成立公开领导小组，及时制定政务公开和政府信息公开实施方案和工作指南，建立完善了《宿迁市政务公开工作考核和责任追究办法（试行）》，把政务公开工作作为党风廉政建设责任制和领导干部年度工作考核的一项重要内容，纳入到对县（区）和市直部门的两个文明考核中。与此同时，市委、市政府及时调整充实了市推行政务公开和政府信息公开领导小组，由常务副市长牵头，并将领导小组办公室设在市政府办。

宿迁市市级行政服务中心是宿迁最繁忙的政府机构，目前宿迁市市级行政服务中心已有38个部门、单位110名工作人员进驻，设有70个审批服务窗口。宿迁所有审批服务项目都进中心办公、中心窗口成为部门实施行政审批的唯一窗口。同时，中心审批权限一步到位，对窗口首席代表充分授权。行政服务中心既是“接待型窗口”，又是“审批服务窗口”。宿迁市市级行政服务中心为进一步抓好服务手段的创新，逐步实施“双章制”“一审一核”制，力争做到既“挂号”，也“看病”，同时也做到了人进、事进、权进。对审批标准明确、程序简便的审批事项按即办的要求由审查员或核准员一人完成全部审批环节；审批环节从受理、审查、现场勘查、审核签发、制发批文、打照制证、盖章等均在“中心”窗口完成，禁止将审批事项受理以后，转回审批部门后方办理。逐步建立重大项目全程委托、特办制，对国、省市属重大项目、市招商引资重点项目，在符合总体规划、交清所有规费的前提下，由市行政服务中心委托窗口盖章认可，可先行开工。

值得一提的是，2008年5月16日召开的宿迁市政府三届三次常务会议首次通过市政府门户网站全程进行现场视频直播。而且通过网络留言平台和两部热线电话，市民可以直接参与讨论，提出意见和建议。市委书记张新实表示，今后宿迁市政府常务会议只要研究社会普遍关注的、涉及面广的民计民生问题，原则上都要通过网络视频进行直播，视频录像要上网供社会各界查看。而事实上，宿迁的“透明政府”形象，已经得到了广大群众和社会各界的认可。近年来，宿迁市委、市政府提出，凡与经济、社会管理和公共服务相关的政府信息都第一时间主动予以公开，保障和提高群众的知情权、参与权、表达权和监督权。可以说，“透明政府”工程正在潜移默化地改变政府的执政能力和社会管理形态，而政府在透明化生存的同时，也日渐成熟、自信起来。

昆明：公布领导干部7355部工作电话，168名责任人不接听电话被通报批评

2008年2月16日，云南省昆明市通过新闻媒体，正式向社会公布了副县级以上党政部门领导干部的职务、分工和工作电话号码。2月19日，昆明市委办公厅、市政府办公厅联合发文，对公布的领导电话，有关人员不认真接听，责任人将被问责。昆明此举将官员透明化推至前台，被舆论视为我国民主政治建设的一个典型个案。2009年1月13日的《人民日报》就其实施情况进行了回访。

10个电话接通9个。记者随机拨打了10位领导干部的公务工作电话，包括昆明市委书记仇和、市长张祖林，与民生密切相关的市环保局、市劳动和社会保障局等单位相关负责人。其中，接通9个，无人接听1个。据悉，各部门接听和处理群众来电的形式大致相同。即领导干部在办公室时，由领导干部亲自接听；领导干部外出时，由其秘书或办公室工作人员接听，详细记录来电信息，并及时向领导汇报情况，或转交其他相关部门

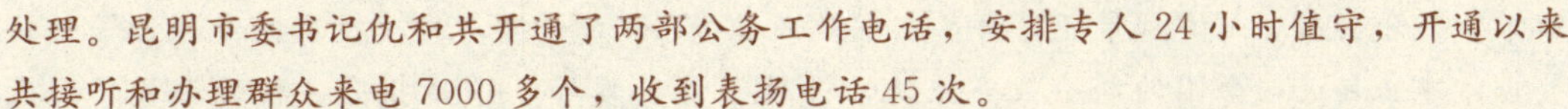

处理。昆明市委书记仇和共开通了两部公务工作电话，安排专人24小时值守，开通以来共接听和办理群众来电7000多个，收到表扬电话45次。

100%受理和反馈。昆明市政府要求对接听的电话，做到“件件有落实、事事有回音”。数据显示，截至目前，全市各级领导干部公务工作电话共接听市民来电46296个。其中，建议类2868个，投诉类3731个，咨询类27082个，求助类2492个，其他类10123个。办结42606个，办结率92.03%，对群众来电做到了100%受理和反馈。昆明市经济社会发展软环境建设领导小组办公室还先后对领导干部公务工作电话接听情况进行了9次抽查，对上班时间不接听电话的168名责任人在全市范围内进行了通报批评，对多次拨打无人接听电话的5名领导干部进行了诫勉谈话。

全市公布领导干部公务工作电话总数达到7355部。据各部门普遍反映，电话公布后，受到市民的积极回应，普通市民拨打骚扰电话的情况较少。但外省市推销图书、礼品、会展等骚扰电话较多。据悉，继公布859部副县级以上领导干部的公务工作电话后，昆明市又公布了市人大代表的438部、市政协委员的451部，以及14个县（市）区副科以上领导干部的5607部公务工作电话，使全市被公布的领导干部公务工作电话总数达到7355部。并与电信、移动联合开通了领导干部公务工作电话查询业务。

邯郸：行政权力运行实现全程动态公开

2005年以来，作为河北省推进行政权力公开透明运行工作的唯一试点市，邯郸市从规范行政权力入手，编制了国内首份“市级政府行政权力清单”。同时，他们搭建公开载体，强力推进电子政务，畅通政府与群众互动渠道，实现行政权力运行全程动态公开，取得了阶段性成果。继2006年6月全国“推进行政权力公开透明运行、深化政务公开工作座谈会”在邯郸召开后，在2008年11月18日于南京市召开的全国深化政务公开经验交流会上，邯郸市做了典型发言。

抓住行政权力决策、执行、结果等主要环节，通过多种形式进行全程公开。2007年，邯郸市首先在市级选择了“重大事项审计”“城市道路改扩建”等12项重要权力，在19个县（市、区）选择了“使用国有建设用地”“设立外资企业”等194项重要权力实行动态公开，并逐步向市直部门延伸，先后选择了210项重要权力实行了动态公开。2008年，该市将行政权力全部纳入动态公开，通过行政权力公开透明运行网、视频点播系统、新闻发布会等形式全方位公布于众。入驻市行政服务中心的行政许可权每个运行步骤，都在电子公务监察系统中记录在案，自动生成运行台账。该市还在市国土局等12个部门，对重大行政许可、行政处罚事项实行中层以上干部“会审”决策制度。在市、县政府推行了政府常务会议“旁听制”，让群众参政议政，促使权力在阳光下运行。

创新载体，建立有利于权力运行动态公开的三个平台。一是利用行政服务中心平台，建立统一登记受理制，实行首席代表负责制，完善项目并联审批制，大大缩减了审批时间，提高了审批效率。二是打造动态公开网络平台，大力推进电子政务。邯郸市充分发挥网络快捷高效、透明度高的特点，先后在政府采购、产权交易、建筑工程招投标、土地招拍挂、住房公积金等重点权力事项办理中运用了网络技术，基本实现了网上受理、审批、公开和监督。邯郸市还结合落实《政府信息公开条例》，对“政府门户网站”优化整合，建立起连接全国的电子服务系统，开展了信息发布、项目推介、投资引导、网上下载等业务，有效地推进了权力动态公开。三是建立了政民互动中心，构建政府与社会公众网上互动平台。政民互动中心实行统一受理、归口办理、限时办结、结果反馈、网上监督的“闭合式”工作流程，配备30余人，24小时在线服务，群众通过热线电话、手机短信、电子邮件、邯郸论坛等多种渠道，对全市各级政府及其部门的政务活动进行咨询、建议和投诉。目前，邯郸市政民互动中心日均接收信息1890件，回复率达92%。为扩大政民互动范围，邯郸市还利用电视覆盖面广、收视率高的特点，开通了市级政务公开视频点播系统，全天候公布相关信息。目前该系统已覆盖全市乡村，群众点播次数已达7.6万余次，大大方便了偏远地区群众知情办事。

制度建设是推进行政权力公开透明运行、实现动态公开的重要保证。邯郸市在制定《行政权力公开透明运行管理办法》《投诉受理办法》和《责任追究办法》的基础上，不断创新制度，如完善民主评议制度，建立电子动态监督制度，实行绩效考核评估定级制度等，逐步完善长效机制。

资源城市转型：战役学阜新 战略学焦作　战术学白银

继2008年3月确定首批12个资源枯竭城市之后，2009年3月5日，国务院又确定了第二批32个资源枯竭城市。中央财政将给予44个城市财力性转移支付资金支持。国务院要求，资源型城市的可持续发展工作由省级人民政府负总责，并强调省级人民政府要切实加强对资源型城市可持续发展工作的领导和支持。同时要求资源枯竭城市要抓紧制定、完善转型规划，提出转型和可持续发展工作的具体方案，进一步明确转型思路和发展重点，切实做好相关工作，用好中央财力性转移支付资金，为保增长、促协调，为全国资源型城市的经济转型和可持续发展探出一条新路。

我国资源枯竭型城市分布示意图

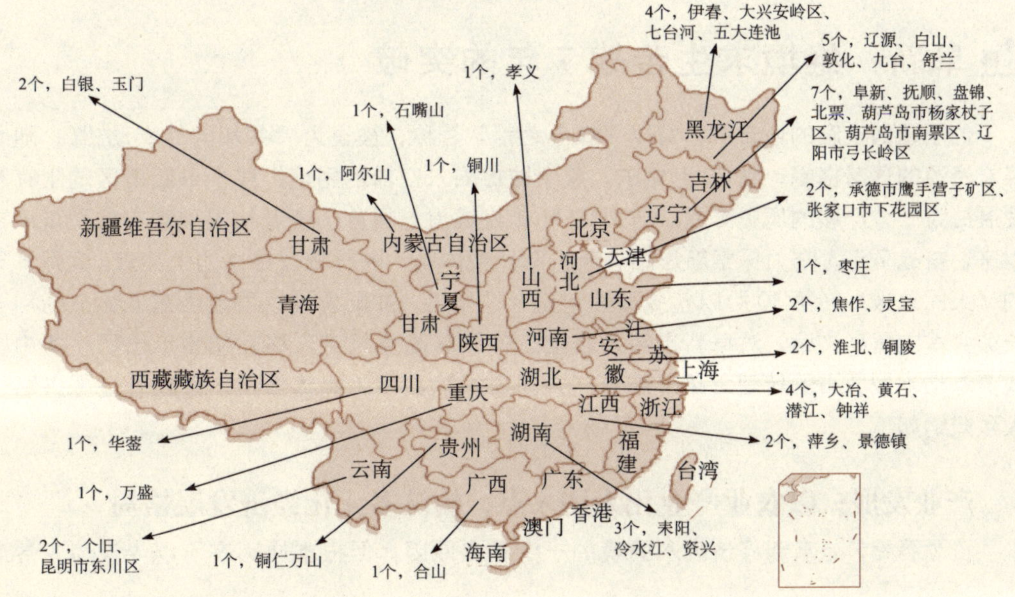

我国资源城市转型大事记

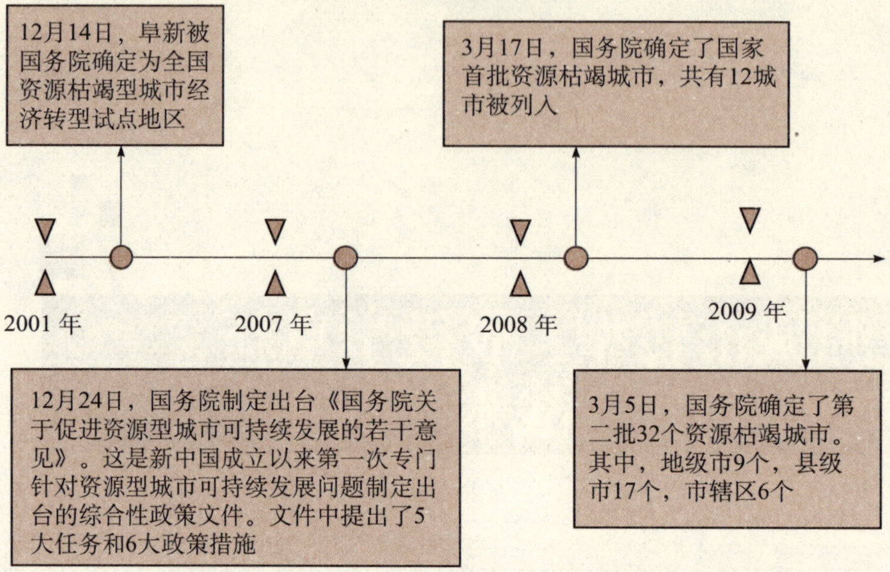

根据中央安排，2010年前，资源枯竭城市存在的突出矛盾和问题可得到基本解决。随着2010年迫近，人们密切关注资源型城市转型取得的成效。这些城市是否能够顺利实现基本转型？是曙光初现还是困难重重？在过去几年中，资源型城市转型试点探索出怎样的模式？这场涉及社会、经济、观念的全方位改革，究竟该如何实现？为此，我们遴选在资源型城市转型过程中取得重大突破的阜新、焦作、白银三个城市做样本，剖析其转型模式，梳理其发展路径，以期总结提炼具有共性的经验和做法，为各地提供借鉴和参考。

阜新：绝境求生苦战7年的突破

位于辽西走廊的阜新市，曾以“煤电之都”著称，被誉为“共和国的发动机”，随着煤炭资源的逐渐枯竭，到20世纪末，整个城市陷入空前的困境，整个阜新地区的生存和发展成为一个严峻的历史难题。自2001年年底成为全国首个资源枯竭型城市转型试点市以来，奋战7年，奋力探索新思路、新机制、新体制，取得转型振兴的大突破。3月6日的《人民日报》在第10版以整版篇幅刊登专题报道，并配发国家发改委东北振兴司副司长彭会军的署名文章，对阜新市经济转型工作予以高度肯定，称其初步走出了一条中国式资源枯竭型城市的转型之路。综合《人民日报》及相关媒体报道，阜新转型振兴路径大致归纳如下。

产业发展：以农业产业化为切入点，构筑多元化经济发展格局

资源萎缩，是阜新经济陷入困境的一个重要原因，但根本原因在于以煤炭为主导产

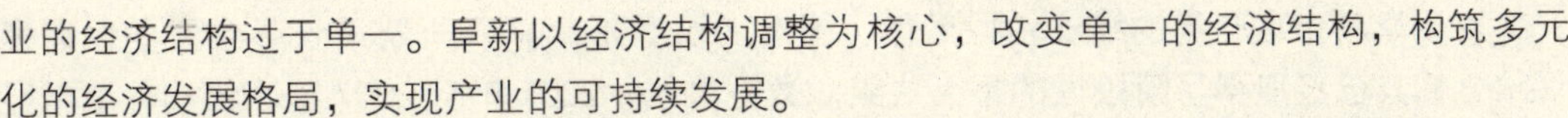

业的经济结构过于单一。阜新以经济结构调整为核心，改变单一的经济结构，构筑多元化的经济发展格局，实现产业的可持续发展。

经济转型之初，阜新市委、市政府结合该市的宜农优势及可持续发展的需要，将发展农产品加工业作为继煤电产业之后的重要接续产业来抓，重点发展农业产业化经营，推进现代农业发展，逐步形成一、二、三产业协调发展的产业结构。大力培育和引进龙头企业是阜新发展现代农业、进行农副产品深加工的重要思路。数据显示，几年来，全市共引进培育龙头企业 70 多个，河南双汇、内蒙古伊利、山东六和等一批大型龙头企业落户阜新。在龙头企业的带动下，阜新形成了 14 个农业产业化链条，安置 1.5 万人就业，拉动 27 万农户从事基地建设。现在，全市规模以上农产品加工龙头企业产值占规模以上工业的比重比转型前提高 14.6%；亿元以上龙头企业占地方亿元以上工业企业比重达到 36.7%。

此外，阜新依托比较优势，加速产业聚集，培育壮大一批优势特色产业。重点培育壮大装备制造配套、新型建材、精细化工、新型电子、玛瑙加工、北派服饰“六个优势特色产业”，规划建设了 5 个工业园区和 20 个产业园，促进了优势特色产业呈集群化发展。

狠抓民生：让人可持续发展

经济转型，民生为大。因此，阜新在转型的每一个设计上都把民生问题考虑进去，在转型的每一个过程中都对民生问题重点解决，使转型的每一个成果都惠及更多的人民。数据显示，7 年来，阜新城市居民人均可支配收入由 4327 元增加到 10100 元，年均增长 12.9%。

阜新市资源转型过程中的民生举措

方面	措施
就业	对就业目标优先安排，优先考核，优先奖惩，在上项目、发展经济上都优先考虑就业。在建设现代农业园区等 10 个方面拓宽就业渠道，创造了大量的就业机会。还发动各方面力量，共同抓好“零就业家庭”、沉陷区治理搬迁失业人员、棚户区改造下岗失业人员、“4050”人员等就业困难群体就业。通过提供就业支持和优惠政策，鼓励劳动者自谋职业和自主创业。推进普惠制就业培训，共培训下岗失业人员 10.5 万人，培训就业率达 60%以上
住房	从 2002 年起，启动实施了总投资 10 亿多元的采煤沉陷区一、二期治理工程，2.6 万多户沉陷区居民迁入新居。从 2005 年开始，启动实施了棚户区改造工程。两年共投资 30 亿多元，新建住宅楼 272 万平方米，8.2 万户棚户区居民圆了住楼梦
社会保障和救助体系建设	抓住国家在辽宁进行完善社会保障体制试点的机遇，加快构筑城镇社会保障体系，目前城镇职工基本养老保险制度基本完善，近 25 万名退休职工养老标准得到了提高。阜新还启动了“友爱阜新”建设，在全市开展“送温暖、献爱心”“蓓蕾生命救助行动”“爱心助学”“义工奉献”“爱心互助超市”“青年志愿者行动”等系列活动，促进了社会安定和谐

对于阜新市这些年的经济转型工作，国家发改委东北振兴司副司长彭会军予以高度评价，称其已经取得了阶段性的重大成果。数据显示，2001年至2007年6年间，阜新经济结束了“九五”时期低速徘徊的局面，实现了历史性跨越，地区生产总值年均增幅高达16.3%，曾连续3年居辽宁首位。更重要的是，在经济快速发展的同时，阜新产业结构发生了深刻变化：以煤电为主的单一产业结构得到调整，食品及农产品加工业、装备制造业配套、新型能源产业及精细化工等优势特色产业为主的多元化工业经济结构初步形成，非煤产业的比重上升到近90%，经济发展后劲明显增强。

2007年12月19日，中共阜新市委召开十届五次全会，宣布：阜新转型振兴从2008年开始进入第二阶段。市委书记姚志平表示，将以“突破阜新”为主线，以保持经济平

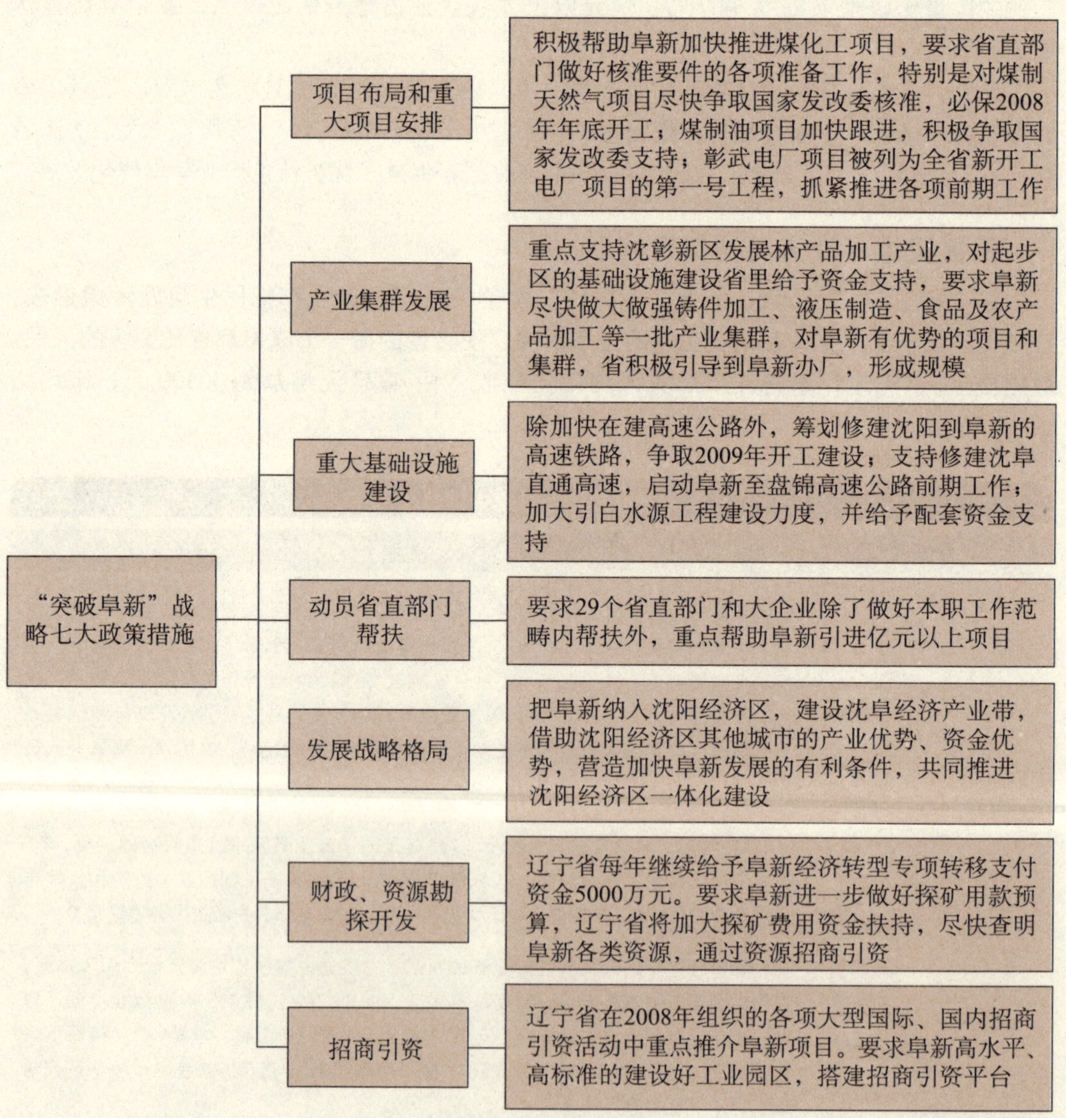

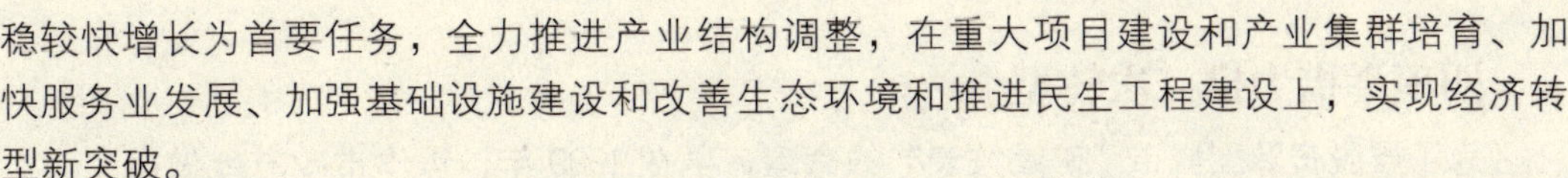

稳较快增长为首要任务，全力推进产业结构调整，在重大项目建设和产业集群培育、加快服务业发展、加强基础设施建设和改善生态环境和推进民生工程建设上，实现经济转型新突破。

2008 年年初，辽宁省新一届领导集体为积极推动资源型城市转型和可持续发展，明确提出实施“突破阜新”战略，举全省之力“突破阜新”，构建省直部门、重点企业帮扶阜新的机制，在资金、产业布局、招商引资等方面为阜新转型向更高层次迈进提供动力。

2009 年 3 月 10 日，辽宁省发改委公布了辽宁省委、省政府为突破辽西北所出台的六条政策，意味着包括阜新、铁岭、朝阳三市的突破辽西北战略全面启动。同时，还建立了帮扶机制，沈阳、大连、鞍山将分别帮扶阜新、朝阳、铁岭市，在园区建设、项目和人才引进、人才培训等方面实现优势互补、利益共赢。“突破辽西北”的重点在阜新，可以说实施“突破辽西北”战略，是阜新发展上的又一次重大历史机遇，是“突破阜新”的继续、扩展和延伸，无疑将为推进阜新转型振兴提供可靠保证和强大动力。

突破辽西北战略的六条“高含金量”政策

序号	政策
1	从 2009 年至 2013 年，省财政每年将安排三市各 1 亿元支持辽西北地区市县重点工业园区基础设施建设
2	支持辽西北地区矿产资源勘查
3	从 2009 年春季开始，辽西北地区初中毕业生根据本人意愿。将有计划地安排到沈阳等市接受职业教育，财政还将安排资金用于学生生活补助和助学金
4	2009 年至 2012 年，省财政每年安排专项资金，用于辽西北绿化工程
5	省里安排的基本建设资金、支持设施农业发展资金、企业技术改造贴息资金、支持县域经济发展产业项目贴息资金等各类专项资金，都要向辽西北地区倾斜
6	从 2009 年至 2012 年，省财政对辽西北地区各县农村九年一贯制学校建设补助资金，在每所补助 200 万元的基础上，再增加 100 万元

焦作：“黑”与“绿”的切换

河南省焦作市，这座百年煤城，与绝大多数资源型城市一样，也是计划经济时期的工业骄子之一；在市场经济初期陷入困境，被迫走上艰苦的转型之路。经过十几年的艰苦努力，焦作成功实现了由“黑色印象”到“绿色主题”的成功转型。焦作转型的重要经验在于，在资源尚未枯竭时就开始未雨绸缪，积极寻求转型升级之路。这个长达十几年的转型过程其实就是产业不断升级、经济结构不断调整的过程。

四项举措力推二次转型

为了摆脱资源型城市"矿竭城衰"的命运，早在1999年，焦作市政府就做出了第二次转型的战略决策，其实质和核心是"依靠技术进步，优化经济结构，提高经济增长的质量和效益"。在推进资源枯竭型城市转型中，该市始终注重突出产业结构调整这条主线，着力调优第一产业，调强第二产业，发展第三产业。为确保转型顺利进行，焦作市政府采取了一系列措施。

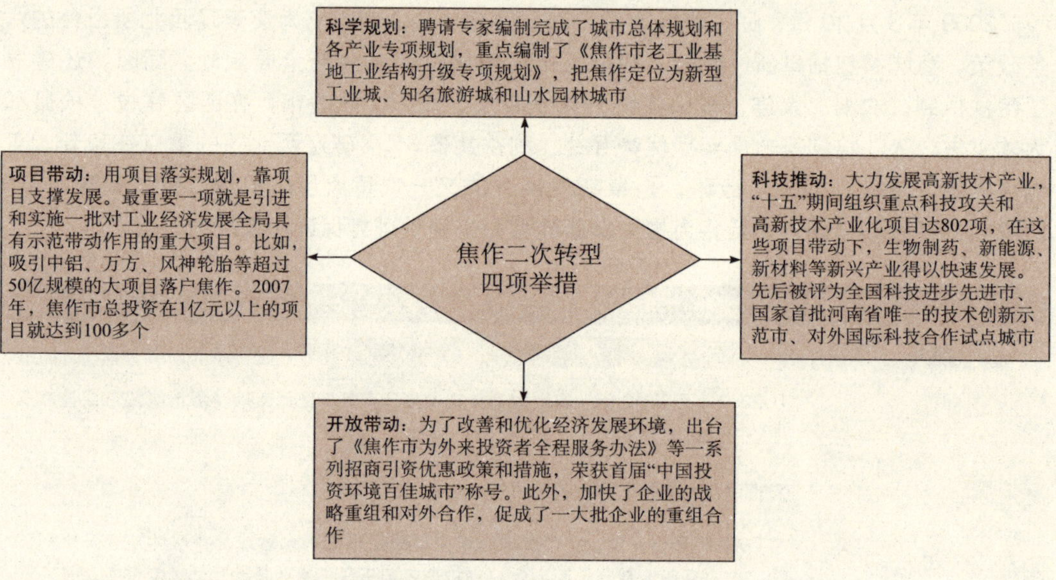

大打"山水牌"旅游业声名鹊起，被业界誉为"焦作现象"。以旅游业作为突破口，加快第三产业发展，是焦作推进城市转型的重要一环。从1999年开始，焦作开始把目光由地下矿产资源转向地上山水资源，提出要把人文、自然、社会景观相结合，把山水作为主打。焦作先后投资36亿多元，开发建设焦作山水峡谷极品景观，现已形成了五大景区和十大景点的大旅游格局。为叫响焦作山水品牌，市财政每年拿出500万元资金用于旅游宣传促销。焦作山水通过旅游大篷车、国际太极拳年会、山水旅游节、红叶节等多种大型宣传推介活动，引来了国内外的数千万游客。截至目前，该市先后获得了"中国城市旅游竞争力百强城市""中国优秀旅游城市""最佳休闲旅游城市"和"中国旅游魅力城市"称号，国内首家旅游研究基地也在焦作成立。2007年，焦作旅游综合收入达到93亿元，占GDP比重由1999年的不足1%提高到2007年的11%。第三产业占地区生产总值的比重为25.7%，实现增加值219.8亿元，增长12.5%。如今，"焦作山水"声名鹊起，而焦作旅游业的惊人发展，更被业界誉为"焦作现象"，蜚声海内外。

蓝图绘就，转型再发力。经过十几年的艰苦努力，焦作市的三次产业结构得到了极大优化：农业产业化步伐加快，形成了优质粮食、奶业、林浆纸、怀药4大主导产业和蔬菜、水果等特色农业基地；工业基本形成了5大支柱产业；以旅游业为主的第三产业发展迅速，2007年焦作的旅游业综合收入占GDP比重达10.9%。而今，焦作市已经旧貌换新颜，但转型之路仍将继续。

2009 年 2 月中旬，焦作市委书记路国贤在接受媒体采访时称，要从根本上增强发展的后劲，必须在努力保持经济平稳较快增长的同时，把优化经济结构、促进产业升级、加快自主创新、强化节能减排作为促进发展的切入点和着力点，坚决避免以单纯保增长延缓转型步伐，或者为保增长而走回头路重复建设。2 月 27 日，《焦作市资源枯竭型城市转型方案》获原则通过。据悉，《方案》明确了生物、铝工业、煤盐化工、汽车及零部件、装备工业、农产品加工六大战略支撑产业以及旅游、文化、金融和现代物流四大服务业的发展方向、发展重点和具体目标；指明了推动城市功能转型、切实改善民生、完善社会保障、加快社会事业发展的具体内容和措施；提出了如何通过发展循环经济、加强生态保护和节约利用土地来提高可持续发展能力，具有较强的指导性和可操作性。该方案修改完善后，将尽快出台。

白银：科技主导的新模式

甘肃省白银市，犹如其熠熠闪光的名字一样，曾经走过了辉煌的历程。然而经过 50 多年的开采，白银已探明的铜资源濒临枯竭，成为典型的资源枯竭型城市。面对资源枯竭型城市转型这一世界性难题，2005 年以来，白银市不等不靠，创新发展理念，通过“四个结合”，实现了“六个转变”，被新闻媒体和专家学者总结为资源型城市转型的“白银模式”。其具体做法是：

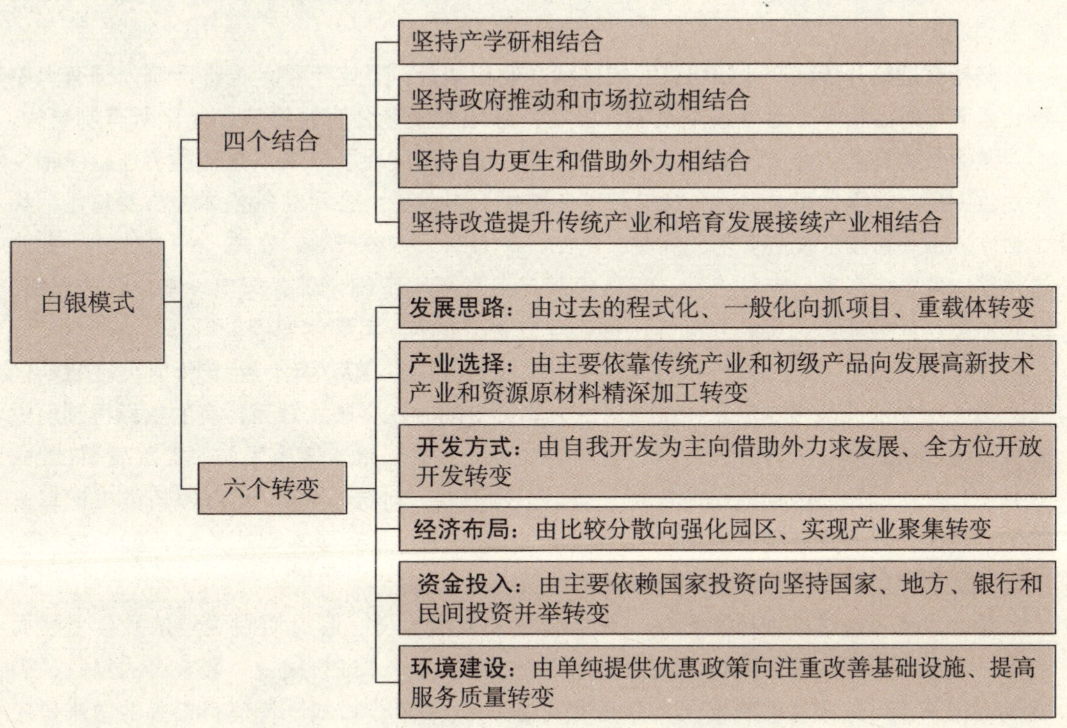

坚持产学研相结合。打科技牌、走科技路，依托中国科学院建成了中科院白银高技术产业园，为推进产学研联合搭建了重要平台。围绕建设创新型白银，重视各类人才在转型中的支撑作用，提升了产学研结合水平。着力推进院地院企合作，全市已建立省级工程技术研究中心3个，省级企业技术中心5个，建立博士硕士研究生工作站4个，拥有各类技术研究开发和技术推广机构410多个，科技服务中介机构218个，先后与国内外189家科研院所和高等院校建立了合作关系，合作项目达到218项，获取了一批核心技术和自主知识产权，明显增强了区域创新能力。

坚持政府推动和市场拉动相结合。充分发挥政府“有形之手”和市场“无形之手”两方面的作用，坚持政府主导转型，发挥现有产业的基础优势、独有资源的比较优势，以高新技术为统领，一手抓传统产业改造提升、一手抓接续产业培育发展，一手抓矿业、一手抓非矿产业，不断整合和完备产业体系，提出并实施了“八大支柱产业”，有效提升了白银的产业水平。2007年，“八大支柱产业”完成增加值87.27亿元，占全市生产总值的42.1%。充分发挥市场配置资源的基础性作用，努力营造良好环境，按照产业链多层次、大规模开展招商引资活动。2005年以来，全市招商引资项目开工建设426个、竣工276个，完成投资71.73亿元。

坚持自力更生和借助外力相结合。抓项目促转型，2005年以来实施投资50万元以上的在建项目2134个，完成投资265.5亿元，建成了一批国债项目和省级重大项目。强化对企业的服务，全心全意为企业出主意、解难题、谋发展，切实改善软硬环境，着力引强入银，中信集团、大唐风电、上海银沪等一批国内知名企业落户白银，拓宽了白银的产业领域。

坚持改造提升传统产业和培育发展接续产业相结合。坚定不移地推进区域内国有大中型企业破产重组和中小企业改革改制，坚定不移地发展非公有制经济，优化所有制结构，引导激活各类要素，增强区域经济活力。推动白银公司实现了与中信集团的合作，中铝控股白银铝厂，靖煤公司重组长风特电和准备整体上市，稀土公司准备整体上市并与包钢稀土合作。用高新技术改造有色、煤炭、化工、电力四大传统产业，实施了一批传统产业改选项目。着力培育多元支柱产业，促进接续产业发展，精细化工、风电设备、医药器械、车辆制造、新型能源、食品加工等一批新型产业已展示出良好的发展前景。

几年的艰苦努力，使白银市避免了矿竭城衰的局面。2007年，生产总值突破200亿元，工业增加值突破100亿元，城镇居民人均可支配收入突破1万元，有的指标再创历史新高。在经济发展不断提升的同时，社会各项事业也得到稳步健康发展。实践表明：“白银模式”其中的重要内涵就是“自主创新、不等不靠、科技领先”。用白银市委书记袁占亭的话来说，政府是转型的主导，企业是转型的主体，干部是转型的关键，群众是转型的基础，项目是转型的载体，创新是转型的灵魂。

总之，资源型城市可持续发展，是当前和未来相当长一段时期我国经济社会发展面临的一项重大课题和紧迫任务。对比上述三大成功模式，“阜新模式”最宝贵的经验是因地制宜构筑多元化经济发展格局，并高度关注民生；“焦作模式”最值得借鉴的做法是未

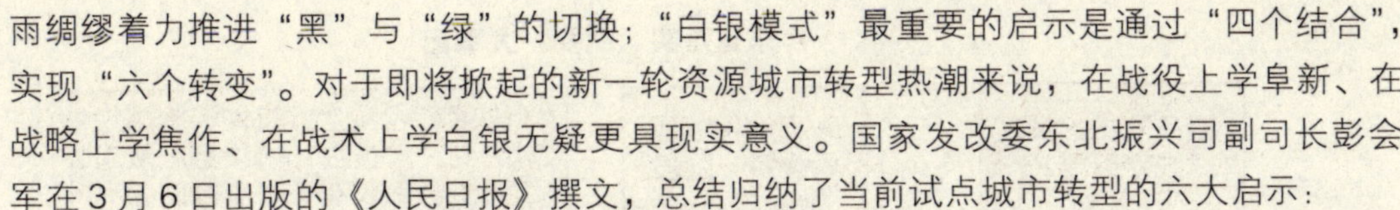

雨绸缪着力推进“黑”与“绿”的切换；“白银模式”最重要的启示是通过“四个结合”，实现“六个转变”。对于即将掀起的新一轮资源城市转型热潮来说，在战役上学阜新、在战略上学焦作、在战术上学白银无疑更具现实意义。国家发改委东北振兴司副司长彭会军在3月6日出版的《人民日报》撰文，总结归纳了当前试点城市转型的六大启示：

一是把握转型的最佳时机，未雨绸缪是十分必要的。研究和实践都表明，能够在资源型城市发展的成熟阶段主动转型可以比较平稳地、以较小的代价实现资源型城市的可持续发展。

二是必须因地制宜、科学地选择转型产业。资源型城市的产业发展应由单纯地注重资源要素向注重多元要素转变，实践证明，只有实现产业结构的多元化和三次产业的协调发展，才能避免“矿竭城衰”的局面。

三是产业转型必须与解决就业问题相结合。资源的衰竭伴随着大量工人的下岗，因此转型产业中既要有可以带动地方发展的龙头企业，也必须发展诸多能够充分吸纳就业的劳动密集型产业。

四是产业转型必须注重各类人才的培养。很多城市也想在资源以外的产业方面有所发展，但往往苦于人才的匮乏最终又搞起了资源型产业，因此要通过各种渠道挖掘和培养不同类型的人才。

五是必须坚持自力更生、艰苦奋斗和国家政策措施支持相结合。对于面临诸多问题的资源枯竭型城市而言，国家的政策措施是走出困境的有力支撑，而政策措施也必须通过资源型城市自身不懈的努力才能取得良好的效果。

六是尽快建立健全促进资源型城市可持续发展的长效机制，是我国资源型城市经济转型实现可持续发展的关键。其核心内容是建立资源开发补偿机制和衰退产业援助机制，完善资源型产品价格形成机制，为资源型城市可持续发展提供制度保障。

相关阅读

珠三角：大气魄、大思路、大成果

2009年是《珠三角改革发展规划纲要》的开局之年，广东快马加鞭推动纲要落实进程。《纲要》发布初，广东省委书记汪洋及省长黄华华随即召集珠三角九市领导开会，订明将落实《纲要》纳入干部考核体系之内。3月底4月初，从佛山出发，以广州“收官”，珠三角九市“当家人”聚首考察九市，连开九场现场会，从西岸到东岸，横跨珠江画了一个圈，督促珠三角各市采取共同行动。紧随其后，广东发出总动员令，出台三步走实操方案，贯彻落实《纲要》，“科学发展，先行先试”剑已出鞘！在省委、省政府紧锣密鼓展开部署的同时，广州、深圳等珠三角各市也加快推动落实步伐，一体化进程明些提速。正如汪洋所言，摆在珠三角面前的任务只有一个字，那就是“干”，就看“会不会用，能不能试，敢不敢闯”。期待经历了30年高速发展正面临转型升级阵痛的珠三角，借助《纲要》这把“尚方宝剑”实现精彩变身。

广东省落实《纲要》大事记

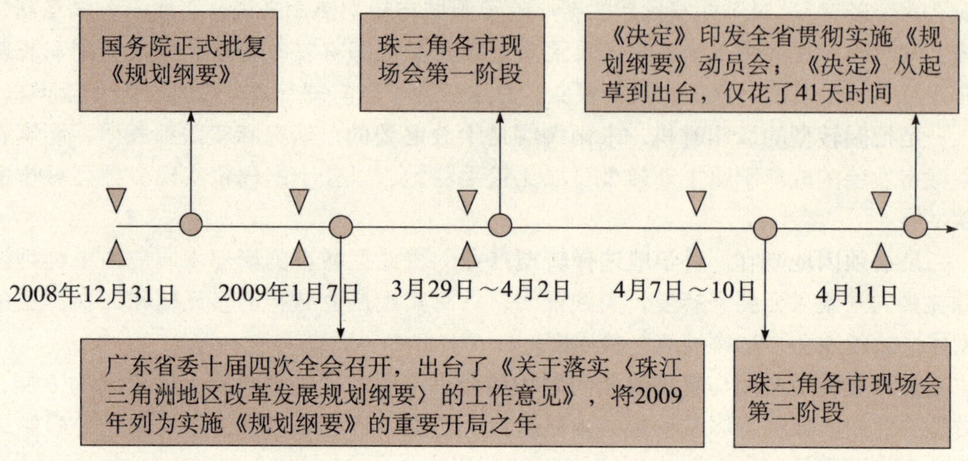

开局之计：九市现场会掀起"头脑风暴"，后年大考重点看成果

新春开工头三天，广东省委理论学习中心组就组织专题研讨班。汪洋在研讨会上反复强调要用好用足《纲要》给予的"先行先试"的政策，各级各部门要八仙过海，各显神通；一计不成，再生一计，计计不离科学发展，计计紧扣先行先试。"九市现场会"就是广东落实《纲要》的第一计，也是开局之计。这是一次密集调研。从3月29日至4月2日和4月7日至10日，珠三角各市现场会分两阶段进行，为期9天，一天一城，行程2300公里，考察了46个点。这是"头脑风暴"。由省委书记汪洋、省长黄华华带队，省有关领导，珠三角九市的市委书记、市长以及省直有关部门、部分中央驻粤单位的主要负责人，从日常繁忙的工作中抽出身，一路参观、一路思考、一路评议，互相观摩，彼此启发。这是一个高效的决策机制。珠三角九市共提出了51项具体请求，其中有46项得到肯定的答复。这更是一场影响深远的"集体突围"的探索。汪洋则总结说："开出了压力，开出了动力，开阔了思路，开出了成效。"汪洋在总结会上透露，初步考虑后年再开一次珠三角各市现场会，重点检验各市在科学发展的道路上取得了什么样的成效。

佛山：人很胖但不壮，要抓好扶优扶强。新加坡只有600多平方公里，佛山有3000多平方公里……你们掂量一下，经过40多年的发展，你们能不能达到新加坡的水平？我看，现在的情况就好比是人很胖，但是不壮啊。——汪洋

3月29日，珠三角九市现场会在以传统制造业发达而闻名的佛山拉开序幕。在一天的参观和座谈会中，这个城市在传统产业升级和先进制造业的引进方面的成绩让与会人员刮目相看。汪洋勉励佛山对比新加坡等先进地区，寻找差距。汪洋建议，佛山要强化政府推动力，因为经济步入衰退期的时候，市场配置资源的方式失灵，更需要政府加大政策引导力度；要注重资产的重组，通过资产重组，降低成本，提高效益，推动产业规模化发展；要抓好扶优扶强，在经济困难时，优势企业更有生命力，要帮助那些具有核心竞争力的企业解决实际困难，渡过难关。

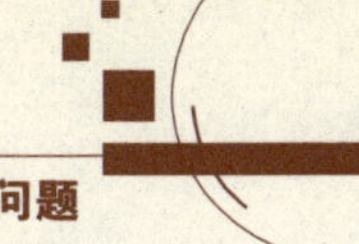

珠三角“九市现场会”示意图

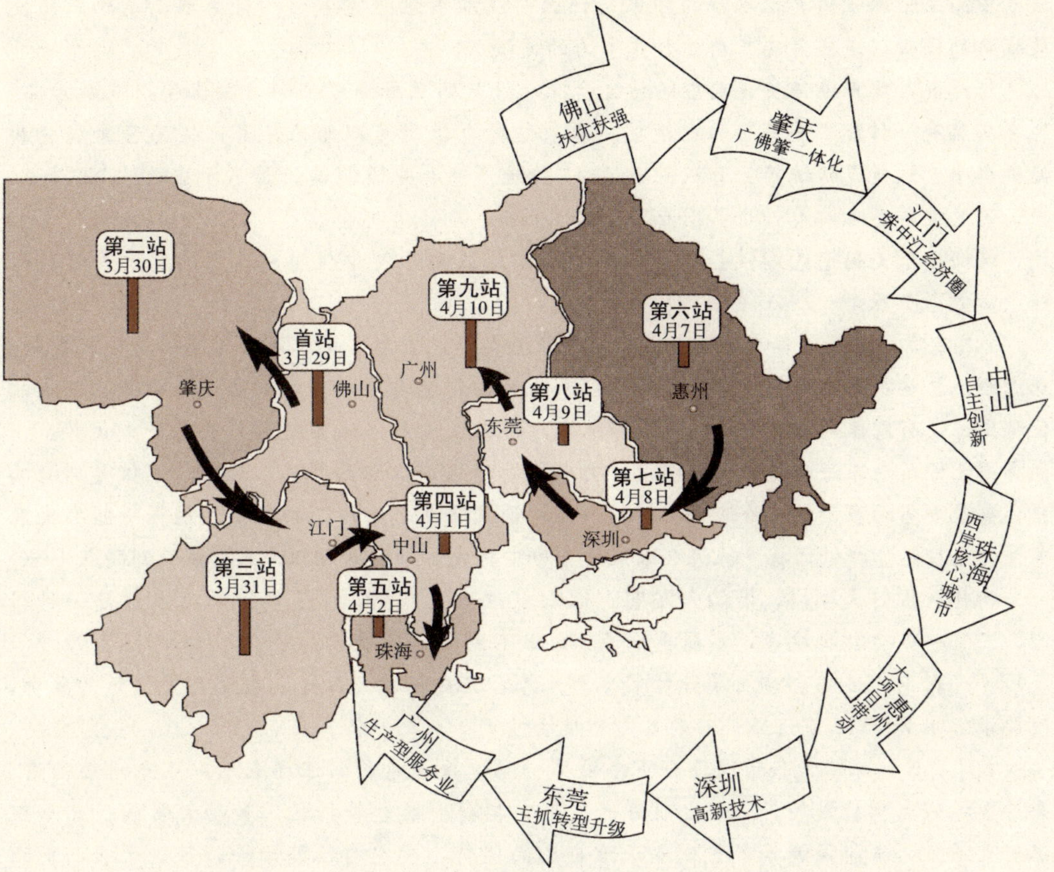

肇庆：底子薄后劲足，要依靠广佛同城带动发展。肇庆虽然基础差、底子薄、起步晚，但是发展迅速，后劲很足……要依靠广佛同城带动肇庆发展。——汪洋

汪洋在肇庆的现场会上肯定了肇庆发展取得的成绩，认为肇庆虽然基础差、底子薄、起步晚，但是发展迅速，后劲很足。他说，肇庆近年经济发展迅速，很大程度上得益于广佛肇一体化的进展。下一步的重要任务是要打造广佛肇经济圈，促进珠三角一体化。要尽快研究制定广佛肇经济圈发展规划，依靠广佛同城带动肇庆发展。汪洋表示，肇庆毗邻广州、佛山，最有条件承接广佛产业的梯度转移。打造广佛肇经济圈的重点是大力推进产业和劳动力“双转移”，实现区域内各种资源有效合理配置。

江门：“珠中江经济圈”是“弯道超车”的前提。“右连珠中、左接广佛、突出特色、错位发展、准确定位、实现突破。”——汪洋

3月31日，江门站现场会，汪洋用的两个词给人印象深刻，一个是“弯道超车”，另一个是“珠中江经济圈”。汪洋认为“珠中江经济圈”是江门“弯道超车”的前提。此次会议推动了西岸城市的结盟行动。江门站现场会一开，西岸一体化将破冰前行。

中山：自主创新是特色。危机就是洗牌，你能挺住，而且能发展，你的牌就是越洗

越强，越洗越大。——汪洋

中山给予珠三角其他八市的印象是什么？汪洋书记一言道出：自主创新是珠三角发展战略的核心，是提升珠三角综合竞争力的关键。

汪洋说，生产电饭煲是典型的传统产业，可是格兰仕通过创新，做出了很多新产品，现在居然有一种能“发芽”的电饭煲。原来这种电饭煲可以给米催芽，提高营养成分和健康水平。这就是传统产业升级的典范。“传统产业和先进制造业是不矛盾的！”汪洋说，中山好的优质企业都有一个共同点——自主创新。

珠海：全力打造西岸核心城市。要加快横琴岛的开发步伐，为珠海的发展崛起打造一个新的兴奋点。——汪洋

4月2日，珠三角各市现场会第五站在珠海召开。省委书记汪洋给珠海敲了一记警钟：珠海经济总量不大的劣势没有根本转变，而原有的优势却在弱化，如果还继续躺在过去的优势上，没有意识到当前面临的困难和挑战，将很快被兄弟城市赶超，甚至丧失优势。但汪洋书记还是为珠海鼓与呼。汪洋说，把珠海打造成珠江口西岸核心城市，不仅是珠海的事，也是全省的事。汪洋给珠海把脉：游艇、通用飞机、海洋工程装备制造等一些有发展前景的项目迅速推进，将使珠海在未来的竞争中抢先占领这些朝阳产业发展的制高点……

惠州：抓好大项目，带动大发展。你们应该不差钱啊，（这事）对三方都是一种纠缠，三家一开会就扯这事，不能再扯了！谁做不到要打屁股。

——在惠州现场会，汪洋针对深、莞、惠治理淡水河、石马河速度太慢作如上表示，他要求三市2015年前迁移沿河的畜禽养殖场。

4月7日，珠三角各市现场会下半段第一站选择在惠州。汪洋表示，从惠州经验看，今后要抓好大项目发展，抓好大项目的策划、招商、配套等措施，带动大发展。就如何抓好大项目，汪洋强调各市首先要认清自己的优势，确定自己能干啥，不能干啥，惠州这些年能发展，就是认清了这条。在市场经济风云变幻面前，抓大项目要有定力，不为风所动，认准的事情，坚决去做，最后坚持下来就是胜利者。大家都抢大项目，珠三角如何避免内斗、内耗？汪洋在当日的座谈会上，也希望珠三角各市在引进大项目时，不能一哄而上，避免恶性竞争。

深圳：不要自满，不要骄傲。一个观点，一个要求，五个字，向深圳学习……但深圳不能自满，要“百尺竿头，更进一步”。4月8日，珠三角现场会移师深圳。“一个观点，一个要求，五个字，向深圳学习。”汪洋的评语明确珠三角一体化中值得借鉴的深圳优势。学习深圳，学什么？汪洋表示，深圳在结构调整和产业升级，自主创新以及体制和机制创新，深化开放，和城市规划建设和社会管理等等都有可学之处，但是最重要的是学习和贯彻这些措施当中的实质性的东西，概括起来就是学习深圳的改革意识、创新举措和发展模式。汪洋希望深圳不要自满，不要骄傲，要研究日本、新加坡、中国台湾等国家和地区，向他们学习。

东莞：继续坚持“四个忍得住”，矢志不移抓转型升级。矢志不移地抓转型升级，才能赢得长远竞争力。——汪洋

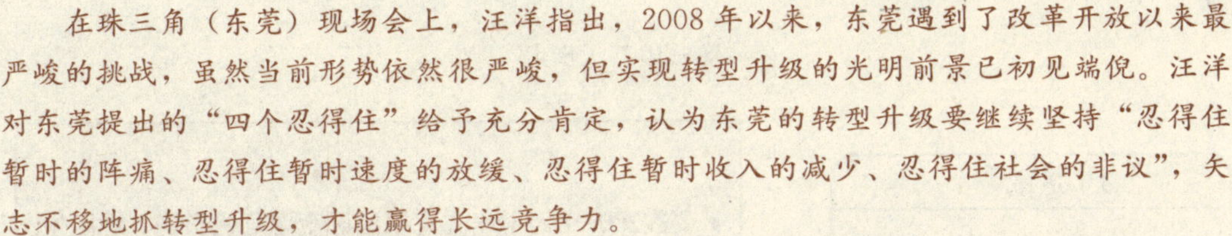

在珠三角（东莞）现场会上，汪洋指出，2008年以来，东莞遇到了改革开放以来最严峻的挑战，虽然当前形势依然很严峻，但实现转型升级的光明前景已初见端倪。汪洋对东莞提出的“四个忍得住”给予充分肯定，认为东莞的转型升级要继续坚持“忍得住暂时的阵痛、忍得住暂时速度的放缓、忍得住暂时收入的减少、忍得住社会的非议”，矢志不移地抓转型升级，才能赢得长远竞争力。

对东莞之行的总结，汪洋唯一强调的是，东莞一定要加快中小企业的转型升级。这将为“全省乃至全国创造样板”。最后，汪洋再次鼓励东莞：“中小企业是东莞经济的主体，转型升级完成之日，也是东莞经济脱胎换骨之时。”为此，一要坚持发展中小企业不动摇；二要引导中小企业在金融危机中做精做优、做大做强；三要加快创新中小企业转型的体制机制；四要改善对中小企业的服务。

广州：服务别人，主抓生产性服务业。广州服务别人越好，自己受益就越大。为期9天的珠三角一体化现场会，最后一站选在广州。在提出“向深圳学习”的说法后，汪洋没有对广州用太多的褒扬之词，他说要给广州压力，是为了广州进步更快。汪洋说，《纲要》把广州定位为全国中心城市，但这只是一种指导，不是指令，广州能否成为国家中心城市，还要靠市场选择。

广州的经济实力在全国大城市中一直领先，但汪洋认为，作为国家中心城市，经济块头和人口规模只是部分指标，更重要的是看城市的综合服务功能，辐射带动功能和溢出价值。汪洋历数了广州的差距：虽然是商贸中心，但服务功能较弱；创新能力还不强；城市功能分区不够突出。汪洋要求广州巩固提高科教文卫优势，辐射珠三角；发展好现代物流业；优先发展金融业；发挥10万科技人才的创新能力；占领信息化和现代服务业的制高点。汪洋说，广州服务别人做得越好，自己受益就越大。

“九市现场会”这个开局之计赢得专家喝彩。国家行政学院教授汪玉凯评价称，这个局开得不错。他先前最担心“行政壁垒、区域分割”会影响纲要的落实，但这种一路走、一路看，连开九场现场会的形式，打破了行政壁垒这块“坚冰”，让各市更容易在纲要的落实上达成共识，也可以互相学习，取长补短。

蓝图绘就：“三步走”10年大跨越，落实纳入“政绩”考核

珠三角各市现场会刚刚结束，4月11日，广东省委、省政府就紧接着召开全省贯彻实施《珠江三角洲地区改革发展规划纲要》动员会，正式吹响贯彻落实《规划纲要》的号角。并正式出台行动指南——省委、省政府《关于实施〈珠江三角洲地区改革发展规划纲要〉的决定》明确提出贯彻实施《纲要》的总体目标和基本原则。按照总体目标要求，珠江三角洲地区将迈三步：1年开好局，4年大发展，10年大跨越。到2020年，珠三角地区生产总值将达到72500亿元，力争赶上韩国，人均地区生产总值达到135000元，超过现在台湾地区水平，迈入高收入国家和地区水平。而同时配套出台的作为《决定》附件的《实施方案》进一步通过纵向横向分解指标，量化定性指标，分解定量指标，落实工作责任，明确推进时间。贯彻落实《规划纲要》，有了一把具体丈量的“尺子”。据悉，各市、各部门贯彻实施《纲要》的工作情况将被纳入干部考核体系，作为组织、人事部

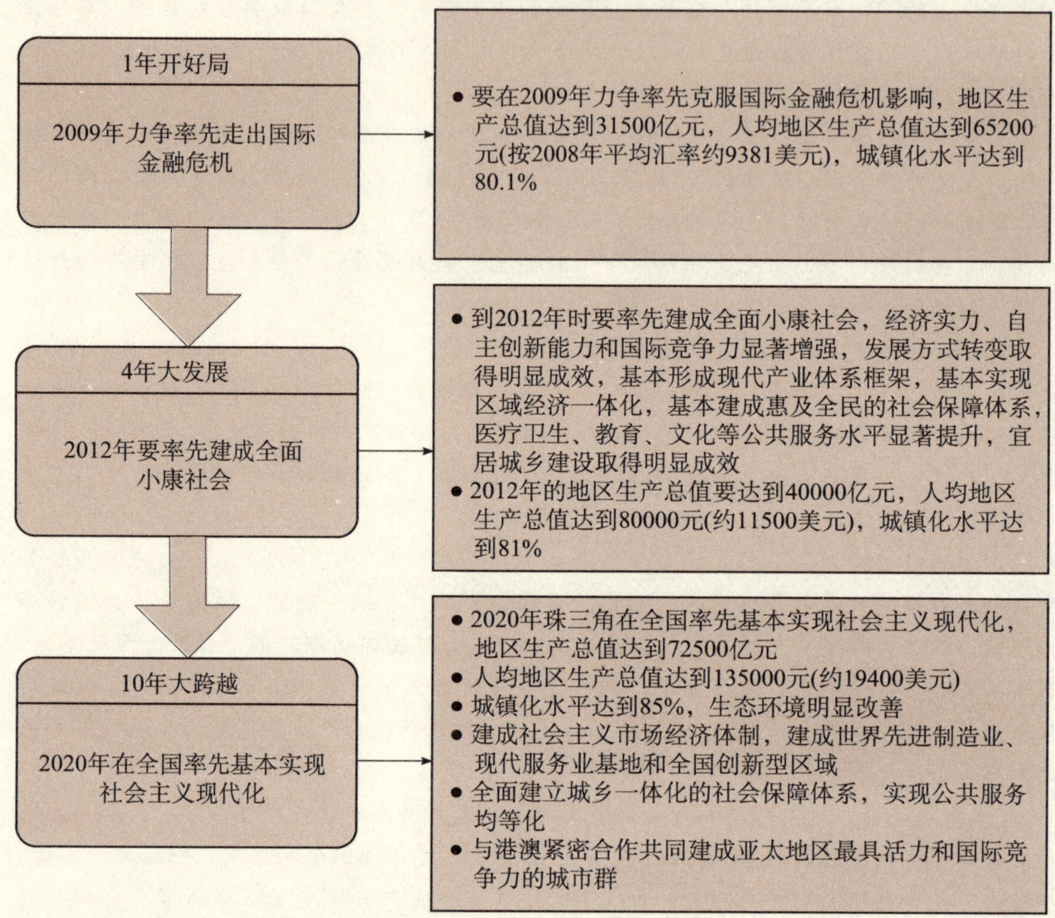

门考核干部的重要依据。值得一提的是，《决定》从起草到出台，仅花了41天时间，充分体现富有广东特色的“务实高效抓落实”之风。

实施《珠江三角洲改革发展规划纲要（2008～2020年）》2012年主要目标分市分解表（一）

地区	人均地区生产总值（元）	服务业增加值比重（%）	城镇化水平（%）	年产值超千亿元的新兴产业群（个）	年销售收入达千亿元跨国高新技术企业（家）	年主营业务收入超百亿元企业（家）
珠三角	80000以上	53.0	80.0以上	3～5	3～5	100以上
广州市	103700	65.0	83.2	3	2	27

续表

地区	人均地区生产总值（元）	服务业增加值比重（%）	城镇化水平（%）	年产值超千亿元的新兴产业群（个）	年销售收入达千亿元跨国高新技术企业（家）	年主营业务收入超百亿元企业（家）
深圳市	115200	58.0	100.0	1	2	36
珠海市	85200	51.0	86.1	0	0	7
佛山市	96200	40.0	92.8	1	1	9
惠州市	42200	38.0	62.5	1	0	6
东莞市	70800	48.0	87.4	1	0	10
中山市	74000	43.0	87.1	0	0	2
江门市	40500	40.0	50.9	0	0	2
肇庆市	24900	45.0	46.3	0	0	2

实施《珠江三角洲改革发展规划纲要（2008～2020年）》2012年主要目标分市分解表（二）

地区	年主营业务收入超千亿元企业（家）	国家重点实验室等（家）	研究经费支出占生产总值比重(%)	城镇污水处理率（%）	城镇生活垃圾无害化处理率（%）	工业废水排放达标率（%）
珠三角	8左右	100	2.50	80左右	85左右	90以上
广州市	2	50	2.80	85	90	95以上
深圳市	2	30	4.00	85	95	95以上
珠海市	0	6	2.20	80	85	95以上
佛山市	2	9	2.70	80	85	95以上
惠州市	1	5	2.00	80	85	95以上
东莞市	0	3	2.50	80	85	95以上
中山市	1	2	2.00	80	85	95以上
江门市	0	2	1.90	80	85	95以上
肇庆市	0	4	1.50	80	85	95以上

在广东省委、省政府强力推进《纲要》落实进程的同时，珠三角各市也加快推动落实步伐，一体化进程提速。其中，广佛签订“1+4”同城合作协议，出台学习深圳文件尤为引人关注。

3月19日，广州佛山签署同城化合作协议，标志着两市“同城化”探索迈进实质推进的历史新起点。这是广东省贯彻落实《珠三角地区改革发展规划纲要》取得的首个重大突破。此次签署的协议被称为“1+4”协议，即一个框架协议——《广州市佛山市同城化建设合作框架协议》，其中明确了广佛同城化的指导思想、发展规划、近中期重点合作方向；4个子协议——《广佛同城化建设产业协作协议》《广佛同城化建设城市规划合作协议》《广佛同城化建设环境保护合作协议》《广佛同城化建设交通基础设施合作协议》，预示着两市将在产业协作、城市规划、环境保护、交通基础设施四大重点领域率先开展合作。

协议强调“同城化”不是“同化”。《框架协议》明确将“优势互补”作为广佛同城化的重要原则，要求统筹协调两市各类规划，实现错位发展、功能配套，提升广佛整体竞争力。针对“同城化”的最大障碍——行政壁垒的束缚，广佛决心在构建与同城化相适应的行政管理模式方面“先行先试”，着力推进“规则一体化”。为了把广佛两股力量“拧成一股绳”，两市将建立3个层次上的合作机制，包括由两市市委书记、市长组成的“领导小组”；两市市长为联席会议召集人的“市长联席会议制度”；城市规划、交通基础设施、产业协作、环境保护等相关领域“专责小组”。

为积极响应省委书记汪洋在珠三角各市现场会上关于“向深圳学习”的号召，4月28日，广州市委、市政府率先发出《关于向深圳学习的决定》。《决定》指出广州存在四大差距与不足，表示将在自主创新、产业转型升级和体制机制改革等七方面向深圳“取经”。而深圳市委书记刘玉浦马上就广州的谦虚态度作出回应：“广州是老大哥，是榜样，是深圳追赶的标兵。”深圳要广州学习、向全省其他兄弟城市学习。

广州市委、市政府《关于向深圳学习的决定》要点：

- 深入学习深圳建设自主创新体系的经验，努力提高广州自主创新能力。
- 深入学习深圳产业转型升级的经验，加快建设广州现代产业体系。
- 深入学习深圳体制机制改革创新的经验，争创广州体制机制和对外开放新优势。
- 深入学习深圳高度重视文化建设的经验，着力提升广州城市文化软实力。
- 深入学习深圳强化城市管理和社会治理的经验，全面提高广州城市管理和社会治理水平。
- 深入学习深圳建设可持续发展生态城市的经验，加快广州宜居“花园城市”建设。
- 深入学习深圳加强党的建设的经验，以改革创新精神进一步加强和改进党的建设。

县委书记县长关注的难点问题

决策：任何时候农业都是个大问题

2009年中央一号文件五大亮点

2009年2月1日，新华社授权发布了新的中央一号文件，这份名为《中共中央国务院关于2009年促进农业稳定发展农民持续增收的若干意见》的文件，是改革开放以来第11个以“三农”为主题的中央一号文件，也是首次连续6年发布关于“三农”工作的一号文件。《意见》指出，扩大国内需求，最大潜力在农村；实现经济平稳较快发展，基础支撑在农业；保障和改善民生，重点难点在农民。《意见》从加大对农业的支持保护力度、稳定发展农业生产、强化现代农业物质支撑和服务体系、稳定完善农村基本经营制度、推进城乡经济社会发展一体化5个方面，提出了28点措施，突出体现了5大亮点。

亮点1：推进省直管县体制改革

【政策点击】增强县域经济发展活力。调整财政收入分配格局，增加对县乡财政的一般性转移支付，逐步提高县级财政在省以下财力分配中的比重，探索建立县乡财政基本财力保障制度。推进省直接管理县（市）财政体制改革，将粮食、油料、棉花和生猪生产大县全部纳入改革范围。稳步推进扩权强县改革试点，鼓励有条件的省份率先减少行政层次，依法探索省直接管理县（市）的体制。依法赋予经济发展快、人口吸纳能力强的小城镇在投资审批、工商管理、社会治安等方面的行政管理权限。支持发展乡镇企业，加大技术改造投入，促进产业集聚和升级。

【文件解读】党的十七大提出：精简和规范各类议事协调机构及其办事机构，减少行政层次，降低行政成本，着力解决机构重叠、职责交叉、政出多门问题。国务院关于推进

改革开放以来的涉农中央一号文件

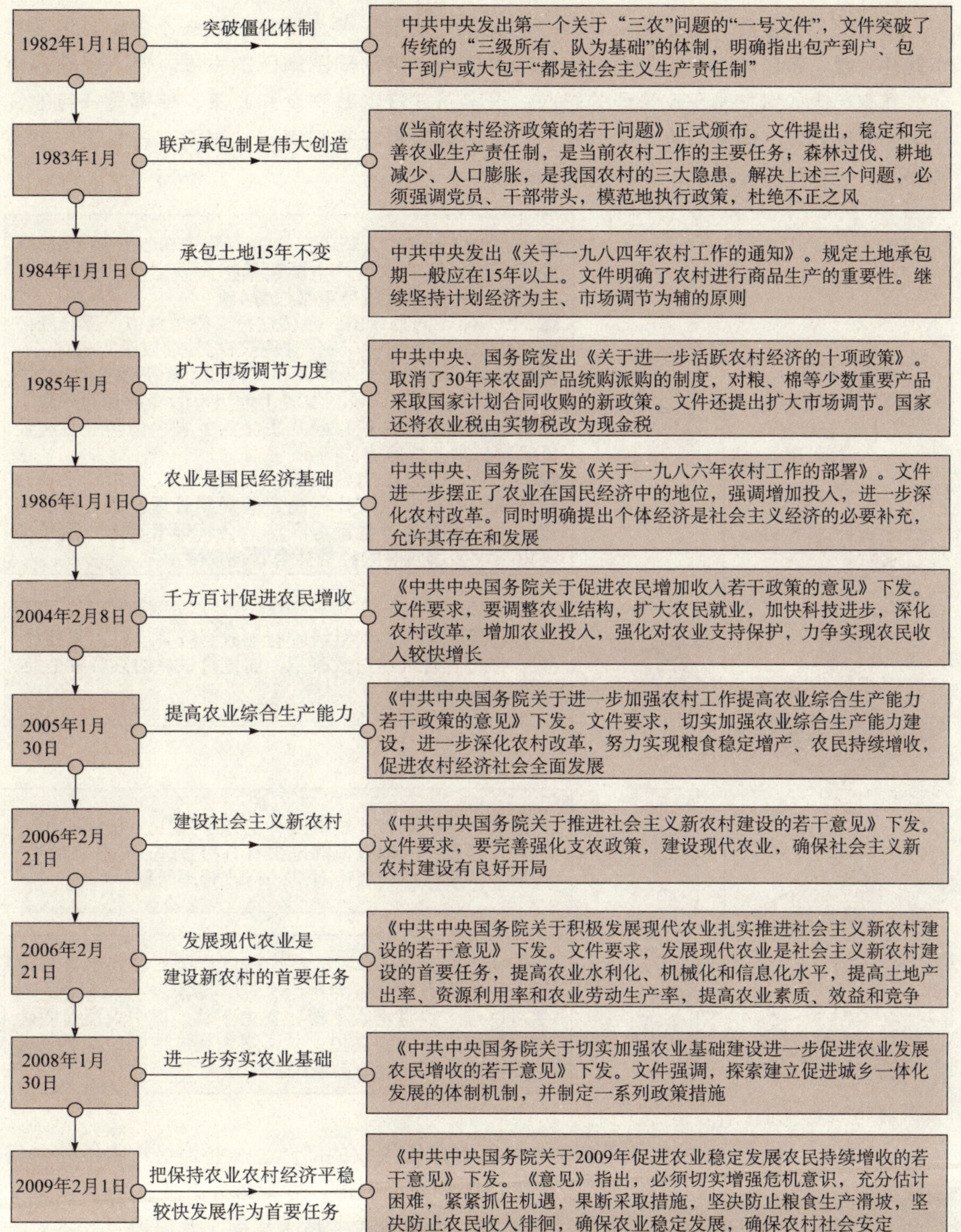

社会主义新农村建设的若干意见中提出，“有条件的地方可加快推进‘省直管县’财政管理体制”。作为国民经济和社会发展蓝图，第十一个五年规划纲要中明确提出要“理顺省

级以下财政管理体制，有条件的地方可实行省级直接对县的管理体制”。

目前的“市管县”格局是从 1982 年开始的，当时主要为了解决过去不少地方地区和市并存问题，希望通过一些中心城市的辐射作用，带动周围地区的发展。但一些弊端也随之暴露：比如增加了行政管理的层次，很容易截流财政资金和政策，使得县一级的经济发展受到影响。国家行政学院公共管理教研部教授汪玉凯表示，当前“省管县”有两种模式，一种是浙江模式，一种是海南模式。

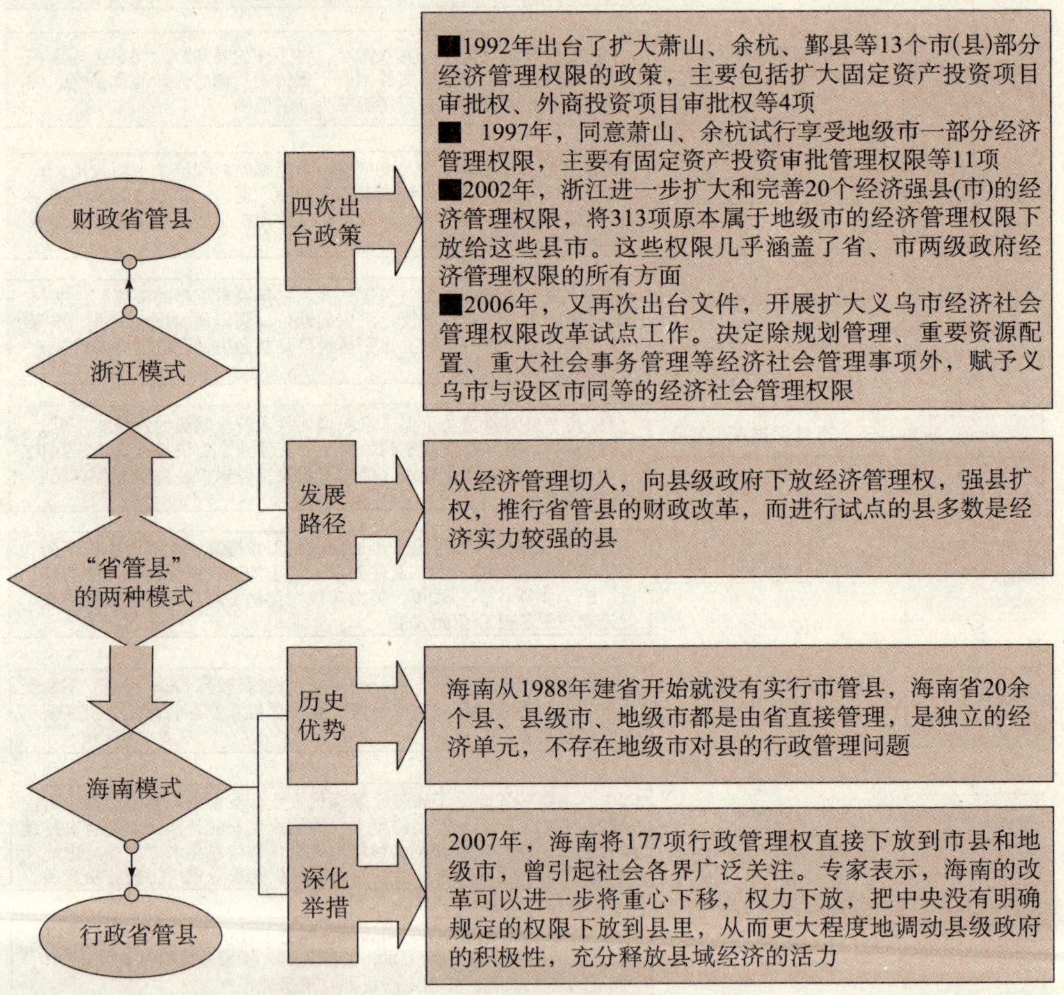

“省管县”改革面临的主要阻碍，是地级市是否放权的问题。一些地级市将所辖的经济强县变成一个区，以此来应对“省管县”的办法。因此，专家表示，要实行真正意义上的“省管县”，必须有配套的政治体制改革。如果仅仅在技术层面上加以改进，不对行政权力给予制约和监督，改革可能在一定时间内有积极效果，但最终将无法实现行政权力的科学配置。

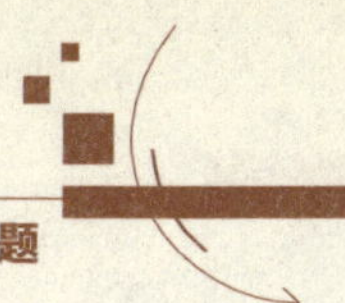

亮点 2：建立健全土地承包经营权流转市场

【政策点击】稳定农村土地承包关系。抓紧修订、完善相关法律法规和政策，赋予农民更加充分而有保障的土地承包经营权，现有土地承包关系保持稳定并长久不变。

土地承包经营权流转，不得改变土地集体所有性质，不得改变土地用途，不得损害农民土地承包权益。坚持依法自愿有偿原则，尊重农民的土地流转主体地位，任何组织和个人不得强迫流转，也不能妨碍自主流转。按照完善管理、加强服务的要求，规范土地承包经营权流转。鼓励有条件的地方发展流转服务组织，为流转双方提供信息沟通、法规咨询、价格评估、合同签订、纠纷调处等服务。

【文件解读】"不得强迫，也不能妨碍"——"一号文件"这样强调要尊重农民的主体地位。十七届三中全会以后，有些地方开始利用中央的政策精神，强制农民将土地流转，而此次《意见》在这一问题上强调要"规范推进"。有关专家表示，"规范推进"主要包括三方面内容：一是要依法，不能"过界"；二是要农民自愿，不能强迫；三是要有偿，要解决好利益问题。在土地流转过程中，地方政府应该充当土地流转监管者的角色，而不能将土地流转问题当做政绩来对待。

2008 年 12 月 4 日，中国首家"农村土地交易所"在重庆正式挂牌成立，逐步建立统一的城乡土地交易市场。《农民日报》在 2009 年 1 月 15 日报道了浙江省慈溪市在土地流转方面的积极探索，该市以建立全覆盖的土地流转中介组织为突破口，走出了一条"政府推动、市场主导，规划先行、结合社保"的新路子。

土地流转的慈溪特色

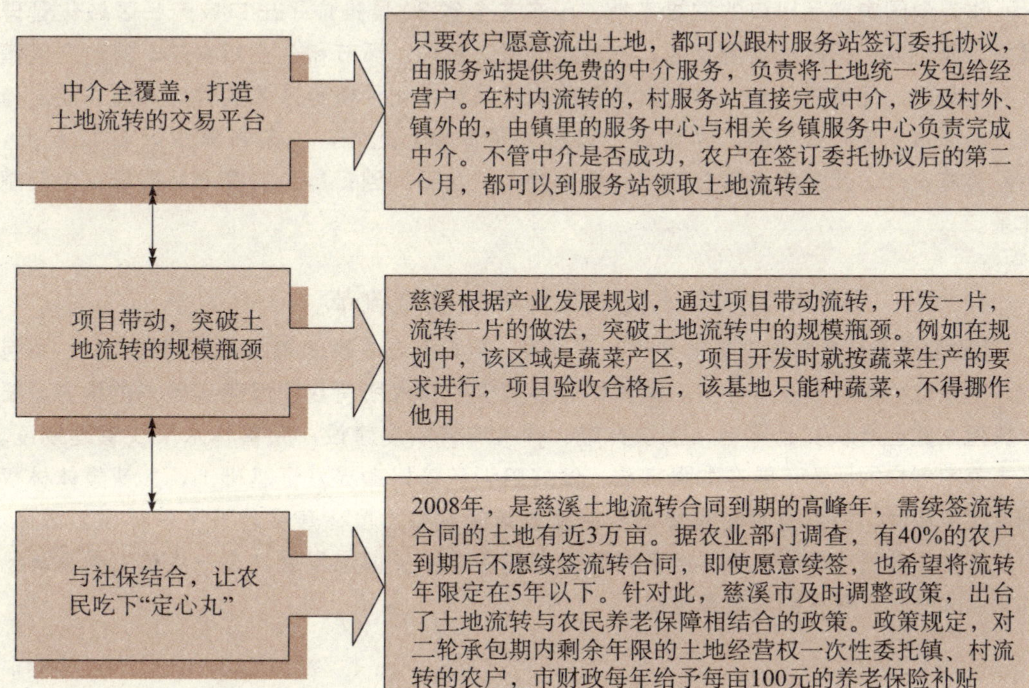

亮点 3：严保农产品质量安全

【政策点击】要严格农产品质量安全全程监控。抓紧出台食品安全法，制定和完善农产品质量安全法配套规章制度，健全部门分工合作的监管工作机制，进一步探索更有效的食品安全监管体制，实行严格的食品质量安全追溯制度、召回制度、市场准入和退出制度。

加快农产品质量安全检验检测体系建设，完善农产品质量安全标准，加强检验检测机构资质认证。扩大农产品和食品例行监测范围，逐步清理并降低强制性检验检疫费用。健全饲料安全监管体系，促进饲料产业健康发展。

强化企业质量安全责任，对上市产品实行批批自检。建立农产品和食品生产经营质量安全征信体系。开展专项整治，坚决制止违法使用农药、兽（渔）药行为。加快农业标准化示范区建设，推动龙头企业、农民专业合作社、专业大户等率先实行标准化生产，支持建设绿色和有机农产品生产基地。

【文件解读】近几年，国内食品行业发生多次安全事故，从“苏丹红”、有毒大米、含“瘦肉精”的猪肉、劣质奶粉、“红心蛋”，再到三鹿奶粉的“三聚氰胺事件”，都从不同侧面反映了我国食品安全监管和生产者责任感方面存在较大问题。

“三鹿奶粉”事件对食品安全法的修改触动最大，促使食品安全法作出八处修改，其中包括食品安全实行全程监督管理，草案除了规定县级以上地方政府的“全程监管”职责之外，还规定了政府可责令企业实施召回，企业未按规定召回不符合食品安全标准的食品，县级以上质量监督、工商行政管理部门可以责令其召回或者停止经营，等等。

作为全国农产品出口的重要基地，山东在全省30县推广了出口农产品区域化管理模式，通过整合行政和检测资源，在特定区域、品种、环节和企业对农药、兽药产供销实行全封闭、无缝式管理；推行出口食品农产品标准化种植养殖源头管理，建立了出口农产品质量安全长效机制，为稳定出口提供了保障。此外，山东省集资近 1. 12 亿元，启动实施农产品质量安全提升工程，探索建立“从田间到餐具”的农产品质量安全控制体系。

亮点 4：用 5 年时间基本完成集体林权制度改革

【政策点击】全面推进集体林权制度改革。用 5 年左右时间基本完成明晰产权、承包到户的集体林权制度改革任务。集体林地经营权和林木所有权已经落实到户的地方，要尽快建立健全产权交易平台，加快林地、林木流转制度建设，完善林木采伐管理制度。尚未落实到户的地方，要在加强宣传、做好培训和搞好勘界发证基础上，加快集体林权制度改革步伐。加大财政对集体林权制度改革的支持力度，开展政策性森林保险试点。引导森林资源资产评估、森林经营方案编制等中介服务健康发展。进一步扩大国有林场和重点国有林区林权制度改革试点。

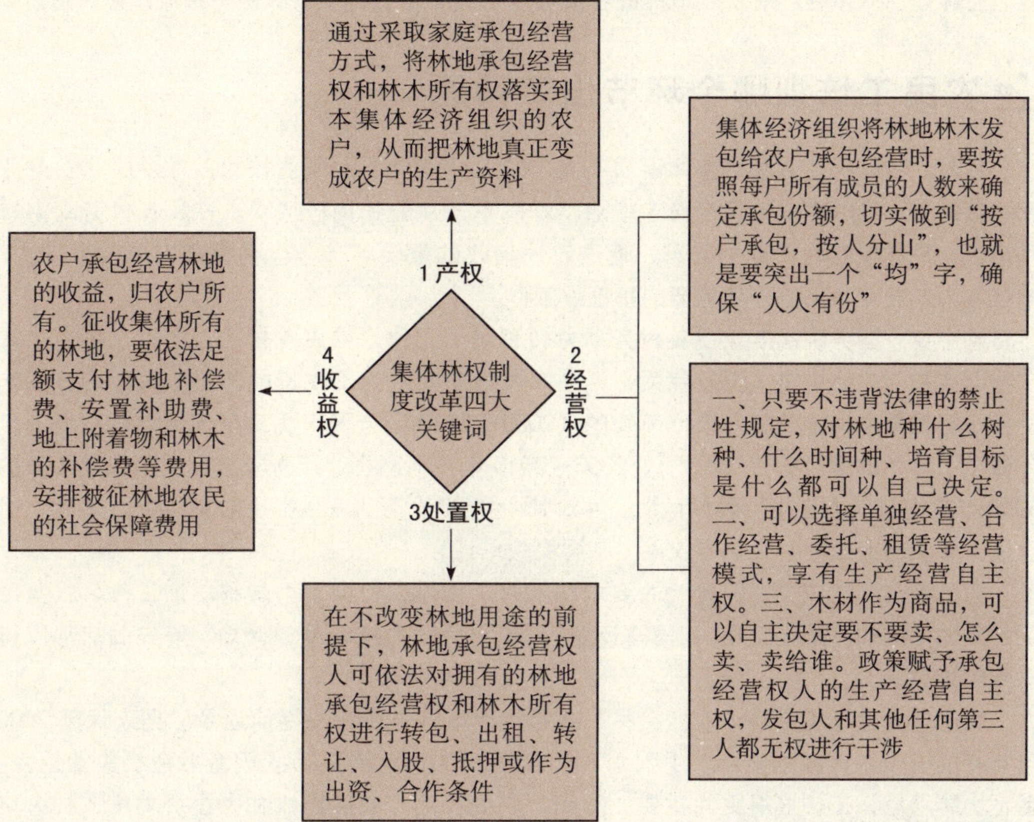

【文件解读】早在2008年7月14日，新华社授权发布的《中共中央　国务院关于全面推进集体林权制度改革的意见》中就提出集体林权制度改革的总体目标为：用5年左右时间，基本完成明晰产权、承包到户的改革任务。此次《意见》的再次提出，表明中央实现这一发展目标的坚定决心。

亮点5：3年内健全农业公共服务机构

【政策点击】按照3年内在全国普遍健全乡镇或区域性农业技术推广、动植物疫病防控、农产品质量监管等公共服务机构的要求，尽快明确职责、健全队伍、完善机制、保障经费，切实增强服务能力。创新管理体制和运行机制，采取公开招聘、竞聘上岗等方式择优聘用专业技术人员。改革考评、分配制度，将服务人员收入与岗位职责、工作业绩挂钩。农业公共服务机构履行职责所需经费纳入地方各级财政预算。逐步推进村级服务站点建设试点。

【文件解读】提供农业公共服务是政府的重要职责，也是国家支持农业发展的重要手段。加强农业公共服务能力建设，重点和基础是乡镇和村两级。必须健全精干高效、有效履行职能的乡镇农业公共服务机构。村是农业生产经营活动的第一线，为确保各项农业公共服务进村入户，有必要建立村级服务站点。考虑到我国乡镇和村数量很多，因此，应当有计划、有步骤、有重点地推进乡镇农业公共服务机构及村级服务站点建设进程。

农民工培训哪个环节出了问题

目前，我国农村劳动力整体素质不高，缺乏转移就业的职业技能，难以向非农产业和城镇转移，难以在城镇实现稳定就业，难以提升从业的岗位层次。开展农村劳动力转移培训，是加快农村劳动力转移、促进农民增收的重要环节，也是提高农民就业能力、增强我国产业竞争力的一项重要的基础性工作。

党中央、国务院高度重视农村劳动力转移培训工作，中央农村工作会议、中央人才工作会议和《中共中央、国务院关于促进农民增加收入若干政策的意见》对做好该工作提出了明确要求，国务院办公厅下发的《2003～2010 年全国农民工培训规划》对培训工作做出了具体部署。按照《规划》，2006～2010 年，国家将对拟向非农产业和城镇转移的 5000 万农村劳动力开展引导性培训，并对其中的 3000 万人开展职业技能培训。同时，对已进入非农产业就业的 2 亿多农民工开展岗位培训。

为贯彻落实党中央、国务院的要求和部署，加强农村劳动力转移培训工作，一些部门的具体措施如“阳光工程”“雨露计划”“农村劳动力技能就业计划”等先后启动取得一定效果。

受全球金融危机影响，大批农民工遭遇到严重的失业冲击提前返乡。据人保部 2009 年年初的一份统计数据显示，中国 1.3 亿农民工中，有 2000 万人因金融危机失业返乡。劳动力转移培训工作显得更为重要。然而，中央和地方政府纷纷加大投资力度、扩大培训规模的同时，效果却并不令人满意。

那么，在政府、培训机构、农民工、用人单位这个链条中到底是哪个环节出现了问题呢?

政府花钱，农民不买账

当前，不仅是广大农民认为参加政府组织的培训是不用花钱的，就是一些地方的政府部门，在实际操作过程中，也是将培训当成一项免费政策来实施。调查发现，不少地方为了完成上级下达的农民工培训任务，不但给前来参加培训的农民免除学习费用，还给他们提供免费住宿，甚至有的地方还派送礼品。事实上，国家对于农民工的培训政策实行的是一种补贴政策，而非免费政策。

政府宣传不到位导致农民工培训叫好不叫座。在四川省巴中市某培训学校对巴中市某县农民进行的“你心中的惠农政策”问卷调查中，知道粮食直补的占 99.5%，知道良种补贴的占 98.1%，知道取消“三提八税”的占 95.3%，而知道政府对农村富余劳动力转移实行免费培训的只有 11.3%。很多农民并不了解国家有关农民工培训的相关政策，这与地方政府和培训机构对党的惠民政策宣传不到位有很大关系。

农民工培训中各环节间存在的问题

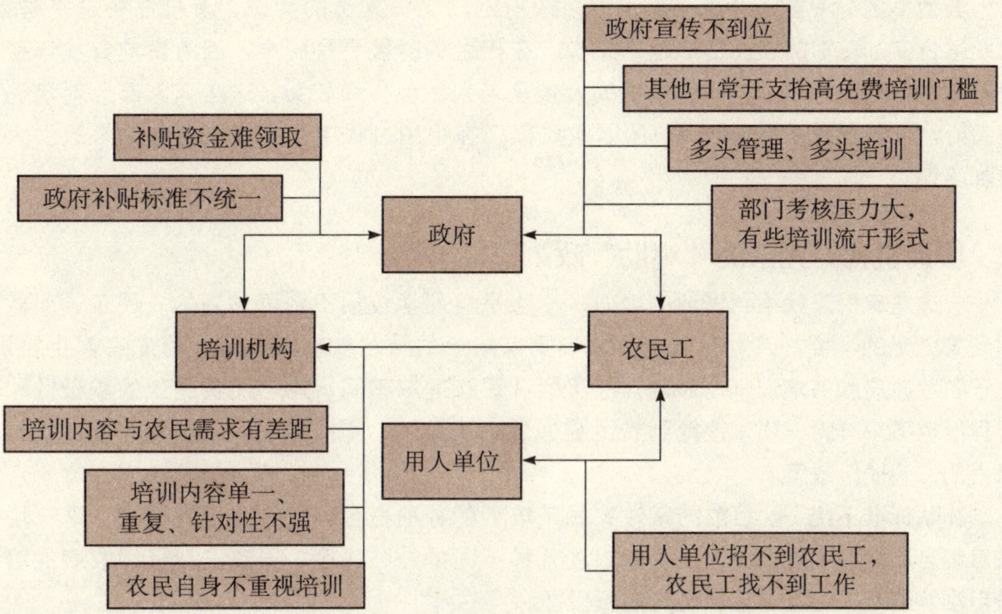

典型事例：有村民说，“村里让去就去参加一下，而且我事先和学校也说好了，不能保证天天去，家里有事的时候就不去。”甚至有的学校去招生，说是“免费培训”，很多农民都表示不相信，“现在哪里有不收钱的培训，别学到一半又叫我们交钱！”

“免费”培训，农民工照样掏腰包。多数参加培训的农民工虽然不支付培训费用，但仍需支付住宿、伙食、交通等费用。事实上，免费培训落实到农民身上，只是给了他们一张入场券。培训期间的其他日常开支抬高了免费培训的门槛，让农民止住了脚步。

典型事例：现年44岁的张纯兵，家住四川达县碑高乡伍龙寺村，2009年7月，他在距自家40多公里外的百节乡参加了厨师培训，虽然不用交学费，但路途太远，上课很不方便，他不得不咬咬牙就近租了间房子。

多头管理、多头培训让农民工眼花缭乱。虽然培训工作为减轻农民工就业压力起到了一定作用，但由于政府很多部门都参与了农民工培训，并且培训内容、专业、补贴费用等各方面的要求均不相同，这种多头管理的局面一方面使得培训资源过于分散，形不成合力；另一方面从中央政府开始，有很多部门参与农民工培训工作，如农业部、人保部、全国总工会、国务院扶贫办、全国妇联、共青团、发改委、财政部、教育部，等等。如此之多的培训部门，让农民工眼花缭乱，不知道自己到底该去哪个部门培训。

典型事例：一位村民这样问到：“我想学汽修，就是不知道去哪里报名？是不收钱的吗？能学多久？”一连串的问题之后，这位村民表示，只在电视上看到过，哪个部门在培训他也没搞清楚。

部门考核压力大，有些培训流于形式。对地方政府来说，考核任务是一年比一年重，而完不成考核任务，就要影响政绩。考核任务有时候过于重视数字，这样很容易忽视培训质量，甚至有可能造成一些部门为了完成任务而弄虚作假。

典型事例：考核任务重引起了很多政府部门工作人员的共识，考核任务越来越重，但能适合参加培训的农民工却越来越少。在招生的时候更是犯难，因为目前青壮年劳动力基本上都外出打工了，留在家里的大多是老人、小孩和妇女。这些人大部分对培训并不关心，也不愿意来参加培训。所以政府部门在组织过程中只好发一些补贴来吸引大家参加培训。

培训机构：无奈的“鸡肋”政策

一边是农民工找不到培训的地方，一边是培训学校招不到可培训的农民工，而能够招到农民工的学校，因为不能全额拿到国家给予的补贴款也向农民收费或者停止培训。由于各地政府和各培训学校对培训政策的认识和理解不同，对培训农民工的积极性和重视程度也不一样，一项本该得到农民欢迎的惠农政策，变成了农民不满意、培训机构有怨言的“鸡肋”政策。

补贴标准不统一。目前国家对农民工培训的补助资金分散在不同的部门，同一培训科目因为所培训的项目不同，可能出现几种不同的补贴额度，导致培训机构收取的培训费用难以确定，影响了培训机构的积极性。

典型事例：以江西伟华技校培训的服装缝纫工为例，既有劳动就业部门的“金蓝领”工程项目，又有共青团县委的“青年技能提升”培训计划，还有工会等其他部门的培训项目。不同的项目，给予的补贴标准也不一样。有的是补贴300元/人，有的是180元/人，连该校校长本人都搞不清楚国家规定的补贴到底是多少。

四川、河南、江西、广东等几个省劳动保障系统的主流补贴标准，根据所学技术、专业的不同，分成A、B、C三类，A类补贴600元/人，B类补贴500元/人，C类补贴400元/人。举个例子，如果学车工、焊工就属于A类，每人补贴600元；计算机操作属于C类，每人补贴400元。

农业系统的补贴额度相对比较低，根据专业不同，最高补贴600元/人，最低补贴250元/人。

与其他几个部门相比，扶贫办每年的培训人数相对较少，但补贴标准相对较高，每个人补贴800元。

补贴资金难领取。国家对农民工培训的补助资金实行的是事后补贴制度，培训机构不但要培训大量农民工，还需要花费大量的时间和精力来应付各相关部门的检查，最后，培训机构并不能从中盈利，甚至出现倒贴钱的现象。

典型事例：从2006年开始，河南省郑州市农村劳动力培训中心主任郑玉凤原来所在的学校连续3年参与了农民工培训工作，培训了大量的农民工，但几年下来，学校并没有拿到多少补贴，不但没有赚到钱，还贴进去不少。于是，从2009年开始，学校决定停止农民工培训项目。

“三天两头地来检查，应付都应付不过来。”郑玉凤说。有时候，检查的比学习的农民

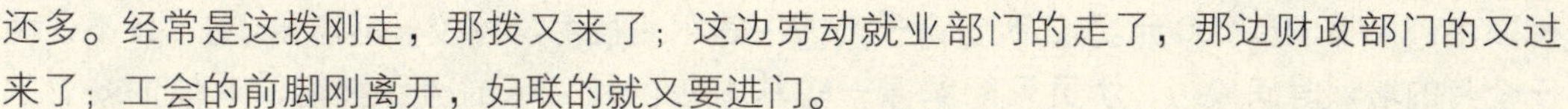

还多。经常是这拨刚走，那拨又来了；这边劳动就业部门的走了，那边财政部门的又过来了；工会的前脚刚离开，妇联的就又要进门。

“最要命的是那个电话回访制度。”郑玉凤诉苦到，根据国家农民工培训的有关规定，项目主管部门除了在开班当天现场检查和培训中途随时可以对学校的培训情况进行抽查外，培训结束后，还有一个电话回访的检查制度。如果被回访的学员出现换了手机号码或者抽查时手机欠费停机，甚至是抽查时恰好人不在，没接到电话等情况，只要是抽查人员没联系到的，项目主管部门都可以认定学校培训不达标，从而导致培训机构拿不到补贴款，“培训了也是白培训”。

农民工：“华而不实”的课程设置

目前农民工培训政策中，普遍存在补贴标准太过笼统、补贴标准偏低且不够合理等问题，造成各培训机构热衷于培训那种市场早已饱和但培训机构有利可图的电脑等科目。不管适合不适合农民工的需求，几乎每个培训学校都开设了电脑培训，而针对农民工需要的一些具体技能像操控车床等，却是学技无门。

培训内容与农民实际需求有差距。培训学校专业课程设置与农民工就业实际需求不相吻合，这是农民工反映最多的问题之一。参加过职业培训的农民工普遍感觉培训内容“用不上”，既与实践相脱节，更不能让接受培训的农民工收到立竿见影的效果。

典型事例：37 岁的江西籍农民工江益荣在外打工多年，2008 年返乡养猪创业，因为没有经验，眼看着猪一头头死去，却找不出原因。就在他为此愁眉不展时，电视里一则政府为返乡农民提供免费培训和创业贷款的新闻启发了他，他也想走这条路子，可多次咨询后方知，他所在的余干县，经省劳动部门认定的 10 家培训机构中，5 项培训的科目里，唯独没有养猪技能这一项。

江益荣面临的问题相当普遍。像家畜饲养、水产养殖、花卉种养技巧等现代农业技术和农业科技的培训，不仅少有相关的培训机构，也很少有相应的师资，而与新农村建设有关的服务业技能培训就更少了。

培训内容单一、重复、针对性不强。大多数培训机构都进行计算机科目的培训，一是电脑培训有利可图，另一个重要原因是前些年国内不少培训学校购置了大量的电脑，开展电脑培训不需要增加新的投入。然而，这样的培训对农民就业基本上没有任何帮助。一是市场早就已经饱和了，二是让文化程度本来就不高的农民通过 1～2 月的培训后，与那些经过 1～2 年专业学习的大中专学生竞争就业岗位，肯定不具有优势。培训内容单一、重复、针对性不强，且多集中在制造业和第三产业上。由于培训层次相对较低，就业工种的技术含量不高，农民转移就业后的工资必然偏低。

典型事例：2008 年，江西省“阳光工程”补助资金按不同培训时间实行差别补助，即培训时间在 30 天以下的，按每人 250 元的标准补助；培训时间在 31～90 天的，按每人 360 元的标准补助；培训时间在 91 天以上的，按每人 800 元的标准补助。

“就拿目前就业市场较为紧缺的车工培训为例，国家规定的培训时间为 2～3 个月，补贴金额为每学员800元。"江西省余干南方中等职业技术学校校长赵志平说，"且不说两三个月的培训时间太短，学员只能掌握一些基本知识和简单的操作技能，对他们就业的帮助并不是很大。单从培训学校方面来说，由于来学习车工技术的都是一些真正想学到技术的农民工，他们大多都很珍惜难得的培训机会，因此，根本不会像其他培训那样中途缺课，而是争抢上机操作的机会。这样一来，培训学校不但要承担学员占用设备的时间，还需要承担学员上机操作时所需的昂贵的耗材费用。而电脑等其他培训则不同。电脑培训除了耗费一些电能外，基本上不产生其他费用。而根据目前国家的有关规定，培训一个电脑学员，2个月时间也能拿到600元的财政补贴资金。"

免费培训"重在参与"。目前，对农民工的免费短期培训时间在2～3个月，像厨师、缝纫、车工、焊工这类专业，两三个月的培训确实难以熟练掌握，导致部分农民工不愿参加培训。另一方面，培训时间过长，参训人员难以保证学时，农民工又担心耽误找工作，从而影响到了培训效果。此外，加上培训时间的不合理，一些农民有参加培训的意愿和需求，而不能灵活自主选择培训时间，而错过培训机会。

典型事例：四川省渠县李馥乡河西街农民工伍琼一直赋闲在家，对于村里组织的此次培训，她很愿意利用这个机会去学习学习，不过机动性较大，没事就去上课，有事就经常旷课。

为农民工培训支招：实现"市场主导、政府引导"

目前农民工培训的操作模式基本上属于政府主导型，政府操办一切。这就使得农民工培训机构比较单一，培训方式比较机械；再加上培训内容与市场脱节，农民工参与培训的积极性不高。农民工培训应该改变目前政府主导的现状，实现"市场主导、政府引导"。

"市场主导、政府引导"的农民工培训模式

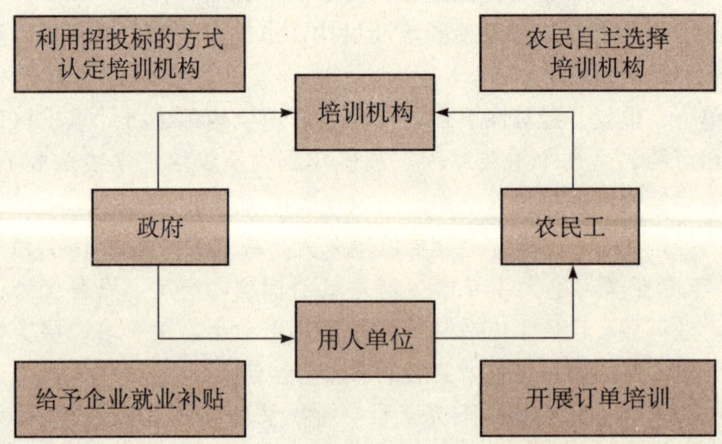

专家观点认为，目前的培训是政府主导一切，民众只需跟着政府走，按政府的指导做就行，这是由上而下的思维，这与市场经济遵循培训需求的思维方式正好相反。应该

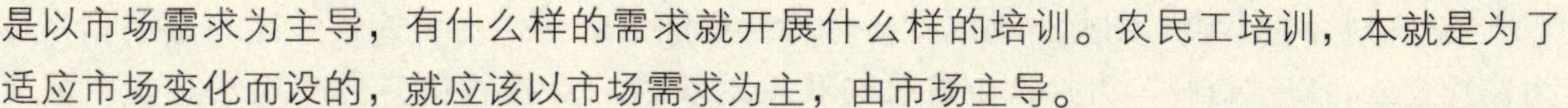

是以市场需求为主导，有什么样的需求就开展什么样的培训。农民工培训，本就是为了适应市场变化而设的，就应该以市场需求为主，由市场主导。

其次，培训机构的选择也应以市场竞争的方式为主，利用招投标的方式认定培训机构。这样做一方面有利于培训机构之间相互竞争，培训效果好的机构可以招到更多生源，享受到更多的培训资金。另一方面，农民工也可以自主选择培训机构，这样反过来可以进一步刺激培训机构之间的优胜劣汰，留下就业率高的培训学校，淘汰掉就业率低的培训学校。

以市场为主导进行运作，可以让培训发挥最好效果。作为一项民生工程，农民工培训的资金主要来源于政府，其操作模式应该进一步市场化。

成功案例：2009 年 9 月，江苏省盱眙县劳动局、财政局等部门坚持公开、公平、公正的原则，面向全县各级各类职业院校和职业培训机构，通过招投标方式，整合优质培训资源，认定承担各类培训任务的培训单位 41 家。定点培训机构要切实做好提升农民技能的培训工作，围绕农民就业、创业等技能的提升为中心，扎实开展各项工作。各定点培训机构应结合就业岗位要求，兼顾学员意愿、特点和文化水平，合理安排培训内容，设置培训课程，要将培训专业、培训期限、培训等级、收费标准公开张贴在培训场所显著位置。

妇联、共青团播撒“星星之火”

由于金融危机的影响，农民创业就业受到的冲击和压力尤为突出，而农村妇女以及女大学生的创业就业更是存在一系列的问题。在国际金融危机背景下，我国采取了一系列促进就业的措施，各地扶持“自主创业”的措施也陆续出台。其中，全国妇联与中国女企业家协会以极大力度推进“新农村百村小店创业行动”“全国女大学生创业导师行动”，积极推动农村妇女及女大学生创业就业；共青团中央与人力资源和社会保障部联合实施了“青春建功新农村创业就业培训项目”，并在创业资金方面，鼓励和引导金融机构加大信贷支持力度。

“新农村百村小店”创业行动

2007 年全国妇联妇女发展部、中国女企业家协会启动了“新农村百村小店”创业行动。作为为农村办实事的进村入户项目，这项行动旨在发挥各级妇联和女企业家的作用，合作起来，共同参与开拓农村市场，推动妇女创业就业。2009 年 9 月 10 日～11 日，全国“新农村百村小店”创业行动观摩推进会在江苏省常熟市召开。江苏省委常委、副省长黄莉新在致辞中指出，组织实施“新农村百村小店”创业行动，是推进农村妇女创业就业、加快农村流通体系建设的重要举措。“新农村百村小店”创业行动实施以来，江苏省加强政策扶持，强化指导服务，积极推广实施，促进了农村现代商品流通体系建设；促进了为农服务水平提高；促进了农村妇女增收致富。

"新农村百村小店"创业行动以"新合作"集团（新合作商贸连锁集团有限公司）作为依托企业，以"百村"为片，由各级妇联发动农村妇女在城镇开办"农家超市"或者社区超市，通过加盟"新合作"集团公司，由其统一配送商品，保证农民用上货真价低的日用消费品和生产资料，实现真正的惠农助农。带动广大妇女创业、就业。活动开展两年多来，江苏省新发展妇女农家店500多家，已与10多位女企业家在贴牌生产及搭建采购联盟等方面进行了合作。到2008年年底，江苏新合作常客隆连锁超市有限公司帮助城乡失地、失业妇女解决就业3500多人，公司在职员工中女性员工占85%，店长以上管理人员中女性占95%。

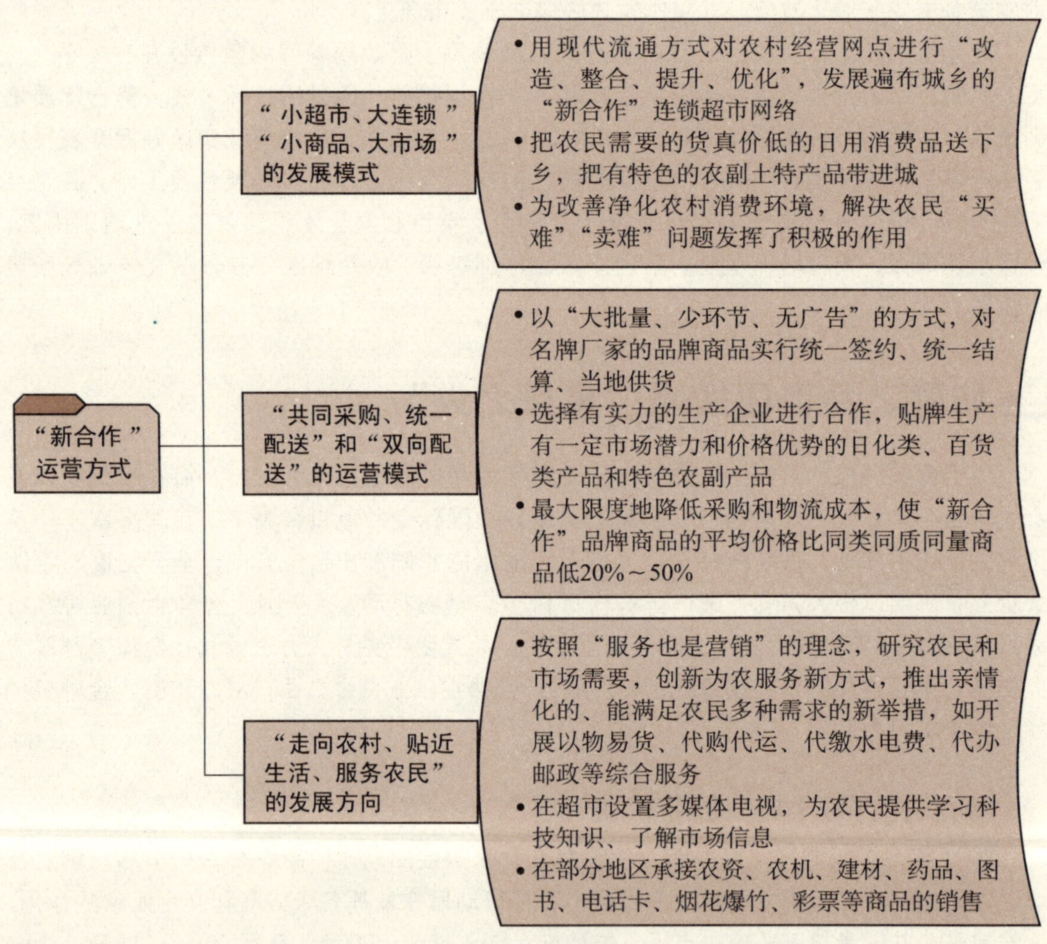

作为"新农村百村小店"创业行动的依托企业，"新合作"集团发挥自身根在农村、服务农民、全国连锁、商品经营的各种优势，在过去两年多的时间里，摸索了经验，取得了较好的效果。通过"百村小店"的推广，解决了部分农民特别是女性农民的就业问题，"新合作"的经营网点95%以上在农村，其中由妇女经营的占60%以上。

"新合作"辐射带动"百村小店"的形式

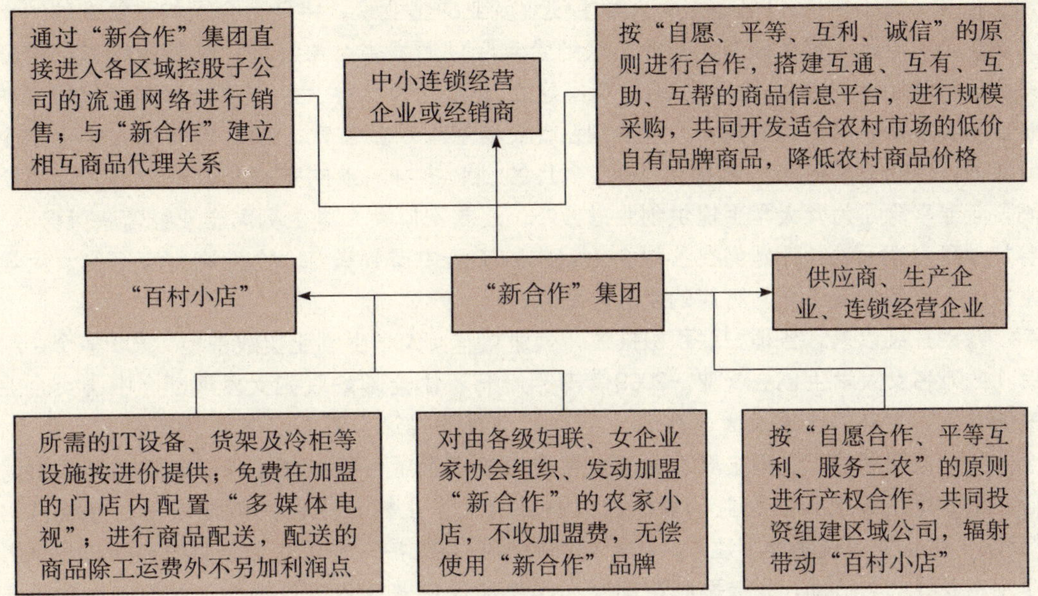

据了解，近年来，江苏常熟市妇联积极争取政策，多方协调资源，努力搭建平台，在引导妇女创业、服务妇女就业、促进妇女发展等方面发挥了积极作用。女性创业，岗位成才成为广大常熟女性的普遍追求。常熟市推动出台女性创业优惠政策，成立了女性创业导师团，设立女性创业扶持资金，开展巾帼牵手 SYB（创办你的企业）导师行动、女企业家进校园活动，帮助城乡妇女创业就业。充分发挥女企业家协会联系、服务、促进的作用，邀请专家创业指导，组织参观考察、专题培训、沙龙交流等活动，引导女企业家大力发展高新技术产业和现代服务业。涌现出全国人大代表、中国百名杰出女企业家钱月宝，全国"巾帼建功"先进个人黄文华，全国文明诚信个体工商户王彩芬等先进典型，树立了当代常熟女性的良好形象。常熟市委书记王翔在发言中表示，下阶段，常熟将按照社会主义新农村建设要求，坚持城市农村统筹，进一步培育创业文化，宣传创业典型，弘扬创业精神，不断提高妇女的创业意识和竞争能力，引导她们崇尚创业、勇于创业，同时，要进一步优化创业环境，整合社会资源，健全服务网络，完善创业培训和扶助机制，积极提供政策、技术、信息、资金等有效支持，真正为女性走上创业之路助推发力。

女大学生创业导师行动

2009 年 4 月份，为帮助女大学生创业就业，全国妇联、教育部、人力资源和社会保障部相关部门及中国女企业家协会决定联合在全国开展"女大学生创业导师行动"，挑选优秀企业家担任女大学生创业导师，并依托企业，3 年时间内在全国建立 5000 个"女大学生创业实践基地"。根据规定，凡有创业愿望、具备一定创业能力的应届女大学生或往届毕业而未就业的女大学生均可参加，各级妇联和女企业家协会及有关部门，将挑选一批有实力、有爱心、信誉好的企业家，组建创业导师队伍，对女大学生提供有针对性的创业指导。每年帮扶30名以上女大学生创业就业的企业家，将获得全国妇联颁发的“女大学生创业导师”资格证书，各地妇联结合实际，颁发省、市（地）级创业导师资格证书。该行动还计划在2009年到2012年间建立5000个女大学生实践基地，同时积极推动企业与高校牵手结对，收集女大学生创业就业信息与专业信息，组织10万女大学生到企业实习，由企业家每年向其提供1～3个月的创业指导、上岗实习和就业实践。实习期间，企业家除了为女大学生提供创业指导外，还要安排女大学生列席企业经营决策会议，参加项目洽谈活动，让她们在参与企业运作的实践中得到锻炼。企业将为实习的女大学生提供工作条件及必要与可能的生活补贴。

行动开展以来，各地妇联积极推进，已建立“女大学生创业实践基地”700多个，帮助1.8万名女大学生创业就业。2009年9月9日，由全国妇联妇女发展部、中国女企业家协会共同主办的全国女大学生创业导师行动观摩推进会在江苏省苏州市召开。会上，全国妇联党组副书记、副主席、书记处书记孟晓驷希望各级妇联组织准确把握妇女最关心、最直接、最现实的利益问题，积极引导女大学生树立正确的就业观念，继续推进“女大学生创业实践基地”建设，加强妇女就业权益维护；希望女企业家积极参与“女大学生创业导师”行动，为鼓励和帮助女大学生实现创业就业提供援助；希望各级党委政

常州市妇联多渠道帮助女大学生创业就业

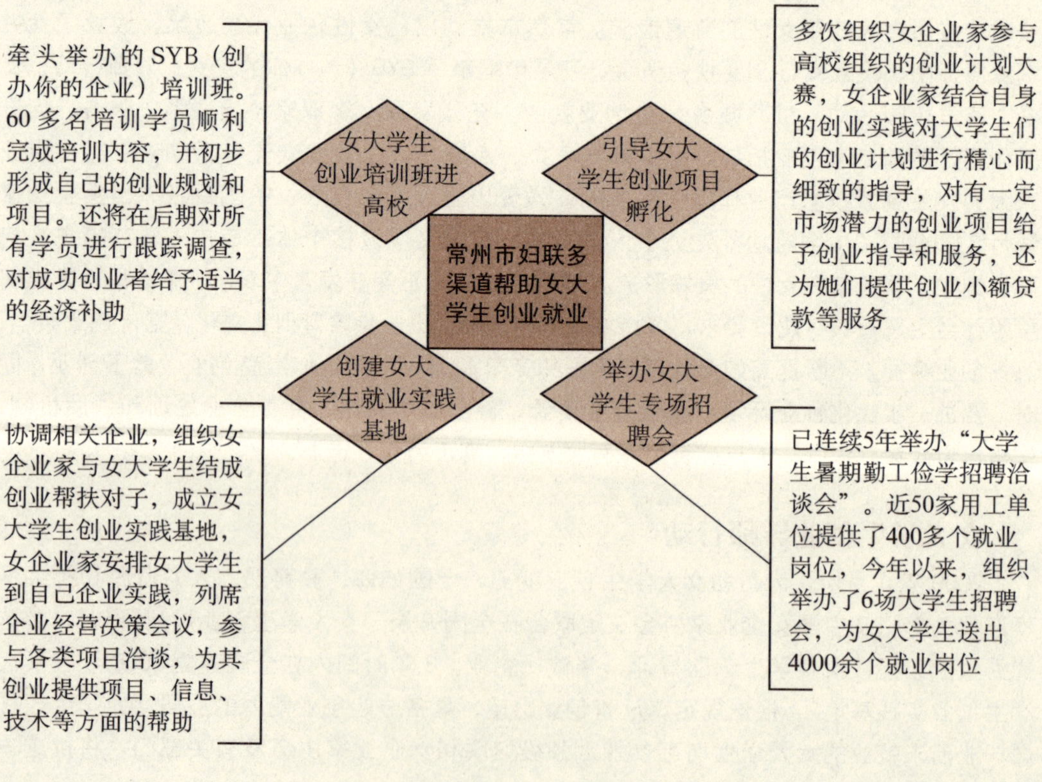

府多给予政策倾斜、项目支持和必要的资金支持，积极为妇女成长成才、成就事业搭建舞台。

为进一步促进女大学生创业就业，常州市妇联以“巾帼创业就业促进行动高校行”活动为载体，重点培育女大学生的创业精神，提高她们的创业就业技能。

40万，团中央力促农村青年创业培训

农村青年是建设社会主义新农村的生力军，在我国当前严峻的就业形势下，组织农村青年开展职业培训，对于进一步提高农村青年就业和创业能力，保持就业局势稳定具有十分重要的意义。在2009年1月份的全国共青团农村工作会议上，团中央决定出台多项举措，重点解决农村青年创业就业的资金瓶颈问题和技能培训问题，大力促进农村青年创业就业。

青春建功新农村创业就业培训项目。为做好农村青年创业就业的技能培训，团中央与人力资源和社会保障部2009年年初联合实施了“青春建功新农村创业就业培训项目”，计划用两年时间，对以返乡青年农民工、农村“两后生”（农村初、高中毕业后未能继续升学的人员）为重点的农村青年开展实用技能培训和劳动预备制培训，培训人数将达40万人。实用技能培训将结合当地农村产业结构，提升青年农民工的技能水平。对有技术和资金，并有创业意愿的青年农民工，组织开展创业培训，加强项目开发、创业指导、小额贷款、后续扶持等“一条龙”服务，帮助其自谋职业和自主创业。劳动预备制培训是通过订单培训、定向培训等方式，组织农村“两后生”到技工院校参加6～12个月的劳动预备制培训，提升技能水平和就业能力。同时，针对农民工返乡问题，从2009年春节期间开始，集中力量和时间，全面启动实施共青团百万农村青年培训行动。农村各级团组织将采用多种有效方式，及时为青年提供政策信息、培训信息、岗位

2009年至2010年各级团组织培训计划

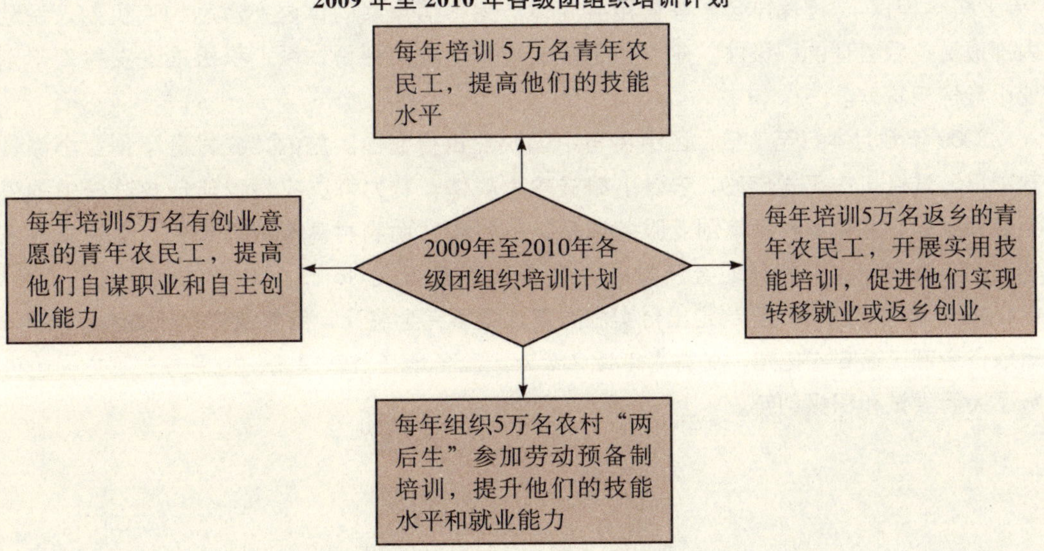

信息和融资信息服务，并且集中开展各类培训。从而使走出去的农村青年具备较强的务工技能，留下来的农村青年掌握先进适用的农业技术，搞创业的农村青年掌握一定的经营管理知识，走出一条以就业引导培训、培训促进就业，创业带动就业、就业促进增收的新路子。

解决农村青年创业资金问题。为解决农村青年创业资金问题，团中央与中国银监会联合2008年年底发出了《关于实施农村青年创业小额贷款的指导意见》，对农村青年创业小额贷款的审批、发放和管理以及推进措施等做出了明确要求，特别是对小额贷款的担保方式问题做出重要探索和创新。文件提出要大胆创新农村青年创业小额贷款的担保方式。针对农村青年创业的实际，可采用抵押、质押，自然人担保、法人担保等多种担保形式。鼓励涉农金融机构根据农业发展情况和农村经济特点，进一步扩大农村青年创业申请贷款可用于担保的财产范围。探索发展农用生产设备、林权、水域滩涂使用权等抵押贷款，规范发展应收账款、股权、仓单、存单、农产品期货等权利质押贷款。鼓励各类信贷担保机构通过再担保、联合担保以及担保与保险相结合等多种方式，对农村青年创业小额贷款进行担保。积极推动和发展"公司+农户""公司+中介组织+农户""公司+专业市场+农户""农民专业合作社+社员"等信贷模式，提高农村青年初次创业的成功率，充分利用农业产业化经营的优势降低贷款风险。鼓励涉农银行业金融机构、农村信贷担保机构及相关中介机构加强与保险公司的合作，以订单和保单等为标的资产，探索开发"信贷+保险"金融服务新产品。在有条件的地方，引导和鼓励农村青年发展"信贷+保险"创业项目。大力发展农村青年创业互保、联保贷款。鼓励涉农银行业金融机构加强与信用协会或信用合作社等信用共同体的合作，运用联保、担保基金和风险保证金等联合增信方式，积极探索发展满足信用共同体成员金融需求的联合信用贷款。引导和鼓励有志创业的农村青年主动加入"联户联保小组""信用互助组织""信用联盟""专业机构担保""担保协会"等信用共同体。完善信用共同体内在激励约束机制，调动内部成员自我管理的积极性。建立和完善农村青年资信评价体系，积极推进农村青年创业小额信用贷款。

2009年8月4日至7日，团中央与中国农业银行合作实施的"农村青年创业小额贷款项目"试点工作正式启动。它以小额贷款为载体，着力解决农村青年创业过程中的资金瓶颈问题，完善农村青年创业服务体系，引导和帮助农村青年就地创业、农民工返乡创业，促进现代农业和县域经济发展。截至2009年9月16日，56个试点县（市、区）中，45个县（市、区）已制定出台实施方案。据不完全统计，目前仅吉林、重庆、陕西3省放贷金额已逾6.4亿元，受益青年近2.5万人。各地在贷款模式、担保方式等方面也进行了大胆尝试和积极创新。

抗旱：提高农业应急减灾能力

进入2009年，一场50年一遇的特大旱灾持续袭击了中国中部和北部，持续时间之长、受旱范围之广、程度之重为历史罕见。这场特大旱灾持续袭击了中国中部和北部15个省市区，8个冬麦主产区（河北、山西、安徽、河南、江苏、山东、陕西、甘肃）首当其冲，1.3亿亩耕地受灾，几乎占中国冬麦种植面积的一半。

2009年年初全国干旱情况示意图

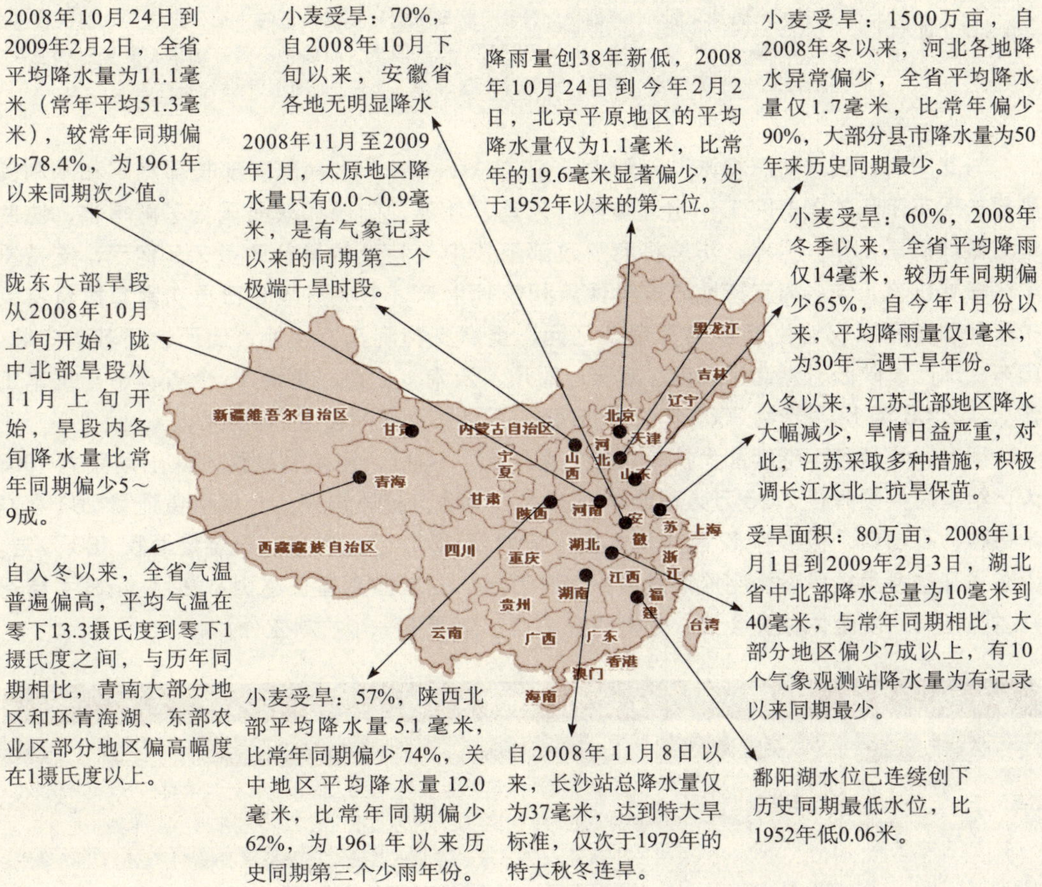
2008年10月24日到2009年2月2日，全省平均降水量为11.1毫米（常年平均51.3毫米），较常年同期偏少78.4%，为1961年以来同期次少值。
小麦受旱：70%，自2008年10月下旬以来，安徽省各地无明显降水
降雨量创38年新低，2008年10月24日到今年2月2日，北京平原地区的平均降水量仅为1.1毫米，比常年的19.6毫米显著偏少，处于1952年以来的第二位。
小麦受旱：1500万亩，自2008年冬以来，河北各地降水异常偏少，全省平均降水量仅1.7毫米，比常年偏少90%，大部分县市降水量为50年来历史同期最少。
2008年11月至2009年1月，太原地区降水量只有0.0～0.9毫米，是有气象记录以来的同期第二个极端干旱时段。
小麦受旱：60%，2008年冬季以来，全省平均降雨仅14毫米，较历年同期偏少65%，自今年1月份以来，平均降雨量仅1毫米，为30年一遇干旱年份。
陇东大部旱段从2008年10月上旬开始，陇中北部旱段从11月上旬开始，旱段内各旬降水量比常年同期偏少5～9成。
入冬以来，江苏北部地区降水大幅减少，旱情日益严重，对此，江苏采取多种措施，积极调长江水北上抗旱保苗。
受旱面积：80万亩，2008年11月1日到2009年2月3日，湖北省中北部降水总量为10毫米到40毫米，与常年同期相比，大部分地区偏少7成以上，有10个气象观测站降水量为有记录以来同期最少。
自入冬以来，全省气温普遍偏高，平均气温在零下13.3摄氏度到零下1摄氏度之间，与历年同期相比，青南大部分地区和环青海湖、东部农业区部分地区偏高幅度在1摄氏度以上。
小麦受旱：57%，陕西北部平均降水量5.1毫米，比常年同期偏少74%，关中地区平均降水量12.0毫米，比常年同期偏少62%，为1961年以来历史同期第三个少雨年份。
自2008年11月8日以来，长沙站总降水量仅为37毫米，达到特大旱标准，仅次于1979年的特大秋冬连旱。
鄱阳湖水位已连续创下历史同期最低水位，比1952年低0.06米。
新疆维吾尔自治区
甘肃
内蒙古自治区
黑龙江
吉林
辽宁
北京
天津
河北
山西
宁夏
山东
青海
甘肃
陕西
河南
江苏
安徽
上海
西藏藏族自治区
四川
湖北
重庆
浙江
江西
湖南
贵州
福建
台湾
云南
广西
广东
香港
澳门
海南

针对旱情，国家防汛抗旱总指挥部在2月4日启动Ⅱ级抗旱应急响应的基础上，5日召开全国冬麦主产区8省抗旱异地会商会议，并宣布启动Ⅰ级抗旱应急响应。这是《国家防汛抗旱应急预案》级别最高的应急响应机制，这也是中国首次启动Ⅰ级抗旱应急响应。

2009年中央关注农业基础设施建设会议（文件）一览		
时间	会议	相关内容
2009年1月9日	全国防汛抗旱工作会议	国家防汛抗旱总指挥部副总指挥、水利部部长陈雷对2009年全国防汛抗旱工作进行了全面部署，要求重点抓好6个方面的工作
2009年2月1日	2009年"中央一号文件"出台	明确提出"两个大幅度"的要求，即大幅度增加对小型农田水利建设的专项资金、大幅度增加对病险水库除险加固的投入力度
2009年2月7日	抗旱工作座谈会	国务院总理温家宝指出，要加强农田水利设施建设。这是提高农业抗旱能力的根本之策
2009年2月11日	审议并原则通过《中华人民共和国抗旱条例（草案）》	《中华人民共和国抗旱条例（草案）》从旱灾预防、加强农田水利基础设施建设、抗旱减灾和灾后恢复等方面，规定了各级人民政府、有关部门和单位的职责，明确了不同等级旱灾发生时的抗旱措施，规范了水量调度，并设定了相应的法律责任

与此同时，国家防总将派出分别由国家防总秘书长、水利部副部长鄂竟平和水利部副部长周英带队的国务院工作组赴重旱区河南、江苏、山西和陕西调查了解旱情，协助地方做好抗旱工作。另外，防总将商财政部下拨中央特大抗旱补助费2.5亿元，支持重旱区开展抗旱工作。为支持地方抗旱保苗和恢复生产，中央财政5日再次紧急拨付特大抗旱补助资金和农业生产救灾资金3亿元，重点支持河南、河北、山西、江苏、安徽、山东、江西、陕西、湖北、湖南、重庆、四川、云南、甘肃、青海15个省（市）抗旱工作。从2008年12月份到2009年2月16日，累计投入抗旱资金39亿元。

同时，旱区各地继续加大抗旱工作力度。2月14日，河南省驻豫部队出动兵力1303人，组织民兵预备役2.25万人帮助群众送水、浇地、疏通沟渠；全省引黄流量283立方米每秒，石山口、板桥等12座大型水库下泄水量1248万立方米，日浇灌面积166万亩。山东省开动各类抗旱设施完成灌溉面积186万亩。安徽省副省长赵树丛2月14日主持召开省防指第一次全体成员会议，分析研究旱情，部署下一步抗旱工作。

九省（市）抗旱大行动		
省（市）	关键词	具体行动
河南	抗旱资金	该省已投入抗旱资金6.11亿元人民币，累计浇灌面积5664万亩次。当局还严令：用10天的时间把全省7000多万亩小麦浇灌一遍
河北	抗旱工程	2008年入冬以来，河北省共建设小型抗旱工程11万处，新增灌溉面积46万亩，发展节水灌溉面积120多万亩。目前通过利用河道基流，全省沿河县市已引蓄水3.6亿立方米，浇地210万亩
山东	抗旱服务队	山东省政府对当前旱情非常重视，目前全省有1500多个抗旱服务组织、6000多名技术人员战斗在抗旱一线
安徽	资金补贴	亳州市利辛县拿出800多万元用于抗旱保苗工作，农民新购置浇灌机每台可获得1000元的补助。此外，农民每浇1亩地，还能得到2元补贴

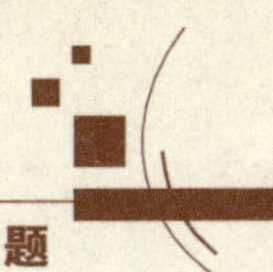

续表

省（市）	关键词	具体行动
山西	黄河水	从1月31日开始，运城市临猗县北景乡等7个乡镇的麦田浇上了黄河水。这个县的回龙、元上、扬范3个高扬程泵站，三座泵站每天抽水4万余立方米、浇灌附近7个乡镇的七八千亩麦田
陕西	灌溉	针对20年不遇的冬旱，陕西省防指1月中旬启动省级三级抗旱应急响应，要求各地开动一切水利设施，力争使全省900万亩可灌农田全部灌溉。目前全省日均投入抗旱人数117万人，开动水利设施6万多处，已完成冬灌面积752万亩次
甘肃	技术推广	甘肃省已筹措1.5亿元用于抗旱。在抗旱中，甘肃省计划推广500万亩全膜双垄沟播技术，从根本上减轻旱灾的威胁
湖北	抗旱服务队	面对湖北省局部较重旱情，襄樊、十堰等市10多支抗旱服务队闻旱而动，主动服务抗旱减灾，积极开展机具维修配套、流动灌溉、解困送水，推广抗旱新材料，服务抗旱攻坚初显成效
北京	人工降雨	2月4日，北京市农委、农业局通过人工降雨缓解旱情

应急预案修补抗旱“短板”

广东省由于农田水利设施老化、失修严重，致使农田水利设施建设成抗旱“短板”，目前仍然处于“抗旱防灾”阶段的广东省，鉴于全国抗旱形势严峻，已经“准备就绪”一套长效的《广东省防汛抗旱防风应急预案》（下称《预案》）机制，若根据会商结果确认发生干旱灾情，报经省人民政府批准即可发布干旱预警。

《预案》将干旱灾害分为四个等级：Ⅰ级（特别严重）、Ⅱ级（严重）、Ⅲ级（较重）和Ⅳ级（一般）。三防部门按照全省较大面积最少持续30天以上无透雨；受旱面积占全省耕地面积比例大于15%；水库的可用水量占总兴利库容小于40%（甚至更低）等多项指标，启动Ⅳ级到Ⅰ级预警。其中，一旦启动最高级别的Ⅰ级预警，将根据实际情况实施广东省跨地域调水、大型水利工程水资源的联合调度、人工影响天气作业、上报国家防总等措施，必要时，还将通过省人民政府向国务院申请开展跨流域调水。

推进基础设施建设，夯实防灾基础

广西壮族自治区党委、政府高度重视水利工作，2009年以来，自治区党委常委会先后3次研究水利工作，自治区政府常务会议先后4次研究水利问题。自治区党委书记郭声琨、自治区主席马飚对全面兴起水利建设新高潮分别作了批示。自治区党委、政府还将出台《关于掀起水利建设新高潮的决定》。自治区财政新增专项补助资金3亿元用于民生水利项目建设；2008年四季度，中央新增广西水利建设投资11.16亿元；加上常规项目

广东划分干旱预警级别的具体要求

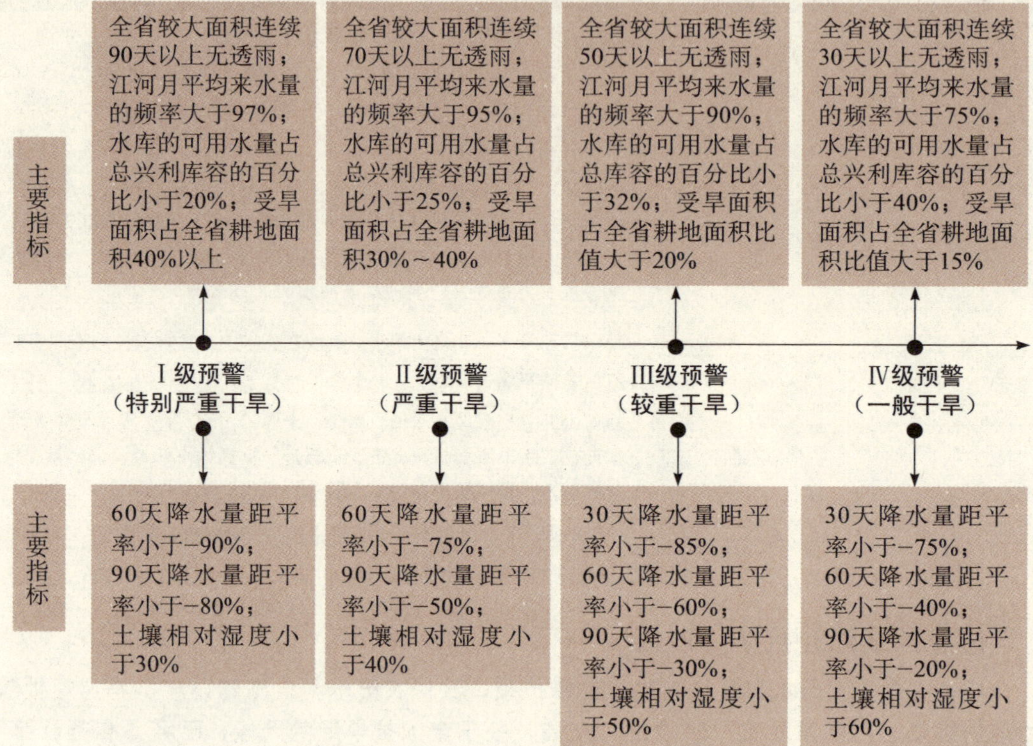

计划投资，去冬今春广西的水利建设总投资将突破50亿元。同时，自治区党委常委及省级领导干部深入基层，亲自参加冬修水利建设。全区各级机关干部深入农村联系点，对口开展为期一周的农田水利基本建设义务劳动。

广西2009冬春水利建设主要目标

- 新增和恢复农田灌溉面积40万亩，改善灌溉面积50万亩，总增加粮食生产能力13.7万吨
- 新增旱地灌溉面积10万亩，改善旱地灌溉面积100万亩，新增甘蔗等作物生产能力120万吨
- 新增解决农村饮水安全和饮水困难人口166万人
- 完成水库除险加固246座，保护水库下游31.4万群众的生命财产安全
- 新建标准河海堤防32公里，新增保护人口38.6万人

此外，广西还提出了水利建设科学发展三年计划，该计划以保障经济社会可持续发展为目标，以加快骨干工程、农村饮水安全、病险水库除险加固、灌区节水改造、防洪保安工程、水利生态治理等为重点，以加大投入为保障，以创新体制机制为动力，着力构建防洪、供水、水环境三大体系，实现水资源大省向水利强省跨越。从2009年起到2011年，将有序有力抓好水利这个打基础、利长远、惠百姓的大事，全力推进六大水利工程建设。

广西着力推进的六大水利工程

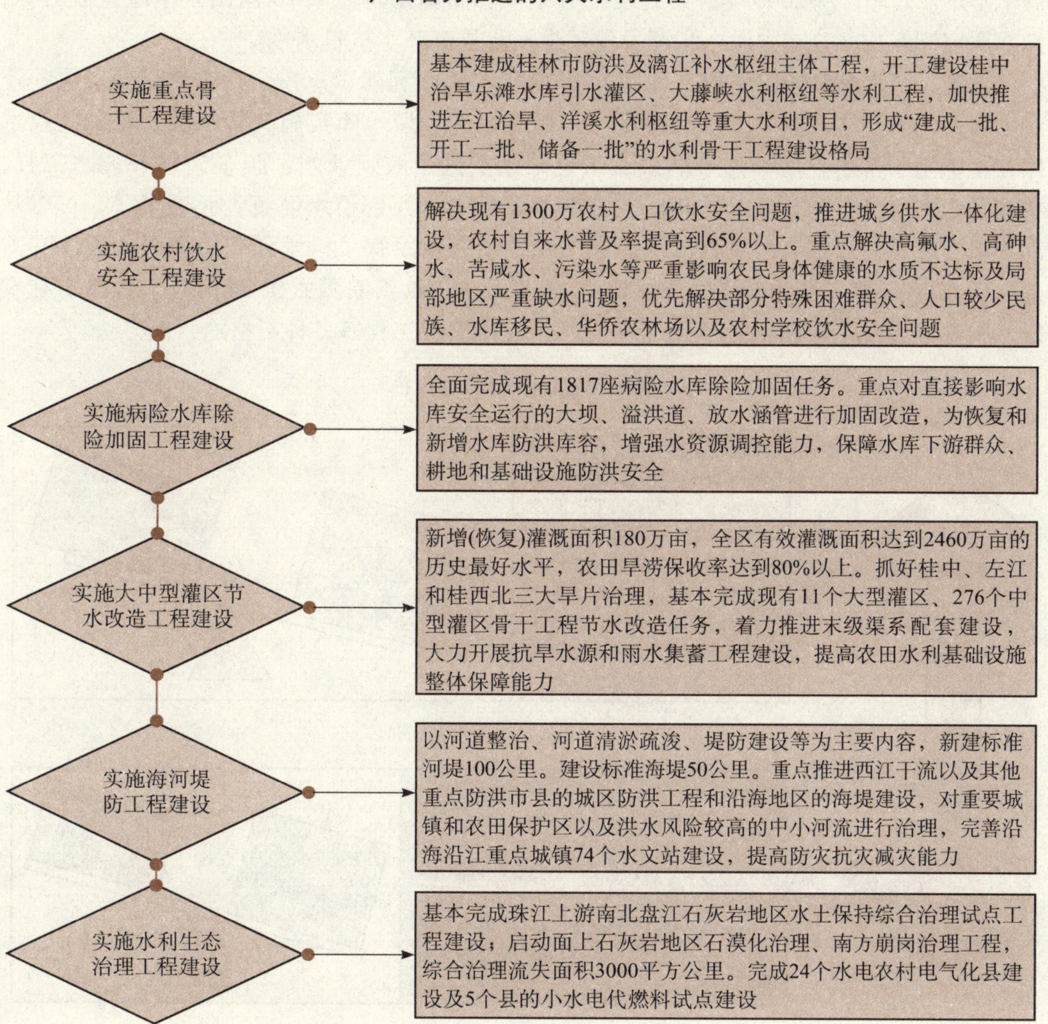

推广节水灌溉引导科学抗旱

在抗旱保苗战役中，新疆积极推广节水灌溉技术，加强农田水利基础设施建设，提高农业抗旱能力。青岛使用IC卡浇地，建设小农水富民工程。安徽省淮南市凤台县则利用“数字水利监控系统”平台，对水源进行实时监控、科学调度，实现了抗旱保苗工作的科学化。

新疆：节水灌溉规划明确。新疆2009年将全力推广膜下滴灌技术和高新节水技术，力争完成200万亩节水面积，从2010年开始每年新增100万亩，使节水面积超过2000万亩。同时，自治区2009年将在北疆地区拿出6500万元资金用于抗旱应急生产井，主要安排在塔额盆地、昌吉州、阿勒泰，博州和伊犁的部分地区，开发利用地下水资源，弥补河水不足。另外，从2009年开始到十二五期间，新疆还将完成79座山区水库建设目标，把水源控制在山区，减少渗入和蒸发量，进一步提高节水抗旱水平。

青岛：节水灌溉频出新招。青岛市2008年农田水利建设总投资达6.2亿元。这些资金主要用于三个方面的农田水利建设：一是对大中小型水库实施除险加固工程，这些水库在旱季用于蓄水，涝季用于防洪；二是陆续实施了胶河调水、胶东调水等调水工程，将起到全市水资源调节器的作用。东部旱了，可以从西部引水灌溉，北边旱了，可以从南边引水灌溉；三是节水灌溉技术的推广和普及，农民有了科学利用水资源的观念和方法。仅2008年度，全市新增灌溉面积达14.5万亩，改善灌溉面积34万亩。青岛市在农田水利建设过程中，涌现出了IC卡浇地、小农水富民工程等多种新措施、新办法。

青岛市农田水利建设特色

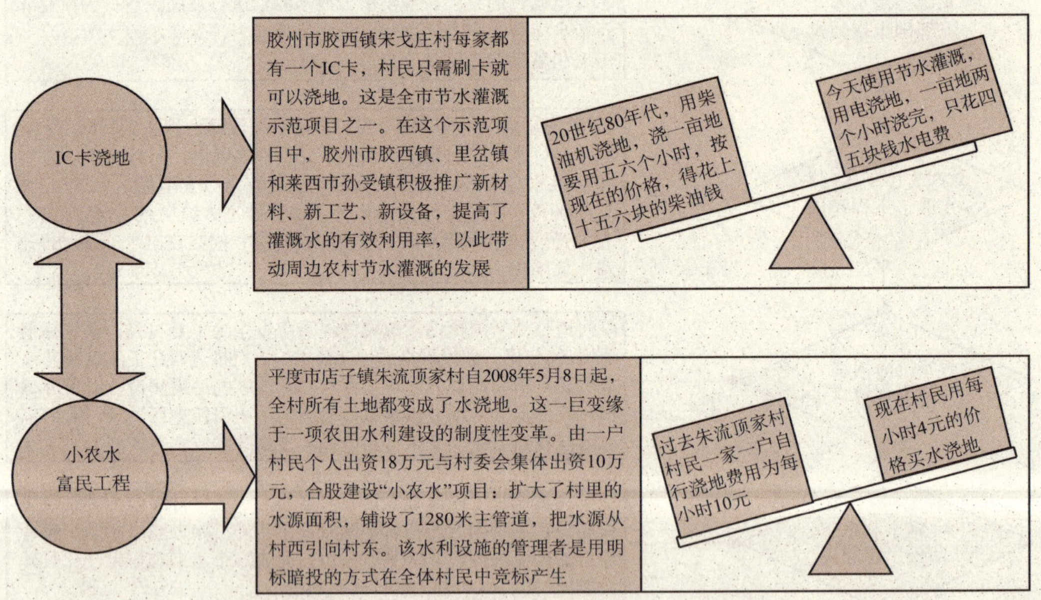

除青岛胶州市农民刷卡浇地之外，河南省新乡市辉县市北马营村村民也在使用IC智能卡浇地。该村于2008年5月份就完成了农田机电通电工程的改造，一个村有两座“台区”，可控制18眼机井，18座电表，便利了村民灌溉。使用IC卡浇地，农民自己往卡里输钱，就改变了他们深浇漫灌的积习，从而使节水灌溉的理念更加深入人心。

凤台：“数字水利监控系统”显威力。在抗旱保苗战役中，全国水利先进县——安徽省淮南市凤台县利用“数字水利监控系统”平台，对水源进行实时监控、科学调度，实现了抗旱保苗工作的科学化，同时也使有限的水资源得到高效利用，使农田在更大范围内实现节水灌溉。人们只要轻点鼠标，数十公里外的用水情况便可尽收眼底。依据各地的水情，从容发出水源调度指令。人们把“数字水利监控系统”形象地比作这场战役的“指挥中枢”。2007年，凤台县投资100多万元，在永幸河灌区建成了“数字化水利监控系统”，实现了水利监控的实时化，调度的科学化。系统可覆盖60多万亩耕地，占全县种植面积的70%以上。截至目前，该县已建成27个自动遥测站、54个闸口水位测量及80个泵站监测点。

协会模式破解管理难题

广东省在农田水利建设主要存在两个方面的问题，一是农田水利多年投入不足，二是管理使用责权不明。在投入方面，广东省农业税费改革以来，尤其是2005年免征农业税后，政府取消向农民收取相关费用，财政转移支付远远不足以弥补资金缺口。过去，农田水利建设主要靠政府投资，农民以义务工、集资等形式投入。但现在，农民投入必须实行“一事一议”政策。在村委会内部取得一致尚且不易，而水利工作往往又会涉及几条村，甚至跨镇、跨县，资金统筹就更加困难。在管理使用方面，广东省各地大多把农田水利方面的工作交由村委会等基层组织操作，因为水利工作会涉及多个村，因此工作难以顺利开展。再者，农业综合开发，土地复垦、开发等工作交由不同部门管理，也

广东省“水利协会”模式

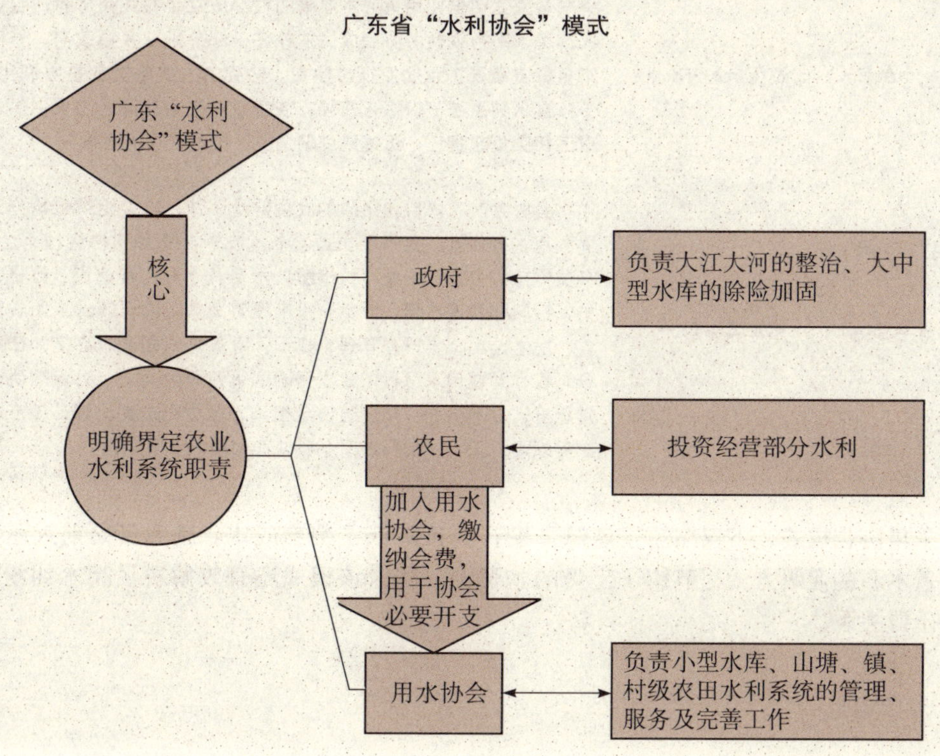

在一定程度上给水利部门工作增加了难度。为了有效解决以上问题，2008 年，广东省财政安排 80 亿元资金进行农田基础设施和小型水利设施建设。与此同时，该省高州、蕉岭等地积极试点、探索“水利协会”模式。

除广东省之外，河北省石家庄市、泊头市，河南省中牟县、山东省平原县也都运行着相关的协会模式，为农田水利基础设施的建设与良性运行提供有力保障。

各地的“水利协会”模式

市/县	组织名称	发展情况
河北省石家庄市	农民用水户协会	石家庄市从 2003 年起，就鼓励各地引导成立县、乡、村、农民用水户协会，水利建设由过去的政府行为变为政府引导、群众自愿参加。目前，该市已初步建立了县、乡、村三级农民用水户协会体系，全市农民用水户协会已达 705 个
河北省泊头市	农民用水者协会	富镇东任英、西任英、小卢屯、张屯等 6 个村联合成立的东任英村农民用水者协会，打破了村队界限，把 6 个村的 27 眼机井分成 10 个用水小组，由协会根据作物生长需求和气候状况，确定开井时间，各小组根据地块按顺序和灌溉亩数排出各户浇地时间表，通知每户有序浇地，这使得 6 个村 1 万多亩麦田实现了统一灌溉。目前，像东任英村这样的农民用水者协会在泊头市已发展建立了 10 个，涉及 20 余个村庄，覆盖耕地 2 万多亩
河南省中牟县	农民用水者协会	中牟县大孟镇里使用黄河水灌溉的村都成立了农民用水者协会，村民选举，不行就换。协会成员的补贴一部分来自乡镇政府，一部分来自每亩灌溉 1 元的象征性收费。协会的主要职责就是协调用水。中牟县水利系统一份报告建议，乡镇政府在今后灌区工程、供水管理上切实负起责任，迅速建立健全乡、村两级管水网络
山东省平原县	用水者协会	用水者协会是农民自愿组成的社会群众团体，协会组织机构分为会员、用水者代表、执行委员及会长。农户自愿加入协会成为会员，会员需按协会规定的统一价格缴纳水费及水利工程建设、维修、养护、折旧和管理费用，并负有投工投劳义务。协会领导人由农民独立、民主选出，会员在管理、建设、财务等方面享有高度知情权和参与权，并在用水过程中建立透明的水费收缴渠道。为保障协会正常运行，县水务局每年还对协会相关人员进行定期培训，重点培训工程建设、管护、运行、财务、法律法规等业务知识

采用协会模式，不仅缩短了灌溉周期，而且降低了生产成本。避免了之前大水漫灌等浪费水源的灌溉方式，节约了宝贵的水资源。同时该模式还有效解决了用水纠纷，密切了干群关系。

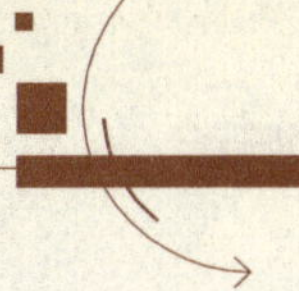

构建抗旱防汛长效机制

干旱当前，干部群众、武警官兵一齐出动，是我们在媒体上不时看到的镜头，但科学的抗旱工作决不能仅止于此。相反，我们必须构建抗旱保苗长效机制，变被动抗旱为主动防御。

“引黄补源、以井保丰”是许多沿黄地区有效的抗旱经验。在确保汛期安全的情况下，有关地方政府应完善各类水系网络，充分利用各类工程，在平时尤其是汛末，加大引黄力度，同时注意以黄河水及时填补地下漏斗区，确保旱季井水需求。同时，专家还指出，为了建立抗旱长效机制，田间的水利网络要充分纵伸，并经常疏浚掏深，确保水头能送到田头，方便农民取水。作为应急措施，各地应重点加紧建设一批投资少、见效快的小型应急抗旱水源工程，以备不时之需；在农民需要远距离取水、出现抗旱保苗和灌溉成本矛盾时，政府应该给予农民一定的抗旱补贴。

从农民层面看，入冬前对易旱地块进行冬灌，确保麦田越冬墒情，能够缓解春旱和麦田返青需水的矛盾，值得在农村推广。此外，应进一步强化节水宣传，推广节水灌溉、小水细灌，增强全社会节水意识，防止出现靠近干渠的农田大水漫灌，而远离水头的农田“救命水”却久候不至的情况。

抗旱和防汛是长期以来困扰我们农业生产的两个主要矛盾。随着旱情的逐渐缓解，各地还必须从这场抗旱保苗的反思中走出来，把下一步的工作重点放到应对2009年夏天还可能出现的汛情上来，真正做到未雨绸缪。

相关阅读

成都农地确权的全局意义

成都市农村产权制度改革早在2003年就出现苗头，2007年6月7日成都被国务院批准为全国统筹城乡综合配套改革试验区，2008年4月成都市首次进行确权颁证。按照成都市政府的部署，到2009年年底，全市1400多万亩农村集体建设用地、660万亩耕地全部落实到每一个具体的农户手中。通过确权，进一步明确农民及集体经济组织对承包地、宅基地、集体建设用地，农村房屋、林权等的物权关系。

建立明晰的土地权利范围和归属

成都农地确权的改革思路，就是在物权法框架下固化农地产权，明确主体，建立明晰的土地权利范围和土地权利归属，使农民成为真正的市场主体。

都江堰试点明确，以农户承包台账面积对承包经营权进行确权，不再重新丈量。同时，确定农业合作社、农业合作联社和乡镇集体资产管理委员会分别作为组、村、乡镇一级的集体土地所有权主体，从而不仅统一规范了所有权主体，而且建立健全了农村集体经济组织。

成都市农地确权改革在推进过程中，主要遇到并着力解决三方面的问题。包括集体经济组织和集体组织成员的重新界定、承包权的长期固化和宅基地确权的洗牌。

成都农地确权线路图

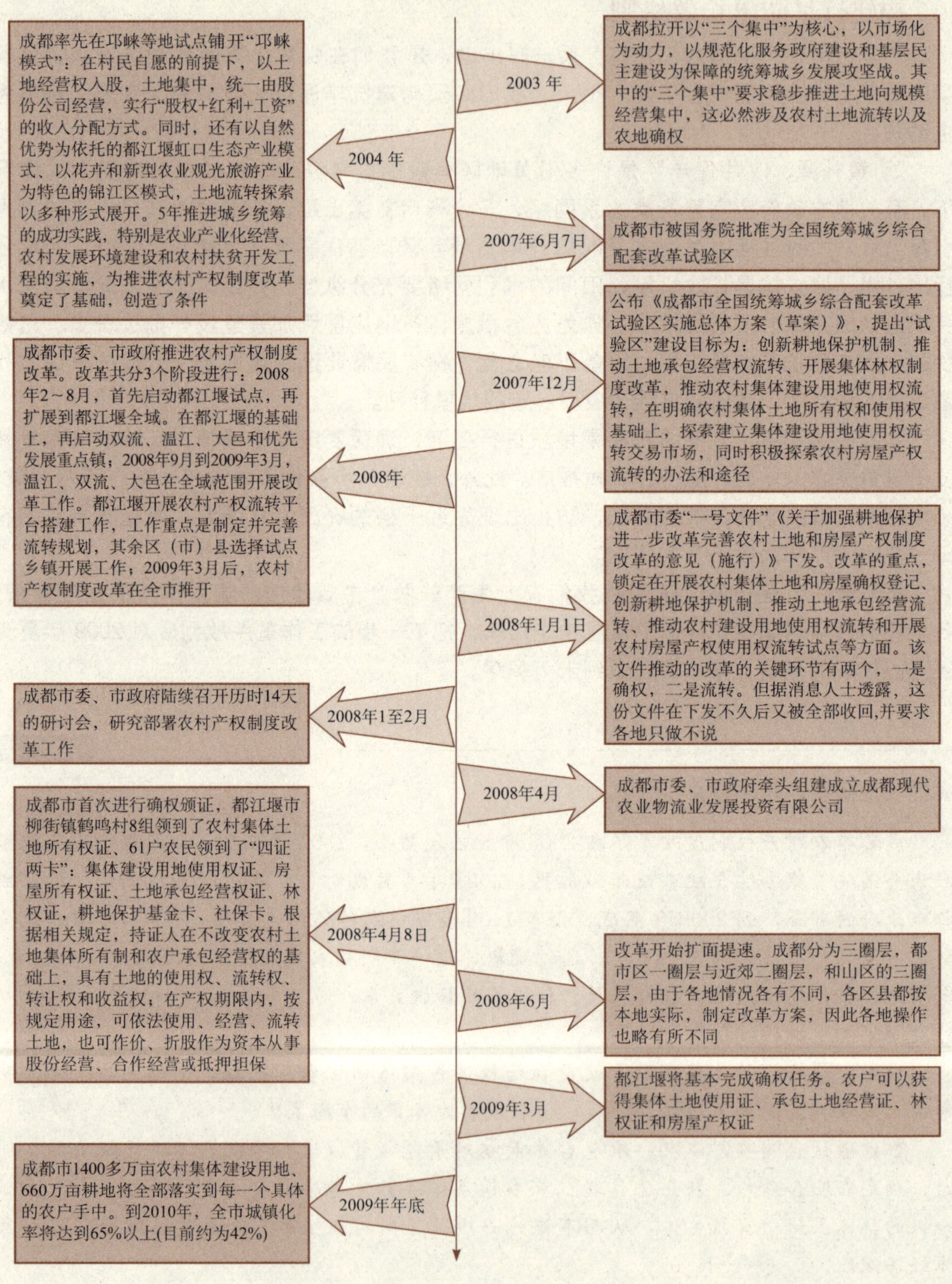
2003 年
成都拉开以"三个集中"为核心，以市场化为动力，以规范化服务政府建设和基层民主建设为保障的统筹城乡发展攻坚战。其中的"三个集中"要求稳步推进土地向规模经营集中，这必然涉及农村土地流转以及农地确权
2004 年
成都率先在邛崃等地试点铺开"邛崃模式"：在村民自愿的前提下，以土地经营权入股，土地集中，统一由股份公司经营，实行"股权+红利+工资"的收入分配方式。同时，还有以自然优势为依托的都江堰虹口生态产业模式、以花卉和新型农业观光旅游产业为特色的锦江区模式，土地流转探索以多种形式展开。5年推进城乡统筹的成功实践，特别是农业产业化经营、农村发展环境建设和农村扶贫开发工程的实施，为推进农村产权制度改革奠定了基础，创造了条件
2007年6月7日
成都市被国务院批准为全国统筹城乡综合配套改革试验区
2007年12月
公布《成都市全国统筹城乡综合配套改革试验区实施总体方案（草案）》，提出"试验区"建设目标为：创新耕地保护机制、推动土地承包经营权流转、开展集体林权制度改革，推动农村集体建设用地使用权流转，在明确农村集体土地所有权和使用权基础上，探索建立集体建设用地使用权流转交易市场，同时积极探索农村房屋产权流转的办法和途径
2008年
成都市委、市政府推进农村产权制度改革。改革共分3个阶段进行：2008年2～8月，首先启动都江堰试点，再扩展到都江堰全域。在都江堰的基础上，再启动双流、温江、大邑和优先发展重点镇；2008年9月到2009年3月，温江、双流、大邑在全域范围开展改革工作。都江堰开展农村产权流转平台搭建工作，工作重点是制定并完善流转规划，其余区（市）县选择试点乡镇开展工作；2009年3月后，农村产权制度改革在全市推开
2008年1月1日
成都市委"一号文件"《关于加强耕地保护进一步改革完善农村土地和房屋产权制度改革的意见（施行）》下发。改革的重点，锁定在开展农村集体土地和房屋确权登记、创新耕地保护机制、推动土地承包经营流转、推动农村建设用地使用权流转和开展农村房屋产权使用权流转试点等方面。该文件推动的改革的关键环节有两个，一是确权，二是流转。但据消息人士透露，这份文件在下发不久后又被全部收回,并要求各地只做不说
2008年1至2月
成都市委、市政府陆续召开历时14天的研讨会，研究部署农村产权制度改革工作
2008年4月
成都市委、市政府牵头组建成立成都现代农业物流业发展投资有限公司
2008年4月8日
成都市首次进行确权颁证，都江堰市柳街镇鹤鸣村8组领到了农村集体土地所有权证、61户农民领到了"四证两卡"：集体建设用地使用权证、房屋所有权证、土地承包经营权证、林权证，耕地保护基金卡、社保卡。根据相关规定，持证人在不改变农村土地集体所有制和农户承包经营权的基础上，具有土地的使用权、流转权、转让权和收益权；在产权期限内，按规定用途，可依法使用、经营、流转土地，也可作价、折股作为资本从事股份经营、合作经营或抵押担保
2008年6月
改革开始扩面提速。成都分为三圈层，都市区一圈层与近郊二圈层，和山区的三圈层，由于各地情况各有不同，各区县都按本地实际，制定改革方案，因此各地操作也略有所不同
2009年3月
都江堰将基本完成确权任务。农户可以获得集体土地使用证、承包土地经营证、林权证和房屋产权证
2009年年底
成都市1400多万亩农村集体建设用地、660万亩耕地将全部落实到每一个具体的农户手中。到2010年，全市城镇化率将达到65%以上(目前约为42%)

成都的农地确权流程图

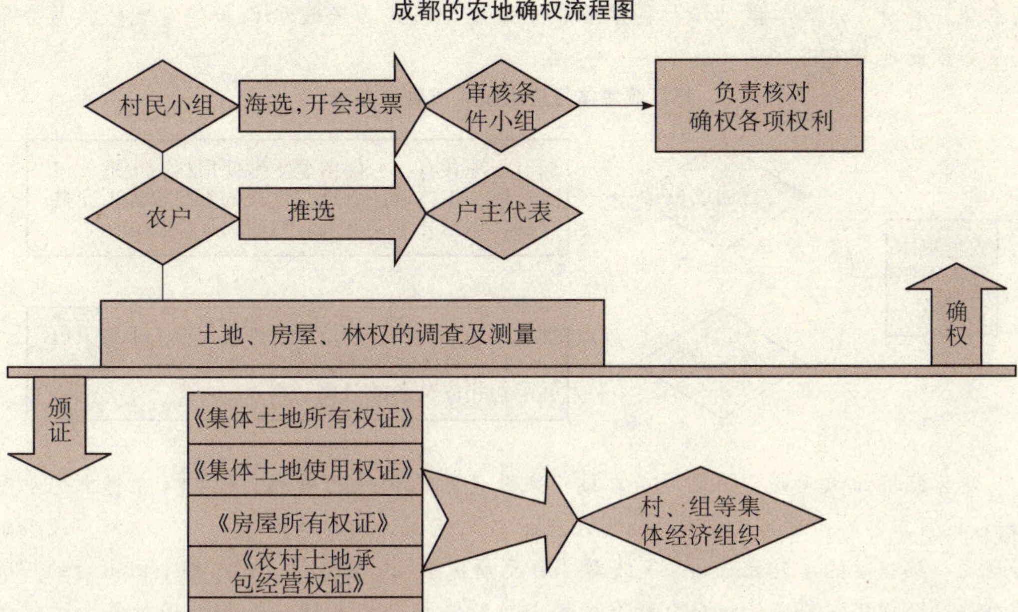

确权改革的第一大难题，是集体经济组织和集体组织成员的界定，成都在确权过程中，以村小组作为集体。但由于很多村民长期在外打工，使得现有的村组织机构无法承担复杂繁重的产权改革工作，培育新的集体经济主体便提上了日程。成都市锦江区在这方面做了有代表性的探索。该区在涉农的 11 个社区分别成立公司化的村级新型集体经济组织，新型集体经济组织继承了原集体经济组织的资产，并向成员折股量化，每人一股，发放股权证。对此，专家表示，新型集体经济组织是很好的探索，但存在的问题是地方政府颁布的文件，效力层次太低。同时，对于集体经济组体的定义、成立条件和权责义务还应做更深入的研究。

另一个棘手的问题，是集体经济组织成员界定的标准。在实际操作中，主要还是依靠户口来界定成员资格，然后看与集体经济级组织有无形成基本的权利义务关系，有争议的，要经村民会议三分之二以上成员或者农户代表同意。在制定集体经济组织成员确认办法方面，都江堰试点取得了突破。

都江堰不但对这两种成员权的确定、丧失、权利和义务进行了明确规定，而且对“特殊成员”方式的取得进行了“重要突破”。该试点农村集体经济组织中“特殊成员”可以通过两种方式获得：一是通过向农村集体经济组织捐交公积公益金的形式加入；二是与该农村集体经济组织或该集体经济组织同意与其成员形成产权转让关系的形式加入。对此，专家表示，这两点是基于以后涉及流转问题时规避法律问题限制而制定，极具创新意义。同时，这些举措对壮大集体经济组织实力、完善治理机构和确定流转收益分配制度等方面也具有现实意义。

都江堰集体经济组织成员确认办法

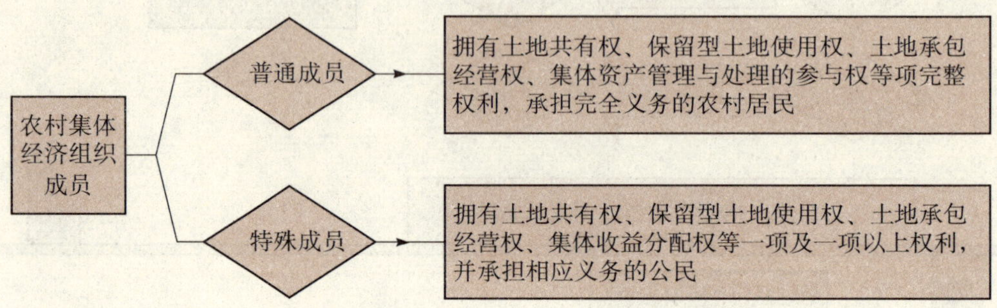

集体经济组织及成员确定之后，接下来就是对承包地的确权。根据《农村土地承包法》，这项工作的内容，主要是弄清楚承包地四至范围，面积及承包关系。成都市政府配套规定，确权后的承包地每亩每年发放400元耕保基金，而且在2008年年初出台的《管理办法》还规定，耕地保护补贴标准根据全市经济社会发展状况和耕地保护基金运作情况，建立相应的增长机制，这使得承包地确权成为成都当前改革中矛盾和争议最多的一个领域。

在确定承包地的面积方面，虽然目前各地都采用了按二轮承包台账面积确权登记的办法，但问题在于，土地发包之初，农民有交足国家，留够集体的粮食任务，分配原则是以产定亩，即按土地粮食产量来确定承包地的面积，土地较差的农户得到土地面积较大，而表现在台账记录面积却是相等的。比如，一块实测面积为1.5亩的承包地，台账面积是1亩，如果按台账确权，那么多出来的0.5亩土地将无从确权。对此，有关专家表示，造成这一冲突的根本原因，在于农业和工业两套价值体系的冲突。其实质在于，确权到户是指向市场化的收益分配，与土地集体所有制遵守的土地收益平均分配是不可能达成一致。由于这一矛盾的存在，有些不认可确权方案的村民，集体选择了确权到组而不到户，并约定了土地收益均分的模式。据成都市锦江区统计，在全区确权的76个村民小组中，有17个村民小组选择确权到组，占全部村民小组的22.37%。

在都江堰试点中，由于城区土地多次流转，四界已完全模糊。同时地段不同，也意味着悬殊的价值，如果确权，农民之间会有巨大的财富悬殊。因此，都江堰也选择了确权到组，即每人平均六分八亩地。对此，主张确权到户的专家表示，确权到组又回到改革之前的老路上去了，使确权没有任何意义，这是成都下一步改革必须解决的问题。而成都农地产权改革三位政府顾问之一陈家泽在接受《21世纪经济报道》采访时也表示，确权到组是个虚拟的概念。这也是在大城市的城乡结合部，确权都会遇到的问题。级差地租高的地方，确权到户就越来越难。确权到组只是把问题埋藏起来。因为不到户，农民不能具体量化土地，以后土地价值发生大的变化，就会有很大的后患。这可以有一个逐渐解决的时间，但不能永远埋在这里。

农村宅基地确权颁证中存在的问题

问题	说明
问题一：农民集中居住区建设的新房屋尚未合理及时办理产权证明。	新房屋是集中修建，占用的土地是村民原有宅基地的一部分，新农民聚居区的房屋一般是按户分配的。新的房屋理应要办理产权证，根据现有农村住房办理产权证的要求，需要的手续有所占土地审批合法，房屋修建质量过关，验收合格。符合现在商品房屋颁证的基本或者主要条件，才可以颁发新的房屋产权证。农民新居房屋产权证明是按照原来农民住房处理还是按照商品房对待或是作为新类型的房产并建立相应的管理规则？
问题二：先确权颁发的宅基地权属证在土地整理、置换后失去部分功能。	普通成员拥有土地共有权、保留型土地使用权、土地承包经营权、集体资产管理与处理的参与权等项完整权利，承担完全义务的农村居民土地先确权，后土地整理，然后进行宅基地置换，先确权的农村宅基地使用权证上记载的宅基地地形、地貌、东西南北四至全被改变，此时，先颁发的宅基地使用权证的权属证明作用几乎作废，唯一的功能是证明村集体、村民曾经拥有一块宅基地和一套住房。新房屋、地产证明一旦办理，则原来的地产证明则无法独立使用，无法独立抵押、置换、分红等。另一方面，农民新居的地产（宅基地）证应颁发新宅基地使用权证，并且新宅基地使用面积等于原先颁发的宅基地使用权证记载的面积扣除调剂或者余留的宅基地面积，几块土地面积有个计算和置换后才得到新土地（宅基地）使用权证面积。
问题三：按农户房屋实际建筑面积确权，忽视了原来审批宅基地的行政行为。	（1）特殊成员拥有土地共有权、保留型土地使用权、土地承包经营权、集体收益分配权等一项及一项以上权利，并承担相应义务的公民成都市《集体土地所有权和集体建设用地使用权登记有关问题实施意见》（试行）五项第3条：（2）权利人能够提供县级以上人民政府或同级建设、房管、国土行政主管部门等颁发的房屋土地权利证书或批准文件的，按证书或者批准文件载明的占地面积和范围确定其农村宅基地使用权。（3）权利人无法提供上述证明材料的，按其房屋建筑占地面积和各区（市）县现行的农村宅基地面积标准确定农村宅基地使用权。房屋建筑占地面积超出标准的，超标准部分确认给集体经济组织或实际使用土地的农户，土地分类为空闲宅基地。实际上，农户房屋建筑占宅基地面积一般超过审批面积或者当时建设是按照审批面积进行，后来有自行扩建、改建等情形，超过审批面积。在这次确权过程中，农户房屋超面积部分还按照超面积确权，那么提供审批证件就失去意义。宅基地和空闲宅基地区别不明显，反正都是占得多的，现在确认得多，对原来的审批行为几乎忽略。
问题四：宅基地被置换后，其所有权和使用权关系尚未厘清。	宅基地所有权归村集体，使用权归农户，理论上说，商品房屋地产证使用权最长70周年。而农民的宅基地使用权是永久性的，农民宅基地被置换出去或者指标被卖出去，期限是70年，农户宅基地永久使用权将无从体现。期限满后，所有权人要收回，或者再次卖？如果集体土地有利可图，可图的利益大，农民就不愿意离开土地，户口不愿意迁移走。如果把宅基地或者承包地直接分给现在的户口在本地的农民，则做到“生不添，死不减”，就一次性的私有了。这实际是一个私有化运动。对农户宅基地永久使用权怎么体现，需要规则细化规定。

在宅基地确权登记中，争议最大的就是按现状确权还是均分。宅基地没有像农用地那样经过一次均分的过程，农村不同家庭实际占有宅基地的差异较大。在成都双流区，人均宅基地面积较少的有94.08平方，较多的达到594.11平方。如宅基地仅停留在使用权基础上，现状确权农民就不会计较。但是如果宅基地产权在使用权基础上再拥有了转让权和收益权，农民之间的利益将难以平衡。

成都市加速土地流转的重要措施

时间	重要举措
2007年7月底	成都市国土资源局出台《成都市集体建设用地使用权流转管理办法（试行）》，该《办法》规定，今后在成都试验区内，集体建设用地将拥有与城镇建设用地几乎等同的地位，可以进入土地有形市场公开出让，并可申请办理土地使用权登记，宅基地也可在一定条件下通过房屋联建、出租等方式流转

续表

时间	重要举措
2008 年 2 月 5 日	双流县在成都率先挂牌成立集体建设用地使用权流转服务中心、房屋所有权流转服务中心、土地承包经营权流转服务中心、林权流转服务中心
2008 年 4 月	成都市委、市政府牵头组建成立成都现代农业物流业发展投资有限公司。该公司主要提供“行为担保”和“信用担保”两项业务。除对土地承包经营权、林权等流转行为进行担保之外，还对利用宅基地、农村房屋、新居工程等抵押融资进行担保
2008 年 5 月 30 日	温江区率先在全市挂牌成立第一个统一的、综合性的农村产权流转服务中心
2008 年 10 月 13 日	成都在全国率先挂牌成立了综合性的农村产权交易所，交易所依托成都联合产权交易所，为林权、土地承包经营权、农村房屋产权、集体建设用地使用权、农业类知识产权、农村经济组织股权等农村产权流转和农业产业化项目投融资提供优质高效的专业服务。而且成都农村产权交易所不以盈利为目的，对作为转让方的农户，不收取交易服务费用，对受让方只收取交易服务成本费用，以扶持农村产权的流转
2008 年 12 月 22 日	成都彭州市磁峰镇诞生了一个叫“土地银行”的新鲜事物。当地农户们将零散、界线明晰的承包地经营权“存”入农村合作社的“土地银行”，合作社根据产业规划和种植大户对土地经营规模的需要，将土地成片“贷”给种植大户，合作社通过利息差获得收益，农户可获得“利息”、盈利分红和务工收入。成都市越来越多的农村居民开始分享农地确权改革的成果

“级差土地收入”是一所伟大的学校

北京大学国家发展研究院部分师生组成的综合课题组，从 2008 年年底开始在成都作了比较系统的调查研究，提出了一份调查研究报告《还权赋能：奠定长期发展的可靠基础——成都城乡统筹综合改革经验的调查研究》，由一份总报告和八份专题报告组成。2009 年 6 月，周其仁教授在成都统筹城乡土地管理制度改革研讨会上高度肯定了成都城乡统筹经验的全局意义，并特别指出，“级差土地收入”是一所伟大的学校。包括四大启示。

启示之一：级差土地收入的意义。周其仁认为，成都的改革实践给我们的第一个启示是，我们应该充分认识和利用土地级差收益这个规律，来为城乡统筹和国民经济发展服务。

成都的改革实践表明，充分利用级差土地收益规律，不仅可以更合理地配置城乡的空间资源，而且可以为城乡统筹提供坚实的资金基础。成都已经大范围地展开了“国土整治”工作，包括农地整治和村庄整治。通过对这一工作的考察，我们发现，推进农村国土整治所需要的庞大资本，不可能来自农村和农民的自我积累，而只能来自于由城市化推高的土地收益。唯有城乡统筹才能形成城市资本与农村闲置土地资源的良性互动，才能在城市化进程中更集约地利用日益稀缺的土地资源，并为更公平地分配级差土地收益提供经济基础。

成都近年的土地市价急剧上升。在现行土地制度下，地价上升首先意味着政府出让土地收益的猛增。成都经验的可贵之处，就是启动了土地制度方面的变革，探索在城市化加速过程中收窄城乡发展差距的可行途径，这已不仅是简单地改变财政收入增量的分配，而且是一场涉及既得利益调整、流行观念变革和体制运行方式演进的深刻改革。

2008年大地震之后成都灾后重建的经验，也充分体现了“级差土地收益”的重要性。重建的最大问题是资金，按最低的重建成本计算，成都也需要筹集几百亿元，才能将全部受损农户的房屋重建起来，这就给农民和政府财政提出了难题。从实际情况看，灾情固然惨烈，但农民拥有的土地还在，这作为一种连地震也难以毁坏的永久性财产，只要找到现实的路径将农民的土地资产转化为重建资本，便可以加快重建进程。

成都市政府为这种转化提供了政策保障。尤其让专家们印象深刻的，是城乡居民联建，和多种形式的统规自建、统规统建。前者是灾区居民以部分宅基地换得城市居民的建房资金，而投资方则在换得的土地基础上，开发商业性项目；后者是指由政府筹资，帮助受灾农户到规划的布点自行建设新村和新家。这些措施在本质上都是让农民利用本来属于自己的土地存量，换出部分资金流量，以助灾后重建家园。让人感慨的是，释放更高的土地级差收益带来的经济能量，难道在国家改革试验区都不能进行，只有为大灾重建的艰难所迫，才可以进行吗？这既然能帮助灾区农民重建家园，难道就不能在正常情况下，帮助普通农民在城乡统筹的框架下提高收入吗？

启示之二：“确权”是土地流转的前提与基础。周其仁指出，“级差土地收入”是在土地资源的流转中产生的，因此，要发挥级差地租规律的作用，就要启动土地资源的流转。但成都的经验表明，在实现土地资源流转之前，中国还有更根本性、更基础的工作要做，那就是对农村各类土地和房产资源进行普遍的确权、登记和颁证。

成都市城乡统筹和农村产权改革的首要内容就是确权。这里的确权，不仅指明确界定土地的集体所有权，而且是要明确界定所有农村耕地、山林、建设用地与宅基地的农户使用权或经营权，以及住宅的农户所有权。成都改革的逻辑是，如果不以确权为基础，贸然推行大规模的土地流转，则流转的主体便不可能为农民，而很可能是其他权力主体，如此一来，其他权力主体会通过土地流转，获得又一轮侵害农民财产权利的机会，那就与城乡统筹的初衷完全相背了。

成都经过试点，摸索出了一套实际可行的确权程序，其中最为人称道的，就是发明了“村庄评议会”（有的地方称为“村资产管理小组”），就是将历史上负担过村庄公共管理责任的长者推举出来，由他们根据对多年来土地、房产变动的回忆，对入户产权调查和实测结果进行评议，特别是对有异议和纷争的疑难案例进行梳理，最终将评议结果作为确权预案公示，待各利害相关方均接受后，才向政府上报确权方案。这就使确权从一个抽象的口号，发展为由动员、入户调查、实地测量、村庄评议与公示、法定公示、县级人民政府颁证等环节构成的，具有可操作性的程序。

实践表明，确权加流转，才能实现同地同价，一哄而上的土地流转，有可能歪曲改革，使改革背上黑锅。成都以确权为先导的做法，消除了土地制度改革的系统性风险，为改革加上了一道保险阀。这也让我们认识到：要保护农民利益，首先要让他们的资产具有清楚的权属界定，并且得到普遍的合法表达。

都江堰有一幅标语："确权是基础，流转是核心，配套是保障"，都江堰的柳街镇最早进行了确权实验，激发了农民巨大的参与热情。农民对于自己居住的房屋和自己耕种的土地，为什么一定要获取产权证？得到的回答是，产权证可以降低农民保护自己财产的成本，而且有利于资源的流转，例如在外打工的农民，有了故乡房屋的产权证，就可以灵敏地捕捉房屋出租的机会，获得更大的经济利益。

所以，在土地的集体所有权证之外，普遍地为所有农民办理农地承包经营证、山林承包经营证、房产证所有权和宅基地使用权证，意义非常重大。确权的工作虽然琐碎庞杂，但却是农村经济的基础。城镇居民已经拥有的权利，农村居民也应拥有，否则城乡统筹和"公共服务均等化"从何谈起？

启示之三：探索改革现行征地制。周其仁指出，成都的改革不仅涉及土地管理制度和政策的微观调整，而且涉及现行国家征地制度的根本变革。目前的国家征地制度不可能废除，临时性叫停征地或控制征地规模，不过是一种权宜之计，比较可行的出路，是在现行征地制的框架下启动变革。成都经验探索出了一条改革征地制度的现实路径，基本有四个环节。第一个环节是，在征地制度框架内，主动改变级差土地收益的分配模式，适当扩大政府征地所得对农村和农民的补偿，通过占补平衡和挂钩项目，从成都的土地收益中，逐渐拿出一个越来越大的份额，返还农村，投入土地整理。从经济学上来说，提高征地所得的返农比例，就是提高征地成本，最终会产生抑制征地需求量的效果，符合"逐步收缩征地范围"的国家战略目标。第二个环节是，适当扩大征地制度的弹性。成都的经验表明，只要严格保证农村减少的建设用地得到复垦，就可以适当拉长挂钩项目的半径，从而实现更多的级差地租收益，增加农民可分享的利益。第三个环节是寻求保护耕地的新机制。任何对现行征地制度的改革，都必须找到保护耕地的新机制，否则难以推行。成都市完全明白这个硬约束。成都改革的一个重要经验是，从地方的土地增值资金中每年拿出 26 亿元，直接以补助农民的方式来保护耕地。从地方性的土地收益中拿出一部分来保护耕地，为大规模利用市场机制、充分发挥级差地租规律创造了条件。最后一个环节，缩小征地与扩大集体建设用地入市并举。

启示之四：努力寻找新的平衡点。周其仁强调，农业的落后有很多原因，重要原因之一是离城市远不够发达，既没有足够的需求，也无从对农业提供现代技术、资金等投入。成都坚持寻找新的平衡点，在城乡统筹的方略下，既通过保护耕地直接保护农业，又充分利用城乡建设用地发展工业和城市，最终间接刺激农业，从而找到新的平衡点。

成都的实践已经揭开了"土地资源经转让而提升收入流"这一经济逻辑的神秘面纱。实践的效果使成都的改革者和群众相信，在普遍确权的基础上，建设一个公开、公正流转的土地市场，就能够释放储存在农村资源存量里的收入存量。在普遍的资源所有权和使用权的基础上发展合法转让权，是资源或资产经由流转实现最高收入流的关键，也是资源或资产转化为资本的秘密。成都的改革实践为全国提供了许多新鲜的经验，也揭示了继续改革所面临的一些巨大挑战，值得进一步的深入研究。

改革：农村的问题尤其迫切

顺德综改：呼唤改革精神回归

改革开放以来，顺德一直承担着全省体制改革的多项重要任务。1992 年和 1999 年先后被确定为“全省综合改革试验县”、“率先基本实现现代化试点市”，其中 1999 年还被赋予了地级市管理权限。此后，由于行政区划调整，顺德划归为佛山市的一个区，其自主行使地级市管理权力的权限自动消失，而渐失改革锋芒。2009 年 8 月 24 日，在广东省佛山市顺德区开展综合改革试验工作动员大会上，顺德区再获地级市管理权限。根据广东省委、省政府《关于佛山市顺德区开展综合改革试验工作的批复》，顺德区继续开展以落实科学发展观为核心的综合改革试验工作；同意在维持顺德区目前建制不变的前提下，除党委、纪检、监察、法院、检察院系统及需要全市统一协调管理的事务外，其他所有经济、社会、文化等方面的事务，赋予顺德区行使地级市管理权限；同意顺德区深化行政管理体制改革，先行先试，实行大部门体制；理顺与镇（街）财权事权，增强镇（街）活力。

省委、省政府在批复中指出，新形势下，顺德区要继续承担起为全省深化县（市、区）体制改革、推进科学发展提供示范的重任。佛山市、顺德区以及省直各有关部门，要加强沟通，及时协调批复综合改革试验整体方案和专项改革方案，组织开展对方案实施的督促检查和评估，确保各项改革工作落到实处。相关部门要按照职能分工，积极支持顺德开展综合改革实验工作，在出台有关措施时，对顺德区具备相应基础和条件的，要优先考虑放在顺德区先行先试。

综合改革成就顺德“虎先锋”

“广东四小虎”——顺德、中山、南海、东莞，作为广东改革开放先走一步的象征，它们承载着广东的自豪与骄傲，是胆识的象征、财富的象征，也成就了一个区域“先富起来”的神话。

“不到顺德，不知钱少；不见老冯，不知胆小！”2001年12月17日，时任辽宁省委副书记、省长的薄熙来率团考察顺德，作出了这样的“论断”。他说的老冯，是时任顺德市委书记的冯润胜。顺德人的“胆大”是出了名的。早在1978年8月——距离党的十一届三中全会召开还有4个月，顺德容奇镇就与香港大进有限公司悄然合作办起了“大进制衣厂”，资金、设备、技术、管理人员、原材料、订单全部来自香港厂家，容奇镇只负责提供厂房和劳动力，仅300人的小厂当年即获利20万美元。《顺德志》用直白的文字记录这段了历史：大进制衣厂成立，中国最早“三来一补”企业。

正是这种“杀出一条血路”的精神成就了顺德。从20世纪80年代开始，顺德人凭着“以集体经济为主、乡镇工业为主、骨干企业为主”这三板斧，开拓出一个全新的局面。政府主导产业发展屡建奇功，顺德人很快就发了财。然而，政府扮演大老板的直接后果就是“有限收益，无限责任，包袱越背越重，风险越来越大”。1993年初，时任中共中央政治局委员、广东省委书记谢非来到顺德，当时的顺德领导陈用志、冯润胜向他汇报了国有经济和集体经济存在的问题，用了“辉煌的成就，惊人的包袱”这句话。

改革势在必行。曾任广东省社科院党组书记、广东经济学会会长的曾牧野事后回忆起1993年顺德进行的那场风云激荡的改革时，用了“艰难突破重围”六个字。在1993年广州珠岛宾馆的一次会议上，广东省委决定让顺德关起门来，进行以企业改革为中心的配套的、综合性的全面改革。是年8月，顺德的综合体制改革正式启动。此后顺德创造了“全员股份化”“贴身经营”“靓女先嫁”等不少新名词。借助于综合体制改革，顺德突破了“顺德模式”，进而在此后的全国百强县排名中屡居榜首。如今，民营经济已成为拉动顺德经济增长的主要动力。

顺德改革17年大事记

时间	大事记
1991年	顺德全县财政收入4.97亿元，居全国县级财政收入的首位，此后连续6年均居全国县级之首位
1992年1月29日	邓小平南巡视察顺德，在珠江冰箱厂听取顺德县领导汇报
1992年3月26日	国务院批准顺德撤县建市（县级）
1992年9月17日	广东省政府正式批准顺德为综合改革实验市，并作出七项规定，扩大顺德部分管理权限
1993年7月15日	顺德公布《市委、市政府各部门职能汇编》，从1992年起，顺德开始进行机构改革，按照社会主义市场经济体制要求转变政府职能建立服务型政府
1993年9月	顺德市委、市政府下发《关于转换机制，发展混合型经济的试行办法》，拉开顺德产权改革的序幕
1999年7月27日	广东省委、省政府确定顺德为“率先基本实现现代化试点市”，赋予顺德更大改革试验权，在经济、文化、社会等方面赋予顺德地级市管理权限，直接对省负责
2002年12月8日	国务院撤销顺德市，设立佛山市顺德区
2008年9月	顺德被确定为全省深入学习实践科学发展观活动第一批试点县（市区）

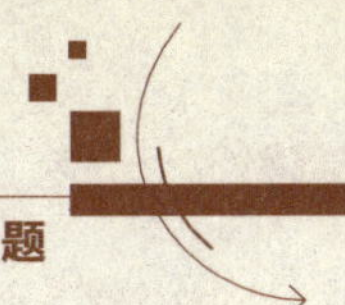

续表

时间	大事记
2008 年 11 月 19～20 日	顺德作为全省唯一县级单位参加了广东省经济特区工作会议
2008 年 11 月 20 日	省委、省政府决定深圳、广州、珠海、顺德在行政体制改革方面先行先试，为全省的行政体制改革创造经验和示范引领作用
2009 年 8 月 17 日	广东省委、省政府同意佛山市顺德区继续开展以落实科学发展观为核心的综合改革试验工作

建设“五区”、实现“六个转型”

如今，广东赋予佛山市顺德区行使地级市管理权限，这也是自 2002 年 12 月国务院批准调整佛山市行政区划，撤销顺德市，设立顺德区之后，顺德在行政管理权方面的再度调整。之所以选择顺德作为科学发展观试点，广东省委书记汪洋称，是因为作为中国改革发展的排头兵之一，顺德今天遇到的问题，其他地区明天将要遇到；而顺德拥有雄厚的物质基础、强烈的改革意识和丰富的改革经验，破解科学发展难题的能力强；此外，顺德名扬省外乃至国外，在这里成功实现科学发展，示范效应会更大。

8 月 20 日的佛山市委常委会正式披露了顺德此次改革的总体目标：即以科学发展观为统领，以综合改革试验为动力，推进以落实科学发展观为核心的整体发展战略转型，率先建立与工业化后期发展相适应的体制机制，产业竞争力、城市创新力、人文吸引力和区域影响力达到国际同类城市先进水平；努力建设新“五区”——县域科学发展的示范区、自主创新的领先区、绿色经济增长的模范区、新型区域合作的试验区、城乡发展一体的先行区。为珠三角地区“三促进一保持”“两转型一再造”，为全省深化县（市、区）体制改革、推进科学发展、建设服务型政府探索经验和提供示范。会议同时提出顺德实验改革要实现“六个转型”。

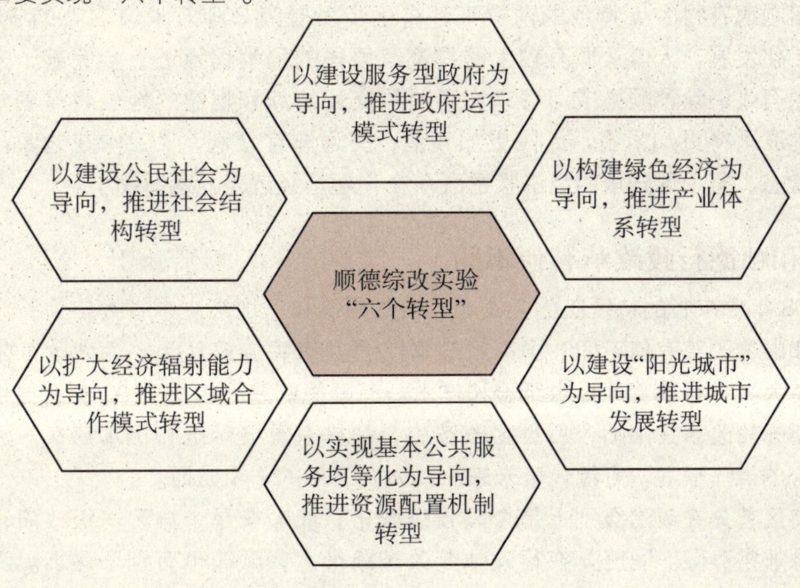

会议还要求顺德落实科学发展观，在六大方面去先行先试：一是以规划为引领，加快形成城乡经济社会发展一体化新格局；二是提高自主创新能力，建设具有国际竞争力的现代产业体系；三是深化农村体制改革，夯实农村经济社会发展基础；四是实施积极财政政策，加强社会民生和公益事业建设；五是深化行政体制改革，建设规范化服务型政府；六是加强党的建设，为科学发展提供保障。

目前，顺德综合改革试验的具体实施方案和专项改革方案仍在制定之中。按照广东省的批复文件，顺德综合改革将涵盖行政管理体制改革、经济领域改革、推动城乡经济社会一体化发展，以及建立社会发展目标体系和幸福指数等八大领域。

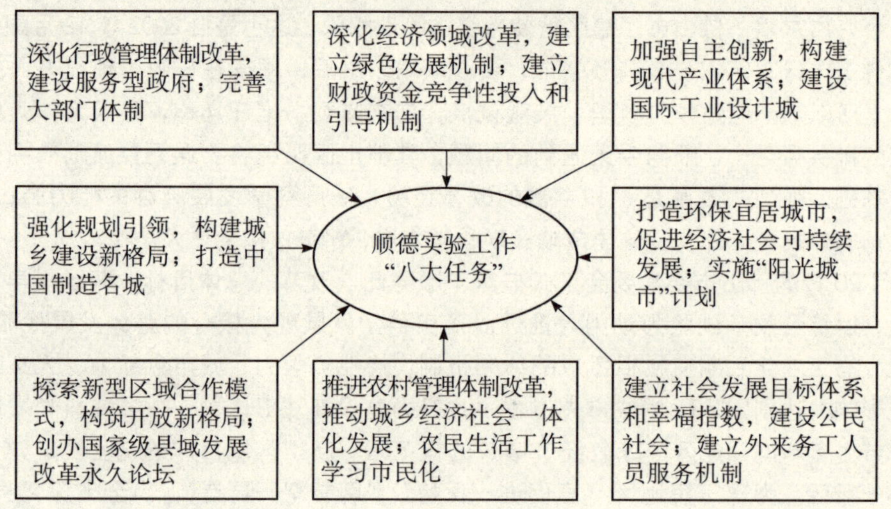

有媒体展望，通过此次改革，顺德城乡一体化进程将加快，农村和城市没有明显界限。在保留顺德农村乡土特色的前提下，将逐步发展为 300 万人口左右的中小型城市，产业向多元化发展，人口素质有较大的提高，居民的福利保障进一步完善，交通短板的现象将得到有效消除，顺德成为粤东、粤西的交通结点和枢纽的地位将得到加强。整个佛山五区的联系将更加紧密，人民更加和谐；交通非常便利，“工作在这区，生活在那区”成为常态，整个珠三角的经济紧密联系在一起，经济差距逐渐缩小。

深圳和顺德行政改革有何不同

在 2008 年广东省的特区工作会议上，虽然顺德和深圳被广东省委定为行政改革示范区，深圳和顺德改革有何不同？国家行政学院公共有关专家认为。深圳改革是为副省级城市或者特大城市行政管理提供经验和样本。而顺德则是为中国 2700 多县提供样本和经验。顺德新一轮改革在中国今后县区改革中，都具有重要示范和标本意义，尤其是其党政合署办公的操作模式，可能代表未来行政体制改革的一个方面。

深圳特区首先在政治级别上是个副省级城市，而顺德是个县区一级政府，他所具备的政策资源非常有限。同时，在行政体制改革路径上，顺德也有别于深圳。深圳行政体制改革中，将弱化区的管理功能，直接是市职能局对街道这样管理模式。而顺德则是加强区管理功能，减少职能局数量，并加强镇街权限，来实现两头大的管理模式。另外，深圳和顺德都在搞大部制改革，但是顺德在行政体制改革的制度上，做了明确安排。但深圳搞得行政体制改革究竟怎么搞，还未公布于众。在体制创新方面，由于顺德可使用政策资源不多，更多依靠体制创新来解决发展中遇到政策资源不足问题。

1992 年时，顺德行政体制改革更多是改革体制弊端，而此次改革则是调整利益结构。摆在顺德政府面前最现实问题就是，顺德政府如何用好省委赋予的权力，并将这些权力与省、市两级政府进行良性的对接。顺德下一轮改革如果成功，不仅为广东省行政体制改革提供经验和样本，而且顺德也将再次成为中国县（区）域科学发展排头兵。

新“综改”引多方期待

省委、省政府的批复赋予顺德行使地级市管理权限，不少人对顺德突然扩大的权力将如何使用非常关注，8 月 25 日，顺德市委常委、顺德区委书记刘海在回复这一问题时表示，“权力怎么用？关键不是权，是空间！”未来的改革需要更大的空间，需要行政格局重新分配，因此对顺德意义最大的，不是获得了权力，而是给先行先试，在更大范围内改革攻坚创造了空间；改革的道路是非常艰难的，地级市的权限不是用来在各项审批等方面来斤斤计较，而是应该抓住空间机会，加快改革步伐。

此外，对于顺德扩权将何去何从的问题，顺德两位前任市委书记，及南都民间智库成员，大家也都给出了有建设性的意见。顺德前任市委书记冯润胜认为，机构精简只是形式，其根本还是在于政府职能转变，从一个全能型政府转变为服务型政府。简单地说，就是更完善，办事效率更高，成本更低，弱化经济微观管理职能，腾出更多的精力强化社会管理和公共服务。顺德前任市委书记黎子流认为，随着财权的扩大，政府部门将在更大范围享有对财政收入的支配权，可以投入更多财力用于顺德基础设施建设和改善老百姓生活上，这对市民来说无疑是福音。

顺德改革专家观点

- **中国经济体制改革研究会副会长黄挺**

顺德 GDP 早已超过 1000 亿元经济正逐步融入全球化，如果只是一个区的管理体制和权限，“人大衣小”，已经很不适应。要想使利益型政府转变为服务型政府，省委、省政府对珠三角地方政府不实行 GDP 或者人均 GDP 指标的考核，收回地税局等地方市场监管部门进行垂直管理，拨款给地方政府，让其承担与财力相当的社会管理与公共服务责任

- **国家行政学院教授马庆钰（参与制订顺德行政体制改革方案）**

顺德应该利用好此次机会，进一步优化政府管理模式，其中可以尝试行政体制改革的新模式。具体来说，就是“决策一定要上移、执行要下移、监督要外移”，决策权一定要集中在党委、政府层面，而不是具体行政职能部门；行使执行权力的行政部门，一定要专业，这样才能有效对社会事务进行管理，监督权要相对独立，这样可以有效地监督行政部门执行情况

- **广东省社科院教授丁力**

顺德不能再靠传统的卖地招商的粗放型经济模式发展了，且大量制造企业使得当地环境容量接近饱和。如还是采取穿新鞋走老路的方式，顺德无法进行下一轮的产业转型。在新一轮发展中，顺德政府已不能采取政府扩大内需方式拉到经济，而要告企业自主创新，靠市场的力量拉动顺德经济发展

- **中山大学地理科学与规划学院教授袁奇峰**

顺德扩权对广佛同城的大格局不会带来影响，广佛同城，其核心是广州中心组团的同城。顺德虽然作为佛山“2+5”组团的二分之一，但其位置却相当于广州的番禺区，处于广佛同城核心之外围。此次顺德扩权无论规划权是否回归，关键还是在于顺德在城市规划方面要去掉旧有观念，将现有的德胜新城建设好，带动顺德城市化发展

四措并举加强村党支部书记队伍建设

加强村党支部书记队伍建设是农村基层干部队伍建设的重中之重，是推进农村基层组织建设改革创新的首要任务。2009年5月4日，中组部印发了《关于加强村党支部书记队伍建设的意见》（以下简称《意见》），根据当前农村实际，《意见》着重对建立健全村支部书记的岗位责任和监督机制、培养选拔机制、教育培训机制和激励保障机制作出规定，力求形成岗位有明确目标、工作有合理待遇、干好有发展前途、退岗有一定保障的村党支部书记队伍建设长效机制。如果说中组部下发关于加强省、市级，甚至县一级领导班子建设的文件并不鲜见。但是，农村党支部书记作为最基层一级的“干部”，中组部如此重视地印发了《意见》，却是真不多见。这充分体现了党中央对加强农村党支部书记队伍建设的重视。

农村稳、则天下安。农村党支部书记是村级领导班子的带头人、主心骨。“村子稳不稳、村民富不富，关键看支书”。村党支部书记队伍建设直接关系到农村的发展和稳定。中组部印发《意见》后，上海市、四川省、长沙市、宁波市出台了加强村党支部书记队伍建设的相关意见、实施办法或规定，在建立健全村支部书记的岗位责任和监督机制、培养选拔机制、教育培训机制和激励保障机制四方面进一步明确了实施举措。

责任：村支书上任先签“责任状”

由于没有明确目标，村支书工作随意性大，不仅乡镇党委难以对村党支部工作进行有效考评，村支书往往也很难干出成绩。这也是多年来村支书工作的一大积弊。为了彻底根除这一弊病，四川省、海南省以及河北省新乐市都提出村支书上任必须先与乡镇党委签订“责任状”，使村党支部书记明确工作目标和岗位责任，形成了“人人有事做，事事有人管”的良好局面。

四川省于2009年7月出台的《关于加强村党支部书记队伍建设的实施办法》（以下简称《实施办法》）中明确要求，村党支部书记要根据工作职责，在充分征求群众意见的基础上提出任期目标、年度目标和每年要办的实事，报经乡镇党委同意后，向党员和群众

公开作出承诺，并与乡镇党委签订工作目标责任书。每年年终要就完成工作目标任务情况向乡镇党委、本村党员大会述职，并向村民代表会议或村民会议通报工作情况，接受上级党组织的考核和党员、群众评议。对作风不实、履行职责不到位、群众有反映的，要及时批评教育，促其改正；对岗位目标任务完成差、作风不好、群众反映强烈的，要按有关规定及时调整；对以权谋私、违法违纪的，要严肃处理，形成发现、调整不合格村党支部书记的机制。

海南省为了解决村支书“干与不干、干好干坏一个样”的问题，建立了绩效考核、干部点评、群众测评相结合的“一考双评”制度。

海南省的“一考双评”制度

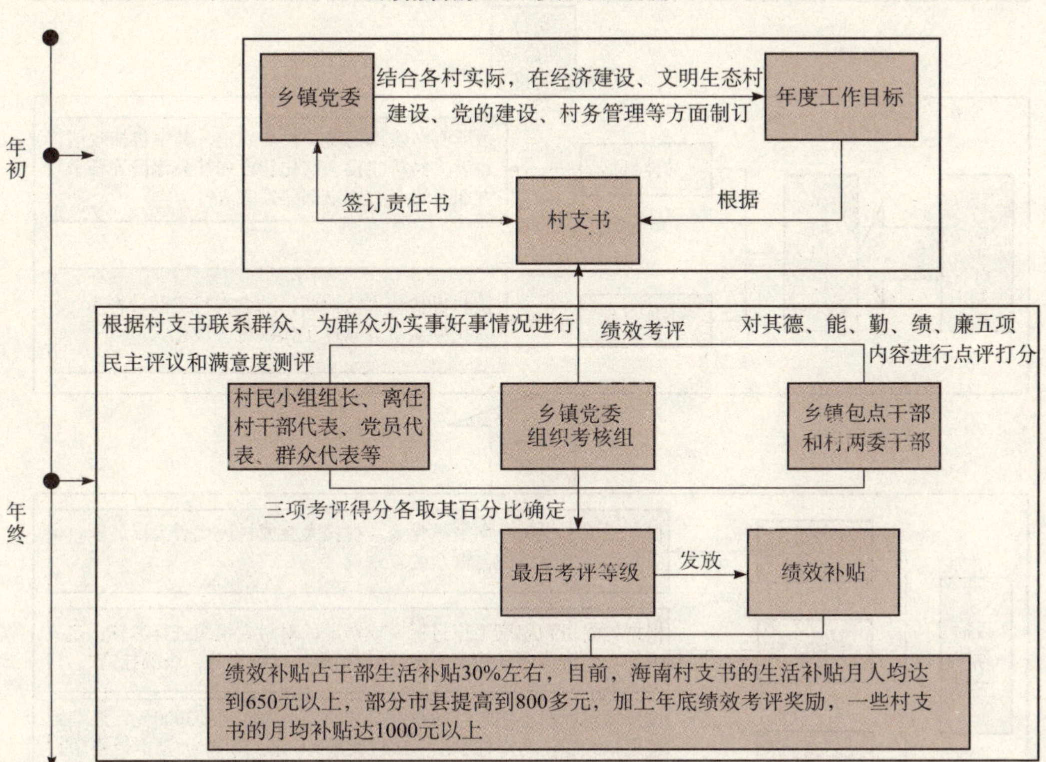

河北省新乐市在深入调研的基础上，出台《关于实施农村党支部书记任期目标责任制的意见》，从2009年开始，新乐市正式实施农村党支部书记任期目标责任制，规定村支书上任必须先与乡镇党委签订目标责任状，以此来激励村干部的责任意识、创业意识和创新意识。据统计，从3月签订目标责任状以来，新乐市已有2个党支部、24名党员干部因为工作不到位而接受了乡镇党委的恳谈，并对履职情况进行了整改。共解决各类遗留矛盾纠纷296件，制定新农村发展规划122份，新农村建设步伐明显加快。对此，有专家指出，在村党支部书记中推行任期目标责任制，对每一项工作，都有明确目标，明确责任，明确考核标准，用制度管人，按制度行事，有利于形成较好的工作运行机制。

河北省新乐市的目标责任制

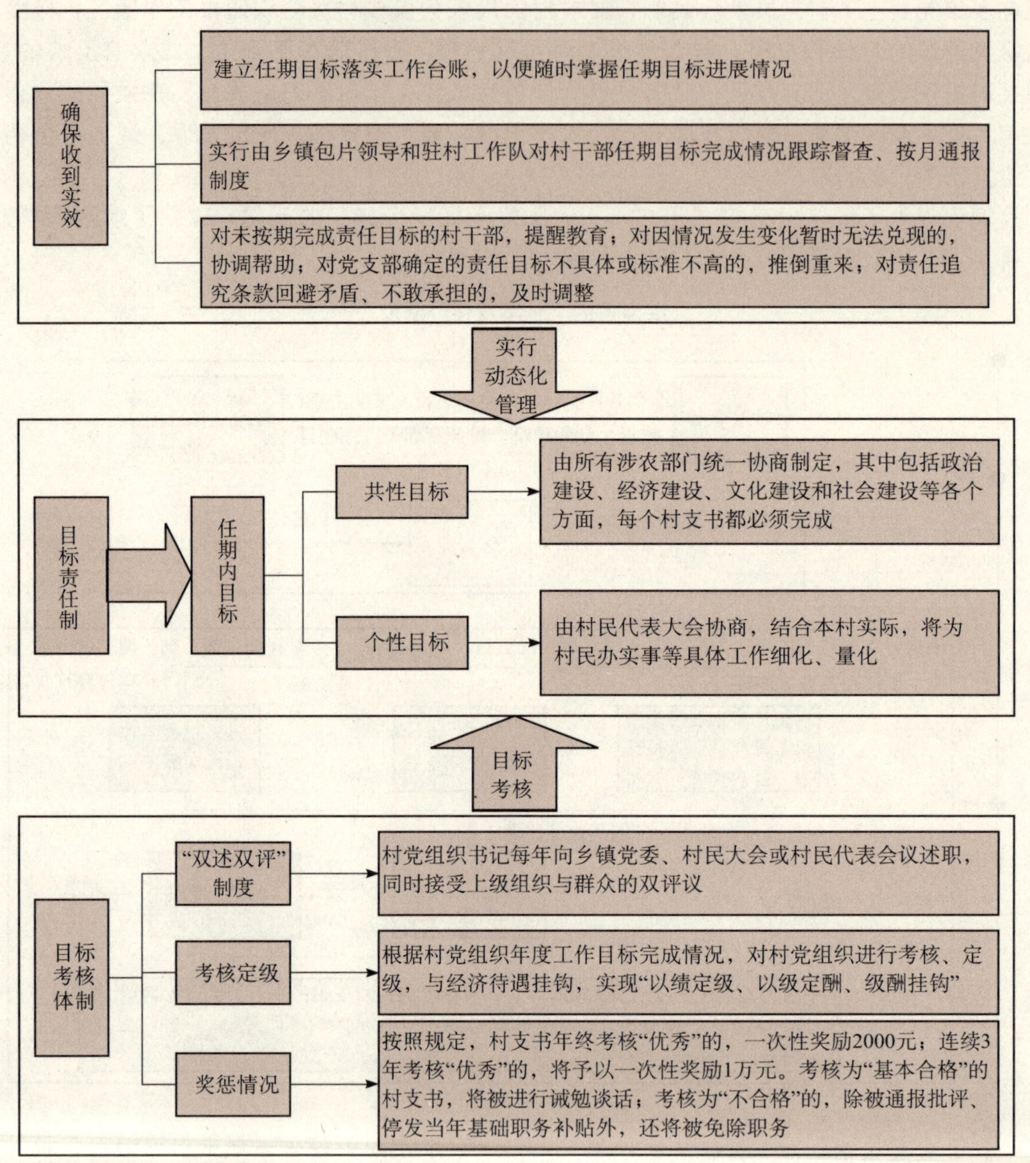

在责任和监督机制方面，上海市在2009年8月出台的《关于进一步加强党支部书记队伍建设的意见》中提出，要确定党支部书记的岗位职责，建立党支部书记任期目标承诺、履职情况年度报告和考核等制度，逐步建立党支部书记任期履职考核档案。为确保村党支部书记"干成事、不出事"，青海省西宁市重点强化监督机制，进一步完善村干部任期审计制度、离任审计制度和民主评议制度，对村党支部书记进行年度审计。审计内容包括集体经济经营情况、财务收支情况、集体资产变化情况、债权债务情况以及其他需要审计的情况。加强对执行村务公开制度情况的监督检查，保证村级财务、集体企业

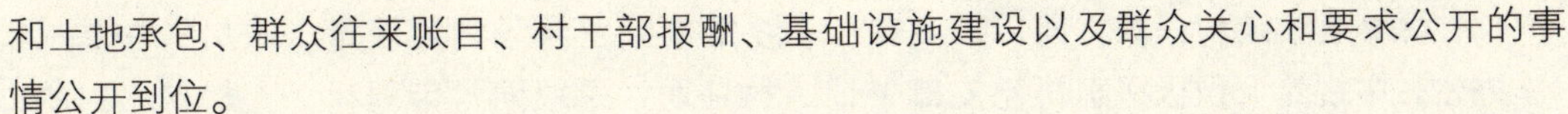

和土地承包、群众往来账目、村干部报酬、基础设施建设以及群众关心和要求公开的事情公开到位。

选拔：眼光“向内”“向外”和“向上”

关于村支书选拔培养途径，概括总结中组部印发的《意见》以及各地出台的实施意见，主要有以下几种情形：一是眼光“向内”选。坚持从本村优秀现任村干部、致富能手、农民经纪人、农民专业合作组织负责人、复员退伍军人、大学生村干部、外出务工返乡的农民党员中选拔村党支部书记；二是眼光“向外”挑。对于村内一时没有合适人选的，研究制定优惠政策吸引外出创业、务工经商人员回村任职。鼓励优秀民营企业经营管理人员，县乡机关和企事业单位退居二线、提前离岗或退休干部职工中的党员回原籍担任村党支部书记。三是眼光“向上”派。对确实找不到合适人选的村，从县直部门和乡镇机关、事业单位中选派熟悉农村工作的干部到村任职。

例如：上海市在选拔村支书时强调实行“公推直选”。该市提出，要严格把好“入口关”，坚持标准，选优配强村党支部书记队伍。在换届选举中，凡具备条件的村党支部都要实行“公推直选”，或通过其他形式积极扩大基层党组织领导班子选举中的民主，把群众基础好、党员信得过的优秀人选选任到党支部书记岗位上来。在四川，除民族地区外，普遍采取“两推一选”“公推直选”方式选拔村党支部书记。青海省西宁市除采取“两推一选”“公推直选”等选拔方式以外，还力推内选、回请、外聘、下派、挂职、兼任等多种渠道，不拘一格选贤任能。而在村党组织书记选任方式的创新方面，黑龙江省收到了较好的效果，而该省“探索尝试村支书跨村任职”的选拔方式，更是极富创新价值。

黑龙江选好配强村党组织书记的几种方式

方式	主要内容
全面推行“两推一选”	对多年来换届选举工作比较顺利、党员群众民主法制意识较强、村党组织班子比较稳定、村内有合适人选的村实行“两推一选” 采取党员和群众（或村民代表）分别推荐党组织班子成员候选人，乡镇党委审查考察确定正式候选人后，经村党员大会选举产生新一届村党组织领导班子，村党组织委员选举产生村党组织书记
稳步扩大“公推直选”	在村党组织领导班子坚强有力、党员队伍发挥作用好、村级经济比较强的村实行“公推直选”。召开村党员大会，党员无记名投票，直接选举产生村党组织书记
积极探索公开选拔	在一些村集体经济比较薄弱、但具备一定发展潜力、村内没有合适的带头人选的村，探索以县乡为单位公开选拔村党组织书记的方式
选派县乡优秀干部到后进薄弱村任职	对经济基础差、班子涣散、村风不正、矛盾和纠纷突出的后进村，加大选派工作力度，重点从县乡后备干部中选派村党组织书记
探索尝试跨村任职	在地域相邻、产业相近、一强一弱，并且弱村没有合适党组织书记人选的两个村，在征得弱村党员和村民代表同意的前提下，成立两个村联合党组织，书记由强村党组织书记担任

在探索尝试跨村任职方面，四川省、宁波市也都出台了相关规定。四川省在其《实施办法》中规定，积极探索村党支部书记跨村任职，采取强村带弱村、大村带小村的办法建立联合党组织，从中择优选拔村党支部书记。宁波市于 2009 年 8 月出台的《关于进一步加强村党组织书记队伍建设的意见》明确提出，本村暂时没有合适人选的，可以从县（市）区各部门、乡镇机关党员干部中选派或跨村任职。村支部书记跨村任职，是创新村党支部书记培养选拔机制的重大探索，对于激活农村人才资源、拓宽选人用人视野、加强村党支部书记队伍建设具有十分重要的实践意义。

在拓宽村支书选拔培养渠道的同时，各地也十分注重村支书的人才储备工作。四川省要求深入实施"一村一名大学生干部"计划和"一村两名后备人才"计划。青海省西宁市则实行"三个培养"，建设后备梯队。实施了以"把致富能手中的优秀分子培养成党员，把勤劳致富的优秀党员培养成村干部，把带头致富、带领群众共同致富的党员干部培养成村党支部书记"为主要内容的"三个培养"工程，大力培养发展农村经济的带头人和领路人。

常山县探索村支书跨村任职的重点举措

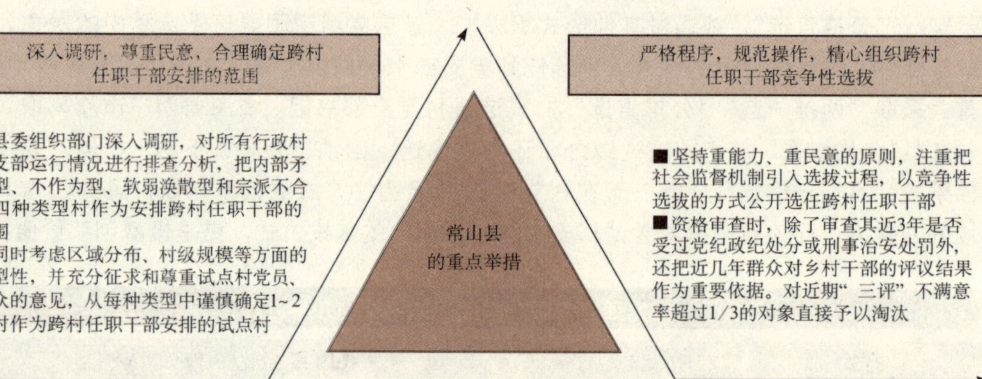

培训：60 多万村支书集中充电

2008 年年底，为了帮助村支书提升执行农村政策、引领经济发展、服务农民群众、化解矛盾纠纷等方面的素质和能力，各地利用农闲时节集中培训村党支部书记。截至 2009 年 5 月，大部分省区市的集中培训活动已经完成，全国有 60 多万村支书普遍接受一次集中培训。培训坚持务实管用，"缺什么，补什么"。各地普遍制定了专门培训计划和培训方案。按照省市县三级联动、分级负责、全面覆盖的原则，各地成立由各级党委组织部门牵头的集中培训领导小组，协调解决培训任务落实和经费保障等问题，有计划地组织实施培训工作。

各地开展村官培训情况

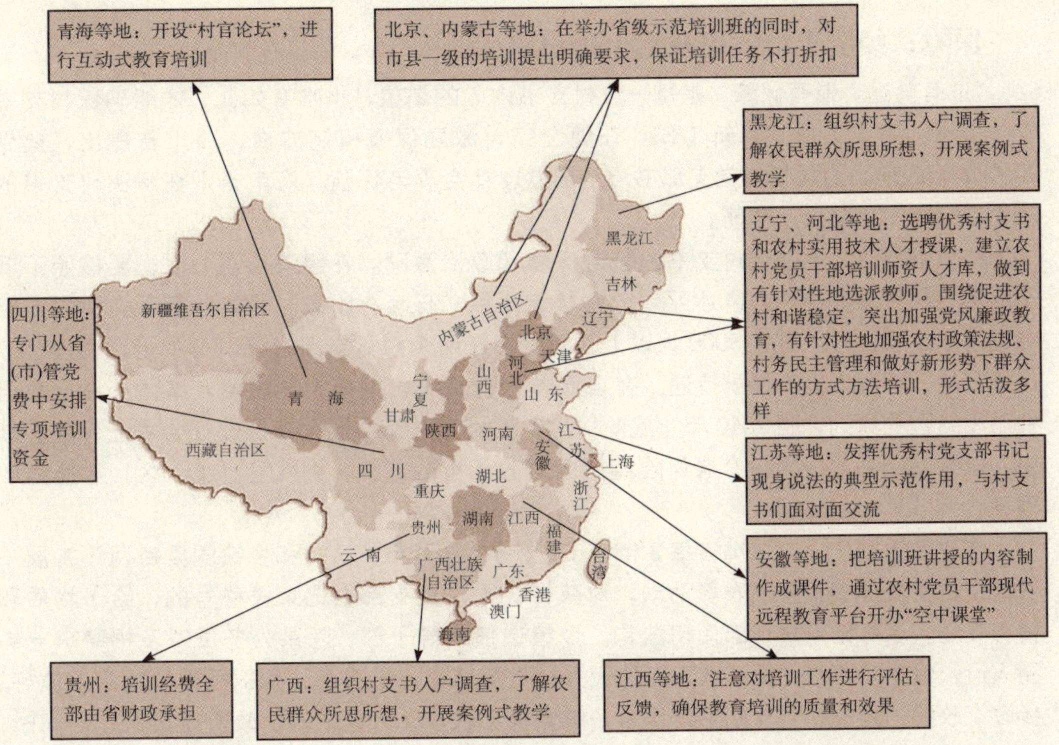

在各地的培训活动中，四川省的集中培训被广大村党组织书记称为"及时雨"。2009年年初，四川省委要求，要把村党组织书记培训作为推进"两个加快"，促进保增长、保民生、保稳定的有效抓手，作为2009年一季度加强农村基层干部队伍建设的首要任务。省委组织部随即下发了《关于在春节前后认真做好村党组织书记集中培训工作的通知》，对培训工作进行安排部署。培训采取分类型办班、菜单式选学的方式进行。如成都、绵阳、德阳、广元等地震重灾区，重点安排了重建规划、重建政策、心理抚慰、卫生防疫等知识培训；雅安市、南充市等地，根据地区资源优势，重点安排了乡村旅游，发展耐旱、耐涝农作物技术知识培训；甘孜、阿坝、凉山等少数民族地区，重点安排了处理民族关系、开展群众工作方法技能培训等。

2009年7月，四川省出台的《实施办法》继续关注了村党支部书记的教育培训工作。办法要求把村党支部书记教育培训纳入干部培训规划，全面落实省、市、县、乡四级培训责任，村党支部书记每年至少参加一次县或县以上的集中培训，累计集中培训时间不少于7天。其中省委组织部每年至少举办一次全省村党支部书记示范培训，市（州）委组织部每年至少举办一次重点培训，县（市、区）委组织部是村党支部书记培训的主体，每年定期对村党支部书记进行普遍培训，乡镇党委定期对村党支部书记进行经常性培训。办法还提出，要实施"菜单式"培训，按需设置培训项目和培训内容，采取分类型办班、按需求设课的办法，组织开展村党支部书记培训。充分利用实用技术培训点、农家课堂和专家大院，在各县（市、区）高质量建设一批农村党员干部实践培训基地。

保障：经济上给实惠政治上给出路

“进有前途，退有保障”是每一位村支书内心的渴望，也唯有如此，才能确保村支书安心工作、高效工作、创新工作。在健全完善激励保障机制方面，四川省提出，要到2010年年底前，为现任村党支部书记全部办理社会养老保险。海南省则在解决村支书的政治“出路”上动足了脑筋。

四川省要求，要强化村支书的待遇保障和政治激励。在经济待遇方面，要按照不低于当地农村劳动力平均收入水平，分别核定平原、丘陵、山区、民族地区四类村党支部书记基本报酬。对人口在3000人以上、同时担任两个村党支部书记以及书记、主任“一肩挑”的，可适当提高报酬待遇。在自愿参保前提下，按照个人缴费、集体补助、政府补贴相结合的原则，到2010年年底前，为现任村党支部书记全部办理社会养老保险。其中，村党支部书记报酬和养老保险经费由财政承担的部分，纳入县（市、区）年度财政预算。

在政治激励方面，四川省每3年，市（州）、县（市、区）和乡镇党委每两年开展一次优秀村党支部书记评选表彰活动，对获得优秀村党支部书记荣誉称号的，给予物质和精神奖励，表彰结果与干部使用挂钩。乡镇选任领导干部、考录公务员以及招聘事业编制人员，优先从各级党委评选表彰的优秀村党支部书记中选聘，并积极推荐政治素质好、参政议政能力强的村党支部书记作为各级党代会代表、人大代表、政协委员人选。同时，该省还注重建立正常离任补助制度。2012年前，对正常离任但没有享受养老保险待遇的村党支部书记，根据任职年限和贡献，给予一定生活补助。

海南省为解决村支书的政治“出路”，积极探索农村干部转任公务员和事业单位人员的有效途径。2009年年初，海南计划从优秀村支书中定向招录乡镇机关公务员，明确招录对象为连续任职满3年、高中以上学历、40周岁以下的现任村党支部书记。海南澄迈县则建立村支书成长机制，对具有大专以上学历、被评为全县“十佳农村党支部书记”且连续3年在年终考核中被评为优秀的，每届按不超过10%的比例选拔到行政事业单位工作。

部分地市的村支书激励保障机制

地市	激励保障机制
新乡	获得“功勋村支书”称号者，可享受乡镇副科级干部基本工资待遇。“功勋村支书”是经过基层推荐、广泛征求、集体研究、社会公示等步骤产生的。入选“功勋农村党支部书记”的基本条件是，连续担任农村党支部书记10年以上；任村党支部书记期间，获市以上先进村党支部、优秀共产党员、优秀党务工作者、劳动模范称号；所在村上年度交纳税金、农民人均纯收入居本县（市、区）前列；党的建设、精神文明建设、综合治理工作成绩突出

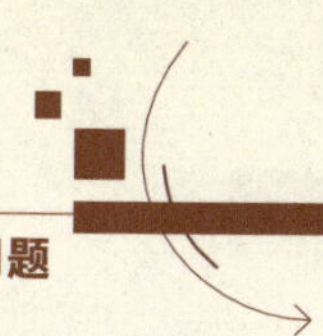

续表

地市	激励保障机制
西宁	建立关爱帮扶基金。采取“党费补一点，财政拨一点，党员捐一点”的办法多方筹措资金，在市级和各区县建立党内关爱基金。对年龄75岁以上、党龄40年以上的村干部进行定期生活补助，每人每年补助240元。对70岁以上的代交农村新型合作医疗参合金，对家庭经济状况较差或因病因灾导致生活困难的党员进行帮扶。完善日常关怀机制。建立生活困难村党支部书记、离任村党支部书记台账，对生活困难的村党支部书记、离任村党支部书记，在“七一”、春节等节日进行走访慰问，并通过走访谈心、发放征求意见表等形式，广泛征求他们对新农村建设、村班子建设、招商引资等方面的意见和建议，引导为村级发展出谋划策
宁波	按照不低于当地农村劳动力平均收入水平确定村党组织书记的基本报酬。到2009年年底前，各县（市）区委要为符合条件的在任村党组织书记办理基本养老保险。建立乡镇党委书记与村党组织书记“双向约谈”制度，定期谈心交心，加强沟通交流。同时，加大从优秀村党组织书记中选拔兼任乡镇（街道）党（工）委委员的力度

村民选举：在贿选和反贿选的较量中前行

村“两委”换届选举是农村政治生活中的一件大事，也是党内民主和人民民主在农村的主要实现形式。从1988年6月村委会组织法颁布试行、1998年11月修订实施以来，除广东、海南、重庆等少数地方外，全国绝大多数农村已进行了7次以上村委会换届选举。新一轮村“两委”换届选举从2008年年初开始，目前已有18个省区基本结束，正在进行和年内即将开始的有7个省区市。

为进一步做好当前和今后一段时期的村民委员会选举工作，保障村民委员会选举的公正有序，保障村民享有更多更切实的民主权利，推动农村经济平稳较快发展，确保农村社会和谐稳定，中共中央办公厅、国务院办公厅印发《关于加强和改进村民委员会选举工作的通知》（中办发〔2009〕20号）（以下简称《通知》），这是继2002年《中共中央办公厅、国务院办公厅关于进一步做好村民委员会换届选举工作的通知》（中办发〔2002〕14号）之后，又一部专门指导村委会选举工作的重要文献。

作为新时期指导村委会选举的纲领性文献，《通知》提出了加强和改进村委会选举的基本思路、政策性意见，对村委会选前、选中、选后以及违法违纪行为查处等进一步作出了明确规定。此外，《通知》首次对贿选的概念作出界定。

5月31日，中组部、民政部在广西南宁联合召开全国村“两委”换届选举工作座谈会。中组部部长李源潮指出，要认真贯彻中央办公厅和国务院办公厅《关于加强和改进村民委员会选举工作的通知》精神，扎实做好村“两委”换届选举工作，切实加强党的领导，充分发扬民主，严格依法办事，坚决制止拉票贿选行为，确保换届选举公正有序。

《通知》的新亮点、新要求

注：◆◆表示《通知》中首次提出或明确的重要事项

《通知》的新亮点、新要求

做好村委会选举前的准备工作

◆凡进行村委会选举的地方，省、市、县、乡各级都要成立专门的领导机构和工作机构，保证必要的工作人员和经费

◆凡不掌握村委会选举法律法规和相关政策的县乡干部以及在选举培训中不合格的县乡干部，不得派到村里指导选举工作

◆要求“加强与外出务工经商人员联络沟通，妥善解决他们依法行使选举权和被选举权问题”，明确了往届选举“难点村”和“重点村”政策措施，强化了无故取消或拖延村委会换届选举的责任追究制度

◆规范了村委会成员任期届满审计工作

规范村委会选举程序

◆凡举行村民委员会换届选举的地方，省、市、县、乡各级都要成立专门的领导机构和工作机构，保证必要的工作人员和经费

◆提倡按照民主程序将村党组织书记推选为村民选举委员会主任，主持村民选举委员会工作，发挥村党组织的领导核心作用

◆提倡村党组织成员和村民委员会成员交叉任职，但要从实际出发，不搞一刀切。提倡把更多女性村民特别是村妇代会主任提名为村民委员会成员候选人

◆全面设立秘密划票处，普遍实行秘密写票制度。严格规范委托投票。严格控制流动票箱的使用

做好村委会选举后续工作

◆明确由乡级人民政府主持、村党组织参与新老村委会交接工作，要求做好落选人员的思想工作

◆明确提出“加强对村民委员会成员履行选举期间竞职承诺的监督，防止其利用当选职权谋取不正当利益”

◆明确要求深入开展民主决策实践、民主管理实践和民主监督实践，全面推进村民自治制度化、规范化和程序化，进一步明确了违法违规决策和村委会成员不履行职责的责任

◆◆首次明确“乡级政府需要委托村民委员会承办的事项，应按照‘权随责走、费随事转’的原则妥善加以解决”，为建立村级组织运转经费长效保障机制提供了政策依据

建立健全教育培训机制

◆◆首次明确县级党委书记是村委会选举工作的第一责任人，乡级党委书记是直接责任人

◆进一步强调了党委领导、人大监督、政府实施、各有关部门密切配合的工作体制和运行机制，明确了各部门的职责

◆要求认真做好群众来信来访工作，县乡两级村委会换届选举工作领导机构与工作机构都要向社会公布办公地址和工作电话，提供咨询服务

◆明确提出“要积极探索舆论监督以及各级党代表、人大代表、政协委员担任选举监督员等形式，加强社会力量对选举工作的监督”

◆对村委会选举的舆论宣传工作提出了要求，努力营造和谐选举的良好局面

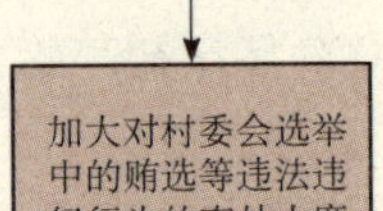

◆◆首次对贿选的概念作出界定，指出“在村民委员会选举的过程中，候选人及其亲友直接或指使他人用财物或者其他利益收买本村选民、选举工作人员或者其他候选人，影响或左右选民意愿的，都是贿选”；

◆对选举中的违法违纪行为，村民有权向乡、民族乡、镇的人民代表大会和人民政府或者县级人民代表大会常务委员会和人民政府及其有关主管部门举报，有关机关应当负责调查并依法处理

◆对参与或指使他人以暴力、威胁、欺骗、贿赂、伪造选票、虚报选举票数等违法手段参选的，一经发现即取消其参选资格，已经当选的，其当选无效；违反治安管理规定的，依法给予治安管理处罚；构成犯罪的，依法追究刑事责任

◆村民选举委员会成员在村民委员会选举中有违法违纪行为的，要及时终止其资格。对伪造选举文件、篡改选举结果或者以威胁、贿赂、欺骗等手段，妨害村民依法行使选举权、被选举权的农村党员干部，要给予撤销党内职务、留党察看或者开除党籍处分

广西、安徽村“两委”选举创新多

在村委会换届选举的实践中，各地不断进行试点，并积累了宝贵的经验。其中，广西作为新中国第一个村委会诞生地，在村“两委”换届选举方面的经验颇丰，通过改革候选人提名方式、民主推荐方式、选人方式及选举方式，使2008年群众对村“两委”换届选举满意率达98%以上，取得骄人的成绩。安徽省通过30年的不断探索，在先后进行的七届村委会换届选举中实现了三个转变：由户代表或村民代表参加选举转变为村民直

接投票选举；由等额选举转变为差额选举；由协商确定候选人转变为无记名投票直接提名产生候选人。值得一提的是，在村委会换届选举时，安徽省决定在芜湖市鸠江区、繁昌县的6个村开展观察员制度、“一票制”选举和定岗选举三项改革试点，这也是该省在全国首次捆绑实施的三项改革试点选举。安徽省民政厅副厅长王佛生认为，三项改革试点的成功经验将在全省适度推广。

广西：村“两委”选举群众满意率高达98%以上。广西是新中国第一个村委会诞生地，1980年1月25日，广西宜州市宜山县三岔公社合寨村村民们在果作屯一棵百年大樟树下，以无记名投票方式，自发民主选举产生了中国第一个村民委员会。由此农民开始“直接行使民主权利，依法管理自己的事情，创造自己的幸福生活”，揭开了我国基层民主政治的全新一页。果作屯搞村民自治最初的目的侧重于治安联防，意图简单但效果却明显，也就在同一年，整个合寨大队各屯纷纷效仿选举成立村民委员会。1984年撤社建乡后合寨大队成立了村委会，原来各自然屯设立的村委会改为村民小组。28年来，合寨村相继解决了用电用水、新建校舍、硬化道路、水渠维修、安装闭路电视等与村民生产、生活息息相关的问题。这一切都得益于合寨村多年坚持的四条制度。

合寨村的四条制度

制度	主要内容
“小票箱”保障群众的选举权	从1980年以来，合寨村村委会一直坚持“小票箱”选“村官”制度，由群众通过无记名投票的方式选举产生村委会干部，使民主选举始终遵循民主推荐、确定候选人、坚持差额选举和公平竞争、民主择优的原则
“小人大”保障群众的决策权	从1982年起，合寨村成立了“村民议事会”，成员由村民代表推选有威望的、曾经担任过乡村干部的退休干部、党员中参政议政能力强的同志以及部分现任干部组成，协助“两委”班子做好工作，参与村级重要工作和重大事项的研究决策。村里重大事情必须通过议事会讨论研究，拿出决策方案，经过村民会议通过后才提交村委会办理。议事会每季度召开一次，遇特殊情况随时召开，从1980年至今从未间断，被村民们称为“小人大”
“小宪法”保障群众的参与权	合寨村1980年制定的“村规民约”历经多次修改完善，1990年又进一步围绕社会治安、村风民俗、计划生育、财务管理等制定了《合寨村村民自治章程》，群众称之为“小宪法”。“小宪法”保障了群众的参与权，确保群众对村级事务的知情权，从而调动了群众建设公益事业的积极性
“小纪委”保障农民的监督权	从1980年开始，合寨村从党员干部、村民代表中选出部分原则性强的代表成立了村民主理财小组，每季度对村里财务进行逐笔审核清理；1998年后，村里结合推进民主政治建设，成立了由12人组成的村级事务监事会和7人组成的集体经济审计小组，由“两组一会”对村民关注的敏感问题进行监督

近30年来，广西在规范选举程序等方面摸索出经验，其在村“两委”换届选举方面的积极探索和创新做法也引起了中央及各地的高度关注。

2008年，广西14359个行政村进行“两委”换届选举时，100%的村民委员会实行公开竞选，99%的村党组织实行“公推直选”，吸引了86.7%的选民参选，一次性选举成功率达到97%，群众对村“两委”换届选举满意率达98%以上。换届后，全区新一届村“两委”成员6.8万名，比上届减少1.2万名，减幅达16%；村党支部书记中“带头致富、带领群众致富型”人才占96.1%，比上届提高14%；村委会成员中党员占84.8%，比上届提高11.3%；村委会主任中专以上学历的占62%，比上届提高6.3%。村“两委”的成功换届，得益于自治区党委的高度重视以及科学高效选举方式的具体实践。

自治区党委坚持把村“两委”换届选举工作摆在重要位置，明确提出要以开展村级组织换届选举工作为契机，着力建设一支守信念、讲奉献、有本领、重品行的村党支部书记队伍和一支政治强、懂经济、会管理、依法办事的农村基层干部队伍，为推动农村经济社会的科学发展提供坚强保证。自治区党委书记、自治区人大常委会主任郭声琨、

广西村“两委”选举的创新实践

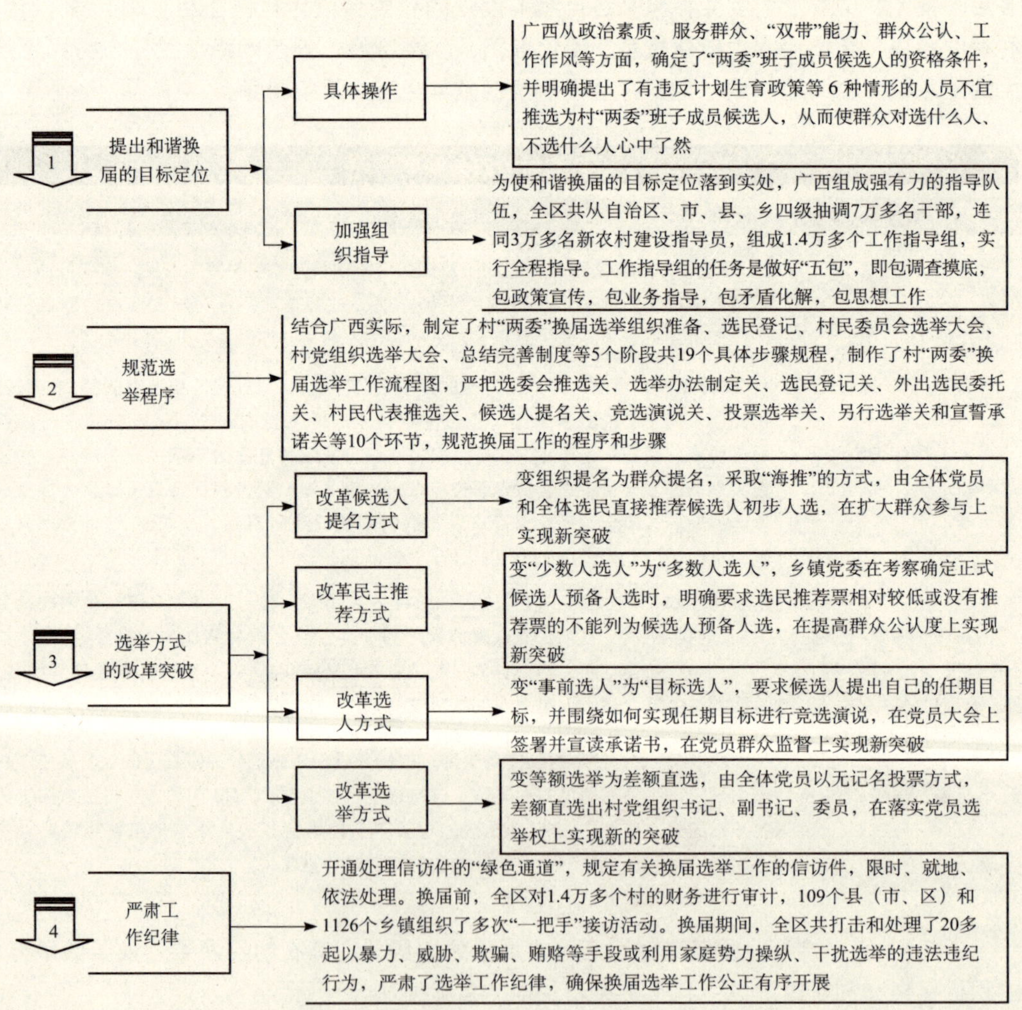

自治区主席马飚对这项工作专门作出批示、提出具体要求。郭声琨书记率先垂范，以普通选民的身份参加了南宁市青秀区新竹社区第三届居民委员会投票选举。自治区党委副书记陈际瓦对村“两委”换届选举工作作了全面动员部署。自治区党委常委、组织部部长陈向群多次深入村屯专题调研，对村“两委”换届选举工作进行具体指导。

2008年3月—7月，广西武鸣县在全县218个村（居）中，进行了从动员、准备、试点到全面铺开的村（居）“两委”换届选举工作。抓住村“两委”换届选举的契机，构建起村“两委”高效协调运行的机制，是此次武鸣县村“两委”换届选举的出发点。武鸣县在此次实践中也创造了一些新做法。

而正是这些创新做法，保证了村“两委”成员交叉任职选举工作的顺利进行。选举结果，218个村（居）中，“两委”交叉任职的达91.7%，书记、主任“一肩挑”的达90%。村委会成员中，45岁以下的占56.5%，高中以上文化程度的占60%，党员占75%，经商办企业的能人和农村种养专业户占55%。村党组织成员中，45岁以下的占57%，高中以上学历的占58.5%。全县所有村（居）“两委”班子结构得到了优化，整体素质进一步提升，凝聚力和号召力明显增强。

武鸣县村“两委”换届选举的新做法

出现的问题

“两委”权力集中后，出现个人专断的问题

应对措施

实行“三公开一表决”的制度，即村重大事务公开，财务公开，党务公开，重大决策由村代会表决，年底“两委”还要向村代会述职、报告，上级党委也要进行考核与财务审计。这样做的结果，使“两委”成员高度交叉任职的体制，既达到了高效协调，又受到了一定的监督制约

出现的问题

确立村“两委”成员高度交叉任职的结构后，如何产生，先选谁后选谁？

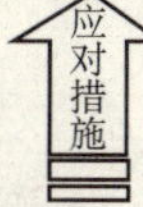

以往是先选党组织，再由党组织领导村民选举村委会。此次，武鸣县大胆地提出，先选村委会成员，再选村党组织成员

提倡并推行村“两委”成员高度交叉任职

武鸣县村“两委”换届选举的新做法

实行先选村委会成员，再选村党组织成员的做法

村民自治组织出现以后，相当一部分村“两委”出现了相互扯皮、摩擦，甚至对立的状况

武鸣县从2005年村“两委”换届时起，就试行了少部分村“两委”成员交叉任职的做法2008年村“两委”换届时，武鸣县大力推行“两委”成员高度交叉任职，减少“两委”干部职数。在下发的选举工作方案通知中，明确规定了三个提倡：“提倡适合担任村（居）党组织书记的村民委员会主任通过党内选举，实现村党组织书记与村民委员会主任‘一肩挑’；提倡党员通过法定程序竞选村（居）民委员会委员；提倡村（居）民委员会中的党员通过党内选举，兼任村（居）党组织委员会成员，积极推进村（居）民委员会成员与村（居）党组织委员会成员交叉任职

在“两委”分设的情况下，先选谁后选谁问题不是太大，如要高度交叉任职，其风险将会增加

第一，细化标准。规定六强和四不选，即把组织能力强、学习能力强、发展能力强、带富能力强、协调能力强、自律能力强的创业型人才选上来。那些不积极贯彻党的方针政策；闹不团结；违反村规民约，有明显劣迹或严重违法行为；思想品德不好的人，坚决不能确定为候选人。第二，对村党组织成员进行三次“公推”。第一次是在村代会最后一次会议上，由村民代表“公推”党组织成员人选。第二次是在村委会选举日当天，由群众和党员分别“公推”党组织成员初步人选。第三次是结合“七一”活动，由全体党员表决通过正式候选人。第三，要求群众推荐出来的候选人必须填写自荐表。第四，实行改善与优化“两委”班子的一些硬性规定

安徽：3项改革捆绑试点将在全省推广。2008年3月20日，位于中国中部安徽省的芜湖市繁昌县荻港镇杨湾村和周边的三个村一起，在中国率先捆绑试点村委会选举三项改革，即无候选人的“一票直选”、观察员制度及定岗选举制。根据我国村委会组织法，村委会选举一般采用“两票制”选举，即村民第一次投票先推选出若干候选人，再第二次投票对候选人进行差额选举。随着农村社会经济发展需要，“两票制”选举暴露出时间长、成本高等不足。安徽省民政厅副厅长王佛生说，此次安徽捆绑试点村委会选举改革，是对发展基层民主、完善基层群众自治制度的积极探索。“农村需要民主，更需要贴合农村实际的简单易行的民主。此次实行的包括‘一票直选’‘观察制度’等在内的三项改革是对过去‘两票制’的一种完善探索，特别是在选举模式上创新了一票直选和定岗选举的办法，在监督上引入了社会各界的力量。这种探索方便了群众参与，节约了行政成本，完善了监督手段。从结果看，群众的参选率较高，投票率在90%以上。”王佛生认为，基层民主的点滴推进是中国民主进程的直接反映。他透露，安徽省将总结这次捆绑试点村委会选举的经验，未来“观察员制度”将可能在安徽省村委会选举中推开，条件允许下，“一票直选”试点可能进一步扩大。

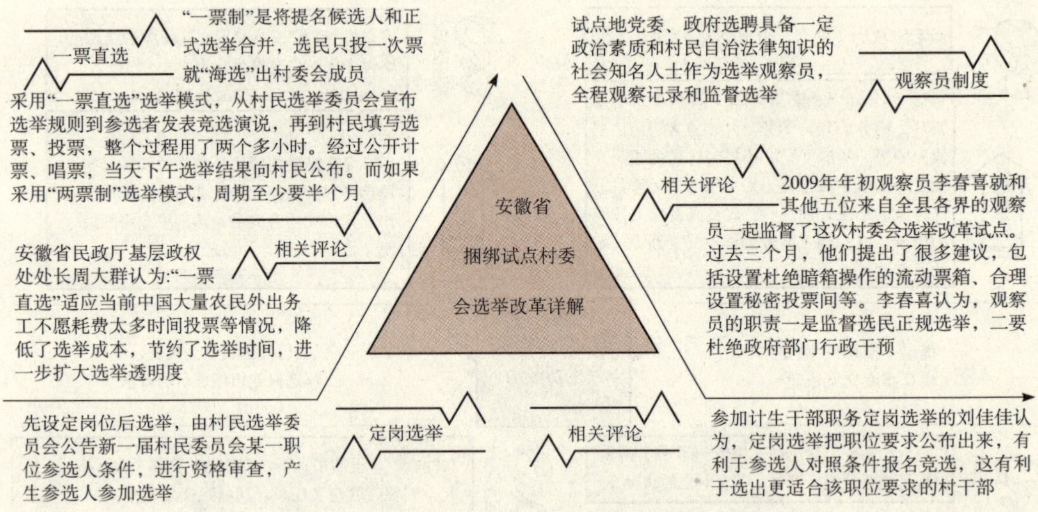

第七届村委会换届选举后，新一届村班子结构明显优化。全省“村官”比上届减少三分之一，村书记、主任“一肩挑”达22.5%，村“两委”交叉任职达40.7%，党员“村官”占80.2%，能人“村官”占33.3%，一大批品德好、素质高，懂经营、善管理，能力强、群众公认的农村致富带头人被选进村班子。据了解，中国的广东、湖北、山西、江西等省份都在不同程度地试行着这几项村委会选举改革。

除此之外，青海省在村“两委”换届过程中，注重调查研究、发扬民主和加强培养，着力将高素质农牧区人才选进新一届村“两委”班子。青海各地普遍采取“两推一选”“公推直选”方式，用民主、公开、竞争、择优的办法，把选择“领头雁”的权利交给广大党员群众。西宁市各乡镇制作工作流程图，明确“公推直选”的方法、步骤和程序，严把公推、审查、直选三个关键环节。此外，青海坚持由村民会议民主推选村民选举委员会，保证村民的推选权；做好选民登记，保证村民的选举权；由村民根据候选人资格条件直接提名村委会成员候选人，保证村民的直接提名权；组织好投票工作，保证村民的投票权。湖北夷陵区黄花乡在第七届村“两委”班子换届工作中，严格执行法定程序，严把“五关”，即村民选举委员会推选关、选民登记关、候选人预选关、选票发放秘密填写关、公开投票唱票计票关。做到选举委员会成员公开、选民名单公开、候选人公开、选举日公开、投票时间公开、投票地点公开、选举工作人员公开、选举结果公开“八公开”。在基层党组织选举中，采用“两推一选”，即既在党员中推荐，又在村民中推荐，再在党员中选举。同时，通过召开村民会议民主推选村民选举委员会和选举监督委员会，保证村民的推选权和监督权。

如何遏止农村愈刮愈烈的“贿选风”

正如中办、国办通知指出的，我国村委会换届选举面临不少问题，亟待进一步规范。其中，拉票贿选就是一个重要的待规范内容。近年来，在这方面爆出了许多重大争议性事件。如：2008 年 12 月，陕西韩城市龙门村候选人发放 1300 万给村民当上村主任事件；2007 年 11 月，北京市通州区永乐店镇熬硝营村 150 余万元贿选但最终落败事件等。据了解，2007 年，民政部基层政权和社区建设司直接收到的 85 件群众来信中，有 62 件涉及村委会选举。其中，反映“贿选”问题的占 1/10。据最高人民检察院的最新数据，在 2008 年全国立案侦查的涉农职务犯罪案件犯罪嫌疑人中，农村基层组织人员 4968 人，占 42.4%。其中，村党支部书记 1739 人，村委会主任 1111 人，“村官”达 2850 人。而据国家统计局统计，仅 2009 年收到的反映村委会选举中贿选等行为的来信、来访就增加了 69%。

面对愈演愈烈的农村贿选问题，民政部部长李学举在接受人民网记者采访时表示，从实践上看，要通过做好加强对村民群众和候选人的思想教育、完善村委会选举程序、加大对村委会选举中的贿选等违法违纪行为的查处力度三个方面的工作来防治贿选。

而对于如何界定拉票贿选，如果老百姓反映，谁来受理，目前还没有一个具体的规范。中组部部长李源潮表示，各地应尽快采取措施，根据本地的习俗和省情，具体明确拉票贿选的界定范围。对于具体贿选标准和依据的判定，民政部早在 2005 年就在《关于做好 2005 年村民委员会换届选举工作的通知》中曾指出：“要认真研究和区分一般人情往来、候选人捐助公益事业以及承诺经济担保等法律未明确禁止的行为，与直接买卖选票行为的不同。”随后，一些地方探索对贿选行为作出进一步明确。2005 年年初，浙江省浦江县作出规定，直接以现金、有价证券和发放实物拉票的，都属于贿选范畴；东阳市也认定，送一包香烟就是贿选。对于各地对贿选的界定，有关人士指出，无论是政策还是法律层面的制度改进以及具体执行，都应当以尊重村民自治为基本出发点，应当是规范竞选而不是限制竞选，避免让“行政性”遮蔽了“自治性”。

为了防止在扩大基层民主中发生拉票贿选等行为，广西全面推行“五公开一评议”制度，同时，广西明确提出了不准拉票贿选、不准请客送礼、不准胁迫和操纵选举等“五个不准”的刚性要求，并专门设立举报电话，开通了群众信访举报限时处理的绿色通道。

广西的“五公开一评议”制度

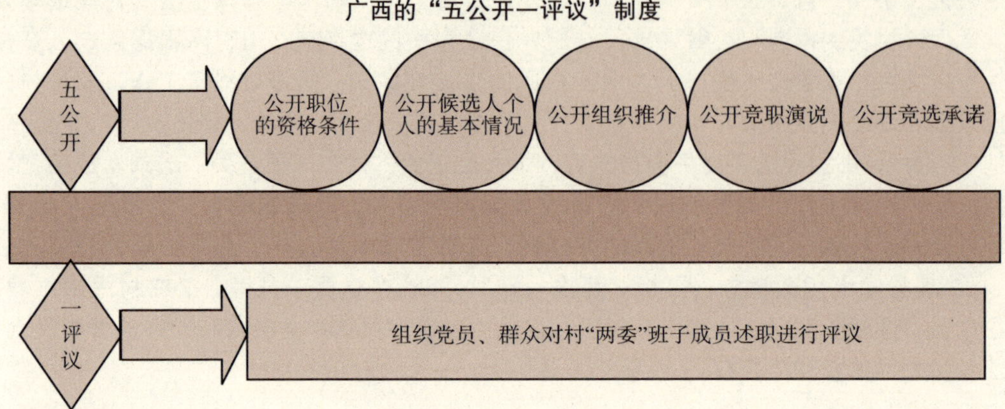

对于村委会选举中出现的种种乱象，有关专家表示，要规范村委会选举，选举一刻的细节规范固然需要，但更需要的却是建立起“后选举时期”更为有效的权力约束机制。不能只是在选举一刻“村民自治”，而在选举之后就统统变成了“村官自治”；如果基层民主仅仅体现于选举之时，则无论选举承诺如何响亮与花哨，这样的“半拉子民主”最终也必然变味。而要规范村级选举，就必须将制度设计持续深入到监督村委会权力运行的方方面面，这样才是扭转贿选风气的治本之策。

专家指出，在程序方面，村委会组织法的规定极为复杂，地方性的选举办法也失于笼统，不足以成为实用的操作指南。法律对竞选行为的定性滞后，造成实践中合法与非法界限模糊。比如“私下拉票”和宣传竞选主张，就不可能泾渭分明，公益捐助是否乃变相的贿选也有争论的余地。《通知》中虽对此做出了一定程度的明确，但还是缺乏约束力。针对解决贿选问题，专家们的观点集中三个方面：其一，要解决村庄“集体资产”的管理权限问题。其二，在立法层面应吸取其他国家和地区应对非法竞选活动的法律经验，让法律发挥事前的预防作用。其三，发挥村规民约的作用，每个村子可以根据本村实际情况，经村民大会讨论拟定本村的详细选举步骤、可以接受和不能接受的竞选行为、对违约者在村集体权力范围内的惩罚等。此外，《通知》中强调的“加强对候选人治村设想或竞职承诺的审核把关工作。要引导候选人着力围绕发展经济、完善管理、改进服务提出方案和措施”，仍有干涉村民自治之嫌。公民社会中自治的基础在于村民要认识到自己的权利，并有依靠自己解决内部矛盾的意愿和能力。上级的包办代替和过于强调村党支部的领导作用，将有违村委会组织法的初衷，也会导致问题集中积压。

与上述专家担忧相类似，江西某检察官也认为，在村民委员会的选举中，除了贿选和暴力选举外，一些地方政府不当干涉村委会民主选举，破坏村民自治，也是一个现实存在的重要问题。2005 年 12 月 1 日，山西省平陆县常乐镇政府组织人员在浑里村选举第七届村民委员会时，有 100 多名选民参加了选举。但包村干部却只拿出 32 张选票进行发放，包括赵海国在内的一些没有领到选票的选民因此与包村干部发生争执。第二天，常乐镇政府贴出不实“公告”，称已报请平陆县公安局批准对赵海国予以拘捕。后来，赵海

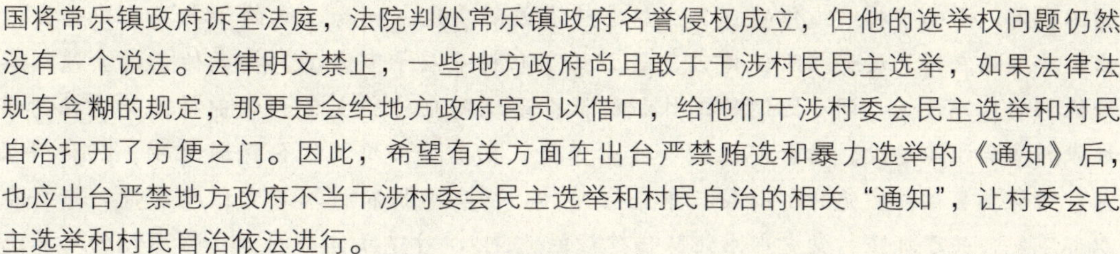

国将常乐镇政府诉至法庭，法院判处常乐镇政府名誉侵权成立，但他的选举权问题仍然没有一个说法。法律明文禁止，一些地方政府尚且敢于干涉村民民主选举，如果法律法规有含糊的规定，那更是会给地方政府官员以借口，给他们干涉村委会民主选举和村民自治打开了方便之门。因此，希望有关方面在出台严禁贿选和暴力选举的《通知》后，也应出台严禁地方政府不当干涉村委会民主选举和村民自治的相关“通知”，让村委会民主选举和村民自治依法进行。

相关阅读

让“四有”机制激发村干部活力

农村税费改革以来，贫困地区一些集体经济薄弱村“无钱办事”问题日益突出，村干部队伍自身建设面临着工资待遇低、保障偏弱、管理偏软等诸多难题。农村干部队伍

中组部《意见》四大机制、五项工作示意图

村党支书队伍建设

建立健全培养选拔机制

◆明确选拔标准，把思想政治素质好、带富能力强、协调能力强的“一好双强”优秀党员选拔为村党支部书记
◆拓宽选人渠道，鼓励优秀民营企业经营管理人员，县乡机关和企事业单位退居二线、提前离岗或退休干部职工中的党员回原籍担任村党支部书记
◆改进选拔方式，采取“两推一选”“公推直选”、面向社会公开选拔、乡镇党委委派等方式，选好配强村党支部书记
◆培养后备人才，注重把青年农民致富能手培养成党员，把党员致富能手培养成村干部，鼓励和引导高校毕业生到村任职，加强村党支部书记后备人才队伍建设

建立健全激励保障机制

◆要按照不低于当地农村劳动力平均收入水平确定村党支部书记的基本报酬，建立业绩考核奖励制度，保证合理的经济待遇
◆强化保障措施，逐步为在职村党支部书记办理社会养老保险，对正常离任村党支部书记给予一定的生活补助
◆加大从优秀村党支部书记中选拔乡镇领导干部、考试录用乡镇公务员、招聘乡镇事业编制人员的力度，大力表彰宣传优秀村党支部书记的先进典型，拓宽村党支部书记的发展空间
◆统筹兼顾，抓好其他村干部的培养选拔、岗位责任和监督、教育培训、激励保障等工作

建立健全岗位责任和监督机制

◆《意见》提出要实行村党支部书记岗位目标责任制，完善村党支部书记实绩考核办法，严格兑现奖惩
◆完善村党支部书记民主评议和监督制度，健全村党支部议事规则和决策程序，建立健全经济责任审计制度，加强党员监督和群众监督
◆健全不合格村党支部书记调整机制，及时发现、调整不合格村党支部书记

建立健全教育培训机制

◆明确教育培训的目标要求，制定和落实培训计划，丰富培训内容，改进培训方式，整合培训资源，加大培训力度，提高村党支部书记执行农村政策、引领经济发展、服务农民群众、化解矛盾纠纷和加强村党组织自身建设的本领
◆村党支部书记每年应至少参加一次县或县以上的集中培训，累计集中培训时间不少于7天

明确村党支部书记五项工作职责

◆主持讨论决定本村经济和社会发展的重大问题，研究确定符合本村实际的新农村建设规划和富民强村路子，推动全村科学发展
◆落实上级党委、政府各项支农惠农强农政策，带领和引导党员群众抓好农业生产，推进农业产业结构调整，带领农民致富
◆紧密联系群众，了解群众所思所想，组织党员干部为群众办实事做好事，支持和保障村民依法开展自治活动
◆加强村民群众教育，抓好社会治安综合治理、平安创建、计划生育等工作，疏导和化解矛盾纠纷，促进农村社会和谐稳定
◆执行好党的民主集中制原则，加强村党支部建设

的不稳定，影响了村级工作的正常运转。为有效解决这一问题，党的十七届三中全会提出，要加强农村基层干部队伍建设，着力拓宽农村基层干部来源，提高他们的素质，解除他们的后顾之忧，调动他们的工作积极性；通过财政转移支付和党费补助等途径，形成农村基层组织建设、村干部报酬和养老保险、党员干部培训资金保障机制。2009 年 4 月，为认真贯彻落实党的十七届三中全会精神，切实加强农村基层党组织建设，中央组织部下发《关于加强村党支部书记队伍建设的意见》，对建立健全村党支部书记的培养选拔、责任监督、教育培训、激励保障等各项工作机制，着力培养造就一支守信念、讲奉献、有本领、重品行的村党支部书记队伍提出了明确要求。

2008 年 5 月 17 日，湖北省委组织部有关负责人提出，将重点研究解决村干部的激励保障问题，5 年内在全省建立起比较完善的基层干部激励保障机制。此前，为把“真正重视、真情关怀、真心爱护农村基层干部”落到实处，2009 年 3 月，湖北省委、省政府发出通知，要求采取五项措施进一步建立健全村干部激励保障机制：推进选任制度改革，增强干部队伍生机活力；加大教育培训力度，提高村干部能力素质；健全投入保障机制，增加村干部报酬待遇；完善考核奖惩制度，激发村干部工作热情；加强组织领导，为村干部创造良好工作环境。对此，荆楚网发表评论说，基层干部建设将由此出现一个拐点，村干部政治上有奔头，经济上有想头，工作上有干头，基层干部建设新的发展时期已经来临。

在这方面，河北省于 2009 年 1 月提出，全省将建立和完善以“定职责目标、收入有保障、干好有希望、退后有所养”为主要内容的“一定三有”农村干部激励保障机制，计划经过 3 年努力，使村党组织书记队伍能力明显提高、整体结构显著改善、作用发挥更加突出，真正担负起带领群众建设新农村的“领头雁”重任。

除两省之外，各地先后出台措施，建立健全村干部激励保障机制，总结其具体做法，主要集中在让村干部劳有所酬、干有所盼、退有所养及困有所帮四个方面。

劳有所酬：江夏区试点获中组部首肯

为加强农村基层干部队伍建设，武汉市委组织部按中组部要求，指定江夏区作为建立“村干部绩效考核机制”试点单位。2002 年以来，江夏区按每年正职 5000 元、副职（即支委、村委会成员）3000 元的标准，对村干部试行岗位补贴和绩效考核。补贴中 60% 部分为基本保障，其余 40% 由考核结果决定，考核主要内容为经济发展、社会稳定、党的建设等事项。此外，大力发展村级集体经济者，还可按有关“积累奖励”办法进行奖励。从 2009 年元月开始，江夏拟将村级正职、副职每年人均补贴标准提升至 10000 元、7000 元。按此标准，该区欠发达地区村主职干部年收入能达 1 万元以上；条件较好的村，村主职干部年收入可达 3 万～5 万元，少数村干部年收入可超过 10 万元。2009 年 3 月，江夏区已开始试行村干部“年薪制”，该区 1400 多名村干部，过上了“能者多劳，劳者多得”的日子。

2009 年 3 月 13 日，湖北省委副书记、市委书记杨松到江夏区调研时表示，考评机制原则上可行。要把建立村干部激励保障机制，作为武汉市学习实践科学发展观、破解农村突出问题的一项重要内容，抓紧论证分析、试行完善，力争2009年年底前在全市推行。同时，江夏区的试点工作也得到了中组部的高度肯定，2009年4月14日，中组部《全国基层组织建设工作情况通报》第26期专题报道了江夏区探索建立村干部激励保障机制的主要做法和经验。

江夏区村干部工作报酬考评体系

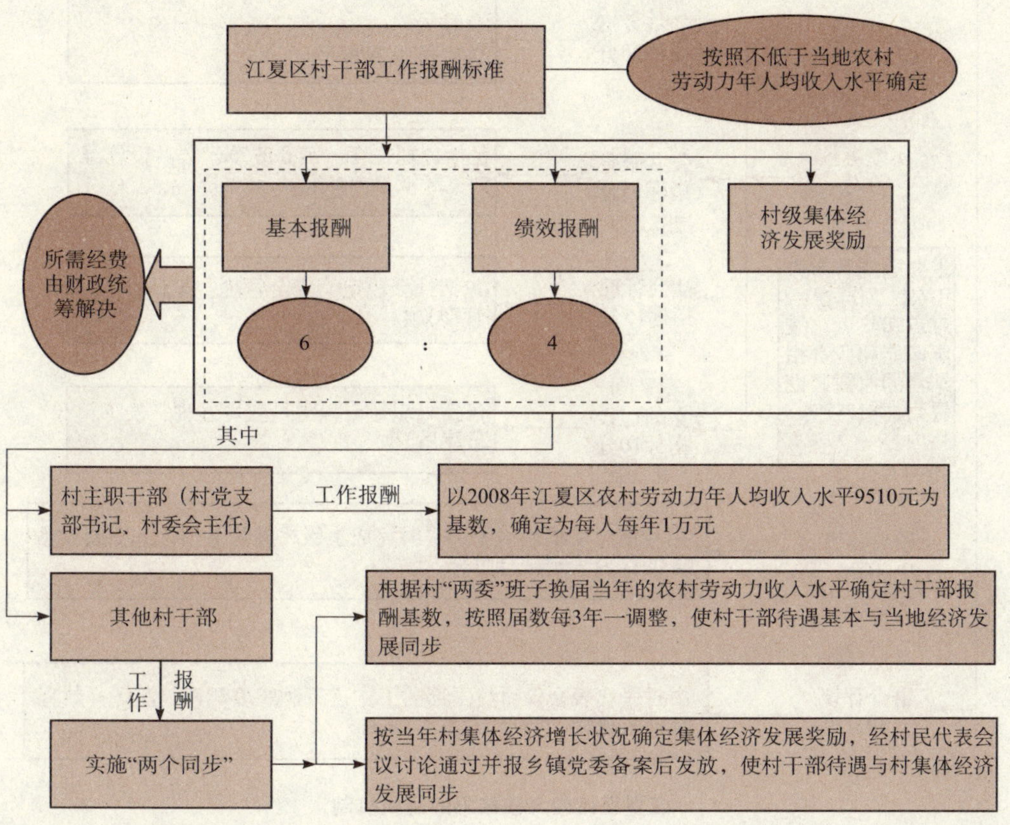

2008年年初，湖北省委、省政府出台《增加村干部岗位补贴实施办法》，决定从2008年年开始，由省财政村均增加转移支付2000元、县级财政配套1000元，用于增加村主要干部的岗位补贴。在近期湖北省下发的通知中要求，从2009年起，按照不低于当地农村劳动力平均收入水平，确定村党组织书记的工作报酬，主副职干部的报酬待遇要有所区别。村级转移支付要重点用于解决和保障村干部的工作报酬。在此基础上，要根据实际情况建立村党组织书记业绩考核奖励制度。集体经济发展较好的村，可适当增加村干部岗位补贴。河北省规定村党组织书记、村委会主任补贴由基础职务补贴和绩效补贴构成。基础职务补贴不低于当地农村劳动力平均收入水平，经济条件好的地方可适当提高标准。村党组织书记与村委会主任“一人兼”的，执行党组织书记月基础职务补贴额的150%。其他村干部按村党组织书记、村委会主任基础职务补贴的50%给予补贴。对发展村集体经济贡献突出的村党组织书记、村委会主任，经全村党员大会、村民代表会议同意，乡

江夏区村干部绩效目标考核制度

江夏区村干部绩效目标考核制度
考核实行百分制
实绩考核
60 分
主要围绕新形势下农村工作重点、难点和热点，按照职能和职责相结合的原则共设置4大类12项考核内容
经济发展
指标20分
包括农民人均纯收入水平和村级集体经济发展水平
公共服务
指标15分
包括计划生育、殡葬改革、公共设施维护、环境整治4项
社会管理
指标15分
包括社会稳定、安全管理、土地管理3项
党的建设
指标10分
包括组织建设、党员教育管理、发挥党员作用3项
领导评价
10分
由乡镇党委根据村干部平时完成上级布置任务情况和德能勤绩廉的综合表现进行打分
群众评议
30分
由村民代表会议对村干部的工作进行满意度测评，测评分数直接计入总分

江夏区绩效考核结果的运用机制

江夏区绩效考核结果的运用机制
根据综合考核结果，分别确定不同等次，实行考核与奖惩挂钩
与基本报酬
发放挂钩
绩效考核综合得分高于60分的，全额发放基本报酬；低于60分的，扣减20%基本报酬。
与绩效报酬挂钩
考核得分高于80分的，全额发放绩效报酬；考核得分低于80分的村主职干部每低1分扣减200元绩效报酬；低于60分的，不计发绩效报酬；考核为优秀的村干部，增加绩效报酬1000元至2000元不等。
与奖惩评比挂钩
对考核得分低于60分的村干部进行诫勉谈话，必要时按照相关程序进行调整；对考评优秀的村干部实行“四优先”：在选派人员参加进修培训、学习考察等活动中，优先考虑；在选派优秀村党支部书记跨村任职和考录乡镇事业单位人员中，优先任（录）用；在优秀村干部考录乡镇公务员和乡镇领导班子成员中，优先录用；在各类评先、评估活动中，优先考虑。

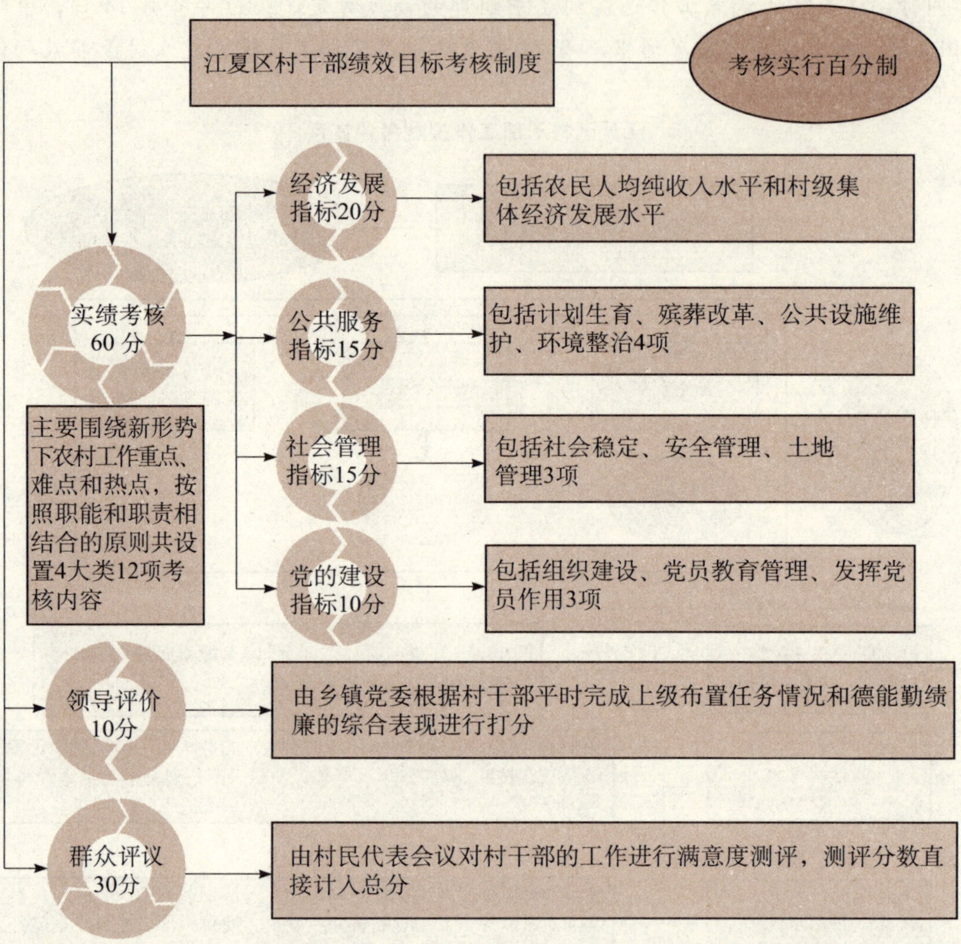

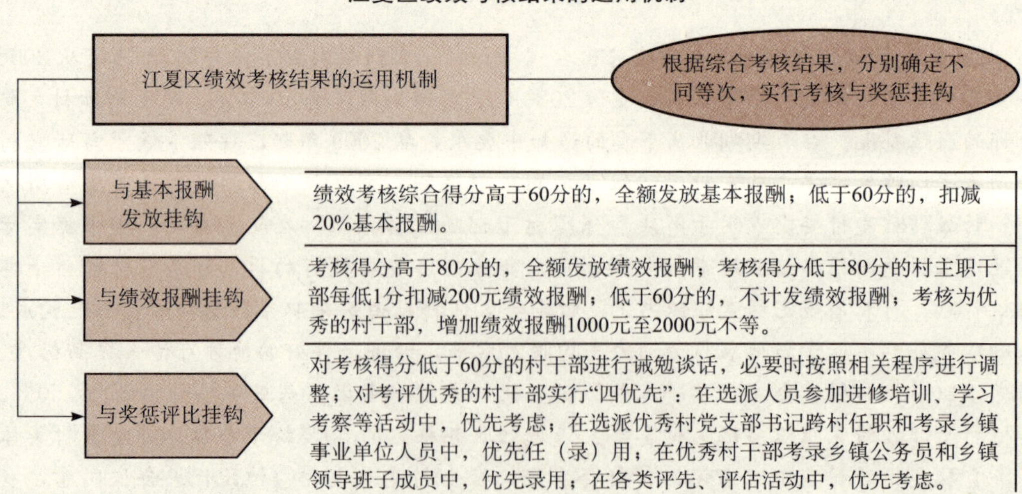

镇审核批准，可按不高于年集体经营性收入增长额的10%进行奖励，村党组织书记、村委会主任奖金合计不超过30万元，由村集体收入列支。村干部的绩效补贴标准由县、乡确定。

各地村干部工资待遇情况

地区	岗位补贴项目	村干部收入情况
广西	基础补贴、工龄补贴和实绩奖励	基础补贴：从2008年起，广西财政渠道对“一肩挑”的村党支部书记（兼村委会主任）的最低补贴标准为每月380元，村党支部书记或村委会主任的最低补贴标准为每月330元，其余村定员全额补贴干部的最低补贴标准为每人每月300元，村定员半额补贴干部的最低补贴标准为每人每月140元 工龄补贴：根据村定员全额补贴干部的实际工作年限，按每年增加1元标准发放，村定员半额补贴干部的补贴标准相应减半 实绩奖励：依据年度工作业绩考核和本村村民民主评议结果确定，考评为优秀的村定员全额补贴干部，奖励标准为每人每年600元至1000元
四川	基础补贴和任期补贴	基础补贴：村干部基本报酬标准按平原地区、丘陵地区、山地地区和少数民族地区4种类型分别确定。其中，平原地区及少数民族地区在任村支部书记每人每月860元，丘陵和山地地区分别为640元和540元。内地少数民族自治县及待遇县依照少数民族地区补助标准执行。针对岗位不同，村党支部书记、主任、村文书报酬补助比例按10∶9∶8确定，其他村干部报酬补助总额与支部书记一致，组工干部按支部书记报酬的1/3确定 任期补贴：对任期满一届的村“三职干部”，可按每届每月增加10元任期补贴的标准进行补助
重庆	基础补贴	从2008年7月1日起，村党组织书记、村委会主任450元/人·月，村文书360元/人·月，村民小组长400元/人·年。对已经配备的村计生助理员，参照村文书360元/人·月的标准执行
宁夏	基础补贴和绩效补贴	基础补贴：村干部基础补贴的平均数与该县（市、区）上年农民人均纯收入持平，根据村干部的职务核定，即村党支部书记和村委会主任为一个档次，其余的村干部为一个档次，其补贴额为村党支部书记或村委会主任的80% 绩效补贴：全乡（镇）村干部绩效补贴额的平均数不得低于该县（市、区）上年农民人均纯收入的一半

干有所盼：诸城开辟三条提拔渠道

为使村干部干好有希望、拓展他们的发展空间，湖北在近日下发的通知中要求从四个方面推进村干部选任制改革，增强干部队伍生机活力：一是完善村干部选拔任用方式，要坚持和完善村党组织“两推一选”和村委会直选制度，提倡村党组织书记和村委会主任“一肩挑”。积极探索面向社会公开选拔村党组织书记和先进村党组织书记兼任后进村党组织书记；二是建立从优秀村干部中考录乡镇公务员制度；三是探索从优秀村干部中选拔乡镇领导班子成员新途径；四是提高村干部选任党代表、人大代表比例。河北省按照有关规定，每年将面向任职3年以上的选聘到村任职的高校毕业生和优秀村党组织书记、村委会主任，定向考录一批乡镇公务员。在定向考录的乡镇公务员中，选聘到村任职的高校毕业生录用率要逐步达到70%。有计划地从优秀村党组织书记中选任乡镇领导干部、招聘乡镇事业编制人员。积极推荐优秀农村干部担任各级党代表、人大代表和政协委员。

同时，陕西省开展了从优秀村干部中招录乡镇公务员的工作，2008年首次从优秀村党组织书记、村委会主任中招录乡镇公务员107名，特别优秀的直接进入乡镇党政领导班子。同时积极推荐政绩突出、议政能力强的村党组织书记、村委会主任，担任各级党代会代表、人大代表、政协委员。广西壮族自治区提出，每3年要评选表彰一批优秀村党支部书记和村委会主任；每年要拿出一定名额的国家公务员和事业编制指标，定向招录村干部，把德才兼备、实绩突出、群众公认、年轻有为的村干部选拔到县、乡党政机关和事业单位工作。广西壮族自治区贺州市利用各种渠道、各种形式，对优秀村干部的先进事迹进行大张旗鼓宣传和报道，使村干部的工作得到全社会的理解和支持。同时，积极推荐优秀村干部担任各级党代表、人大代表、政协委员，让村干部有更多的机会参政议政。目前贺州市已有20名村干部担任市级党代表、人大代表和政协委员。此外，坚持凭实绩选干部，注重从优秀村干部中招录公务员，创建村干部的“上升”空间。2009年计划从优秀村干部中招录公务员23名，其中有5名村干部可直接被选拔进入乡镇领导班子，此项工作正在加紧推进中。

此外，山东省诸城市针对村干部“政治上无出路，干好无前途”的问题，采取多种措施，开辟提拔重用渠道，有效激发了村干部的工作活力。

诸城村干部的三条“上升”路

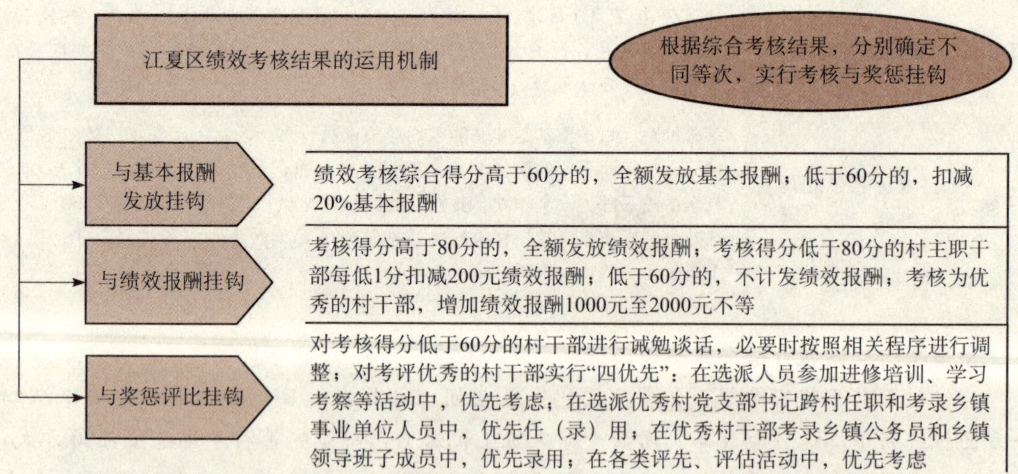

退有所养：2010年实现村干部养老保险全覆盖

长期以来，村干部工作上是干部要求，但身份上仍然是普通群众，没有纳入养老保障体系，离岗后没有任何“想头”，卸任后老无所养，使村干部后顾之忧严重，工作积极性也无法充分调动起来。为解除这一忧虑，中央部署，在2010年年底前，我国将为现任村党支部书记全部办理基本养老保险。对正常离任但没有享受基本养老保险的村党支部书记，也要根据任职的年限和贡献，给予一定的生活补贴。

各地村干部养老保险补贴标准

●安徽省六安市寿县
◆2008年5月起，全县村“两委”主要负责人养老保险金缴纳标准提高到每人每年1200元，一般干部每人每年1000元
◆村干部养老保险金实行按年缴纳，分级负担，缴费比例为县财政60%，乡（镇）、村30%，个人10%
◆该县县财政拿出320万元对2008年村两委换届期间离任的村干部给予一次性的离任补偿，其中正职每人每年300元，村“两委”其他成员每人每年200元
●安徽省天长市
◆在职村“两委”正职年交纳标准为2000元，其他村干部年交纳1600元，养老保险费由市、镇（街道）和村干部个人按照3：3：4比例承担

●河北省
◆2010年年底前替现任村党组织书记、村委会主任办理社会基本养老保险，保险金由县、乡镇、个人共同负担
◆对已正常离任但未享受养老保险的村干部，可根据任职年限和贡献发放一次性离任补偿。其中，连续任职3届以上的村党组织书记、村委会主任，可比照现职人员收入的一定比例发放生活补贴。一次性补偿和生活补贴范围、标准由县决定，费用由县、乡财政列支
◆各县还将负责为村党组织书记和村委会主任每年进行一次健康体检
●河北省岳普湖县
◆在村干部自愿的基础上，按照县、乡村和个人4：3：3的比例为村干部办理养老保险

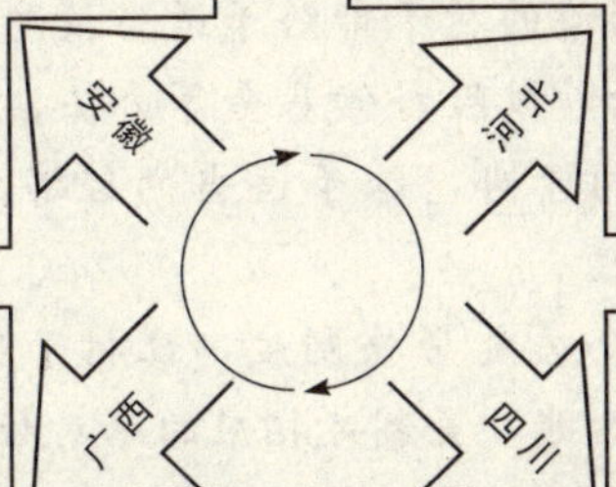

安徽　河北　广西　四川

◆对满60周岁，正常离任且没有参加农村社会养老保险、或虽已参加农村社会养老保险但财政未给予参保补助的村干部，连续任期年限15年以下的，按每任期一年补助360元的标准计算，一次性为其发放养老补助金；任期年限满15年的，按每月补助40元的标准为其发放养老补助金；任期年限超过15年的，超出部分按每超一年每月增加3元补助的标准发放
◆对满60周岁，正常离任已参加农村社会养老保险，且财政已给予参保补助的村干部，按原标准计发养老金。所需费用通过原财政补助渠道解决。对在职或已离任、不满60周岁的村干部，全部纳入农村社会养老保险覆盖范围。干部每人每月的参保补助不低于60元，并从2010年起，财政补助金额按5%的增长速度逐年增加

●养老保险机制
◆各地采取财政补贴与个人负担相结合、以财政负担为主的办法，建立与当地经济发展水平相适应的村干部养老保险办法
●退职补助机制
◆以县级财政负担为主体，对任职3~5届以上、男满60周岁、女满55周岁、没有参加养老保险、医疗保险的已正常离职或今后正常离职的村（社区）党组织书记、村（居）委主任，参照任职年限、当地财政状况及农民人均纯收入水平，采取一次性补助或按月（年）定补两种方式，给予适当补助
◆全省有98个县（市、区）已建立这项制度，今年还有44个县（市、区）正在探索建立这一制度

2009年2月，湖北省政府办公厅出台《湖北省村主职干部参加基本养老保险实施办法（试行）》。《实施办法》规定，从2009年起，为全省建制村在职的主职干部（村党组织书记、村委会主任）全部办理基本养老保险；村主职干部参加基本养老保险的缴费基数为所在市（州）上年度城镇在岗职工平均工资的40%，缴费比例为28%，其中个人缴纳8%、计入个人账户，单位缴纳20%、计入统筹账户；村主职干部的单位缴费部分由省财政补助；参加基本养老保险的村主职干部，男年满60周岁、女年满55周岁，实际缴费年限满15年的，可按月领取基本养老金。

湖北省还要求：要推进在职村干部参加基本养老保险工作。从2009年起，按照省政府有关规定，为在职的村主职干部办理基本养老保险。有条件的地方，可为在职村干部办理综合商业保险。同时，实行离任村干部生活补贴制度。从2009年起，对未纳入基本养老保险范围、任职时间较长、正常离任的村主职干部，经乡镇党委考核、县（市、区）委审批，男年满60周岁、女年满55周岁后，由县级财政按年度或每月发放一定生活补

贴。在此基础上，对累计任村主职干部10年以上、男年满60周岁、女年满55周岁的离任干部，省级财政按人均每年1000元给予补贴，具体发放标准和办法由各县（市、区）研究确定。对其他离任村干部，县（市、区）可根据本地实际给予一定的生活补贴。

困有所帮：陕西建立定期走访慰问制度

对于生活困难的村干部，陕西省建立了定期走访慰问制度。每年元旦、春节、国庆等重大节日，各县（市、区）委组织部、民政局等部门都要对生活困难的村干部进行走访慰问，帮助他们解决遇到的困难和实际问题。陕西省还指定县（市、区）机关干部、乡镇干部等与贫困村干部结成帮扶对子，通过提供信息、资金帮助、传授技术、项目合作等形式，帮助他们创业兴业、脱贫致富。此外，许多县（市、区）采取党费补助、民政资金筹措、财政拨款等多种途径筹集资金，专门设立特困村干部救济基金，对遭受灾害、患重大疾病以及家庭特别困难的村干部给予适当救济。四川省采取县财政每年预算一定经费或建立村干部救济基金、风险补偿基金等办法，对生活特别困难或因公遭到非法打击报复的在职或正常离职村干部，给予适当的经济补助。以县为主，建立村干部（包括正常离职的）法律援助制度。

此外，广西贺州市建立健全关爱帮扶制度，让村干部遇困有所帮。一是要求各县（区、管理区）建立村干部信息台账，并制定相应的结对帮扶计划。二是建立走访慰问制度。县乡机关干部挂钩联系村干部，每年开展2次以上走访慰问村干部活动。三是建立谈心谈话制度。要求乡镇（街道）采取集中座谈、个别谈话、上门谈心等多种形式，每季度与村干部进行一次以上有针对性的面对面交流，掌握他们的思想动态和实际困难，帮助他们排忧解难。目前，全市1500多名困难村干部中，已结成帮扶对子1380多个，落实帮扶资金达80多万元；共开展走访慰问和"送温暖"活动40多场次，慰问900多人次。

安徽省六安市寿县明确规定有关部门的帮扶救助资金、项目，在政策许可的情况下，要优先考虑生活困难村干部和离任村干部。

典型：新农村建设走上快车道

"4+2"工作法由邓州推向全国

2009年11月，胡锦涛总书记就河南省的"四议两公开"工作法作出重要指示，强调要在总结各地实践经验的基础上，进一步完善符合中国国情的农村基层治理机制，包括建立健全既保证党的领导又保障村民自治权利的村级民主自治机制。同时，国家副主席习近平，中央纪委书记贺国强，中共中央政治局委员、国务院副总理回良玉，中组部部长李源潮等也作出指示，要求推广邓州农村创造的"四议两公开"工作法。这不得不引起人们的关注，为什么中央高层如此重视完善农村基层治理机制？

"四议两公开"受到中央领导高度肯定

2009年11月10日，中组部、中央学习实践活动领导小组办公室、中央农村工作领导小组办公室、民政部、农业部在郑州召开党领导的村级民主自治机制工作经验交流会。中组部部长李源潮出席会议并作重要讲话。河南省委书记（时任）、省人大常委会主任徐光春致辞并介绍了河南推广实施"四议两公开"工作法的经验。民政部部长李学举、农业部部长孙政才在会上发言，中央农村工作领导小组办公室主任陈锡文，中组部部务委员、组织局局长付思和出席会议。

近年来，各地在加强农村基层组织建设、发展农村基层民主方面有许多新的成功经验。"四议两公开"工作法，是河南省邓州市创造探索出的一种党领导下的村民自治工作的新形式。这种工作法把党的领导与村民自治、党内基层民主与农民主人翁地位融为一体，得到了农村党员、干部和群众的广泛拥护。2009年4月，中共中央政治局常委、中央书记处书记、国家副主席习近平在河南调研期间专门听取了"四议两公开"工作法实施情况汇报，给予充分肯定，要求河南率先推广，并作出重要批示："邓州工作法是党的基层组织建设的好经验、好做法，可加以完善并在更大范围内推广。"李源潮部长对推广实施工作高度重视，多次听取汇报、作出重要指示。8月25日又深入邓州的乡村、农户调研，并主持召开两个座谈会，与省、市、县、乡、村党员干部和农民群众代表进行了深入探讨，明确指出这是党领导下乡村民主自治的新制度，要在第三批深入学习实践科学发展观活动中认真总结推广，为社会主义新农村建设提供新的动力，为发展农村基层民主提供好的平台，为增强农村基层党组织的创造力、凝聚力、战斗力提供重要举措，为改进农村基层干部作风和工作方法提供有力抓手。

根据中央领导的重要指示精神，河南省委召开常委会进行专题研究，从2005年5月开始，在全省村级组织推广实施"四议两公开"工作法。省委、省政府专门作出了《决定》，建立了由省委书记徐光春牵头，省委副书记、省长郭庚茂，省委副书记陈全国，省委常委、组织部部长叶冬松等参加的联席会议制度，召开市、县、乡、村主要负责同志参加的电视电话会议进行动员部署。在第三批学习实践活动中，该省把推广这一工作法作为重要内容，多次召开座谈会、现场会，观摩学习、交流经验、分析问题、扎实推进。此后，省委、省政府又出台《实施细则》，迅速掀起了推广实施热潮。目前全省4.7万多个行政村已全部推广实施，提前两个月实现了全覆盖的目标。

在这次会上，李源潮指出，胡锦涛总书记、习近平同志和回良玉同志对开好这次会议作了重要指示。这次会议的主要任务是学习贯彻党的十七大和十七届三中、四中全会精神，以深入学习实践科学发展观活动为契机，全面加强农村基层组织建设，发展和完善党领导的村级民主自治机制，为巩固党在农村的执政基础、推进社会主义新农村建设提供坚强组织保证。李源潮说，这些年，各地在这方面有许多成功探索，创造了不少好经验。河南省在学习实践活动中，全面推行南阳邓州农村创造的"四议两公开"工作法，目前已覆盖全省所有行政村。我们在郑州召开这次会议，既是一次经验交流会，也是一次现场学习会。李源潮还着重强调了以下两个问题：

一要坚持党的领导、村民自治、依法办事有机统一，发展和完善党领导的村级民主自治机制。改革开放30多年来，我国农村经济结构和社会结构、生产经营方式和乡村治理机制都发生了深刻变革。这种变革，给农村党的建设带来了一系列新课题、新挑战、新要求。我们要认真学习贯彻胡锦涛总书记等中央领导同志指示精神，总结推广"四议两公开"工作法等经验，把加强农村基层民主政治建设同加强农村党支部为核心的村级组织建设结合起来，发展和完善党领导的村级民主自治机制，不断提高村级治理的科学化、制度化、规范化水平。一是要完善村党组织的领导机制：选好配强村党组织领导班子尤其是党支部书记，按照民主集中制原则，完善村党组织议事规则和决策程序，改进村党组织的领导方式和工作方法；二是要完善村"两委"协调机制：进一步明确和细化村党支部和村委会的职责任务，建立健全村"两委"联席会议制度，加强村"两委"之间的团结合作；三是要完善村级党内民主机制：完善村党支部选举制度，建立健全党员大会审议村级重大事项制度，完善村级党务公开制度；四是要完善村民自治机制：健全

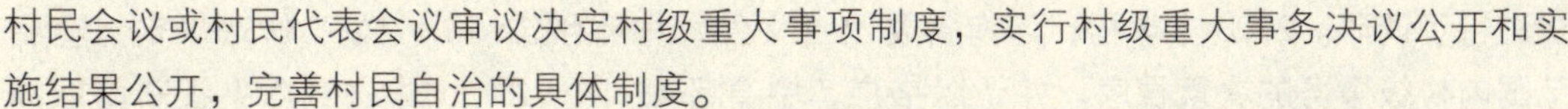

村民会议或村民代表会议审议决定村级重大事项制度，实行村级重大事务决议公开和实施结果公开，完善村民自治的具体制度。

二要抓住第三批深入学习实践科学发展观活动机遇，全面加强农村基层组织建设。要以学习实践活动为契机，全面加强农村基层组织建设，积极推广“四议两公开”工作法等成功经验，提高农村基层党建工作水平。第一，贯彻落实十七届三中、四中全会精神，把加强农村基层组织建设作为乡镇、村学习实践活动的重点。第二，以配强领导班子、提高能力、改进作风为重点，加强乡镇领导班子和干部队伍建设。第三，按照“四有”“五好”目标要求加强村党组织建设。第四，区别不同情况，有针对性地加强农村基层组织建设。

李源潮强调，各级党委、政府及有关部门要高度重视加强农村基层组织建设、发展和完善党领导的村级民主自治机制工作，切实加强组织领导，狠抓工作落实，务求实际效果。要建立健全党委统一领导，组织部门牵头抓总，党委农村工作综合部门、民政、农业等有关部门齐抓共管的工作格局。省市两级要抓好总体规划和政策指导，加强调查研究，解决突出问题。县（市、区、旗）要制定实施办法，明确目标任务、工作重点和实施步骤，加强具体指导。乡镇要抓好落实，支持和保障村级组织正确履行职责，充分发挥作用。

探密：“4+2”工作法到底好在哪里

2009年5月4日，河南省委、省政府做出决定：在全省村级组织推广邓州市农村党支部、村委会“4+2”工作法，并在5月8日召开了河南省推广邓州“4+2”工作法电视电话会议。2009年6月15日，人民日报等13家媒体的记者组成联合采访团，对邓州“4+2”工作法进行宣传报道。这种由邓州市创新的基层工作方法，在实践中取得成功后，已开始在全国推广。2009年7月，邓州“4+2”工作法作为农村基层党风廉政建设推广性经验，被纳入全国农村党员干部现代远程教育题材。

早在2006年，邓州市的“4+2”工作法就引起了中央、河南省、邓州市领导及媒体网站的高度重视和广泛关注。2006年10月，邓州市作为河南省唯一代表，在全国农村基层党风廉政建设工作座谈会上，介绍了“4+2”工作法对推动农村党风廉政建设的作用；同年11月，在河南省村务公开、政务公开、党务公开座谈会上，邓州市向与会成员介绍了“4+2”工作法的成功经验。2007年3月，中组部在郑州召开的基层组织建设工作座谈会上，邓州市就“4+2”工作法进行了专题发言。此外，邓州市市委书记刘朝瑞还多次应邀赴京，对“4+2”工作法的实践与思考进行了全面阐述。2006年以来，《人民日报》以“和谐万事兴”为题进行了报道，《中国青年报》《农民日报》《河南日报》和中央电视台、河南电视台及人民网、新华网、中国网、央视国际在线、大公网、大河网等重要媒体网站也均进行了深入报道，在社会上产生了广泛而良好的反应。2007年以来，安阳市、河北省张家口市、陕西省商南县、湖北省老河口市等地的组织部门纷纷前来邓州，学习运用“4+2”工作法取得的成功经验；北京大学学子也深入邓州，对“4+2”工作法进行了调研。2008年年初，河南省委出台文件，把邓州市“4+2”工作法确定为全省范围内村级事务的决策程序，并予以推广，中宣部把“4+2”工作法列入央视新闻联播“高举旗帜、科学发展”栏目素材，由中央电视台派出记者奔赴邓州，对“4+2”工作法进行全面采访和深入剖析，并在新闻联播中播出。

“4+2”工作法是农村税费改革以来，邓州市结合基层实际情况，在实践中反复探索总结提炼而成的农村工作新方法，是社会转型期以党支部为核心，充分发挥群众民主决策的办事程序，受到农村群众的普遍欢迎。

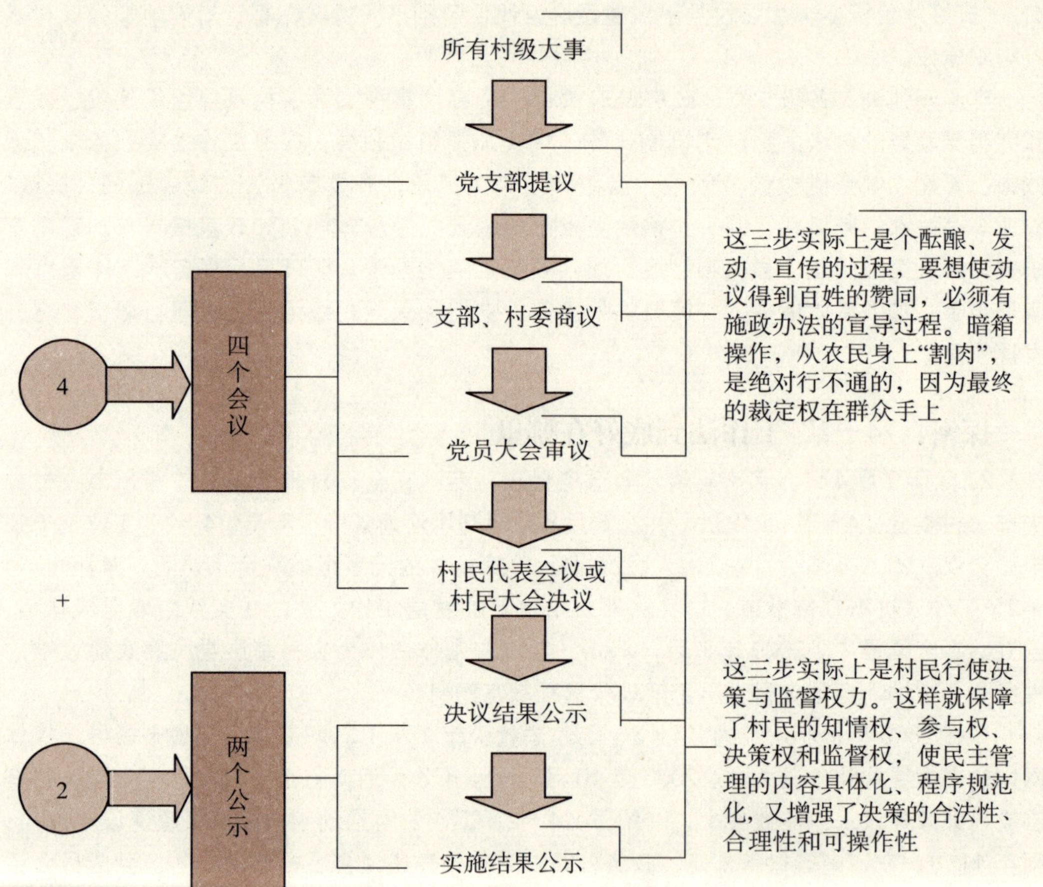

早在2005年，邓州市就已在全市农村中探索推行以民主决策、民主管理、民主监督为核心的村民自治“4+2”工作法。同年9月，邓州市委、市政府联合出台了《关于在村务公开和民主管理工作中推行“4+2”工作法的决定》，开始在全市578个行政村推行“4+2”工作法。这是邓州第一次提出“4+2”工作法。为确保这一方法落到实处，邓州市委、市政府出台了《邓州市4+2工作法实施细则》，要求村党支部提议的事项必须首先充分征求党员、村民代表及广大群众的意见；同时市委组织部门还对全市578名村党支部书记、13126名村组干部和30021名村民代表进行了分批培训和实战磨砺。主要培训他们对科学发展观的理解，对上级法律、法规、政策的掌握，使他们作出的决策在尊重民主的前提下更加科学。

“4+2”工作法的实施案例	
案例	**具体内容**
燕店村一村委会提议被村民否决	2005 年下半年，邓州市燕店村为了壮大村集体经济，村干部们通过招商引资 120 万元准备在村中的一块荒地上建砖场。村里启动了“4+2”工作法。前期的村委会提议、村“两委”商议、党员会审议都顺利通过了，但在最后村民代表表决时，65 名代表交了 40 多张反对票。村委会的提议最终被村民否决
8 个月完成 3 年也办不成的事	邓州市穰东镇是中原地区闻名的服装城，过去道路老化，搭棚杂乱，2005 年采用“4+2”工作法，群众代表表决通过改造方案，财务全程公开，8 个月就完成了 5 条街道 1300 余间门面房的改造。穰东村党支部书记吕新奇说，放在以前，这事 3 年也办不成
唐庄村实施“4+2”方法的前后	唐庄村地势低洼，如村民所述“蛤蟆撒泡尿也会沟满壕平”。过去村干部多次提出修路，但由于方法失当，“干部拍了脑门子，群众当成劳什子”，大家宁可淹着。2006 年 5 月，村里严格按照“4+2”的方法就修路问题走程序，结果村民自觉捐了两次钱：原定修礓石路每人捐 50 元，后来又通过“程序”决定，一次到位修成水泥路，每人又捐 108 元。村民不仅积极捐钱，还自愿到现场参加义务劳动
邓州市罗庄镇冯坡村“两委”由对立面变成“同盟军”	邓州市罗庄镇冯坡村“两委”相互顶牛 40 余年，10 年来无法产生村支书、村主任。推行“4+2”工作法后，“两委”关系很快理顺，班子得到健全，战斗力大大增强，成为全市的“红旗支部”。村委会作为决策的执行主体，在村党支部的领导下，拥有充分的执行决策自主权。二者的领导与被领导关系进一步理顺，工作职责进一步明晰，由对立面变成了“同盟军”
由“频繁上访”转为“捐款修路”	邓州市汲滩镇张井村村民张善秋，曾是远近闻名的上访老户。该村按照“4+2”工作法修筑“村村通”公路时，66 岁的他积极捐款 600 元为村里修路。两年来，邓州市群众自筹资金 1.6 亿元，修筑公路 2300 公里；捐资 3 亿元，在全市 578 个行政村和 61%的自然村开展了村庄整治
上马砖瓦窑厂还是面粉厂	2009 年 6 月，邓州市腰店乡燕店村村党支部打算上马砖瓦窑厂，而村民们则看好面粉厂。结果，村民代表大会以破坏耕地、污染空气，不符合科学发展观的要求为由，否决了村党支部的提议，通过了上马面粉加工厂的决议

如今，“4+2”“上程序”，已经成为当地乡村干部的思维习惯，已为广大群众接受。凡是经程序决策的一定比没有经程序决策的更民主。这样做的最大好处是把村级事务的决策管理，从体制、机制、运作过程等方面，变自上而下为自下而上，变村民被动参与为主动参与、变事后监督为全程监督，使抽象的民主管理具体化。南阳市委常委、邓州市委书记刘朝瑞说，党支部作为党的基层组织具有一定权威、村委会作为村民自治组织具有一定的权威、党员按照党章行使权力具有一定的权威、村民代表也具有一定的权威，“4+2”工作法把这些不同的“权威”纳入到一个统一的框架中，同拉一套车，同走一条

路，决策过程更简单，决策执行更顺畅。而对“4+2”工作法的评价，群众的语言更生动：“领头雁，导航向；群英会，共磋商；先锋队，细把关；主力军，拿主张；人人心中亮堂堂，件件办到心坎上”。

推广：效果明显引来政府媒体高度关注

过去，村民对涉及自身利益的决策，“事后知道的多，事前知道的少；被动告知的多，主动参与的少；强制执行的多，自愿履行的少”，损害农民利益的事情也时有发生。“4+2”工作法实现了决策过程让群众参与、决策结果由群众检验，真正使农民群众享受到当家做主的权利。“4+2”工作法的广泛推广与科学运用，使邓州市基层民主建设取得了长足进步。2006年以来，全市农村信访量下降74%，集体访、越级访下降95%，村级干部、党员违纪违法案件下降95%。据不完全统计，4年来，邓州市村党组织提议土地征用、道路修筑、宅基地审批、计划生育等村级事项1.6万余件，其中680多件被否决。与此同时，一系列荣誉也接踵而至。邓州市先后被中纪委、河南省纪委确定为“全国农村基层党风廉政建设先进联系点”、“全国纪检监察信访工作联系点”。连续两年被评为河南省综合治理先进县市，被中纪委确定为河南省唯一一个县级信访直报点。

2009年5月8日，河南省召开推广邓州市农村党支部、村委会“4+2”工作法电视电话会议。河南省委书记、省人大常委会主任徐光春在会上强调，要准确把握推广“4+2”工作法应当坚持的重要原则。第一，把发挥基层党组织领导核心作用与实行村民自治结合起来。第二，把提高民主意识与增强法制观念结合起来。第三，把扩大基层民主与提高议事能力结合起来。第四，把推广“4+2”工作法与完善配套制度结合起来。第五，把大力推广与创新完善结合起来。8月6日，河南省村级组织推广“4+2”工作法工作会议在开封市召开，针对如何进一步加大工作力度，确保年内全省村级组织全面覆盖并取得实效，徐光春强调：一要明确意义，提升认识高度。二要明确重点，加快工作进度，要以后进村为突破口，突出关键环节，完善配套制度。三要明确方法，提高引导力度。四要明确标准，增强实效程度。五要明确责任，加大落实强度。

媒体关于推广“4+2”工作法的系列报道

媒体	标题	主要观点
大河报	群众的事情群众说了算“4+2”工作法叫响全国	“4+2”工作法既保障了民主，又强调了集中，实现了农村党支部和村民自治的有效结合，所以它调动了村民参与基层事务管理的积极性，增强了基层的活力
河南日报	有章办事的好机制——谈推广应用“4+2”工作法	“4+2”工作法让基层组织协调工作、农村科学发展以及发扬民主真正有章可依了。它明确了村党支部的领导核心作用，村委会的决策执行主体作用，使村“两委”职责明晰。它坚持按“铁章程”办事，能够最大限度地减少决策失误。它让绝大多数群众参与村级政务，使村里的各种决议、决策、实施都置于透明监督之下，保障了农民的切身利益和政治权利，提高了村“两委”的公信力

续表

媒体	标题	主要观点
中国青年报	河南邓州："4+2"工作法闯出新农村建设新路	"4+2"工作法把涉及群众切身利益的事情，全部交给群众自己议、自己定、自己干，扩大了群众的民主权利，强化了乡村干部的自身监管
经济日报	"4+2"工作法开创农村党建新局面	因为所有人都能参与其中，这就调动了大家的积极性，群众对村支部的态度也实现了由怀疑到信任、由抵触到协作、由疏远到亲近的转变。党员干部的威信逐渐树立了起来，以前看到村干部转身就走的群众，开始主动递烟让茶，主动上前谈心交流

复制："4+2"开始覆盖100%的行政村

河南省推广邓州市"4+2"工作法电视电话会议以来，已有40%的行政村制定了发展规划，8000多个行政村确立了特色产业、引进了投资项目，8万多个热点难点问题得到了解决。其中，南阳市提出，要在2009年年底前，使有效实施"4+2"工作法的行政村达到100%。新乡市将全年推广提前至8月完成。焦作市创新运用"4+2"工作法，逐步形成"民主定事、制度理财、群众评官"的工作体系。郑州市通过新闻媒体广泛宣传"4+2"工作法和家庭联户代表制度的内容、程序和操作办法，通过乡镇党校对村组干部进行专题培训，并明确要求8月底完成推广，9月份全面验收。开封市明确提出推行"4+2"工作法要坚持三不提议、十项标准、一项否决。三不提议，即违背法规的不提议，违背党的路线方针政策的不提议，违背群众利益的不提议；十项标准，即提议科学、程序规范、氛围浓厚、"四议"记录齐全、决议结果公开、落实结果到位、群众满意度高、长期坚持、跟踪问效、责任落实；一项否决，即凡未通过"4+2"工作法决议的村级重大事务，一律视为无效。

南阳："4+2"工作法年底前覆盖100%行政村。早在2006年，南阳就在总结邓州经验的基础上，在全市农村全面推行了"4+2"工作法。因此对南阳来讲，推行"4+2"工作法已进入深化完善和丰富提高阶段。南阳市委书记黄兴维表示，作为先行者，南阳要在2009年年底前，使有效实施"4+2"工作法的行政村达到100%。此外，南阳各个县（市、区）在集中推广完善"4+2"工作法的过程中，又进行了诸多创新和发展。

其中，桐柏县先是从培训入手，使全县村干部系统掌握"4+2"工作法的内涵、意义和运作程序，增强运用"4+2"工作法管理村级事务的自觉性、主动性。统计显示，桐柏县2008年运用"4+2"工作法新建沼气池7050座，新修县乡公路67.6公里，完成"村村通"公路34.6公里，解决1.2万名村民饮水安全问题，其中群众投资投劳就占了很大比例。桐柏县委书记杨忠感慨地说，"4+2"工作法是实现党的领导与村民自治有机结合的有效途径，是促进农村和谐稳定的一剂"良药"。此外，唐河县则坚持把加强党群服务中心建设作为推进村级组织规范化建设的主要措施，高标准配套建设服务场所，健全村"两委"班子成员轮流值班制度，经常性开展全程代理、便民服务、政策咨询、解难释疑等工作，从内容，形式和方法上，为进一步推进"4+2"工作法搭建了新的工作平台。西峡县把“4+2”工作法实施情况纳入对乡镇（街道）和县直帮扶部门年度目标管理，与经济工作同部署、同检查、同落实，使“4+2”工作法在全县的覆盖面达98%以上。

桐柏县推行“4+2”工作法的三点创新

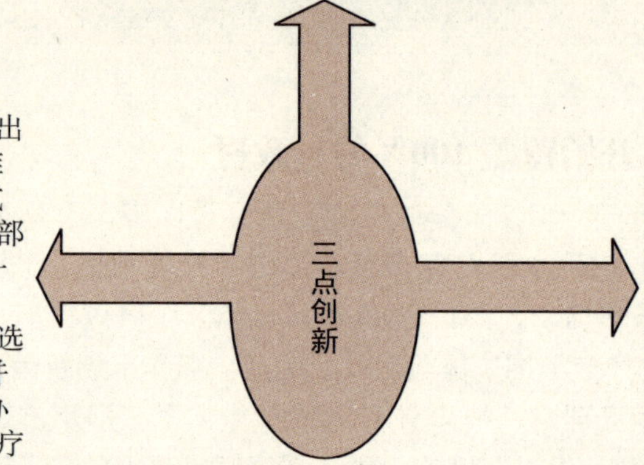

新乡：全年推广目标提至8月完成。5月26日上午，邓州市“4+2”工作法报告团应邀到新乡市作专题报告。新乡市委常委、组织部部长杨崇林在会上强调，各级组织要将推广“4+2”工作法纳入党建工作整体布局，周密安排，抓好组织实施，加强督促检查和宏观指导。他指出，2009年新乡市的推广目标是90%以上的村组织，力争达到100%。而时隔两月，新乡市的这一全年推广计划就被提前至8月上旬完成，推广提速，也显示出该市政府改善农村政治生态的决心和力度。

7月28日，新乡市在原阳县召开推广“4+2”工作法现场会，总结前段时间该市“4+2”工作法推广工作情况，对在更大范围、更深层次做好推广工作进行了部署。新乡市委书记吴天君在会上强调，要按照河南省提出的100%的村推广运用的要求，自我加压，争先创优，8月上旬前全市100%的村要推广运用“4+2”工作法。吴天君强调，推广“4+2”工作法不是一时之举，而是一项长期性、基础性的工作。要把推广运用“4+2”工作法作为第二批、第三批学习实践活动的重要组成部分，与深化农村党建“三级联创”、“双示范、双带动、双推进”活动相结合，与统筹城乡发展、建设新型农村住宅社区相结合，与深化全市农村实行的“干群民主议事会”制度相结合，与推行党务、政务、村务“三务公开”相结合，把新型农村住宅社区建设规划、基础设施建设、集体经济项目立项、“三资”代理等纳入运用范围，农田水利设施建设、林权改革、电网改造、计生指标发放等涉农事项，都必须按照“4+2”工作法落实。现场会上，河南省督导组组长田立杰在讲话中对“4+2”工作法推广工作提出了五点要求：一要认识重要意义，二要加大推广力度，三要规范工作程序，四要强化督导检查，五要注重实际成效。

新乡市推广“4＋2”工作法的具体举措

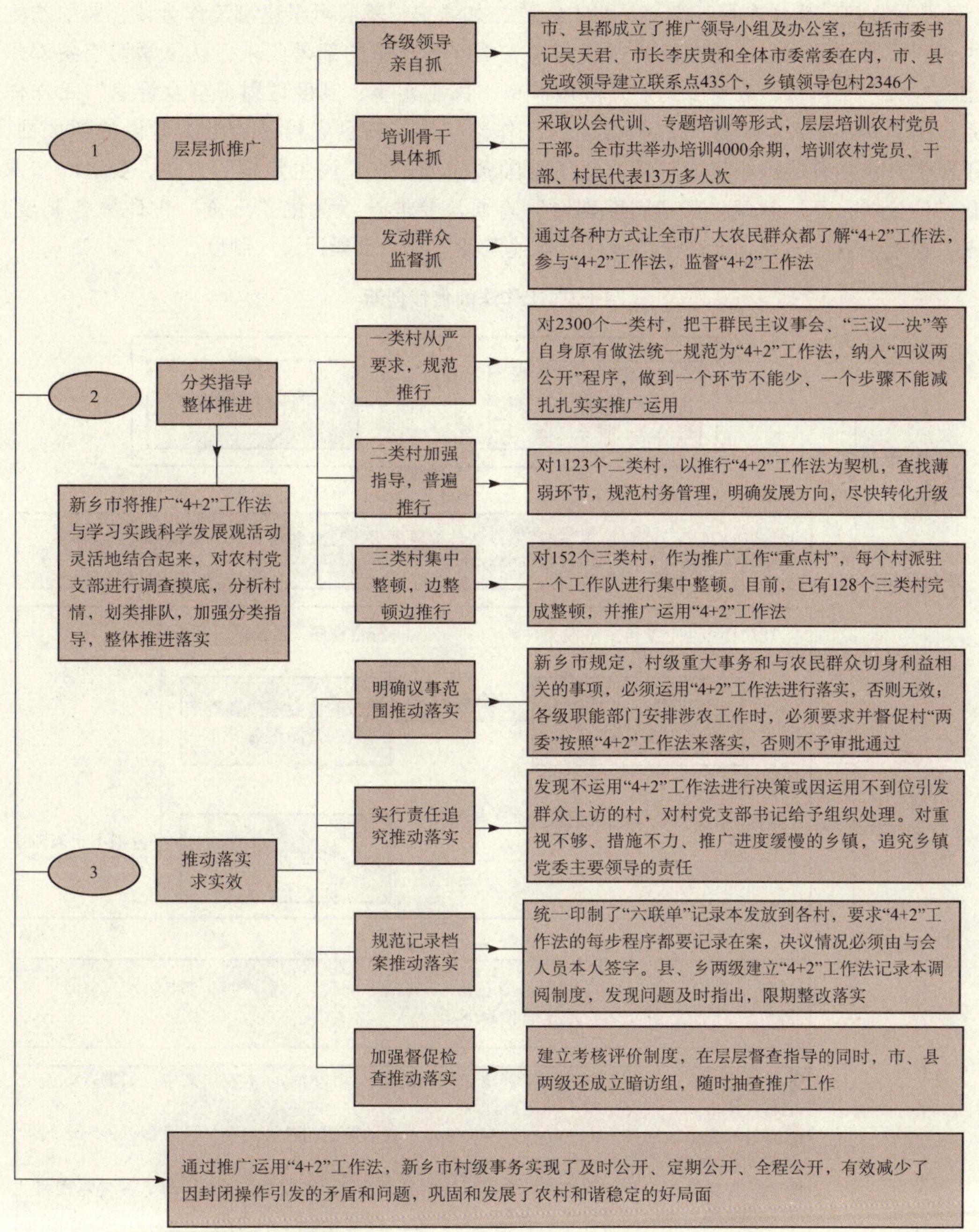

焦作：形成“民主定事、制度理财、群众评官”的工作体系。焦作市创新运用“4＋2”工作法，在农村全面实行“三资”（资金、资产、资源）集中代理服务和“三票评议”（群众评民意，党员评表率，组织评党性）制度，逐步形成“民主定事、制度理财、群众

评官”的工作体系，切实帮助群众解决了问题。

6月3日，焦作市召开学习邓州市经验、加强农村基层组织建设工作会议，焦作市委书记路国贤强调，全市党组织要按照河南省委、省政府的部署要求，认真学习借鉴邓州市“4+2”工作法，进一步健全完善焦作市“民主定事、制度理财、群众评官”工作体系，努力构建更加科学规范的村级组织工作新格局，开创农村基层组织建设的新局面，不断提升农村基层组织建设整体水平。路国贤强调，在“民主定事”方面，要进一步深化“四议两公开”制度。在“制度理财”方面，要进一步深化“三资”代理服务制度。在“群众评官”方面，要进一步深化“双述双评”和“三票评议”制度。

“4+2”工作法的焦作创新

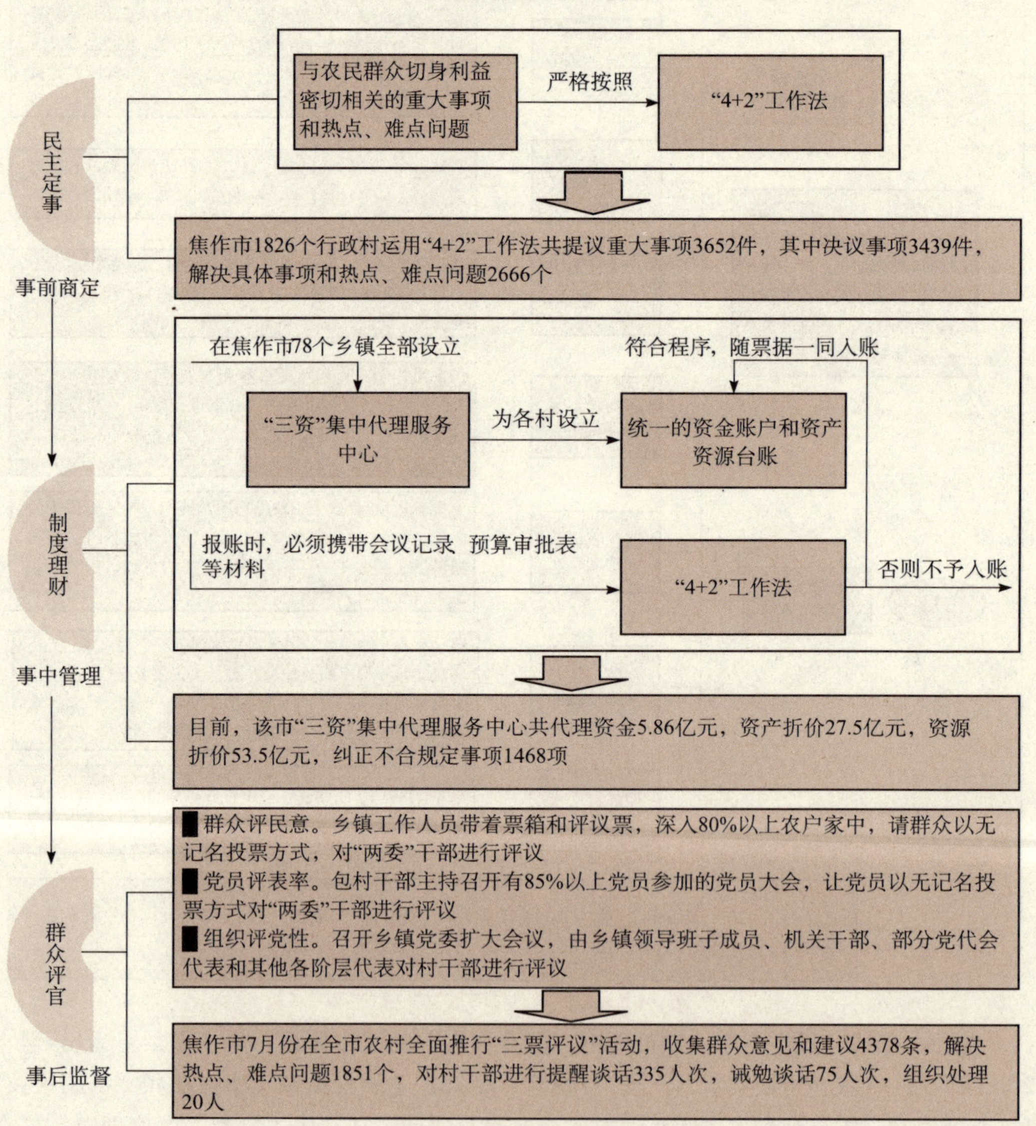

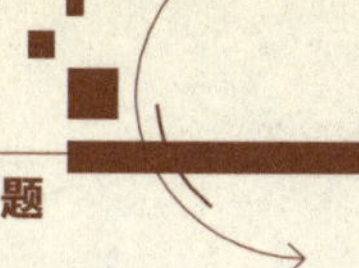

新农村建设六大领军人物

广大的农村，从来都不缺乏具有智慧和魄力的领军人物，正是他们各行各业带领农民兄弟默默地推动着农村社会的发展。其中，现代农业的领军人余家华、“农民工司令”张全收、农村经纪人曹东哲等是他们的代表人物。他们通过自己的不懈努力与开拓创新缔造了一个个行业神话，在农村发展之路上树立了一个个鲜明的标志。

“余家华现象”破题农业现代化

余家华是河南省商城县的一个普通农民，2008 年 3 月创办了“商城县高科农机农艺服务专业合作社”。目前，合作社已拥有各类大中小型农业生产机械设备 110 台（套），设备种类涵盖动力机械、耕作机具、农田土地整理机械、发电机组、植保施药机械、育秧流水作业线、插秧机械、设备维护保养机具、运输车辆等，可满足年度农业生产机械作业面积达 10 万亩。

信阳市委书记认为，商城农机合作社给了他们如何突破农业现代化的启示。如果信阳全市都实现了农业机械化、农业现代化，信阳的农村改革发展试验区就可以说走出了一条值得全国人民学习的路子，走出了一条真正让信阳老百姓改变过去传统农业作业状态、让信阳农村改变面貌的路子。商城县委书记认为：“‘余家华现象’可以带动整个（农业）链条。读懂了‘余家华现象’，就能理解什么是现代农业。它的成功，也标志着信阳的农业改革成功了一半。”

商城县高科农机农艺服务专业合作社经营理念

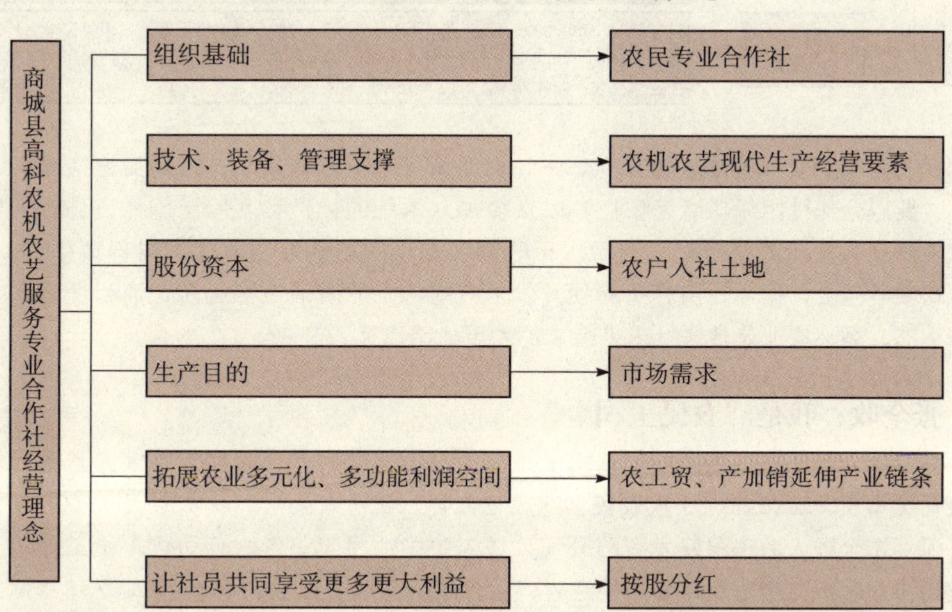

余家华的合作社把农机与农艺有机融合，比传统的耕作方式有明显的优势，有效地提高了农业的综合效益。合作社在提供耕、种（育苗）、插、收全程机械化服务的同时，还承担土地改良、种植结构规划调整、测土配方施肥、病虫害统一防治、新农机新农艺推广等一系列“全程化”农业综合服务项目。这种粮食生产的“一站式”“保姆式”服务模式，比人工劳作既节省了开支，又提高了农业抵御自然灾害的能力和劳动生产率，还大大降低了农作物收获的损失，提高了水、种、肥、药的利用率。据估算，实行机械化种粮比人工生产每亩可节约开支300元，10万亩就可节约3000万元。

在实践中，余家华逐渐摸索出了一套合作社运作上的现代农业模式，实现了经济社会效益的双赢。

河南省商城县高科农机农艺服务专业合作社“五化”促双赢模式

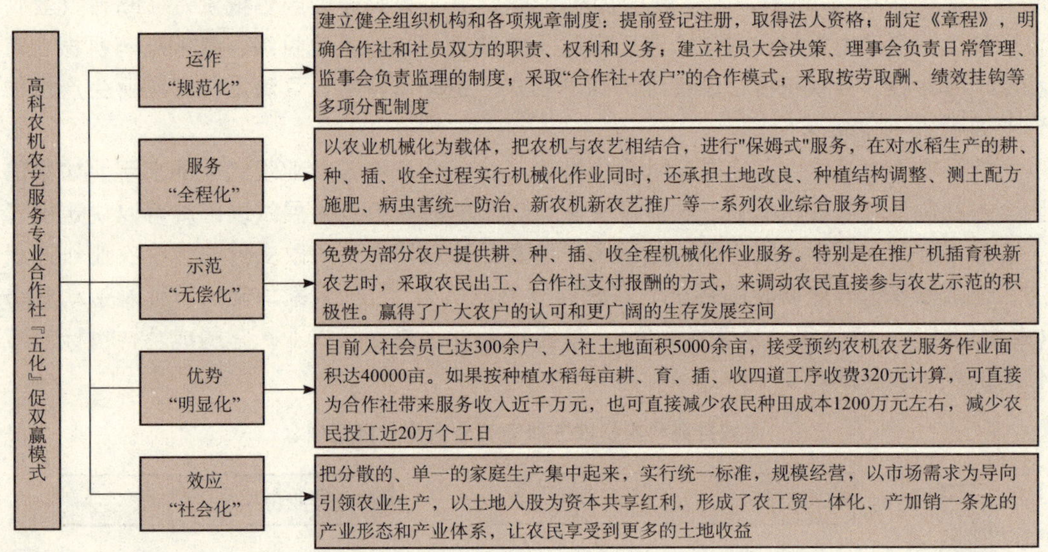

2009年5月，余家华在接受媒体采访时讲解了他的总体规划、近期实施情况与远期目标：要以合作社组织功能为依托，以众多加入本社的社员和入股土地为资源，积极开拓农业产业化多元效益空间，利用水稻收割后剩余的秸秆配制青贮饲料养黄牛、山羊，发展畜牧养殖业，循环利用养殖粪便开发沼气能源，沼渣沼液掺土转化有机肥还田，有机、生态、循环农业是合作社未来追求的发展战略目标。

张全收：我是“农民工司令”

张全收，河南省上蔡县朱里镇拐子杨村的一位普通农民，深圳全顺人力资源开发有限公司董事长，2008年“十大农民创造风云人物”获得者之一。获奖原因：2004年他成立了深圳市全顺人力资源开发有限公司，成为中国的民工司令。公司代表员工同用工单位签订协议，员工合法权益受到侵害时，由全顺公司负责出面协调。到2007年年底，全顺公司拥有员工已达1.5万人。2008年，张全收在河南省当选为全国人大代表，是全国

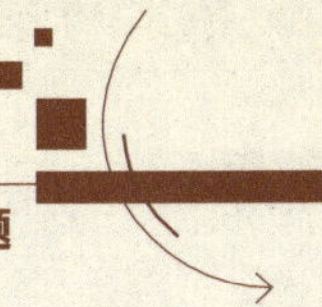

少有的几名农民工代表之一。

张全收2000年在深圳打工时，发现珠三角地区企业用人有很强的季节性，从中挖掘到了商机，2004年8月16日，在河南省和深圳市有关部门的支持下，成立了以招河南工为主的深圳市全顺人力资源开发有限公司。公司把农民工聚集起来，哪个厂要人，就“打包”调人过去，这个厂干完了，就调到另外一个厂。因为公司诚信经营、善待员工，短短几年里，“找工作到全顺”的口号在河南、安徽、山东籍农民工中广为流传。公司最多拥有农民工数量达2万余人，张全收也因此被戏称为“农民工司令”。

“全顺模式”示意图

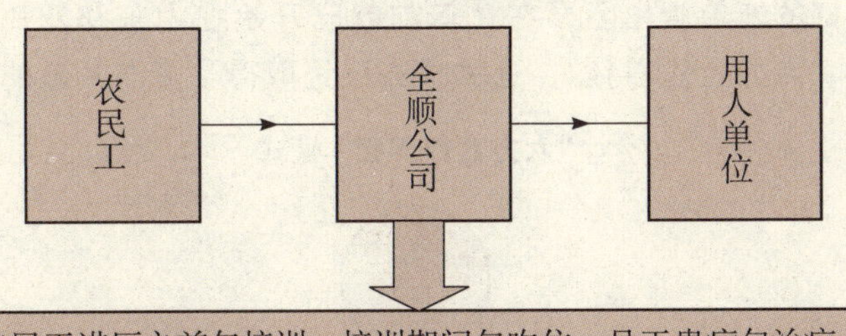

农民工进厂之前包培训，培训期间包吃住。员工患病包治疗，医疗费用全报销。待工期间包吃住，并且发放补助金，安排再就业。每月对每人收取一定的管理费

按照中国社会科学院农民发展研究所社会问题研究中心主任于建嵘教授的说法，张全收和他的全顺公司不仅代表了农民工的切身利益，而且给予农民工以最低限度的经济保障，客观上起到了农民工工会的部分作用。张全收认为，“全顺模式”的价值主要是四句话：给企业带来了方便，保护了农民工的合法权益，公司有了小小的发展，另外也承担了社会责任。几年来，全顺公司的农民工没有给各级政府提出过任何经济赔偿要求，也没有发生过一起信访事件。

2009年年初，国际金融危机使珠江三角洲的企业用工急剧减少，一度导致张全收在深圳的农民工大本营人满为患。为渡过危机，他自掏腰包600多万元为无工可做的工人搞培训，发保底工资。直到4月份农民工就业形势好转，公司又已经出现工人短缺的情况，急需招进大量农民工，张全收又重新当上“农民工司令”。目前张全收正盘算着如何招更多工人，他这个“农民工司令”还要接着做下去。

长期跟踪调研“全顺模式”的我国“三农”专家于建嵘教授建议，眼下要帮助农民工就业，关键是要解决他们的盲目转移问题。类似全顺公司这样的劳务派遣企业在帮助农民有序转移中发挥着上下沟通、组织人员、减轻负担的作用。无论是劳动力输入地还是输出地的政府，都应该加强对这些企业的扶持，通过委托培训、减免税收等手段加强企业的竞争力，并针对农民工住宿紧张、就业困难的问题积极予以协调解决，发挥多渠道的力量解决农民工就业难题。

刘永好：以“惠农券”破解“三农”融资瓶颈

刘永好，四川省成都市人，新希望集团有限公司董事长。先后荣获“中国十佳民营

企业家”“中国改革风云人物”“中国十大扶贫状元”等荣誉称号。2009年的“两会”期间，刘永好不遗余力地宣传他的“惠农券”提案。身为90亿元身家、蝉联两年“中国金融首富”，刘永好从商也罢、言政也罢，农村、农业、农民始终是他关注的重点——他的新希望集团依托“三农”产业链已成为中国最大的农业产业化龙头企业之一。

2009年，刘永好的8个提案主要分别围绕“食品安全体系的建立”“返乡农民工的就业”“养殖金融担保体系的建立”“惠农券的分发”等方面。而事实上，他所描述的可以概括为一个问题，即“三农”的出路。他所有的提案总结起来就是：中国的养殖业需要集约化、工业化发展，而当前是这个行业发展的春天。

事实上，刘永好的新希望集团早在几年前就已开始在山东和四川等地推行一种新的合作养殖模式——“六方合作养猪”，这种模式已经取得了多方共赢的效果。

“六方合作养猪”模式

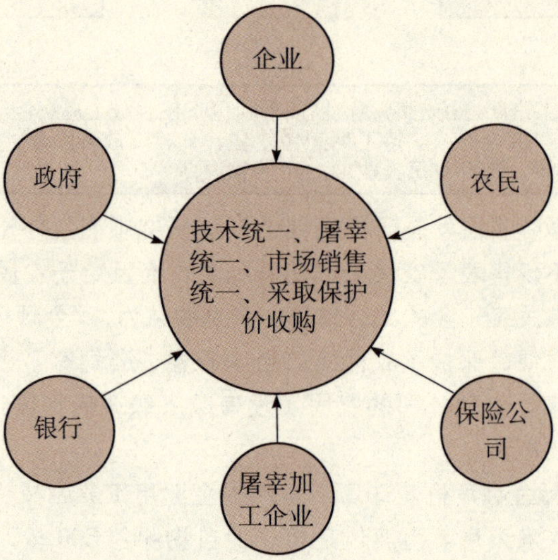

刘永好认为，当前农业养殖规模难以扩大的瓶颈在于资金匮乏。为解决资金问题，他提出了一种新的模式——“惠农券”。他认为，“鉴于目前农民工就业难，农民贷款难以现实，农村可以试点一种含惠农政策的、由银行给农户贷款的授信凭证或者卡片（简称惠农券），用于帮助农民获得信贷支持，促进农业生产，切实提高农民收入。这种惠农券，不同于地方政府的消费券或购房券，农民用一定额度的惠农券只能去兑换生产所用种苗、化肥等生产资料，其实质是要建立造血机制，通过金融手段来帮助和促进农业生产。”

按照他的设想，“惠农券”实际是参与“六方合作养猪”的养殖户经过合作社、企业的甄别后，由相关担保企业授予的一种信贷指标，银行可以根据上述信贷指标，对养殖户予以授信，而担保公司则承担相应的担保。刘永好认为，如果政府能对这些惠农款项予以全额贴息，将比直接发放消费券的效果更好。

新希望集团已为农民成立了12家担保公司，刘永好表示，在支持养殖业集约化的过程中，需要一种新的模式，其中的利益方包括地方政府、银行体系、企业、农民个体以及保险机构。目前，新希望集团已经与农行合作，首先在湖南常德推出了惠农券。惠农券有不同的担保额度，由新希望公司推荐发放惠农券的养殖户或经销商名单给农行，农行据此进行考察筛选，最终确定发放对象。贷款的一般限额为 500～30000 元，可循环使用，随借随还。与公司合作的优质规模养殖企业，最高可以获得这种形式的贷款 500 万元。在常德，农行以“金穗惠农卡”为载体，向常德新希望公司符合条件的养殖户发放小额农户贷款；向符合条件的经销商发放流动资金贷款，以解决养殖户、经销商资金短缺瓶颈。经初步测算，农行将安排资金 1 亿元，其中为符合农行信贷制度的养殖户授信 1300 户左右，授信额度 4000 万元；扶持一批懂市场、有实力、讲信用的经销商大户，计划安排资金 6000 万元。

刘永好的目标是做世界级的农牧企业，相比世界最大禽养殖量的美国，他把赶超的时间设定为 10 年。“禽产业链”是刘永好理想中的世界级农牧企业的一个支柱，而他的养猪计划更具前瞻性与创造性，而且规模更大，影响更远。

曹东哲：利用互联网帮农民卖产品

曹东哲是沈阳苏家屯红星村农民，农村经纪人网站创始人。2008 年“十大农民创造风云人物”获得者之一，他的获奖原因是创立了我国最权威的中国农村经纪人网站，目前已有国内外 3000 多名会员和信息员。

曹东哲认为，中国的农产品不是没有市场，关键是要获得全面而准确的需求信息，引导农民种植适销对路的产品。比如，有些特色农产品，像东北参、冬虫夏草，在国外卖得比一座楼房还贵，就是普通的蕨菜、核桃这些农产品在韩国、日本等都是十分抢手的紧缺货。2008 年，即使在金融危机的背景下，曹东哲凭借丰富的市场信息，促成的交易额仍然达到 1 亿元。仅在苏家屯一地，他为农民撮合的买卖就达 300 多万元，涉及全区 13 个乡镇中的 10 个乡镇 300 多户。如今，曹东哲在全国发展了 1400 余名经纪人合作伙伴，2 万多名会员，与 2000 多农民大户建立了稳定的信息交流联系。还可以通过网站的 5 个外语版本直接把玉米、大豆、洋葱等数十种农产品销售到韩国、俄罗斯、日本、朝鲜等国。

像曹东哲这样的农产品经纪人所发挥的重要作用也得到了中央的充分肯定。近年来，党和国家在有关“三农”工作的文件中，均提出要重视发挥农产品经纪人的积极作用，搞活农产品流通、繁荣城乡市场和促进农民增收、带动农民转移就业服务。中国农产品流通经纪人协会的调查表明，从 2003 年劳动和社会保障部正式将农产品经纪人列为正式职业算起，不到 5 年时间，全国已拥有农产品经纪人 600 多万人，加上季节性的从业者更是达到 1000 多万人，加入各级协会的骨干农产品经纪人达到了 40 多万人。全国 80% 以上的主要农产品是经由农产品经纪人交易完成的。农村经纪人已经成为农产品流通领域十分重要的一环。

农村经纪人服务模式示意图

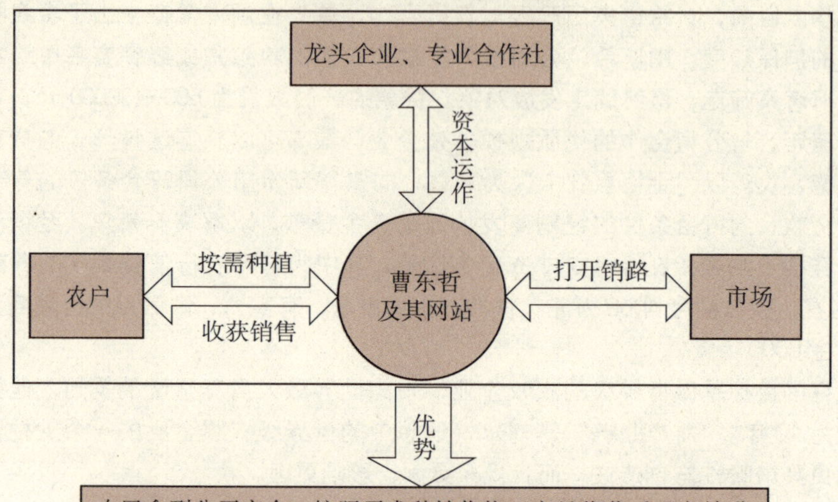

徐文荣：缔造横店式传奇

徐文荣，浙江东阳人，横店集团董事长、总裁。2008 年“十大农民创造风云人物”获得者之一，获奖原因：他是横店集团的创始人，他所创造的社团经济，被经济理论界概括为“横店式公有制”“市场型共有制”，是中国农民实现小康之路的楷模。徐文荣是八届全国人大代表，并先后被评为全国优秀乡镇企业家、全国改革风云人物、中国农村新闻人物、全国农业劳动模范等。

位于浙中东阳市横店镇的横店集团是全国第一家由国务院经贸委直接审批的大型综合性乡镇企业集团，其核心企业总资产居全国乡镇企业之首，为全国三家特大型乡镇企业之一，并进入“中国工业企业 500 强”之列。横店集团探索出了一条经济社会两个文明协调发展之路，先后被有关部委确定为“国家社会发展综合实验区”等 6 个国家级试验区。

横店影视城开发和拓展以江浙沪为中心，辐射到周边各省、市的大中城市游客市场的同时，自始至终都十分重视开发和拓展农村旅游市场，实施了农村战略，到田间地头去挖掘潜力，让广大富裕起来的农民走进横店影视城，体验与一般游山玩水不一样的影视旅游的神奇魅力。为了开拓农村旅游市场，徐文荣创造性地提出举办“中国农民旅游节”。1999 年以来，在国家旅游局和省、市政府的支持下，已连续举办了七届“中国农民旅游节”。这一举措，被国家旅游局高度评价为开拓农村旅游市场的创举。

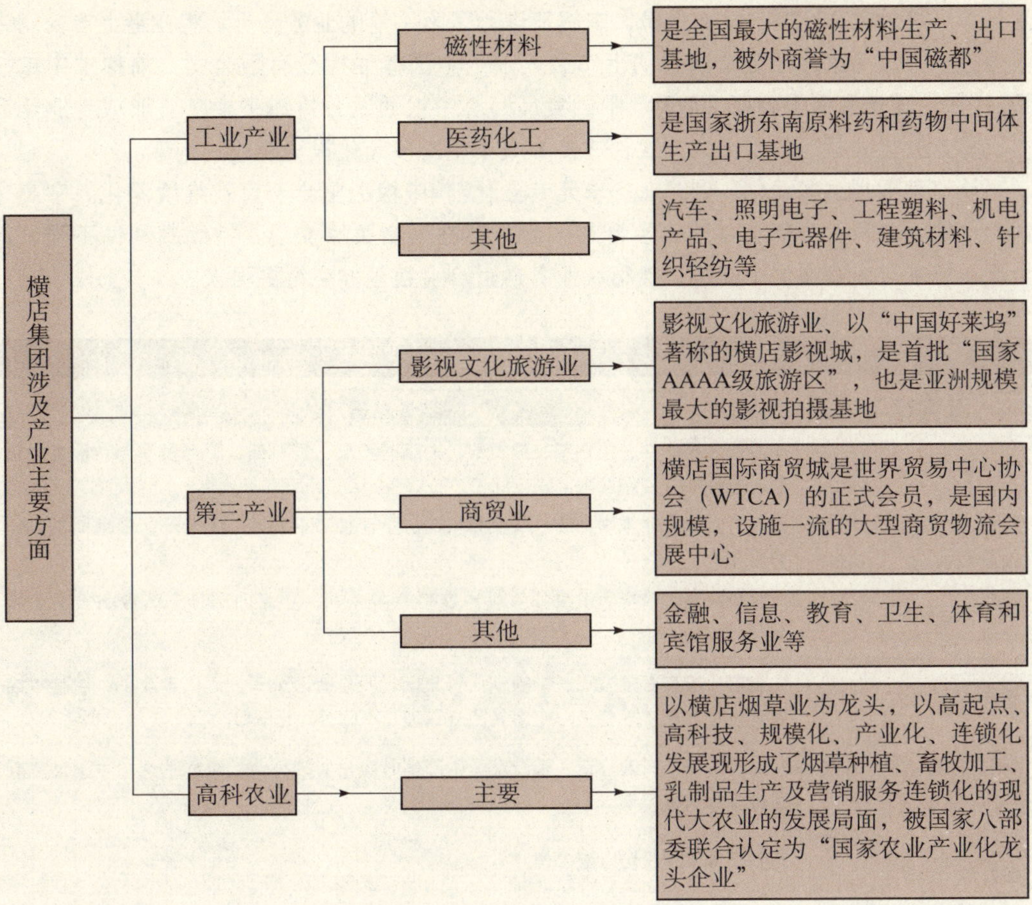

- 横店集团涉及产业主要方面
  - 工业产业
    - 磁性材料 → 是全国最大的磁性材料生产、出口基地，被外商誉为“中国磁都”
    - 医药化工 → 是国家浙东南原料药和药物中间体生产出口基地
    - 其他 → 汽车、照明电子、工程塑料、机电产品、电子元器件、建筑材料、针织轻纺等
  - 第三产业
    - 影视文化旅游业 → 影视文化旅游业、以“中国好莱坞”著称的横店影视城，是首批“国家AAAA级旅游区”，也是亚洲规模最大的影视拍摄基地
    - 商贸业 → 横店国际商贸城是世界贸易中心协会（WTCA）的正式会员，是国内规模，设施一流的大型商贸物流会展中心
    - 其他 → 金融、信息、教育、卫生、体育和宾馆服务业等
  - 高科农业
    - 主要 → 以横店烟草业为龙头，以高起点、高科技、规模化、产业化、连锁化发展现形成了烟草种植、畜牧加工、乳制品生产及营销服务连锁化的现代大农业的发展局面，被国家八部委联合认定为“国家农业产业化龙头企业”

宁高宁的全产业链新思维

2004年年底，宁高宁自华润集团空降中粮，也是从那时起，中粮开始了一段长时间的战略反思、转型之路。宁高宁给中粮开出的药方是：从国有大型企业变成一间真正意义上的国际一流公司，中粮必须实现惊险的一跃——重塑以外贸为主导的商业模式。中粮必须贴近消费者——构建以客户、市场为导向的管控体系。

在宁高宁到来的大半年时间，中粮内部得出反思结论：集团有限相关多元化，业务单元专业化。2006年、2007年，中粮按照“业务单元专业化”的要求，先后对旗下的数十个业务单元进行缩编调整，确定为9大板块。

在中粮业务重组的过程中，人称“中国摩根”的宁高宁延续以资本市场整合传统产业的手法，落实“业务单元专业化”。在2005年到2006年短短两年时间里，中粮在资本市场上频频出手：全面重组新疆屯河、收购华润生物能源业务、控股深圳市宝恒（集团）股份有限公司（中粮地产业务的前身）、合并中谷粮油集团公司（简称中谷）、控股丰原

生化等。之后的2007年3、4月份，中粮又进行了大手笔的业务分拆，将在港上市公司中粮国际分拆成两家战略定位清晰的上市公司——中国粮油控股有限公司（简称“中粮控股”）和中国食品有限公司（简称“中国食品”）。中粮通过分拆旗下业务、形成专业化公司、将专业化公司运作上市的方式，逐步形成了相对多元化投资控股的构架。

从“有限相关多元化”到“业务单元专业化”，中粮的整合一直在继续深化。宁高宁认为，集团公司业务仍没有整体融合在一起，存在大量关联交易，持续赢利性不强，而全产业链就可以解决这个问题，使每块业务通过产业链延伸变得更强大。

中粮整体构架图

公司部门	具体成员
中粮粮油有限公司	小麦部、玉米部、粮谷部、粮贸部、油脂油料部、饲料部、综合贸易部、粮食物流部、中谷期货经纪有限公司
中国粮油控股有限公司	油脂部、生化能源事业部、啤酒原料部、小麦加工事业部、大米部、中粮期货经纪有限公司
中国食品有限公司	中粮酒业有限公司、中粮可口可乐饮料有限公司、巧克力部、中粮食品营销有限公司
地产酒店	中粮置业投资有限公司、中粮地产（集团）股份有限公司、酒店事业部、中粮（海南）投资发展有限公司、中粮集团（深圳）有限公司、BNU公司
中国土畜产出口总公司	利海国际船务有限公司、木材部、中国茶叶股份有限公司、雪莲羊绒、中土畜三利香精香料有限公司
中粮新疆屯河股份有限公司	中粮新疆屯河股份有限公司
中粮包装	包装实业部
中粮肉食有限公司	中粮发展有限公司肉食部
中粮发展	资产管理部
金融事业部	金融事业部

全产业链构思的提出

2009年两会期间，宁高宁在全国政协经济、农业界别联组会上专门做了《打造全产业链食品企业，保障国家粮食与食品安全》的发言，表达了全产业链食品战略设想。几个月前，在北京门头沟忠良书院一间名为“中粮地”的会议室内，宁高宁和中粮高层分享了打造食品全产业链的计划，尽管也有不同意见，可此计划的被接受程度还是超过了预期。业内人士提醒说，目前我国粮油食品市场已被外资占据了大半江山，外资企业正在通过对下游产业的控制力影响上游的定价权，这成为行业最大的危险。而这或许正是中粮打造“全产业链食品企业”的初衷。

食品全产业链并非无限扩张，而是将“有限相关多元化、业务单元专业化”作为核心战略。宁高宁希望这种全产业链条的优势能在明年体现出来。对中粮而言，打造全产业链条并不需要“万丈高楼平地起”，只是捋顺部分既有产业链条。例如打造肉食全产业链条，就可以利用其国内最大饲料生产企业的优势，而饲料的生产又能找到粮食优势的支持。宁高宁认为，打造全产业链最大困难是协同。这种既包括纵向协同，比如上下游之间的衔接，也包括各业务单元之间的协同。

以猪肉及制品为例。打造规模化、标准化、集约化的猪肉全产业链是中粮“全产业链的粮油食品企业”的重要组成部分。从2002年开始，中粮集团在湖北武汉投资建设了一条完整的猪肉产业链，包括饲料、种猪繁育、商品猪养殖、屠宰、加工和配送等环节。从饲料原料到肉制品，中粮建立了全程品质控制的质量保证体系，最终向消费者提供优质安全的猪肉食品。

中粮全产业链图解

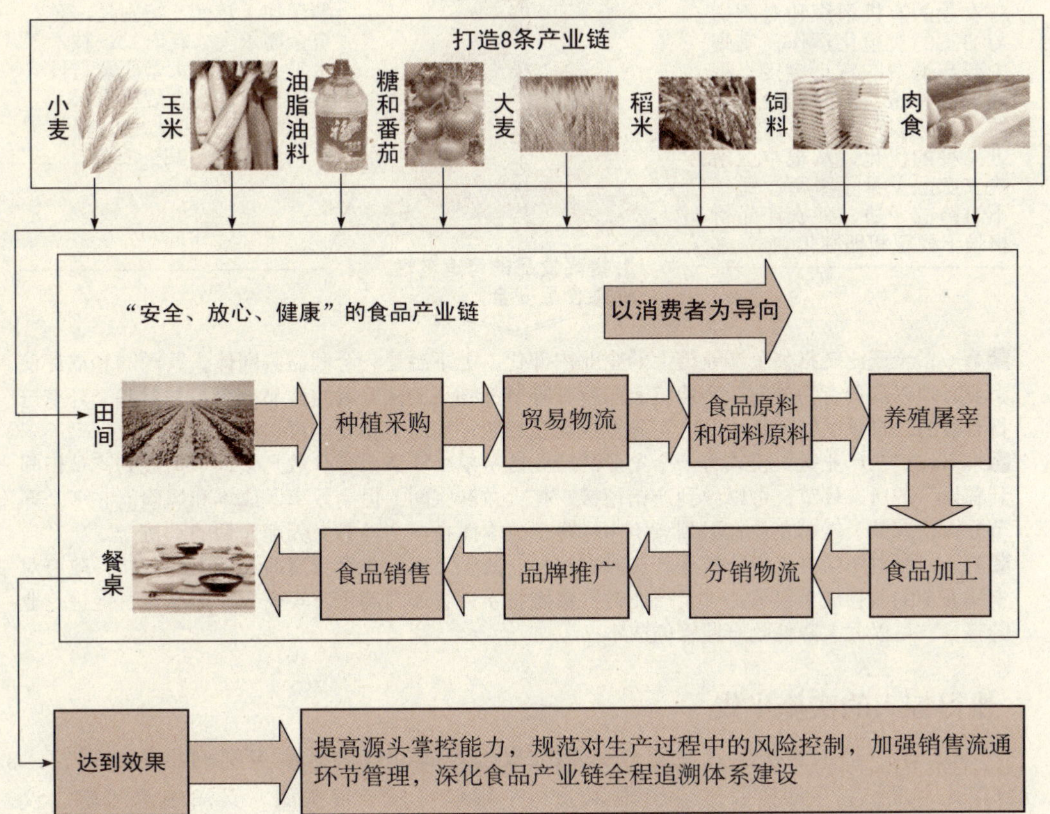

从西方发达国家100多年来的经验看，打通农业、食品产业链也是农业产业最终实现工业化、现代化的方向。从商业模式的内在逻辑看，“全产业链”模式是一个可持续发展的模式，具有很强的竞争力。“全产业链”的下游在销售、信息方面为上游提供支持，上游在供应的成本、效率、品质方面为下游提供保障。同时，相关产业链的采购、物流、销售等环节相互协同发挥协同优势。“全产业链”的大型企业集团凭借这种纵向打通、横向协同的整体优势，可以控制“从田间到餐桌”的各产业链的关键环节和终端出口，统领农业、食品产业链上的其他环节或其他企业，从而形成对多条产业链的全程控制；进而，通过收购兼并推动行业整合，优胜劣汰，进一步强化控制力，提高整个行业的效率和资源利用率。具体来讲，“全产业链”模式主要具备三大优势。

全产业链模式的三大优势

『全产业链』模式的三大优势

1. 刺激生产，促进农民增收，促使价格趋于稳定和理性化

“全产业链”的大型企业集团，将处于最末端的消费者的需求，通过市场机制和企业计划反馈到处于最前端的种植与养殖环节，进而通过对农业的有机组织和对流通与加工的规模化运作，实现生产与消费的真正链接，提高农民种植与养殖的经济效益，促进农产品的生产，促进品种的优化，从根本上解决农产品总量不平衡、适销不对路的矛盾，使农产品价格趋于稳定和理性化

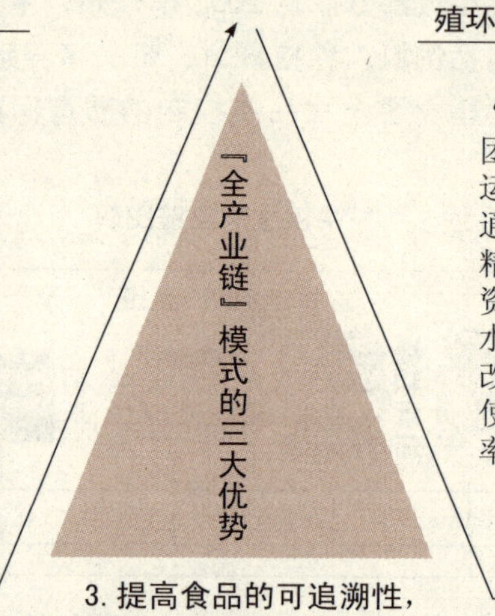

2. 有利于农产品流通、加工及养殖环节的效率和效益

“全产业链”的大型企业集团，通过规模化的收购、储运，规模化的养殖、加工；通过推动农产品由粗加工向精深加工转变，特别是，对资金需求大、耗时长、技术水平要求高的大型研发与技改项目，进行大规模投入，使得农产品的使用更有效率，更科学，减少浪费

3. 提高食品的可追溯性，保障食品安全

■第一，全产业链将整个产业链上的企业内部化，上下游是一个利益共同体。共同的利益促使企业必须以消费者为导向，产业链上的所有环节都必须关注终端的食品安全，并对各个环节进行有效的、自觉的管理和协调，实施全程品质控制，实现食品安全可追溯性

■第二，“全产业链”模式将一个企业的产业链从单个环节或者少数几个环节扩展到“从田间到餐桌”的所有环节，可以做到产销衔接，扩大盈利空间、提高效率，成本和风险能在多个环节分摊，有助于缓解企业在激烈竞争中为降低成本而在一个环节上弄虚作假的动机

■第三，面对两亿多农户分散生产初级农产品、数十万家企业参与流通与加工的现状，政府对食品安全的监管成本很高；“全产业链”集团将质量管理内部化、规模化、标准化，促进行业的整合，可以大大降低政府监管的成本

快得惊人的实施步伐

宁高宁的“打造食品全产业链的计划”提出之后，中粮抓紧实施的步伐快得惊人。2009年4月7日，中粮控股的全资附属公司中粮佳悦与中粮集团、天津临港签署协议，在天津设立中粮自己的物流公司——临港佳悦，进一步切入港口物流产业链。4月28日，中粮总投资40亿元的天津粮油综合基地奠基，使中粮集团在天津地区的油脂油料加工能力大为增强。5月6日，中粮米业与来自东北、江西产粮大省的种粮大户代表签订了2009年大米订单种植合同，从源头上涉足大米种植领域。6月26日，中粮集团宣布，未来5年内将投资20亿元，全面介入新疆果品收购、加工和销售，用来支持尚未全面上市的“悦活”果汁，至此，中粮进军此前未涉足的高浓度果汁市场。7月6日，中粮又联合厚

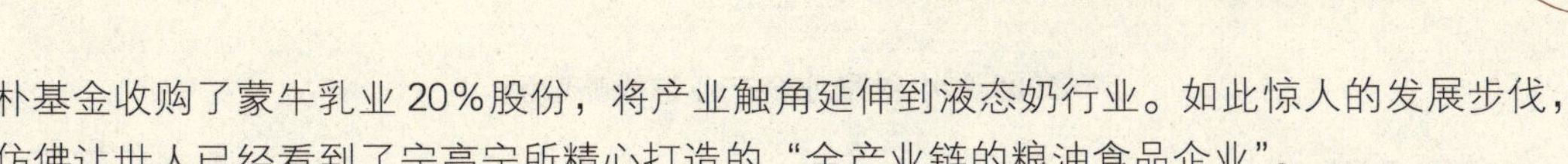

朴基金收购了蒙牛乳业20%股份，将产业触角延伸到液态奶行业。如此惊人的发展步伐，仿佛让世人已经看到了宁高宁所精心打造的“全产业链的粮油食品企业”。

油脂油料产业链发展版图

油脂油料

新成立的合营企业天津临港佳悦粮油码头有限公司，主要为中粮佳悦提供物流及港口服务，有助维持稳定生产并提升客户服务能力。中粮在天津自建港口可控制油脂原料大豆进口的时间、数量，企业自主权更大

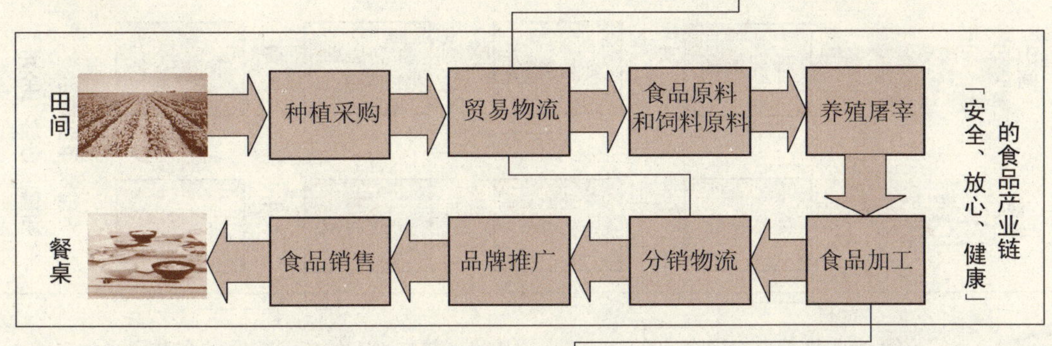

天津粮油基地投产后，将使中粮集团的油脂油料加工能力超过1500万吨。据中粮方面介绍，整个粮油综合基地计划总投资40亿元，项目投产后，中粮集团在天津地区的油脂油料加工能力将达到600万吨，主要辐射中粮在华北、西北地区的粮油市场。同时，该基地每年还可以为华北及周边市场供应230万吨的植物蛋白、90万吨的食用油等。目前，中粮集团油脂业务共有12家工厂，主要分布于江苏、山东、广东等地区，油脂油料加工能力超过800万吨

在中粮全产业链的运作过程中，最引人注目的就是与蒙牛的合作。2009年7月6日，蒙牛在港交所宣布停牌，并表示会发布公告以解释具体原因。当天晚上，蒙牛发布公告披露：中国最大的粮油食品企业中粮集团有限公司宣布联手厚朴基金成立一家新公司，以港币每股17.6元的价格投资61.1776亿港元分别向蒙牛认购新股，以及向老股东购买现有股份，新公司在分别完成相关收购后将持有蒙牛共计约3.476亿股股份，占扩大后股本的20%，成为“中国蒙牛”第一大股东。且股权转让协议均已在2009年7月5日签订。而在这家新公司中，中粮集团持股70%，厚朴投资占30%。这是迄今为止中国食品行业最大的一笔交易。在此笔交易中，中粮集团是长期持股的战略投资者，在蒙牛未来的董事会11名董事中占3个名额，均为非执行董事。中粮集团不参与蒙牛的具体经营管理，不改变现有的经营团队的连续性和稳定性，也不改变目前的战略方向。交易完成后，宁高宁有可能担任蒙牛副董事长，牛根生任董事长，杨文俊仍担任总裁。

中粮和厚朴投资入股，将形成多种所有制模式，即“国有资本+民营资本+战略合作”的新型合作模式。这也是该概念在中国市场真正意义上的首次实践，通过有效的多方联合，使现有股权结构的机制更加灵活，有利于建立健全企业的法人治理结构。根据“禁售承诺”条款，中粮和厚朴投资认购的股份，在认购完成后有3年的禁售期，期内不

2009年中粮米业全产业链战略版图

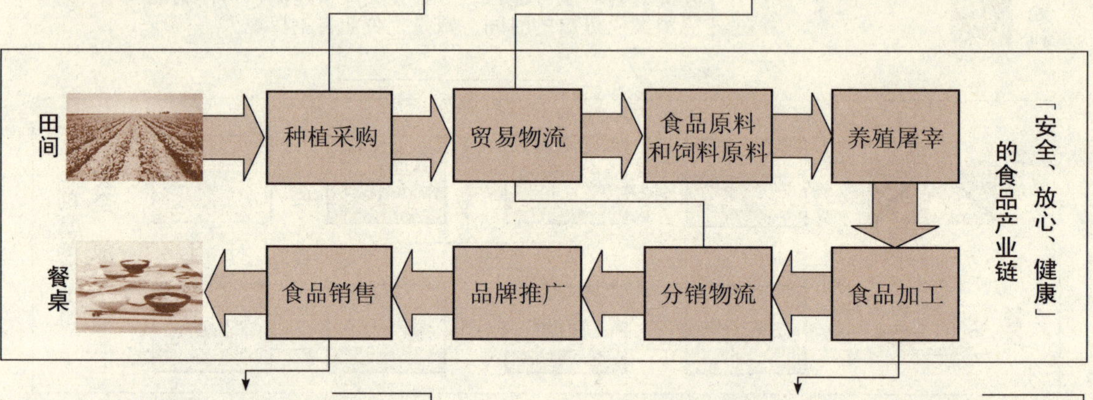

得抵押、出售认购股份。期满后，在未经蒙牛事先书面同意下，也不得向任何在中国乳业与蒙牛或其附属公司有竞争的公司出售、转让或以其他方式处置禁售股份。

中粮集团董事长宁高宁表示，"全产业链"是一个宏大的目标，目的是将整个人类和自然交换的食品全连接起来，并通过这个链条实现中国粮食食品的融合共赢。中粮集团致力于成为全产业链粮油食品企业，乳业是食品行业的重要组成部分，蒙牛给中粮集团提供了一个非常好的投资机会，入股蒙牛是中粮集团在产业发展上自然的延伸，是"中粮集团高起点进入乳制品行业的良好契机，有助于中粮集团发挥全产业链优势，做大中国食品品牌，实现价值链前移带来更大成长空间。"宁高宁也给出了自己的承诺，"中粮以后在乳业上的发展，会紧紧也是'仅仅'依靠蒙牛，中粮没有更多的乳业的战略。"中粮内部人士则透露，发展乳业，是中粮这几年一直就有的想法。早在2003年的时候就已经实质性地关注乳制品行业，与外资成立了研究基金，专门研究哪些企业可以作为收购对象。

迎来新"东家"的蒙牛乳业7月7日复牌股价大涨，以20.50港元/股高开，较停牌前收盘价涨7.33%，这显示市场对中粮集团联合厚朴基金投资入股，持欢迎态度。业内人士表示，不论是在资本层面还是产业层面，这次合作都是一场双赢。

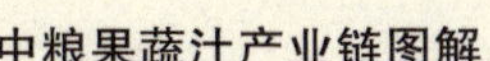

中粮果蔬汁产业链图解

■悦活番茄汁的原料来自中粮新疆乌苏自有农场。从种子开始，包括土壤的条件、种植过程、收割、加工都有一套严格的规范流程，用自种的形式保证食品安全

■在原料控制方面，悦活果蔬汁有全程可追溯渠道，使消费者消费时觉得非常安全。悦活果蔬汁不添加防腐剂，不添加蔗糖或人工色素

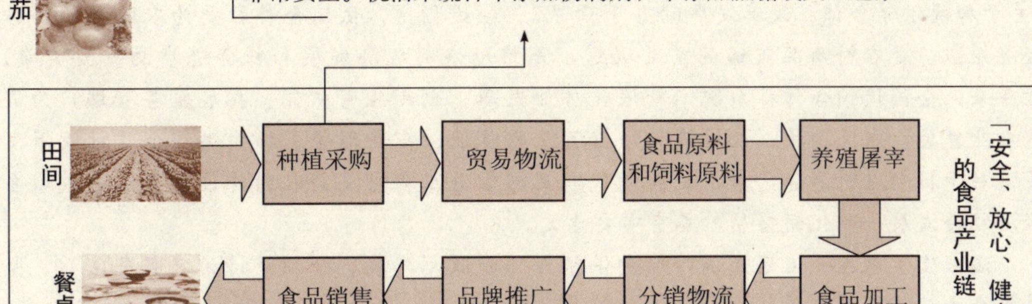

■尽快在大连、青岛、江苏、浙江等全国范围内的一线市场大面积铺货悦活果汁。

■除了普通商超外，悦活果汁还借助中粮旗下长城葡萄酒在餐饮、酒店类渠道的经销商和资源进行布局

入股蒙牛双赢图解

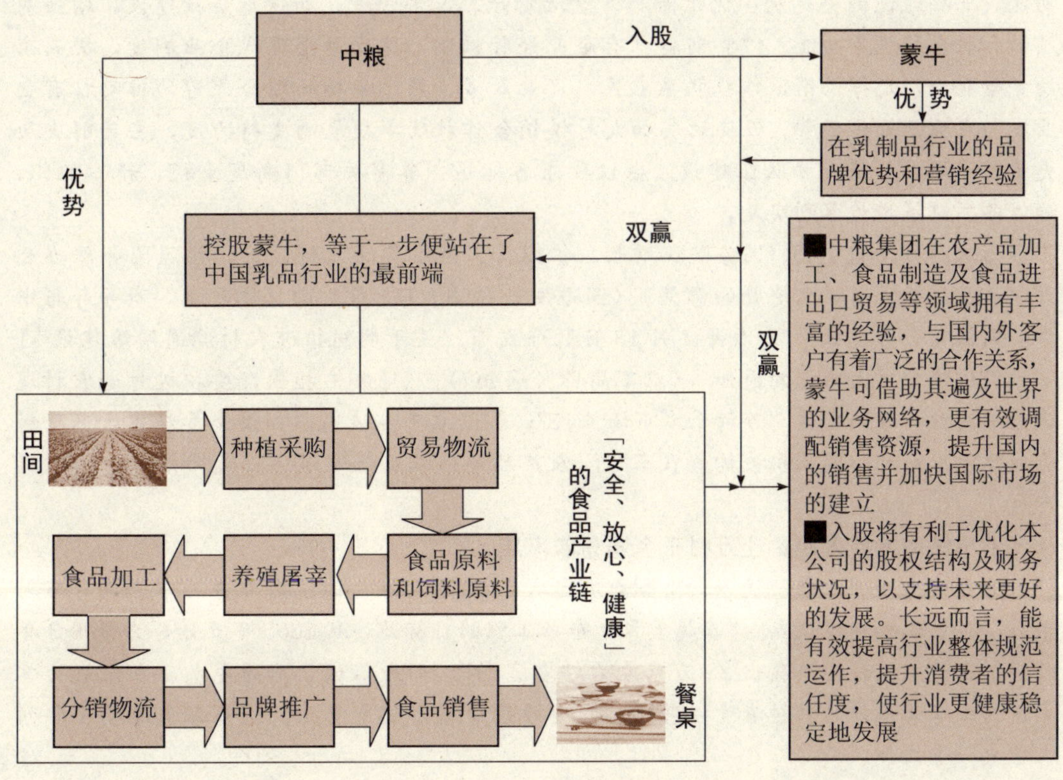

相关阅读

积极构筑农村现代流通网络

2009年11月4日，国务院总理温家宝主持召开国务院常务会议，讨论并原则通过《关于加快供销合作社改革发展的若干意见》。会议指出，供销合作社是为农服务的合作经济组织，是农村商品流通的重要渠道，是推动农村经济发展和社会进步的重要力量。近年来，全国供销合作社系统不断深化体制改革、创新经营机制、拓展服务领域，为促进农业发展、农民增收、农村繁荣作出了重要贡献。在新形势下加快供销合作社改革发展，对于拉动农村消费需求，发展现代农业，推进社会主义新农村建设，促进形成城乡经济社会发展一体化新格局，具有重要意义。

温家宝总理在会上还强调，加快供销合作社改革发展，必须坚持为农服务宗旨，坚持社会主义市场经济改革方向，坚持合作制基本原则，大力推进经营、组织和服务创新，构建运转高效、功能完备、城乡并举、工贸并重的农村现代经营服务新体系，使供销合作社成为农业社会化服务的骨干力量、农村现代流通的主导力量、农民专业合作的带动力量。为此，一要加快发展农业生产资料、农村日用消费品和农副产品现代经营服务和购销网络，营造便利实惠、安全放心的消费环境，扩大和活跃农村市场。二要通过加强专业合作服务、行业协会服务和农村综合服务，不断密切与农民的联系，强化为农服务功能。三要通过调整建制、优化布局、盘活资产、民主管理，加强基层社建设，增强基层社和联合社服务功能。四要创新社有企业经营机制，建立健全现代企业制度，提高市场竞争能力，发挥供销合作社联系农民、产业众多、熟悉市场的综合优势，推动社有企业参与农业产业化经营。五要切实加大对供销合作社改革发展的支持力度，妥善解决历史遗留问题，加强人才队伍建设。会议要求各地区、各有关部门高度重视，精心组织，确保各项政策措施落到实处。

为认真贯彻党中央、国务院保增长、扩内需、调结构的方针政策，按照国务院办公厅《关于搞活流通扩大消费的意见》（国办发［2008］134号）的总体要求，商务部与中华全国供销合作总社于2009年4月13日联合发布《关于共同推进农村流通网络建设 进一步促进消费扩大内需的通知》（以下简称《通知》）。《通知》指出，要积极打造农村现代流通网络，深入实施“万村千乡市场工程”，搞活农产品流通，加快完善农业生产资料流通体系。由此，国家积极构筑农家店、农产品流通以及农资流通三大网络的努力依稀可见。

缩小城乡消费差距：让万村千乡遍布农家店

为更好地为“三农”服务，商务部决定从2005年起在全国选择部分县市开展“万村千乡”市场工程建设试点。“万村千乡”市场工程的目标是：从2005年开始，力争用3年时间，在试点区域内培育出25万家左右“农家店”，形成以城区店为龙头、乡镇店为骨干、村级店为基础的农村消费经营网络，逐步缩小城乡消费差距。这项工程连续4年列入中央一号文件。

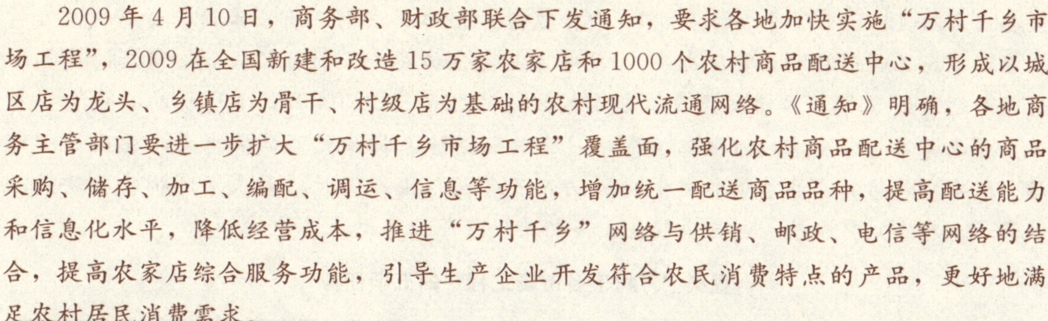

2009年4月10日，商务部、财政部联合下发通知，要求各地加快实施“万村千乡市场工程”，2009在全国新建和改造15万家农家店和1000个农村商品配送中心，形成以城区店为龙头、乡镇店为骨干、村级店为基础的农村现代流通网络。《通知》明确，各地商务主管部门要进一步扩大“万村千乡市场工程”覆盖面，强化农村商品配送中心的商品采购、储存、加工、编配、调运、信息等功能，增加统一配送商品品种，提高配送能力和信息化水平，降低经营成本，推进“万村千乡”网络与供销、邮政、电信等网络的结合，提高农家店综合服务功能，引导生产企业开发符合农民消费特点的产品，更好地满足农村居民消费需求。

各省农家店建设情况

省份	建设情况
陕西省：2008年农家店覆盖86.3%的乡镇，48.1%的行政村	2008年，陕西省新建合格农家店5616个，累计建成标准化农家店共18033个，建成配送中心63个。“万村千乡市场工程”的实施区域覆盖全省农业人口的96%。标准化农家店覆盖86.3%的乡镇，覆盖48.1%的行政村。承办企业全年吸纳农村富余人员就业10780人；2008年新增利税2241.2万元，增长19.5%；农村连锁企业实现销售额31.65亿元。目前，陕西省的村级农家店单品数量达到600种以上，部分村级店超过了800种，乡镇级农家店的单品数量超过1000种
青海省：2008年农家店覆盖75%的乡镇和50%的行政村	青海省2008年新增农家店1000多个，累计建设和改造连锁农家店已超过4000个，覆盖全省75%的乡镇和50%的行政村。计划2009年、2010年两年再建设改造3000家农家店和20个区域性配送中心，争取到“十一五”末全省连锁农家店达到6000家，配送中心达到40个
山东省：目前农家店已覆盖100%乡镇和50%的行政村	山东省今后3年再新建改造提升3万家农家店和300个区域商品配送中心。截至目前，山东省已累计建成标准化农家店4.3万个，覆盖全省所有乡镇和50%的行政村
河北省：2009年农家店覆盖85%的乡镇和65%的行政村	截至2008年年底，河北省共新建和改造农家店30000个，其中标准化农家店20780个，覆盖全省96.4%的县（市、区）、83.6%的乡镇和60.2%的行政村。河北省2009年计划新建和改造配送中心170个，新建和改建标准化农家店5000个，使“万村千乡”农家店覆盖全省85%的乡镇和65%的行政村
辽宁省：2009年年底农家店覆盖98%的乡镇和80%的行政村	辽宁省2009年计划新建、改造乡村级农家店2000家，到2009年年底，全省合格农家店达到1.6万余家，覆盖全省98%的乡镇和80%的行政村。农家店销售额达到60亿元，同比增长17%
甘肃省：今后两年农家店覆盖70%的乡镇，50%的行政村	2009年、2010年再新建和改造农家店4000～7000个，使“万村千乡市场工程”县区、乡镇、行政村覆盖率分别达到90%、70%和50%以上

重庆市于2008年10月制定下发《“万村千乡市场工程”推进实施方案》，提出在前3年建设的基础上，加大推进力度，再用两年时间使“万村千乡市场工程”覆盖全市所有

区县（自治县）的897个乡镇和9065个行政村。2009年2月，重庆市商委公布《“万村千乡”市场工程项目验收实施办法》，按照实施办法的要求，村社便民放心商店的商品配送率必须达到50%，乡镇便民放心超市的配送率需要达到100%，不达标的将被责令整改，整改仍不符合要求的将被取消资格。除对配送体系提出更高的要求外，便民放心商店（超市）销售的商品总量和质量均被纳入了考核范围；同时，重庆市还将鼓励便民放心商店（超市）将邮政、电话卡销售、车船票代售等业务纳入其中。

重庆“万村千乡市场工程”的五项任务

重庆“万村千乡市场工程”的五项任务

培育一批农村流通龙头企业

采取引进市内大中型商业连锁经营企业和培育本土零售企业相结合的方式，由各区县（自治县）自行选择确定龙头企业作为“万村千乡市场工程”的实施主体，以“万村千乡市场工程”为契机，逐步形成农村流通的骨干组织载体

培育一批农村市场经营管理者

以龙头企业为依托，通过培训、宣传引导，吸纳农民进入农村流通领域。鼓励农民在自愿基础上，发展各类农产品流通合作经济组织、协会。大力发展农村运销大户和农村经纪人。支持农民合作经济组织开展信息、技术、培训、质量标准与认证、市场营销等服务。鼓励开展农业标准化示范区、示范区基地建设的农业生产大户、运销大户注册为企业法人，从事农产品运销

建设改造区县自治县配送中心

发挥区县（自治县）级配送中心作为工业品下乡进村和农副产品出村进城的“枢纽站”作用。依托龙头企业，主要从日用品、农资供应两大功能上完善，既可自成体系，也可批零兼营，建仓储式配送中心。在此基础上，逐步建立农产品采购配送中心和再生资源分拣中心

建设改造乡镇连锁经营超市

根据乡镇连锁经营超市具有满足乡镇场镇人口及附近村社居民零售消费需求和向村社店进行商品配送双重功能的要求，因地制宜，适度超前，形成特色和比较优势。把实施“万村千乡市场工程”作为推动农村商业实施建设改造和上档升级的重要契机，加强乡镇大型商业设施规划和建设

建设改造村级商贸综合服务点

结合村级社会公共服务中心建设和农村商贸历史习惯，围绕农民日常生产、生活所需，整合商务、供销、粮食、盐业、烟草、医药、邮政、电信、农业等多部门、多行业资源，在每一个行政村集中打造一个集农村日用品销售、农业生产资料供应、农副产品收购、再生资源回收、农技推广、商务信息服务、邮政通信、农民生活服务、农村中介等多功能于一体的村级商贸综合服务点，到2009年全市所有行政村全部建成

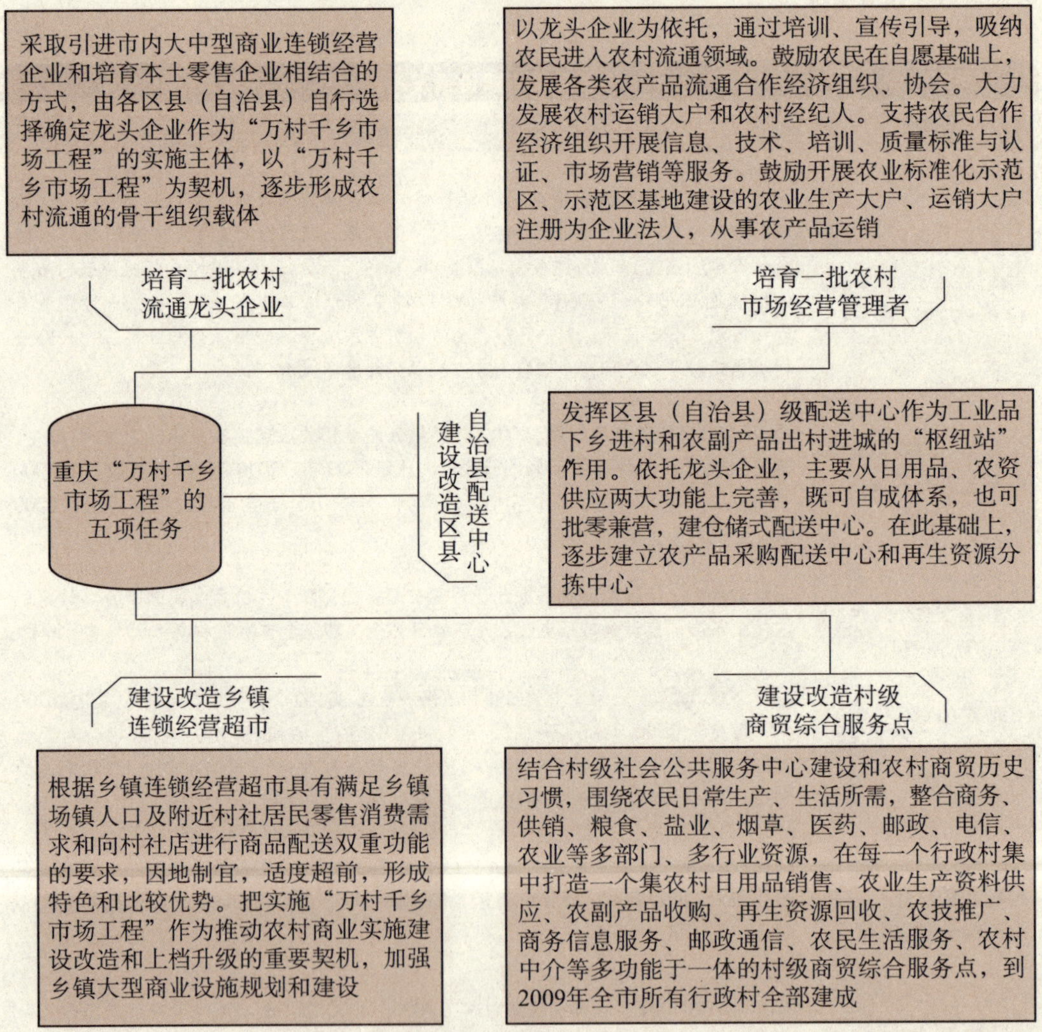

值得一提的是，山东省政府目前已出台《关于搞活流通扩大消费促进经济发展的意见》。《意见》将农村市场的开拓放在了首要位置，明确提出将继续推进建设“万村千乡市场工程”、农产品流通体系和农业生产资料流通体系，从日用品消费、农产品消费和农业生产资料消费三方面，构筑农村现代商品流通网络。

山东构筑农村现代商品流通网络三举措

一 推进『万村千乡』市场工程

- 进一步扩大“万村千乡”市场工程农家店覆盖面，按照规范、发展、提高的基本思路，今后3年再新建改造提升3万家农家店和300个区域商品配送中心
- 加强农村配送网络建设，提高统一采购、配送比重，推动流通骨干企业通过直营、加盟、自由连锁等形式，发展连锁农家店
- 继续推进“万村千乡”网络与供销、邮政、电信等网络的结合，提高农家店的综合服务功能，实现“一网多用”
- 推动供销及商贸流通企业联合生产企业，开发适合农村消费特点的产品，增加简包装、低成本、质量好的商品供给
- 加强农家店的监管，尽快建立起农家店的长效运营机制

二 建立完善的农产品流通体系

- 继续实施“双百”市场工程和农产品批发市场升级改造工程，加强冷藏保鲜、质量追溯、安全监控、检验检测、物流配送等设施建设
- 积极推动“农超对接”，支持大型连锁超市、农产品流通企业与农民专业合作组织联合，建立农产品直接采购基地
- 积极推进农产品冷链物流试点，建设鲜活农产品从生产基地到超市的冷链系统、物流配送系统和快速检测系统，保证产品质量和安全
- 健全农产品市场信息服务体系，强化信息引导和产销衔接。完善鲜活农产品运输绿色通道政策，降低农产品流通成本
- 2011年前，重点抓好50个大型农产品批发市场的标准化改造，扶持发展30个农产品冷链物流项目

三 健全农业生产资料流通体系

- 推进农业生产资料连锁经营，鼓励农资经营企业加强联合与合作，抓好大型农业生产资料流通企业的培育，加强农业生产资料现代物流设施建设，保障市场供应
- 加强农业生产资料市场调控和监管，促进市场竞争，降低流通成本
- 鼓励农民利用合作组织等形式直接采购农资商品
- 引导和支持流通企业拓展服务功能，为农民提供技术、农机具租赁、测土配方施肥、科学合理用药等多样化服务

农超对接：解决农产品“卖难”

农产品流通是整个农业产业链中最关键的一环，也是现代农村流通网络的重要组成部分。尤其在当前扩内需和建设社会主义新农村双重背景下，搞活农产品流通已成当务之急。此次《通知》明确指出，各地商务主管部门要积极推进“双百市场工程”和“农超对接”，充分发挥供销合作社系统农产品批发市场、流通企业和专业合作社的优势，对符合条件的供销合作社跨区域的重点批发市场，纳入“双百市场工程”改造和建设总体规划，有重点、有步骤地给予支持；对供销合作社在中心城市、重点产区培育的骨干批发市场和专业市场，采取多种形式积极支持；鼓励和引导符合条件的供销合作社系统连锁超市和农产品流通企业与农村专业合作社开展“农超对接”。

全国配送中心、乡级店、村级店建设情况

全国配送中心建设情况					
地区	2009年新增	2008年新增	2007年新增	2006年新增	累计（2005年至今）
全国	0	38	251	227	593
西部	0	34	76	67	185
中部	0	2	125	79	261
东部	0	2	50	81	147
全国乡级店建设情况					
地区	2009年新增	2008年新增	2007年新增	2006年新增	累计（2005年至今）
全国	18	1330	8605	13305	30917
西部	6	1006	2943	4270	10482
中部	12	265	3554	5807	12324
东部	0	59	2108	3228	8111
全国村级店建设情况					
地区	2009年新增	2008年新增	2007年新增	2006年新增	累计（2005年至今）
全国	642	14983	84562	96564	246483
西部	59	8176	21043	20972	58266
中部	583	5086	33359	35549	91233
东部	0	1721	30160	40043	96984

天津市近年来加快推进大型农产品批发市场建设改造，使该市农产品批发市场硬件档次明显提高，配套服务功能设施逐步完善，成交规模不断扩大。一个布局合理、设施先进、功能完善、交易规范的农产品批发市场体系正在逐步形成。在列入《天津市市委、

市政府促经济发展30条措施》重点项目和《2009年天津市商务工作要点》的五大农产品批发市场建设项目中，红旗农贸批发市场、水产集团冷藏加工物流基地、宝坻农产品批发市场3个项目建设业已全面展开，环渤海绿色农产品交易物流中心、韩家墅农产品批发市场二期2个项目也已进入修建性规划编制阶段，预计2009年上半年将全部开工建设。上述项目规划建筑总面积达150万平方米，计划总投资超过43亿元。

天津市大型农产品批发市场建设情况

批发市场	工程进展	位置/面积	设施/功能
红旗农贸批发市场	迁扩建项目已完成14栋商铺楼主体施工，正开始进行单体建筑面积1.6万平方米4个交易大棚基础施工，于2009年4月底全部竣工，2009年5月1日前实现市场迁址开业	该项目坐落于西青区外环线西、津沪高速路东侧，规划占地32万平方米、建筑面积27万平方米、计划总投资5.79亿元	主要建设蔬菜、果品、水产品、肉蛋交易厅和加工配送中心、保鲜库、废弃物及污水处理中心等设施，同时配套建设电子结算、检验检测、安全监控、信息发布等系统
水产集团冷藏加工物流基地	2009年完成1.5万平方米水产品中转厅和8万吨冷库等设施建设，完成投资4.5亿元	该项目位于东丽区大毕庄镇津蓟高速东侧，占地223亩、建筑面积22万平方米、计划总投资10亿元	该项目划分为仓储、水产品加工、水产品展示交易等六个功能区，其中冷库库容达到20万吨。项目全部建成投入使用后，预计年可加工各类水产品5万吨，年交易量100万吨，年成交规模达到300亿元
宝坻区农产品批发市场	目前该项目已完成土地平整，将于2009年年内全部竣工投入使用	该项目占地600亩，规划建筑总面积11.4万平方米	分为蔬菜、水果、水产、副食、农机具和仓储六大功能区，计划投资超过1.5亿元
环渤海绿色农产品交易物流中心韩家墅农产品批发市场二期	目前已进入修建性规划编制阶段	—	将批发市场建设成为展示订货中心、批发采购中心、信息服务中心、物流配送中心

为了减少流通环节，降低农产品流通成本，解决鲜活农产品销售难等问题，2008年年底，商务部、农业部联合下发了《关于开展农超对接试点工作的通知》，对“农超对接”的试点工作进行部署。确定沃尔玛、家乐福、麦德龙、家家悦等9家超市作为第一批“农超对接”试点企业。按照部署，到2012年，试点企业鲜活农产品产地直接采购比例达到50%以上。

"农超对接"模式

"农超对接"后
传统的供应链采购模式
消费者获得10%的让利
消费者
消费者没有获得让利
农户或农企获20%~25%的利润
商家获10%~20%的利润
农户
或
农业企业
直供农产品
通过农民专业合作社
签订意向性协议书
商家
超市
菜市场
便民店
中间经销商获30%~40%的利润
农户或农企获10%~15%的利润
商家获10%~15%的利润
中间经销商

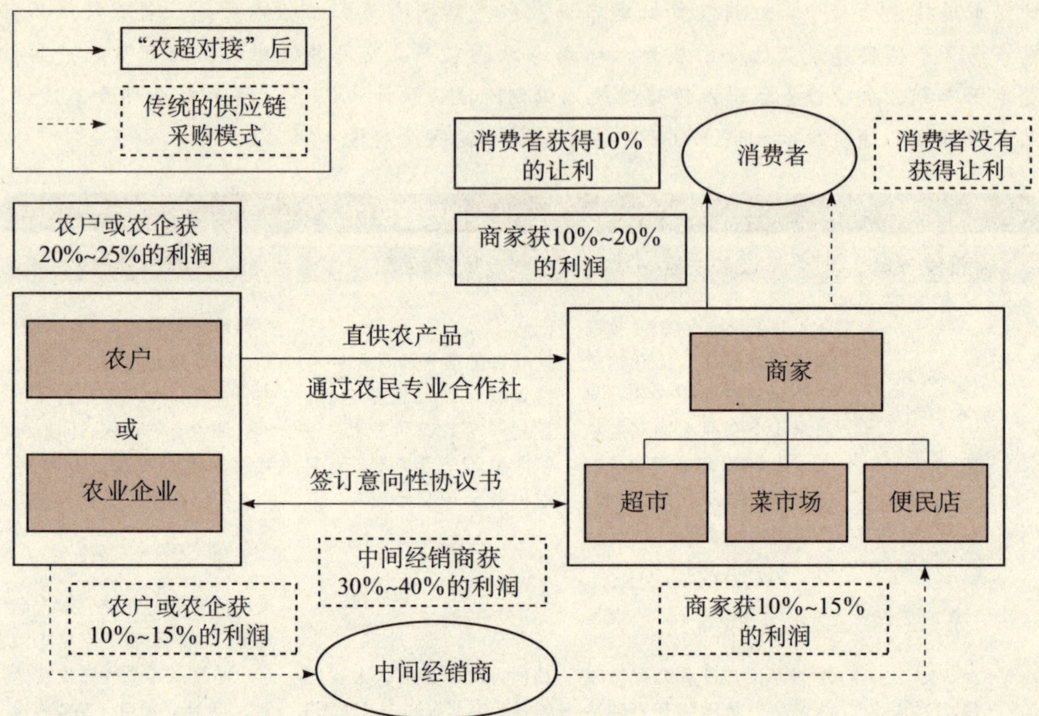

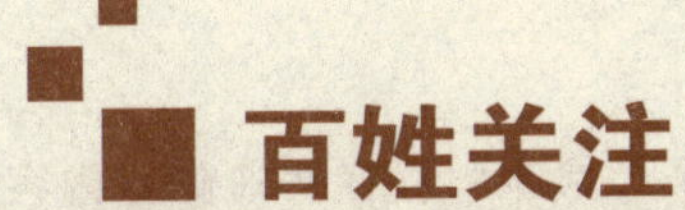

百姓关注

REPORT ON CHINA'S NATIONAL CONDITIONS

中国国情报告

“钓鱼执法”钓出了什么

2009，世博前的上海，流传着一个“最牛”私家车车帖，内容是“本车拒绝一切搭载求助，临盆产妇、车祸、中风、触电、溺水、都不关我事，尤其是胃疼的。”为什么这么说？因为如果这个车的司机热心做了这些好事，就有可能被打击成为黑车。2009 年 9 月 8 日，上海一白领张晖（本名张军）发帖称自己好心搭载一个自称“胃痛”的男子，而被认定“涉嫌非法运营”被罚 1 万元。10 月 14 日，同样是在上海，孙中界因善意载人被认定为“非法营运”，愤而断指自证清白。而所有这些被罚的背后，其实是上海交通执法部门长期以放出“鱼饵”、设计圈套“钓鱼执法”方式整治黑车的“战果”。这些所谓的“钩子”各出奇招，有说“家人出车祸急着赶去”，有扮成急着要生孩子的孕妇，甚至还有“钩子”一手吊个盐水瓶去拦车的。进入埋伏圈后他们会故意要给车主路费，然后突然强拔车钥匙，接下来便是很多人一哄而上将该司机“扭住胳膊”带离小车、扣车及罚款万元等。据媒体的报道，在《闵行区交通行政执法大队 2007—2008 年度创建文明单位工作总结》里面就毫不掩饰地炫耀，在两年时间里，该大队“查处非法营运车辆 5000 多辆”，“罚没款达到 5000 多万元”，“超额完成市总队和区建管局下达的预定指标任务”。但现在，随着两起官司的展开，“钓鱼式”执法打击黑车的方式被推上了舆论的风头浪尖。

“钓鱼”执法现场还原

2009 年 9 月 8 日，在上海某外企任职中层经理的张晖发帖讲述自己出于好心帮助一位自称胃疼又打不到车的路人，没想到那是一个俗称“钩子”的交通行政执法队协查人，张晖的私家车当场被扣。14 日，张晖在缴了 1 万元罚款并声明放弃申诉的权利后，从闵行区交通执法大队取回了自己的车。

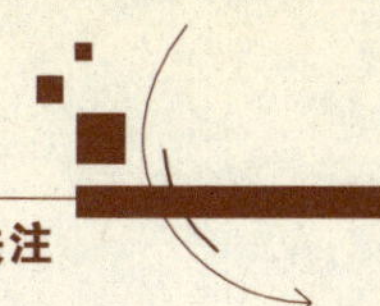

9月8日 → 白领张晖因好心捎了一位自称胃痛的路人，结果遭遇“倒钩”——运管部门钓鱼执法，张晖被扣车、罚款1万元

9月16日 → 闵行区交通行政执法大队大队长接受采访时，对主持人提出的几点质疑均以“不清楚”“不能透露”“这是工作秘密”作答，大多网友对此表示不满，并称此事仍然疑点重重

10月9日 → 张晖诉上海市闵行区城市交通行政执法大队一案立案（法律规定立案时效的最后一天）

9月28日 → 张晖向上海市闵行区人民法院提起行政诉讼，要求依法判决撤销行政处罚决定，退还罚款

10月20日 → 闵行区政府宣布，张晖驾车载客一案的行政执法行为取证方式不正当，导致认定事实不清，区交通执法大队在区建设和交通委员会责令下已撤销行政处罚行为

张晖被“钓鱼”后与执法大队的对话

大队：你是XX?

答：是的。

大队：你那事情你知道了吗?

答：知道什么?

大队：你非法开黑车的事。

答：我向你要申诉的就是不是开黑车，我是私家车，在去公司的路上。

大队：那个人要上你的车?

答：我开始没让他上，后来他说胃很痛，就在前面，打不到车，叫我帮忙带他一段。

大队：他说叫你带你就带？你认识他吗?

答：不认识，他说胃痛啊，我开始说是私家车不带，后来心一软就让他上车了。

大队：他胃痛关你什么事?

答：……（沉默一会儿）

答：不是说要开世博吗，不是说要展现上海市民风采吗？不是要热心对外国友人施以帮助吗?

大队：……沉默2秒，你认识他吗？说这些干什么?

答：我是说政府号召我们做这些，这些不是市民公民提倡做的吗?

大队：你让他上来就是想做非法营运！

答：你怎么可以这样说，那地震灾区捐款捐物，那些人全国人民认识吗？我也捐了，但我估计你和闵行区城市交通执法大队没捐。

大队：你别扯这些，不认识你让他上车干吗?

答：我确实是他说胃痛要上车心软才让他上来的。

大队：你不认识让他上来就是开黑车。

答：雷锋帮助的那些人他都不认识。

大队：（一下子爆发）喔哟，你还自比雷锋了，你还能了。

随后是10月14日，河南小伙孙中界因善意载人被认定为“非法营运”，愤而断指自证清白。孙中界自称当时气得不行，做个好事却遭到诬陷，公司的车也被人开走了，越想越窝囊，就跑到厨房，拿起菜刀，向左手的小手指猛地砍下。之所以没选择其他维权渠道，是因为在当时的情况下，实在不知道该怎么办，郁闷绝望之下才这样做的，当时连死的心都有，就是想靠这样来证明自己的清白。事件发生后，上海市政府明确要求浦东新区政府迅速查明事实，并将调查结果及时公布于众。

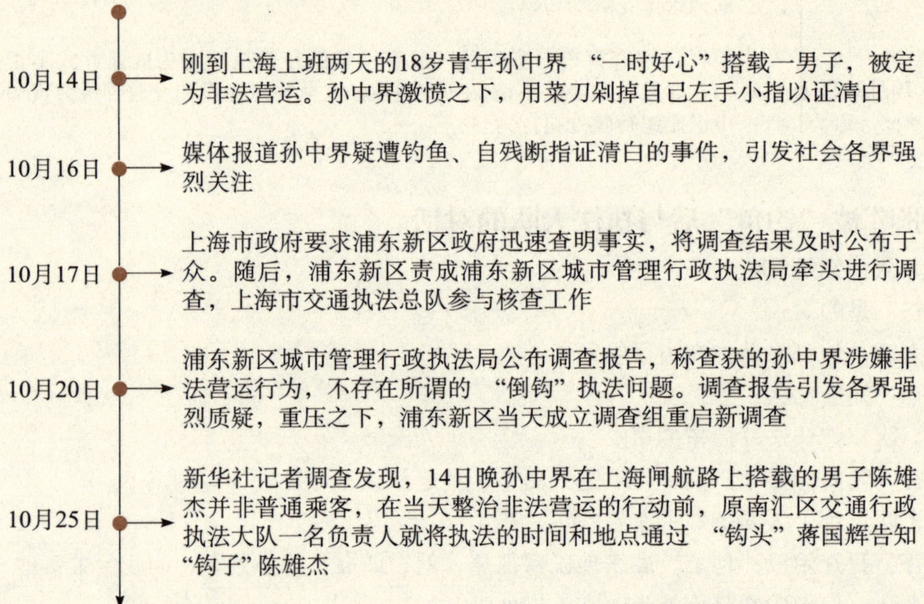

10月20日，浦东新区城市管理行政执法局公布调查报告，称查获的孙中界涉嫌非法营运行为，事实清楚，证据确凿，适用法律正确，取证手段并无不当，不存在所谓的“倒钩”执法问题。但当事人孙中界对这一结论却并不服气，他在接受采访时表示，“本来满心期待能有一个公正的结论，可没想到却等来这样一个结果。原南汇交通执法大队一中队就归浦东新区执法局领导，他们都是一个单位的，靠这种违背基本调查规律的调查方法，做出的调查结果，谁能相信呢？由谁来保证这种调查的公正？我一定要讨个说法。”孙中界强烈要求与乘客当面对质，并称：“我向天发誓，我要是跑黑车了，出门就被车撞死！”

据了解，孙中界的老板和他还没有签合同，原定的工资是1700、1800（元钱）。所以，他如果被罚10000元，对他来说可能是一年的积蓄。孙中界的公司领导袁友军在接受采访时称：“他不可能是开黑车的，小伙子很好，刚从乡下来，不可能是开黑车的。”

调查结论也受到了公众的普遍质疑。在上海当地一项名为“如何看待浦东新区昨对

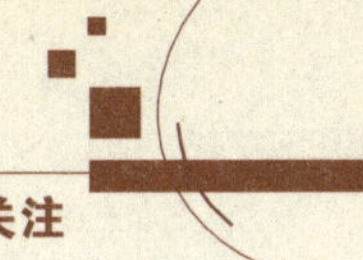

孙中界案发布的调查结果"的网络调查中，截至10月21日傍晚5时，共有5647名网民投票，其中，2904名网友认为"自己人查自己人，难以信服"，占投票人数的51%；2338名网友认为"应彻底重新调查"，占41%；279名网友认为"调查不应该只有结果"，占5%；而选择"相信浦东新区"的只有126名网友，仅占投票人数的2%左右。许多网友表示，这一调查结果是"老子调查儿子"，根本不靠谱。孙中界的代理律师郝劲松也用"非常草率"和"不负责任"来形容这一调查结论。更有消息称，连上海市政府的高层也对浦东的调查结论非常不满。

代理律师郝劲松：正确调查需要还原现场

"钓鱼"执法受害司机孙中界的代理律师郝劲松，于10月18日向上海市浦东新区等18个区县的建设和交通委员会，以及上海市交通行政执法总队，发出申请，要求公开"钓鱼"执法相关信息。郝劲松在申请函中，要求有关部门公开近两年多时间内，查获非法运营车辆罚没款金额、款项去向以及涉嫌钩钓的"暗乘"人数。郝劲松表示，"钓鱼执法"在上海及全国其他地方早已存在，这几年愈演愈烈。郝劲松表示，"钓鱼执法"泛滥，是因为其背后有着巨大的利益链条。根据郝劲松的调查，仅2009年1月至9月，上海市全市18个区县共查处非法营运车辆1.6万辆，处罚金额近2亿元。

郝劲松认为，上海市在这些年打击非法运营车辆的过程中，实际上形成了一个上规模的、利用黑车敛财的组织。为此，郝劲松于10月28日向上海市公安局进行了举报。他在举报函中表示，一些交通执法人员和社会不良人士在暴利的刺激下，组成犯罪团伙，用栽赃执法的方式陷害公民于非法的处境，并非法掠夺公民的合法财产。郝劲松称，上海市公安局应当成立专案组进行调查，并允许受害车主反映情况。

"钓鱼"执法事件真相大白，浦东新区政府道歉

10月21日，浦东新区人民政府决定成立联合调查组，在浦东新区城市管理行政执法局对"10·14"涉嫌非法营运一事的初步核查结果的基础上，做进一步的调查。调查组由上海市和浦东新区的人大代表、政协委员、律师、中央和地方的媒体代表组成。10月26日，上海市政府召开常务会议，听取"孙中界事件"和"张晖事件"的调查情况和处理意见汇报。当天，浦东新区人民政府举行新闻通气会，通报"联合调查组"关于10月14日"孙中界事件"的调查报告和区政府关于此事件的处理意见，宣布"孙中界事件"为"钓鱼执法"，认定原南汇区交通行政执法大队在执法过程当中使用不正当的取证手段，随后的调查结果草率，误导公众和舆论，区长姜樑代表浦东新区政府向社会公众公开道歉，并表示启动问责程序，追究相关人员责任。以下是浦东新区办公室关于孙中界事件的通报要点：

一、原南汇执法大队在10月14日执法过程当中使用了不正当的取证手段。当天，原南汇交通执法大队一中队的一名队员通过一社会人员将执法的时间、地点告诉"乘客"陈雄杰。当晚8时，陈雄杰在浦江镇召泰路闸航路口扬招孙中界驾驶的车牌号为浙

ADS595 白色金杯车。该车搭载陈雄杰后驶至闸航路 188 号时，被执法人员检查。执法人员为陈雄杰制作了笔录，作为该车从事非法营运的证据；

二、"乘客"陈雄杰对调查组的陈述存在虚假。调查组在对陈雄杰访谈过程中，其否认还有其他以"乘客"身份作证非法营运的行为，但调查组在抽查原南汇交通执法大队其他执法活动的案卷中发现了陈雄杰曾有以"乘客"身份作证非法营运的笔录；

三、驾驶员孙中界左小指骨折伤情。手术顺利，孙中界于 10 月 18 日出院，医院主治医生认为可以基本康复。

姜区长表示，经过联合调查组调查，该事件现已查明。浦东新区人民政府向社会公众作出公开道歉，并启动相应的问责程序，对直接责任人追究相应的责任；责成有关部门依法终结对该案的执法程序，对当事人做好善后工作，依法赔偿孙中界损失。

新闻发布会结束后，孙中界被几十家媒体记者团团围住，"我对这个结果非常满意，希望他们能早日兑现承诺，赔偿我的损失。"一时情绪难以抑制的孙中界说着就哭了起来，"从出事到现在有十几天了，我的压力太大了，终于还了我的清白……"

孙中界的哥哥孙中记也表示，这样的结果"很公正""很开心"。同时，孙中记表示，接下来将就该事件对他们的损失进行索赔。目前，孙中界已于 10 月 18 日出院，其断指修复手术顺利，医院主治医生认为今后可以基本康复。

同日，上海市闵行区政府也宣布，经调查组查明，张晖驾车载客一案的行政执法行为取证方式不正当，导致认定事实不清，区交通执法大队在区建设和交通委员会责令下已撤销行政处罚行为。

但对于这一结果，律师郝劲松又提出了三点要求：

一、要求浦东新区城市管理行政执法局就原南汇区交通行政执法大队栽赃陷害执法一事在上海媒体、河南媒体及中央媒体上，向孙中界公开承认错误，赔礼道歉，恢复孙中界名誉。

二、由于原南汇区交通行政执法大队栽赃陷害，使得孙中界遭受巨大精神创伤，为证清白，孙中界不惜断指以证清白。要求上海市浦东新区城市管理行政执法局给予精神损害赔偿及其他赔偿。

三、要求浦东新区城市管理行政执法局对扣留车辆造成的损失进行赔偿。

郝劲松认为：孙中界被栽赃陷害仅仅揭露了冰山一角，据保守估计在上海每年被"钓鱼执法"所栽赃陷害的车辆有数千辆。自上海钓鱼执法被媒体揭露后，郝劲松每天都收到全国各地大量车主的来信和电话，反映自己被钓鱼执法的情况。他希望上海市政府对近年来上海市 18 个区县的查获非法运营车辆的所有案件重新核查，同时向社会发布公告，让曾经被钓鱼执法的受害车主向调查组报名登记，重点核查，彻底消除上海的钓鱼执法现象。

鉴于 10 月 20 日公布的浦东新区城市行政执法局的初步调查结论事实不清、结论错误、公布草率，上海市政府将依照有关规定，对相关责任人进行问责。上海市政府明确，必须坚决依法整治非法经营行为，维护交通营运市场的正常秩序；坚决禁止交通行政执

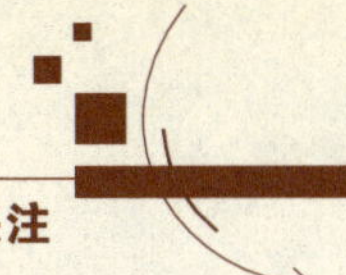

法过程中的不正当调查取证行为，坚持依法行政、文明执法，切实维护合法经营者和消费者的权益。并决定即日起成立由分管副市长任组长的整顿交通营运市场秩序、规范交通行政执法行为专项工作组，采取合法有效措施，加强对交通营运市场的监管，加大打击非法经营行为的力度，开展全市规范交通行政执法行为大检查，杜绝不正当不规范的行政执法行为。同时，增加公共交通服务供应，进一步满足市民不同出行需求，努力为广大市民创造安全、规范、有序的交通出行环境。

“钓鱼执法”与执法经济

在业内人士看来，“钓鱼执法”之所以存在，主要是因为打击黑车让执法人员面临取证难的问题。目前认定黑车司机非法营运，主要依靠乘客的证言，黑车难治，与取证难有很大关系，加上一些地方执法环境不好，难免在执法手段上想办法。闵行区委员会党务公开网上曾公开《区交通行政执法大队出“新招”整治非法营运》一文。文章声称，该大队二中队面对取证难题积极应对，想出了取证和查处分步进行的执法新招，进行先取证后查处。他们往往通过“埋伏”作战，“当场抓获”正在进行“非法营运”的私家车，并处以 1 万至 2 万元的行政罚款。

而车主们认为，“钓鱼”是因为“罚款经济”在作祟。一些拥有处罚权的部门，受利益驱使，不惜滥用职权、设套陷害公民。根据网上公布的数字，上海市闵行区交通行政执法大队两年内取得了“查处非法营运车辆 5000 多辆”、“罚没款达到了 5000 多万元”的“优异成绩”，并“超额完成了市总队和区建管局下达的预定指标任务”。据了解，早在 1992 年上海开始打击黑车时，“钩子”就出现了。民间钩子数量在 2006 年激增，皆因规定举报有奖，每辆次奖励 500 元。这些职业举报人形成了有组织的群体，一般有一个“钩子头”和执法人员联系，每个“钩子”头各有地盘。更让人震惊的是，在闵行区，“钓钩”每“钓”到一位私家车司机，便可获得 300 元人民币，“钓头”则提取 200 元。宝山区给“钓钩”开出的价格也是 200 元，南汇区 250 元，奉贤区则是 600 元。“钓钩”用这些钱准备录音笔等工具。一个成熟的“钓钩”，月收入少则两三千元，多则五六千元。而“钓头”每月能净赚 1 万至 2 万元，一年可达十几万元。

据媒体报道，上孙中界车的陈雄杰只是钩头蒋国辉手下的小钩子，蒋国辉是一名老钩头，上海奉贤人，今年 40 来岁，曾给黑老大当过马仔，搞敲诈勒索。钩子行业出现之初，蒋即加入其中。蒋国辉起初在别人手下做钩子，1998 年前后自立门户当钩头。由于各钩子团伙有相对固定的活动范围，蒋国辉最早的地盘在闵行区。因为对黑车师傅收保护费，2001 年前后，被手下一钩子和多名黑车师傅联名状告，结果被判刑 3 年。实际服刑一年半后，蒋国辉提前获释，重回闵行区，纠集了几个人，继续做钩头。后来，蒋国辉的地盘转移到南汇区。在南汇区，钩子团伙只有蒋一家。做钩子，月收入多则五六千，少则两三千。如果做钩头，月入一两万元是稀松平常的事。在那个小圈子里，钩头是令人向往的职业。而这便是上海各大交通执法大队与“钓头”之间的“双赢”状态，正是

"先取证后查处"的具体内容。

此外，就是一些当事人怕惹事、怕麻烦，放弃了维护自己的权益。现今是一个凡事有法可依的法治时代，对于自身权利的维护，应该是每个公民的自觉行动。然而在当下，一些群众面对不公正的执法处罚时，有时选择吃亏了事，忍气吞声，息事宁人，而不通过法律途径为自己维权。致使个别执法单位和个人，不收敛或纠正自己的违规行为，将人民赋予的执法权作为随意处罚的"尚方宝剑"，借此捞钱牟利。

"钓鱼"执法危害猛于虎

有专家认为，法治秩序的建立，不是一朝一夕的事，在建立法治秩序的过程中，执法者的行为备受公众关注，也最有可能影响公众的法治观念。执法者严格、公正的执法行为，所树立起的不仅是执法者的权威和形象，更是法律的权威和形象。当一个执法部门为了私利而"执法"时，特别是引诱守法者"违法"时，社会对法律就会产生强烈的质疑。而执法者所影响的也不仅仅是这一部门的形象，更影响了法律的形象，动摇了人们心中的法治观念和信心。行政执法中的"钓鱼"行为，不但会让公众在守法与违法的困惑之中，模糊守法与违法之间的界限，更是对社会道德釜底抽薪般的打击。当"钓鱼"成为常态，社会的信任危机也自然会加重，互助友爱的美德将在"钓鱼"中失去生存的土壤。执法者的"钓鱼"，守法者固然是那条鱼，法律、道德也同样是那条鱼。

从法治国家的经验看，诱惑取证应受到严格限制，它绝不能由所谓的"协查员"，乃至"有正义感的社会人士"操作，因为他们往往对"执法"有利益诉求，倾向于"引诱"当事人。而这种"执法钓鱼"撕裂了社会成员间朴素的情感，败坏了公德，今后那些真的生病、临产的路人可能再也得不到帮助。它更会引发严重的冲突，比如，2008 年 3 月上海奉贤区一位"黑车"司机被所谓"女协查员"带入"执法伏击区"之后，当着执法人员的面在车内用刀捅死"女协查员"。以前上海还发生过黑车司机为泄愤绑架所谓"倒钩"的事件。

关于"钓鱼执法"的媒体评论

媒体	标题	主要内容
人民日报	"钓鱼式执法"危害猛于虎	政府如果对一些非法行为——尤其是政府部门的非法行为，以一种不痛不痒、置若罔闻的态度，任其滋生泛滥，长此以往，政府的公信力、法治的尊严、社会的公德意识都将大受损失
央视网	上海"钓鱼式执法"源于执法经济的利益驱动	个案维权有可能局部讨回被放逐的公正，但撼动不了"钓鱼执法"被权力滥用的根。要对"钓鱼执法"斩草除根，必须先从源头上宣判"执法经济"的死刑，并且严格限制公权力机关以各种方式在社会上"聘用"各种社会人员
广州日报	罚款执法变异　钓鱼执法丛生	"钓鱼执法"与罚款执法有关，或者说与背后的利益有关，孙中界有勇气"自断手指"，以其自证清白；"钓鱼执法"和"罚款执法"的部门是否有勇气自断源头，以自证清白呢？

续表

媒体	标题	主要内容
第一财经日报	“钓鱼式执法”要把社会引向哪里?	如果每时每刻都要去防范任何一个陌生人的话，是无法生存的，社会的交易成本会特别高，而人与人之间的关系就会退回到霍布斯所说的处于战争状态的社会，甚至回到丛林社会
新京报	“钓鱼执法”让人“不敢善良”	这样的执法思维与判决，不但是用钓鱼的方式诱导人违法或者诬陷他人违法，而是在根本上破坏了社会最基本的道德与善意，最终还是那句“不敢善良”
新华网	勇于纠错取信于民	此类执法，不仅严重损害了法律法规的公正威严和执法部门的声誉，还严重损害了党委政府在人民群众心目中的形象，严重损害了一个地方的社会诚信和社会良知。以此类损招、黑招来执法，于情、于理、于法，都是背道而驰、格格不入的

相关阅读

“钓鱼执法”翻盘的标本意义

2009年10月26日，上海浦东新区政府正式通报了“10·14孙中界事件”调查处理意见，浦东新区人民政府向社会公众作出公开道歉。孙中界的代理律师郝劲松在接受媒体采访时表示，“钓鱼”执法的最终真相大白，除了舆论的关注，当事人的言论自由及诉权的表达、法律界人士的声援和政府的配合以及网民的高度关注，均促成了公众事件的迅速解决。而专家认为，从2003年的孙志刚案，到“躲猫猫”事件以及此次“钓鱼执法”事件，网络舆论对推动事件逐步解决，甚至对推动中国的法治进程发挥了显著作用。

在郝劲松的新浪博客上，关于上海执法钓鱼事件的文章有8篇，文章包括了整个事件的进展，从最初上诉到正式立案、调查结果以及郝劲松本人对整个事件的看法等。不难发现，每篇文章的阅读者都达到700人次以上，甚至有的文章点击率高达7000人次。另外，在百度贴吧、各大论坛里，一段时间以来，网民时刻关注“钓鱼执法”事件。对于网民的强烈反应，郝劲松表示，网民、媒体这股强大的力量对事件有很大的推动作用，且网民的推动对整个事件的明朗起到了至关重要的作用。对此，郝劲松说，如今网络已经成为监督政府的有效渠道，也是政府收集民意的有效渠道，被称为网络民意。就在郝劲松的“钓鱼执法·水落石出”这篇文章中，截至今天上午9时30分，共有91名网友参与评论，全部网友都表示支持郝劲松。

上海“钓鱼执法”事件，开始的时候声称没有“钓鱼”这种事情，草草得出结论。但在网络的监督下、网民的呼声中，没有事实根据的定论是绝对不允许的。专家表示，中国已经进入大众监督时代，民主政治又有了新的发展形式。网络监督具有传播广、快等特点，网络涉及数千万网民参与，往往对社会事件造成很大的影响，是一种全新的、有力的监督方式。网络的监督影响非常大，面对网络，地方政府不得不谨慎对待网络舆论，不得不纠正错误的说法和做法。

“钓鱼执法”事关政府形象和百姓利益。公权力如何不被滥用，如何在法制轨道上运行，是有关部门亟待解决的问题，太多细节和概念需要有关部门在法律的框架内进行完善和规范。要建立服务型政府、责任政府、法治政府、阳光政府，将这些政府管理理念真正得以实现，最终实现公平公正，就要规范执法，建立中国的行政程序法，按程序办事，通过程序，走向法治，真正实现阳光政府，让公民心服口服。反过来说，正是由于解决问题的正当渠道不畅通，媒体和网络才成为当事人唯一的选择。反观此前针对“钓鱼执法”的诉讼，原告无一胜诉。

此次事件的标本意义，是网民的胜利，是媒体监督的成功范例。它告诉我们，在经济社会高速发展的新的历史条件下，在公众参与热情极度高涨的今天，在网络手机等现代媒体技术日新月异的大背景下，对政府的监督已经进入了一个新的阶段，这是一个不以人们意识为转移的新阶段，也是社会发展的必然。公权力的行使者应该时刻意识到这一新的历史时期的独特性，意识到自己肩上的责任，时刻警醒自己严格依法行政，自觉接受监督，才能取得人民的信任，履行好自己的职责。

从这个意义上说，这次事件虽然对上海市某些基层执法机关产生了负面影响，也损害了政府公信力。但是，如果政府部门能够从中汲取教训，以此事为契机，大力规范行政执法活动，努力提高执法机关及执法人员依法行政的水平，上海依然能够很快赢回声誉，展现国际化大都市的风采与魅力。

“富二代”“官二代”和“贫二代”

2009年8月18日《人民日报》报道了浙江省委组织部门披露将在党校干校培训“富二代”民营企业主，引发了人们的热议。一波未平，一波又起，8月25日《广州日报》又爆出河南省固始县的所谓“官二代”：在2008年全县选拔正科级干部和县局级干部任用中，“公开”选拔的乡镇长（正科级）干部中，大多是干部子女和县里两大房地产老板的亲戚。而与“富二代”“官二代”对应的，是2009年社会普遍忧虑的“贫二代”的问题，而且这个问题一旦和“富二代”“官二代”对立起来，立刻就造成了一种社会的对立，很值得人们关注和思考。

江苏“民企后备人才培养计划”的争议

2009年8月18日，上海东方网率先报道了江苏省委组织部将用两年时间在全省培养1000名民营企业家后备人才的消息。报道说，这些民营企业家后备人才，主要是指大型民营企业的接班人或成长型民营企业的负责人。此举是江苏在非公企业党建工作上的战略选择，也是在培养“富二代”命题上的率先破局。而在15日举行的江苏企业家高层峰会上，江阴市华西村老书记吴仁宝与波司登有限公司总经理高晓东，江苏省工商局局长佘义和与法尔胜集团公司副董事长、党委书记周江等人当场结成了师徒。这些民营企业的负责人，均是企业的“二代掌门人”。拜师仪式标志着江苏省启动“千名民营企业家后备人才培养计划”。

报道援引江苏省委组织有关负责人的介绍，江苏启动的“千名民营企业家后备人才培养计划”，就是要把这些大型民营企业的接班人或成长型民营企业的负责人列为培养对象，通过进党校学习、到基地培训、由导师帮带、到国企挂职锻炼等方式，培养成具有现代经营管理能力、对党有感情、支持党的工作的民营企业家后备人才队伍，引领民营经济新一轮发展。

据统计，江苏民营经济占全省经济总量的比重已达到51.3%。江苏在这次国际金融危机中走出困境，实现企稳回升，民营企业功不可没。此次培养的人选主要由各地根据实际，按照省里统一规定的选拔条件，由民营企业业主推荐后备人选，经企业党组织审核后，报送上级党组织。党委组织部门会同有关部门进行审核后，确定培养对象名单。全省统一建立民营企业家后备人才信息库，进行动态管理。包括原华西村党委书记吴仁宝，江苏银行董事长黄志伟和徐工集团董事长、党委书记王民等一批具有丰富党务工作经验、经营实绩突出、社会形象好的党员企业家及部分机关党员领导干部被聘任为导师。

此外，培养计划将充分发挥国有企业人才培养的传统优势，由各级组织部门会同有关部门集中选派民营企业家后备人才到国有企业进行挂职锻炼。挂职人员是党员的，可担任国有企业党内职务；不是党员的，可担任企业行政助理等职务。

【当事者说】江苏省委组织部副部长徐金万：服务企业家、团结企业家、凝聚企业家，是各级党组织责无旁贷的责任。加快培养民营企业家后备人才，使他们成长为江苏民营经济新一轮发展的新一代领军人物，不仅是企业家的最大心愿，更是加强非公企业党建的迫切需要。

波司登有限公司总经理高晓东：与上一代相比，我们的知识面广、起步平台高，但是我们这代人对个人生活品质考虑得更多，欠缺对事业的执著，这正是上一代企业家身上所具备的品格。

目前，江苏民营经济已占到全省国民经济的半壁江山，江苏省经贸委最新公布数据显示，2009年1～7月，民营工业对江苏工业利润增长贡献率已达69.3%。江苏民营经济如此快速发展，一个很重要的因素就是民营企业的党建工作促进了其稳定和谐发展，很多工作走在全国前列。截至2008年年底，江苏省共建立90041个非公企业党组织，规模以上非公有制企业党组织实现了全覆盖。在实践中，江苏省推出一系列促进民营企业党建的有力措施。2003年，江苏省委出台了《关于加快推进“强基工程”的意见》，将非公企业党建工作纳入“强基工程”进行总体布局、整体推进，形成不同领域党建工作互为依托、彼此融合、相互促进、共同提高的大党建新格局；2008年6月，又出台《关于在全省开展国有企业与民营企业党组织“统筹共建”活动的意见》，提出在国有企业与民营企业之间开展组织统筹联建、信息统筹共享、人才统筹培养、文化统筹交流、经营统筹合作等。在此过程中，江苏省委组织部曾对江苏民企前250强和前100家成长型企业进行过一次问卷调查，结果显示，92.5%民企后备人才有参加培训意愿。为此，江苏省委组织部与省统战部、国资委和团省委等部门合作，推出了“千名民营企业家后备人才培养计划”。

2009年8月15日，由江苏省委组织部、省国资委党委、省工商联党组联合主办的2009“深化统筹共建、推动科学发展”江苏企业家高层峰会在江阴市举行。在此次会议上，江苏省委组织部宣布正式启动“千名民营企业家后备人才培养计划”，计划用两年时间，在全省培养1000名民营企业家后备人才。此前的8月10日，江苏省委组织部、省委

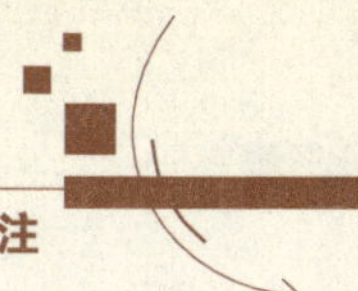

统战部、省国资委党委、团省委联合出台了《关于在全省实施“千名民营企业家后备人才培养计划”的意见》，对此项计划进行了全面安排部署。为了顺利推进培养计划，省委组织部在江阴市委党校挂牌成立了全省民营企业人才培养基地。

四个特点彰显培养计划的深刻用意

江苏省推出此项计划很有针对性，但同时也遭遇舆论的种种质疑。为此，省委组织部专门进行了回应：

第一，培训计划是党建的一部分，很有必要。江苏省委组织部负责人表示，民企接班人与他们的父辈相比头脑更灵活，知识面更宽，但他们对个人生活品质考虑得更多，欠缺对事业的执著，相对来说，他们的经营管理能力需要进一步提升，普遍缺少党性教育，所以需要培训提高，组织部门并非“多管闲事”，而是党建工作的重要组成部分。

江苏省组织部“四不”回应培训民企接班人质疑

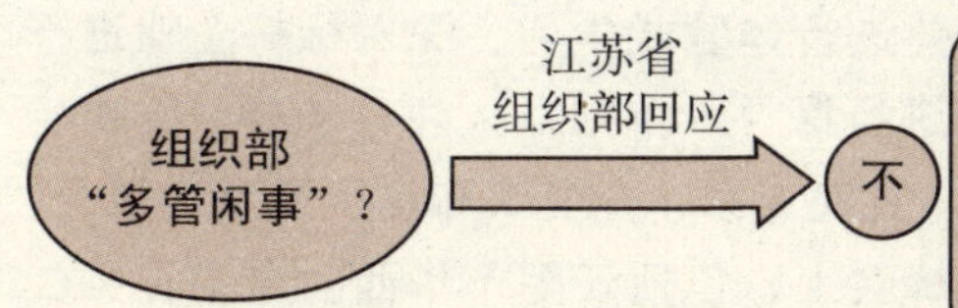

这其实是党建工作一部分。江苏是民营经济大省，民营经济占全省经济总量的比例高达51.3%，能否有个高素质、德才兼备的接班人，不仅事关企业自身兴衰，也与全省经济发展、百姓就业息息相关

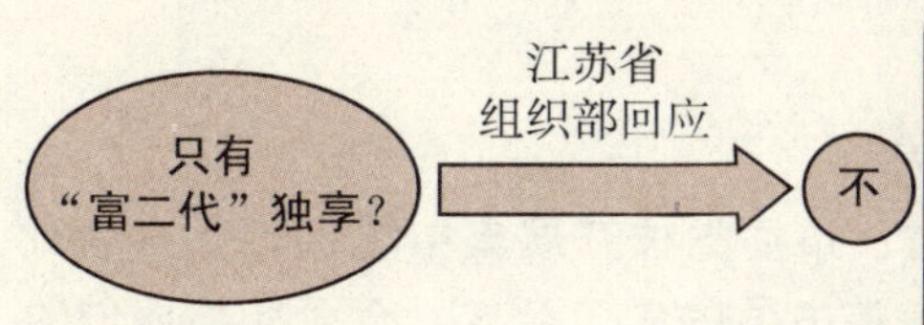

是老板亲属的只占一半。培训计划针对两种人，一是大型民营企业接班人，二是成长型民营企业负责人。后备人才人选首先要经过企业推荐，当然由于中国人的传统观念，家族企业“子承父业”的现象比较普遍，“富二代”在我们的培养人选中会占较大比重，但绝不是后备人才的全部

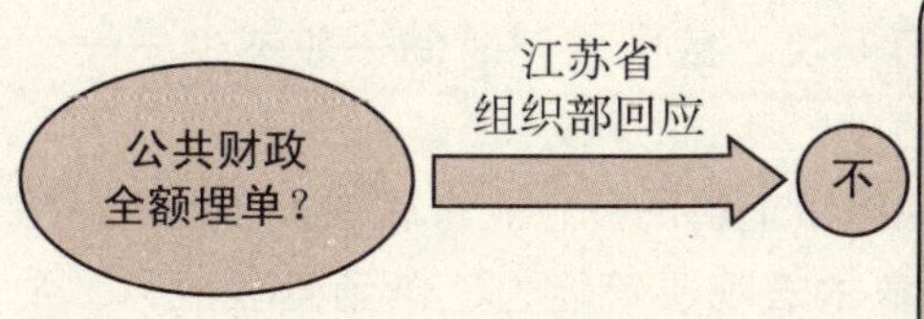

自愿参与并适当收费。针对有些媒体提出的“免费”问题，以及利用公共财政为富人提供“免费午餐”的质疑，组织二处负责人表示，在文件中既没有“免费”二字，也没有表示过由省委组织部埋单。组织部门考虑承担一部分的费用，采用补贴的形式，同时可能会收取部分资料费、讲课费等

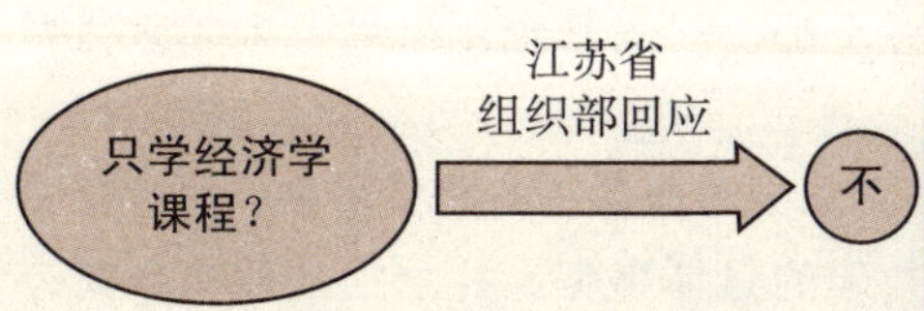

更重要的是学“做人”。这样的人才培养计划不同于普通的经济学课程班，党校培养这块重点让人才了解党的历史、政策、优良传统等党建知识，培养他们对党的感情，增强政治意识；基地培训，则偏重于经济学理论和企业管理等。不仅要学知识，更重要的是学做人，增强企业家的社会责任意识

第二，培训对象不仅仅是"富二代"，还包括其他成长型民营企业负责人。按照规定，企业家后备人才年龄一般在40岁以下，大学以上文化，政治素质好、经营管理能力较强、社会形象好，有一定的发展潜力，参加党组织统筹共建活动的优先考虑。

第三，培训并非全免费。组织部门和相关部门将考虑承担一部分的培训费用，同时在培训的时候可能会收取部分资料费、讲课费等。

第四，培训不是学历教育，也不同于短期技能培训。在后备人才的党员中，培养民营企业党组织负责人，在非党员的后备人才中培养党员，并把培训经历作为新一代非公经济代表人士政治安排重要条件。

四种培养方式为后备人才量身定做

根据后备人才的工作经历、教育背景和岗位要求，拟定具体的培养计划和培养方案，是此项培养计划的最大亮点。主要有四种培养方式，包括党校学习、基地培训、导师帮带、国企挂职锻炼。按照培养计划《意见》，培养对象将到省民营企业人才培养基地上课，课程包括《中国民营企业传承与管理》等，并进行体验式学习，深入标杆企业进行考察，并对晋商、浙商、徽商、粤商的兴衰过程进行探寻。特别引人注目的是，这次培训将发挥党的组织优势，将身处前沿的经济学家、党建专家、企业家和官员邀请上讲台，提升培训本身的吸引力。在此次江苏企业家高层峰会上，包括江阴市华西村老书记吴仁宝在内的一批具有丰富党务工作经验、经营实绩突出、社会形象好的党员企业家及部分机关党员领导干部被聘任为导师。

江苏民营企业家后备人才四种培养方式

◆ 党校学习：组织民营企业家后备人才到省、市委党校开展集中培训，重点进行党的基本理论、基本知识、政策法规、道德修养等方面的学习教育，全面提高他们的综合素质。结合民营企业家后备人才实际，重点加强中国革命史、社会主义建设史、改革开放史的教育，引导培养对象学习党的优良传统，加深对党的感情，自觉参与并支持党建工作。后备人才每年参加党校集中学习一次，每次培训时间一般不少于一个星期。

◆ 基地培训：根据后备人才成长的需要，定期组织全省民营企业家后备人才到培训基地进行企业经营管理业务培训，全面提升培养对象的宏观决策能力、市场驾驭能力、企业管理能力和沟通协调能力，每次培训时间一般为3天。

◆ 导师帮带：引入导师制培养方式，聘请一批具有丰富党务工作经验、经营实绩突出、社会形象好的党员企业家及部分机关党员领导干部，对民营企业家后备人才进行帮带培养。

◆ 挂职锻炼：挂职人员是党员的，可担任国有企业党内职务；不是党员的，可担任企业行政助理等职务。挂职人员可负责党组织统筹共建的具体事务，并承担挂职单位交办的相关任务。企业党的建设和有关经营管理会议，可让挂职人员列席。

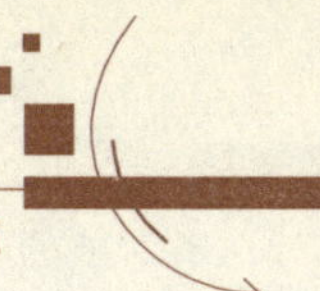

民营企业党建是新时期党的建设的重要课题。江苏省不仅将其列为党建“强基工程”的三大任务之一，而且大力推进国有与民营企业党建统筹，这在应对金融危机背景下更具意义。据透露，一年多来，江苏国企民企统筹共建活动共启动合作项目 154 个，总投资额 33 亿元，在此次峰会上又签约项目 105 个，总投资额近 30 亿元。另外，中国自古就有“富不过三代”之说，改革开放后成长起来的新一代企业家能否把产业传下去，社会各界十分关注。江苏省专门开展民营企业家后备人才培训，这是加强非公经济党建、引导民营企业健康发展的又一次新探索，极具前瞻性和战略性。我们看到，各地出台的促进非公经济发展意见和“十一五”人才建设规划等文件中均有相当篇幅的涉及民营企业家培训。江苏由省委组织部门牵头，联合省统战部、省国资委党委、团省委共同实施，形成以党组织为主、其他部门配合的齐抓共管的民营企业家培养新格局，体现了一种远见和魄力。

江苏省“富二代”培训计划图示

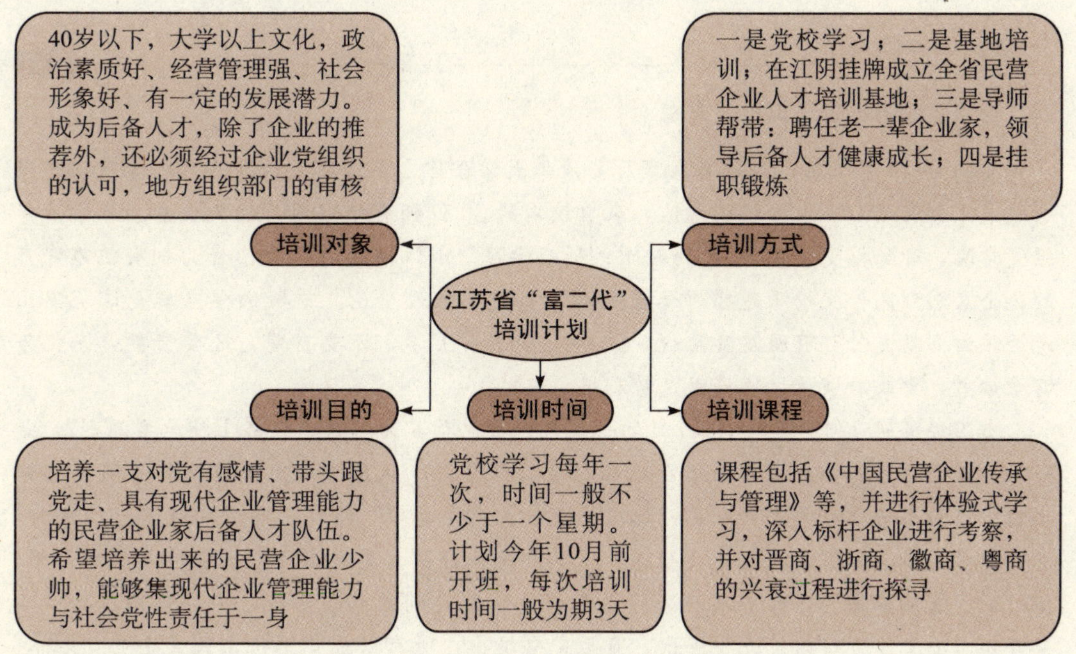

当然，亦如 8 月 19 日《北京青年报》的评论文章指出的，对“富二代”的培训，一定要注意培训的效果，讲求培训的艺术，而不要把它变成一种形式。要通过培训，切切实实地提高“富二代”的素质和能力，提高“富二代”的社会责任、社会形象和爱国热情。关注民营企业的生存与发展，不仅要帮助民营企业改进经营理念、提升管理水平，更重要的是，还要和他们一道创造一个有利于生存和发展的外部环境。

企业家看培训“富二代”

● 波司登有限公司总经理高晓东：

与上一代相比，我们的知识面广、起步平台高，但是我们这代人对个人生活品质考虑得更多，欠缺对事业的执著，这正是上一代企业家身上所具备的品格。

● 新华都集团总裁唐骏：

过去30年，中国产生一批成功的民营企业家，特点是“胆子大，有社会关系、包括灰色地带”，但是最主要的特质是智慧和勤奋；未来30年，他们的子女能继承的也只能是智慧和勤奋，当然还有现代管理能力，所以“富二代”更需要讲科学，江苏这一培养计划因此具有针对性。

● 联想集团董事局主席柳传志：

中国大多数民营企业家选择把产业传承给子女，由政府牵头对这些后备人才进行培养是一个好的方式；但企业要打造成“百年老店”，最终还是要依靠职业经理人。

链接

浙江省回应政府出资培训民企老总

2005年11月7日，浙江省人事厅与清华大学合作，在清华大学经济管理学院创建了浙江省非公有制经济人才培训基地，来自该省的30位拥有亿万资产的民企老总齐聚清华经管学院，开始接受为期12天的封闭式脱产学习。浙江省政府这次出资为拥有亿万资产的民企老总到高等院校深造经媒体披露后，引发了热烈争论。质疑的焦点就是这笔支出是否该由公款支付？有网友甚至说，普通人家子女上学，还要自费，还要贷款，而亿万富豪读书，要政府埋单，政府也是势利眼。

中国经济网2005年11月10日的一篇评论甚至称其为“权力经济上演典型闹剧”，是一种非正常的官商社会关系网络在承担社会资源分配。风波乍起，浙江省似乎有些招架不住，该省人事厅有关负责表示，此次民营企业“老总班”培训，学费由政府部门支付，意在启动、示范和引导浙江非公经济人才加快提升自身素质，但公家出资绝非长期行为。按计划，首期班次的学费由政府部门支付，目的是起到启动、示范、引导作用，从第二期开始，公家出资行为将逐步退出，直至完全退出，所有培训费用将由民营企业“老总”自行承担。舆论对浙江省出资为民营企业家培训的现象，表明一个问题，那就是舆论环境对非公企业还是有偏见，在如何对待民营企业家的问题上，有许多传统的观念问题还尚未解决。

任用“官二代”不能糊弄民意

江苏“富二代”培训一波未平，河南固始“官二代”一波又起。搜狐博客里一篇

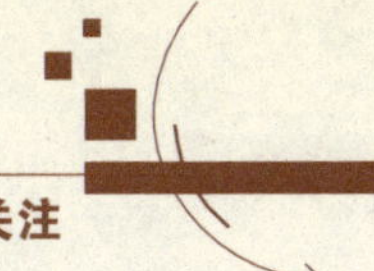

《河南固始县公选乡长黑幕：多半是官员子弟》被转至搜狐圈子等论坛，引起广泛关注。帖子称，河南省固始县在2008年全县选拔正科级干部和县局级干部任用中，所“公开”选拔的乡镇长（正科级）干部中，全是干部子女和县里两大房地产老板的亲戚。在最后公选出来的12人中，被证实基本都是官员之后，而且有3人是“80后”。帖子进一步指出，难以了解这些当选的乡镇长是否真德才兼备，但如此集中地任用当地“官员”亲属，未免让人感觉“官”也在继承。

网帖曝参加“公开选拔干部”人员	（带*号为当选者）
*张宝	县人大常委会副主任张某之子
*黄俊红	县政协主席梁某之婿，县人大常委会副主任黄某之子
*李诚然	县人大常委会主任李某之婿，县政协副主席李某之子
陈俊斌	原县委副书记、县人大常委会主任陈某之子
朱萸	县人大常委会副主任朱某之女，县政府副县长黄某之媳
张震	县人大常委会副主任赵某之子
*林中华	县委常委、宣传部长林某之弟
许士科	县政协副主席张某之婿
*周淼	县劳保局长周某之女
夏明刚	县委书记秘书
臧具文	秘书
陈刚	原人事局副局长之子
向文革	原电业局长向某之子，县广电局书记之婿
张新华	胡族李书记之夫
*曾亮	固始县怡和房地产开发公司、永和高中（民办）负责人
*谈光泽	固始县信合房地产开发公司老板

选拔程序真的公正吗

面对公众对固始县选拔结果的质疑，河南省固始县委常委、组织部长周辉表示，这12名乡长的选拔都是符合程序，经过大范围的公选后出来的。周辉反问：难道官员之后就无权当选了吗？

有网友怒称，好一个“难道官员之后就无权当选”的反问，听起来似乎理直气壮。不由想起2008年辽宁本溪的“抢官丑闻”，4名拟任本溪团市委书记、副书记的人选中，有3人的父母是本溪市里的领导，面对舆论“世袭和抢官”的批评，当地官员的反问如出一辙——难道领导子女就不能成才吗？也是理直气壮，可调查结果显示：推选过程违反了干部选任的回避原则，选拔结果无效。

对此，8月27日《新华每日电讯》的评论文章指出，官员之后当然有权当选，但关键在于程序公正。那我们先看看固始县的选拔程序究竟公正与否。

固始县 2008 年选拔正科级干部和县局级干部程序

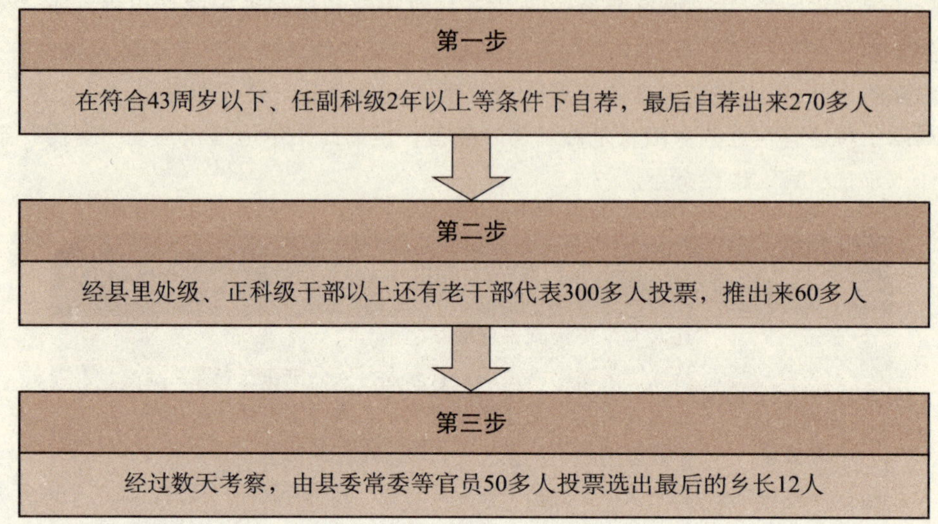

选拔干部，要根据领导班子建设和干部配备需要，通过广泛征求意见、充分酝酿协商和有关会议集体决定，而且要公示，这是必须基于的原则。固始县此次选举分成三个步骤，但这样的程序公正吗？8 月 26 日《中国青年报》的评论文章分析，第一步暂时还看不出什么，有资格进入大名单的人都是县里的副科级以上干部，基本上是见者有份；关键在第二步、第三步，如果有所谓玄机的话，也在这两个步骤中。300 人的投票团都是些什么人？新、老领导。这样的一个程序设计，从一开始就是在官员群体里的游戏。最后的当选人，不是官场中各种力量博弈的获胜者，就是权贵们分肥游戏的获益者，与"民意"无关。

官员亲属被选拔的优势概率往往大于普通人家，当然其中不乏出类拔萃的佼佼者，但是也不少是因为职务的影响和利益的影响。官员与官员之间不少是老同事、老部下，平常接触多，联系密，相互之间也帮过不少忙。官员之间来往甚密，在这么一种亲情、官情的环境之下，官员子女的人脉关系自然就要比普通者的关系要强得多，硬得多。其实，像官员子女入选的现象并非此地独有，辽宁、安徽等地同样也存在这样的现象。2008 年 5 月，一篇题为《辽宁省本溪市发生高官子女抢官风潮》网帖引起广泛关注。帖子提出，辽宁本溪市拟任命的 4 名团市委书记、副书记人选中，有 3 人的父母是该市的高官。在网友揭露该事之后，本溪市委组织部宣布，此次选拔团干部结果无效。

官员子弟的当选能代表民众的意愿吗

诚然，官员之后和普通干部有着同等的被选权利，人们也并非对"官二代"持有偏见之心、苛刻之意，况且，一些"官二代"德才兼备，政绩瞩目，赢得了人民群众的信任，有目共睹。所以，问题其实不在于当选者多是官员子弟，而在于官员子弟的当选是不是代表了当地民众的意愿。8 月 26 日《新京报》的评论文章称，固始县的公选程序显

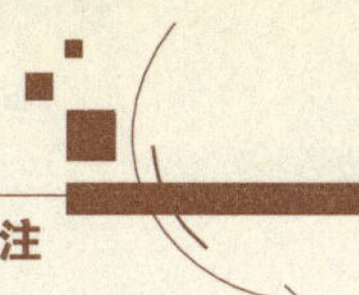

示了它的弱点。自荐程序没有什么问题，规定报名资格是合理的。然而，公选程序在两次票选中，我们只看到了官员的投票，一次是300多名处科级官员和老干部代表，一次是县委常委等50多人。这里没有看到民众的意见怎样表达，是不是经过了民意调查这样的过程，应该会有公示，但那不是同意投票，而是看有无特别提出的反对意见，采取的是“无反对视同同意”的默认假设。

官员决定了官员的任用，谁出任公职是公职人员的内部事务，这才是问题的关键。设想，如果谁当乡长充分体现了乡民的意愿，哪怕当选的多是官员子弟，只要程序清洁，谁又能够说什么呢？因此，关键还是要把选择权的重心往群众处移，把用人权的终端设在群众处，也就是把干部选拔任用的标准、要求和程序交给群众，把干部选拔任用的过程、结果亮给群众，保证群众的知情权、参与权、选择权和监督权，这样才能确保群众真正满意。群众满意了，就不必在乎“官二代”还是“官三代”。

如何化解公众对权力代际继承的担忧

8月26日《第一财经日报》指出，要化解公众对权力代际继承的担忧，只有一个办法。那就是改“官员选官”为“民众选官”。自十一届三中全会以来，干部人事制度改革经历了从单项突破到整体推进的艰难历程。对党政领导干部的选拔任用也有了一系列的突破和规范，但这种突破主要还发生在官员阶层内部。即由上级官员来选择下级官员的“内部选官制”有了一定的发展。诸如民主推荐、民主评议、民主决策、竞争上岗、公告公示、异地交流等具体而微的制度逐步建立。这些制度对于遏制地方党政“一把手”的“一言堂”起到了一些作用。但自下而上地选官仍然步履蹒跚。

官员代际继承的危机是显而易见的，它将强化官员对本阶层的认同，从而使得官员不断利用权力资源来维护官员的特权利益。长此以往，官民断裂将变得难以愈合。公权力公信不彰，官员的任何决策都将跌入“塔西佗陷阱”。为维护国家和谐大局，促进社会平衡转型，实现阶层之间公平合理流动，努力推动基层民主已是当下极为紧迫之任务。十七大报告中也提出“以党内民主带动人民民主”，依此观察，从“自上而下的选贤政治”到“自下而上的选举政治”这一政改路线图已然显现。如能沿此路线切实施行，国家选贤纳能的主体将从原来的上级官员转向普通公众。在保障了公平与合理的选举制度之下，不但权力代际继承将最终得到遏制，“跑官要官”等吏治腐败也必将大大减少。那时候，官员候选人将不得不到广大的公民中去“跑官要官”，通过贿赂某位上级官员而获得职位在基层民主之下，将变成不可能。

关注“贫二代”：不容忽视的“角落”

少数“富二代”网上晒富、豪车聚会、飙车撞人等行为自2009年以来备受社会关注。这时，一些网民又将问题从“富二代”转移到“贫二代”身上，希望政府把目光和关爱更多地投向弱势群体。媒体工作者石述思的博客里，列出的“贫二代”18条标准在网上广泛转载，唤起人们对贫困家庭子女的关注。是的，这是一个非常有价值的视角转换：与其整天关注富人们怎样奢华，不如多看看穷人们如何辛酸。

“贫二代”18条标准

序号	具体内容
第1条	在各种“拼爹”（注：比拼老爹，指学得好不如有个好爸爸）游戏中失败
第2条	感到当农民工和大学生区别不大，于是勇敢地放弃高考
第3条	别人说：家里钱不是问题，你说：问题是家里没钱
第4条	寒暑假，经常需要到田里收庄稼或在城里打工挣学费
第5条	有当城管的冲动，能罩着天天被驱逐的父母
第6条	经常有扼住命运喉咙的冲动，但每次喉咙都被命运扼住
第7条	如果读过《红楼梦》，最受触动的应该是晴雯的判词：心比天高，命比纸薄
第8条	对“宁当富人三奶，不嫁穷人”的说法强烈认同
第9条	从不思考“永远有多远”这样的蠢问题，却经常为明天发愁
第10条	在城市经常被取笑甚至欺负，熟悉各种人的白眼
第11条	从迷恋个人奋斗到觉得奋斗根本改变不了命运
第12条	最熟悉的交通工具是农用车、火车和长途大巴
第13条	熟悉人民币分币的购买力
第14条	家里往往有没有户口的兄弟姐妹
第15条	有仇富心理，并十分痛恨贪官，觉得他们不仅夺取了你父辈的财富，更夺取了你翻身的机会
第16条	害怕自己尤其是家人生病，特别是慢性病，因为没医保
第17条	经常看《读者》之类的“心灵鸡汤”，但好多姐妹为生活选择了“出卖自己”的方式
第18条	大体认同这样一种说法：生活中的一切事情，都要靠自己的双手解决，无法反抗就要学会接受

上述“贫二代”的定义是：那些在改革开放中没有致富的产业工人或者农民，他们的子女如今有很多仍属于弱势群体，他们广泛地存在于城市和农村之中。他指出，如果符合其中部分标准，那就需要高度警惕，努力鼓起生活的风帆，最终还要靠自己的努力。有人指出，“贫二代”在数量上远远超过“富二代”，在生活压力下苦苦煎熬。他们的命运直接关系到国家前途和社会稳定，有理由赢得政府和社会更多关注和关心。

确实，“朱门酒肉臭”在当下实在不算什么了，这只是穷人能够想象的奢侈而已。现在真正的“朱门”的生活早已超出了穷人的想象。即便是一些崇尚简朴的富人，他们的“简朴”也是相当昂贵的。比如，有富人圈一大块地，建一些木头房子，筑几个池塘，挖几亩菜园，养一些鸡鸭牛羊，过起了返璞归真的农耕生活。但是，他的这份爱好，跟真正的农民生活完全是两回事，没有亿万家财根本就供养不起。

一个人可以用自己的钱来购买自己喜欢的生活方式。因此，关注富家子弟开什么车、戴什么表、去什么餐馆、上什么学校，不管是艳羡也好，谴责也罢，都没有多大的意义。朱门的酒肉臭不臭，那更多取决于他们家冷冻保鲜的条件。问题在于社会的另一面：“路有冻死骨”，我们该怎么办？

“贫二代 18 条标准”中所列举的，都是社会中真实存在的现象。比如，“有当城管的冲动，好罩着天天被驱逐的父母”“在城市经常被取笑甚至欺负，熟悉各种人的白眼”，等等，令人感到十分心酸。普遍地，这些人“有仇富心理，并十分痛恨贪官，觉得他们不仅夺取了你父辈的财富，更夺取了你翻身的机会”。

作为度日艰难的穷人，“仇富”“仇官”就是一种难免的心理。改变这种心理的途径，既不是去指责穷人偏执，也不是去揭露富人奢华，而是让穷人得到关怀和帮助。政府要做的事情，就是搭建富人救济穷人的通道。正如应将视角从“富二代”换到“贫二代”一样，“仇富”“仇官”并不是关键，关键在于官员和富人有没有“仇民”。

目前有些地方政府做的事情中，管富人的多，帮穷人的少。比如刚刚引发争议的江苏启动“富二代”培训方案，“富二代”当然欢迎，也许这本身就是一个权力和资本共在的富人俱乐部。但这样的俱乐部，价格、成员、方式，本来应该由市场决定，权力要尽量避嫌。这样才能避免一些不必要的争议。

的确有不少企业家从勾结权力中获利，但是从整个社会的发展看，权力对于富人最好的帮助，就是离他们越远越好。要相信人的致富本能，只要政府少设一些门槛，企业家就会茁壮成长。

穷人不一样，他们更需要具体的帮助。当他们无家可归时，当他们尊严受损时，都盼望有人伸出援手。这个援手首先应该来自政府部门，其次是社会非政府组织。税收本来就有“劫富济贫”、现实“二次分配”的功能。政府拿了这些钱之后，不能反倒用来强

网友看“贫二代”

● 红网庄华毅

这个标准，是穷人们最后的试探，是放任贫富阶层继续隔离而彼此世袭，关系继续恶化，还是打通上下阶层流动的渠道，让“贫二代”看到在目前体制下，至少下一代还有出人头地的机会？选择前者，就必须有控制贫一代贫二代不断反弹的准备和自信，选择后者，则必须有能力遏制目前许多地方媚商媚钱的冲动

● 西祠胡同“诸葛木头”

命是天生的，运是可以适当改变的！

● 新浪网友上官煜

这个社会之所以不公正，是因为财富分配不合理的制度，这些制度确保了利益分配偏向少数精英

● 成永律师博客

“为富者不仁”是历代贫者聊以自慰的说法，“王侯将相宁有种乎”是最不讲因果关系的无赖逻辑。真正有罪的不是财富，而是我们如何去利用和看待财富

● 沈阳晚报评论

一个家庭要斩断贫穷传递的链条，首先要传递给下一代正确的思维、行为和生活方式。拥有了好品质，好习惯，好理念，才会“一切皆有可能”

化贫富差距。

"贫二代"最需要的是社会公平，是机会和前途。他们最缺的不是钱。一个社会的文明指标，既不是像半个世纪前那样去仇视富人，也不是像现在这样去巴结富人，而是约束富人，帮助穷人。

相关阅读

直面经济低潮期的"公众诉求"

2009 年，是我国进入新世纪以来经济发展面临困难最大、挑战最严峻的一年，也是社会风险因素增多，矛盾碰头叠加的一年。而且在国际金融危机持续蔓延，对我国实体经济的影响也进一步显现。很多地方，尤其是经济相对发达的地区，经济外向度较高，受到的冲击也相对严重。企业经营困难，规模裁员和职工待岗歇业现象增多。4 月 5 日的《半月谈》也指出，随着金融危机对我国影响的不断加剧，社会的诸多矛盾进一步尖锐化，当普通民众的经济利益和民主权利受到侵犯，个人无法找到协商机制和利益维护机制时，就极易通过网络来提出诉求。但现在的问题是，一些地方和一些官员那里，仍然在旧思维惯性之下把这样的网络民意视为洪水猛兽，网民通过网上发帖行使自己的知情权、参与权、表达权、监督权，就等于在一定程度上冒犯了他的威严、抹黑了他的"政绩"，而对民意欲除之而后快。

河南灵宝案的典型性分析：地方政府如何对待"诽谤"

河南灵宝的王帅，因在网上发帖举报家乡的征地问题，遭遇跨省追捕，换来被囚 8 日，在网上网下闹得沸沸扬扬。"灵宝帖案"在当地公安机关公开道歉、王帅获得国家赔偿、相关责任人受到追究，暂时告一段落之际，媒体又爆出，39 岁的内蒙古男子吴保全因为网上发帖被抓，已在牢狱中被羁押整整 1 年。2007 年和 2008 年，他两度被内蒙古鄂尔多斯市警方跨省抓捕，第一次被刑拘 10 天，第二次被判刑 1 年，罪名正是"诽谤"。吴不服上诉，市中院以事实不清为由裁定重审。结果，在没有新增犯罪事实的前提下，刑期却从 1 年改判至 2 年。这些事件的接连发生并不属偶然。

近年来"因言获罪"九大案件

地点	事件	事件概况
安徽	五河短信案	2006 年 5 月，安徽五河县教师李茂余和董国平，通过手机向县领导发短信，针砭五河县时弊的"顺口溜"，表达对学校人事安排不满，定诽谤领导罪。五河县动用了公安局、国安局、监察局等，进行搜家、通宵审讯、拘留 10 天、降级、撤职，记大过处分，罚款 500 元
重庆	彭水诗案	重庆市彭水县教委干部秦中飞，2006 年 9 月因一首针砭时弊的诗词失去了自由，涉嫌诽谤被刑拘，继而被逮捕。经舆论关注，秦中飞关押 29 天后取保候审，再过 25 天，认定为错案，秦中飞无罪获释，并获得了国家赔偿

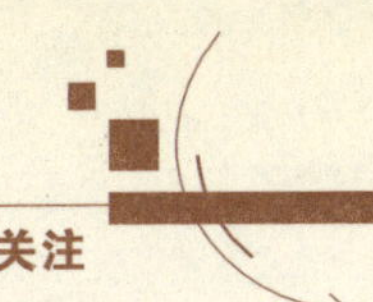

续表

地点	事件	事件概况
山西	稷山文案	2006年3月，山西省稷山县3名科级干部将反映该县县委书记的相关材料整理成文后，邮寄给当地37个部门的负责人。当地公安机关查明写信人身份后，稷山县检察院以诽谤罪将写信人公诉至法院。之后，稷山县人民法院作出刑事判决书：薛志敬犯诽谤罪，判处有期徒刑1年，缓刑3年。疑犯杨秦玉、南回荣因犯诽谤罪，分别被判处有期徒刑1年，缓刑3年
山东	高唐网案	2007年1月1日，山东高唐县民政局地名办主任董伟因为之前在百度贴吧发帖“孙烂鱼更黑”等语，被当地检察机关指控侮辱县委书记孙兰雨，被公安机关送进高唐县看守所
河南	孟州书案	河南孟州籍东平、闫进先等六农民举报村办企业武桥酒厂经济问题，编发《正义的呼声》，历经5年的举报和上级的调查，最终酒厂被认定有四项经济问题涉嫌违纪，有两项涉嫌犯罪。同时，孟州市委召集政法委、公安局、检察院、法院以涉嫌诬告陷害罪，由公安机关立案，并经法院一审判决，以举报者6人犯有“诽谤罪”，遭遇半年牢狱之灾，两次被游街示众
山东	济南红钻案	2007年7月18日，山东省普降暴雨。据媒体报道，截止到20日22时38分，省会济南市上报的暴雨遇难人数已达34人，全省受灾人口达55.92万，失踪9人，伤197人（见《齐鲁晚报》）报道。洪水灾难过后，一个名叫“红钻帝国”的女网友因为发帖讨论济南暴雨伤亡而遭举报，警方后以散布谣言为由对其进行了治安拘留
海南	儋州歌案	2007年7月27日，因对儋州市政府将那大二中高中部迁到海南中学东坡学校的决定持反对意见，那大二中的两位老师便在网上发帖，以对唱山歌（儋州方言编写）的形式发表言论。被儋州警方以此内容涉嫌对市领导进行人身攻击、诽谤市领导名誉为由，将两位教师处以15日的行政拘留的处罚
陕西	志丹短信案	2007年10中旬，陕西志丹县左某、曹某编发散布短信辱骂政府机关领导涉及14多人，数人遭到惩罚，其中2人被捕，1人被刑拘，甚至有4名科级干部遭到免职
辽宁	西丰事件	2008年1月1日，《法人》杂志刊发了记者朱文娜《辽宁西丰：一场官商较量》的文章。文章报道了辽宁西丰女商人赵俊萍因不满西丰县政府对其所拥有的一加油站拆迁补偿处理，编发短信讽刺县委书记张志国，被判诽谤罪。2008年1月4日，西丰县公安局多名干警赶到法制日报社对该记者进行拘传

从“彭水诗案”到“稷山文案”，从“孟州书案”到“灵宝帖案”，人们注意到，事件的处理似乎遵循了同样的程式。

“因言获罪”事件的再三出现，折射的是有的基层政府理念之落后、方式之粗暴已到了无以复加的地步。灵宝有官员在接受采访时认为，王帅此人“太过分”“胡说八道”“有意见可以通过正常渠道反映，但不应该采取这种在网上发帖的方式，败坏政府名声”“做事就要承担责任，受到一点惩罚，至少有点教训，下次不会再犯错”，等等。对此，各媒体纷纷表达了自己看法。

孔子说：“夫君者舟也，人者水也。水可载舟，亦可覆舟。君以此思危，则可知也。”在互联网等现代信息技术高度发达的情况下，公民和媒体的监督批评权利得到了较大的

“灵宝帖案”类事件的惯用处理程式

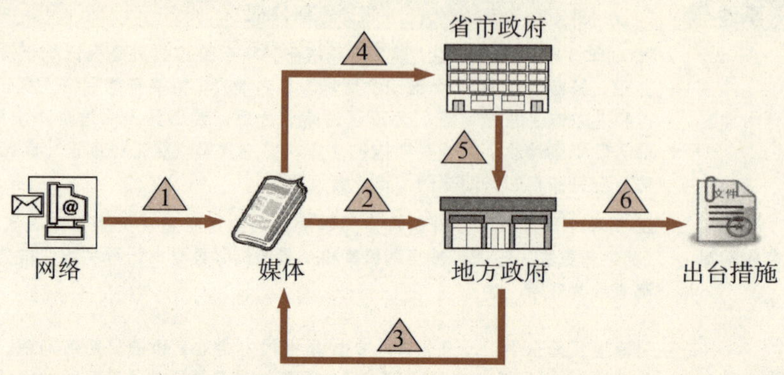

1．网络上披露事件，吸引媒体关注；
2．媒体对此事件进行报道；
3．地方政府为自己辩护，坚持错误做法；
4．网络与媒体的报道、批评，形成强大的全国性舆论压力；
5．省、市等上级政府会出面表态，顺应舆论要求，情势出现逆转；
6．地方政府纠正不当做法，处理一些人员，尤其是具体执行者，但已给当地政府形象造成难以挽回的损害。

释放，在这种情况下，政府和政府工作人员应该充分认识到：公民监督批评政府，不但不会削弱政府的权威，反而能推动政府和工作人员不断改进工作，从而使政府越来越具有威信。

同样的事情也发生在陕西省洋县。2009年4月9日，署名“老虎庙”的网民在博客中通过文字及视频披露，来自内蒙古的农民黄有杰，反映陕西省洋县的镇人大代表、村支书、公安局长等人拐卖其两个女儿等罪行，引起网民热议。4月24日，陕西省洋县在汉中市召开新闻发布会，公布了对网民“老虎庙”博文与事实不符。洋县有关负责人表示，将依法追究发布不实网文者及相关网站的法律责任。但媒体对此也同样发出了质疑的声音。2009年4月28日《新京报》刊登《面对疑惑，洋县政府应继续释疑》的文章指出，既然洋县已经做了周密的调查，甚至已经得到公安部、陕西公安厅的核实，那么调查结果理应让民众心服口服。遗憾的是，洋县警方的这个说明里，很多地方没有“说明”，仍有很蹊跷和违反常理的地方。要消除人类交流中出现的误会，就要做到“能说清的一定要说清楚”。当然，关于信息公开的良性互动才刚刚起步，未必能十全十美。但就洋县“谣言”而言，对其中的问题，当地政府的调查并没有给出一个明确的交代。

民众有知情、参与、表达、监督的权利，政府就有真诚地打开问号进行解释的义务。《新京报》发表题为《越解释越糊涂》的评论文章指出，解释，就像用一块抹布擦镜子。如果一个镜子越擦越脏，原因无他：那块抹布本来就是脏的。要想解释让公众信服，那就请先把“抹布”弄干净吧。

“通钢血案”：永远别忘了“主人”

2009年7月24日，吉林通钢集团通化钢铁股份公司发生一起群体性事件。部分职工因不满企业重组而在通钢厂区内聚集上访，反对河北建龙集团对通钢集团进行增资扩股，该事件一度造成工厂内七个高炉停产，建龙集团派驻通化钢铁股份公司总经理陈国君被殴打，最终不治身亡。

对此，8月10日《中国新闻周刊》的报道指出，这起暴力事件是国企改制过程中的一个悲剧。需要引起注意的是，在钢铁业国退民进的大背景下，一系列事关公平的群体积怨已经到了一个爆发的顶点。观察整个事件，我们发现，这是一场暴力化的讨价还价。事实上，通钢的职工是以集体暴力的手段，反抗了企业改制中存在的种种不公平现象。他们反对的既不是国资的退出，也不是民间资本的进入，而是整个过程中的不公平与不透明。这不是一个姓社、姓资的讨论，而是一次有关社会公正的冲突。

由通钢的悲剧，我们需要思考，在国企改制中，如何兼顾各方的利益，既给被兼并企业的发展带来后劲，也充分考虑到职工的集体利益。而地方政府作为国资监管者和社会秩序的维护者，必须要直面这一问题。

“通钢血案”的根源是国企改制中的劳资矛盾

通钢事件中有两个特点，一是工人自发的大规模的集体行动，二是劳资冲突中的暴力化倾向。如何正确解读和应对这种特点，是中国劳工政策需直面的重要问题。这起由国企改制诱发劳资矛盾而酿成的群体性事件，被劳动关系研究专家常凯称为“中国劳资关系发展的标志性事件”。

8月10日《中国新闻周刊》的报道指出，在我国国企改制历程中，存在着国有资产被低估、贱卖、流失的客观情况，一些地方国企职工权益受损的情况也比较普遍。十几年

通钢"7·24"事件全记录

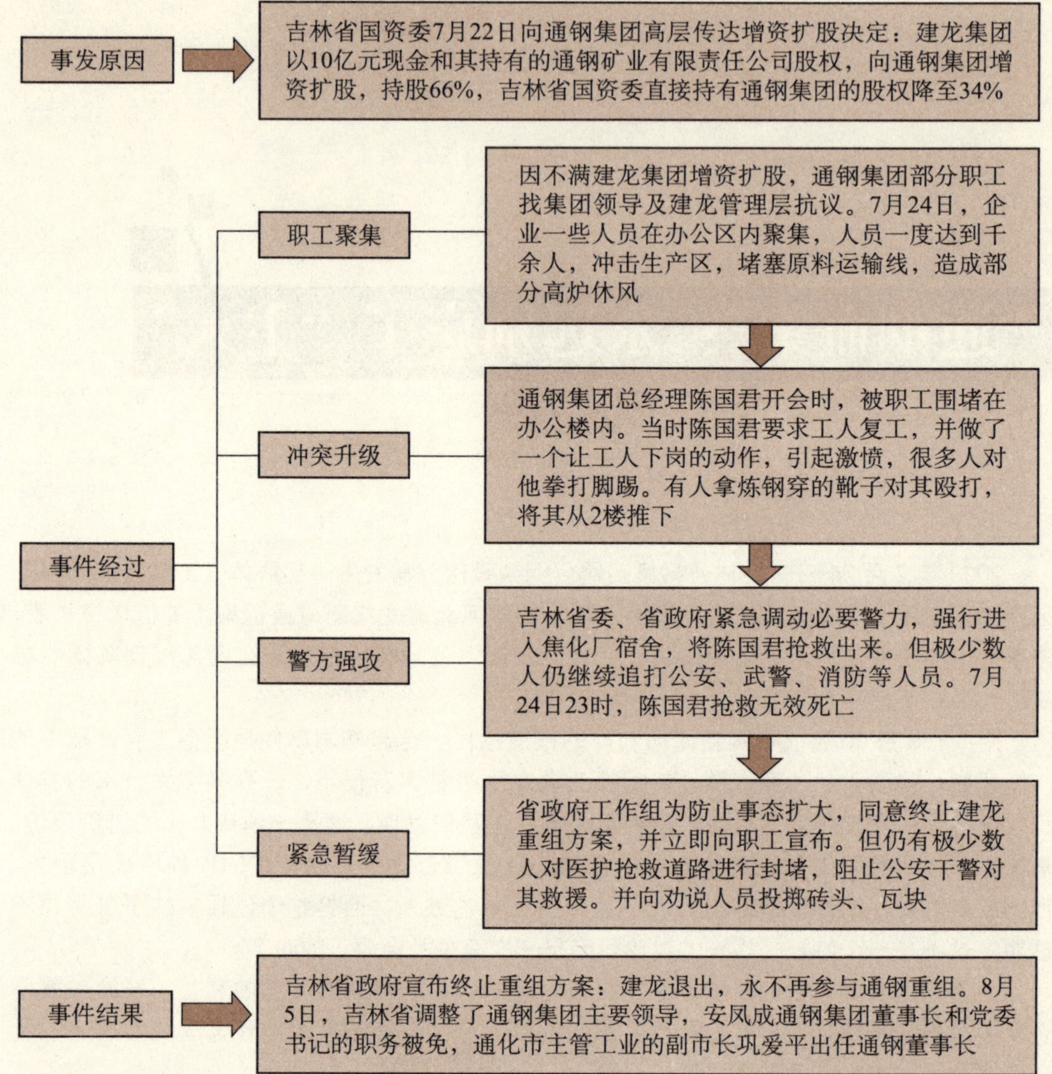

国企改制阵痛遗留下来的劳资矛盾一再被压抑、积累，一些矛盾已经达到了"临界点"。在一家几代人的生计都依靠一个国企的东北老工业基地，这种现象尤其凸显。

随着我国经济体制改革的推进以及劳资力量对比的日益悬殊，工人在企业中的参与权逐渐弱化。由于利益表达渠道不畅，在上访、告状收效甚微的情况下，工人们逐渐意识到了集体行动的力量。常凯教授称，现在的工人已不再像国企改革之初那样懵懵懂懂了。如果改革措施对国有资产保值增值和职工权益保护考虑不周，工人已经不再答应了。

近年来，由劳资矛盾、集体争议引发的群体性事件增速明显。这些事件的背后，也往往显示出，在解决劳资矛盾的时候还缺乏一些配套的政策和实施细则。

2008年推出的《中国劳动关系发展报告》中指出，劳资集体争议和工人集体行动，

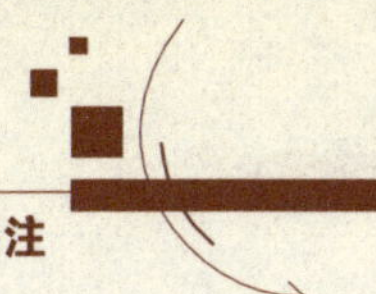

在中国劳资关系处理中所表现出的作用越来越大，工人的权利意识、集体意识、组织意识也越来越强。对于工人的集体行动如果处理得当，可以促进中国的劳资关系由个别调整向集体调整有序发展，如果处理不当，则会更加激化劳资矛盾甚至加剧工人和政府的矛盾。

通钢事件中陈国君被殴致死尽管只是一个偶然事件，但这种极端行为已经不是个案。2009年以来，已有几起企业高管被杀案发生。而在通钢，暴力事件其实早已隐现端倪：2008年年底，通钢炼轧厂厂长宋凯被一名工人锤杀。这些血案已经发出了警示：由于中国的劳资关系和劳资矛盾处理的不规范和中国劳工政策尚待完善，中国的劳资关系处理已经出现暴力化倾向。如何避免下一个悲剧人物的出现，这是摆在所有企业面前的问题。

国企改制不能牺牲职工利益

通钢改制的4年当中，建龙集团神秘地退出再进入，而作为改制主体的通钢集团多数高管和职工却蒙在鼓里。不仅如此，改制之后的一些下岗工人的月收入不足300元，职工基本的生存权益也受到了严重挤压。这4年里，通钢工人的情绪从一开始的抱怨，逐渐发展到怨恨，始终没有得到疏解，最终导致发生过激行为。

据8月10日《瞭望》杂志的报道，在通钢事件中，吉林国资委7月22日宣布建龙集团控股的方案时，通钢上下似乎全不知情，以致通钢原董事长和几名副总当场宣布辞职。“突然袭击”式的改革令企业高管都感到意外，更别提普通职工了。

建龙集团与通钢集团合作轨迹图谱

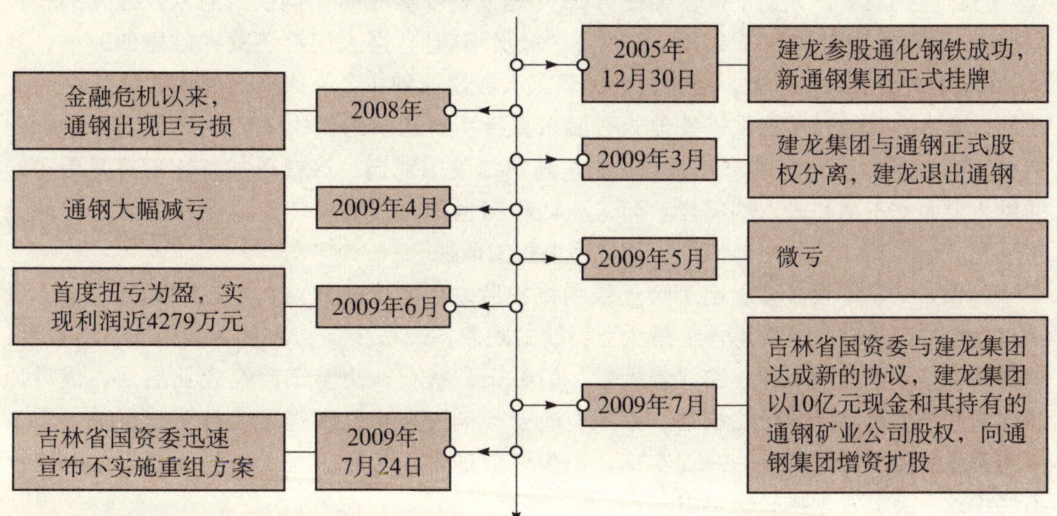

在我国企业，职工代表大会是工人表达利益诉求的最主要渠道。《中华人民共和国劳动法》、《中华人民共和国工会法》、《中华人民共和国企业国有资产法》、《中华人民共和国公司法》等，对企业通过职代会等形式开展厂务公开、民主管理的规定非常明确。中办国办也一再下发红头文件，要求国企改制过程中，涉及职工切身利益的重大事项，应向职工公开，职代会按照法律法规规定具有决定权和否决权。然而问题是，一旦企业违反这些法律法规，职工却缺乏直接、可操作的救济渠道，有学者表示，随着职工在企业中参与权和话语权的弱化，职代会被虚置，甚至连个形式都不走的现象便更加明显了。

2005 年和 2009 年建龙参股通化钢铁的股份比例比较

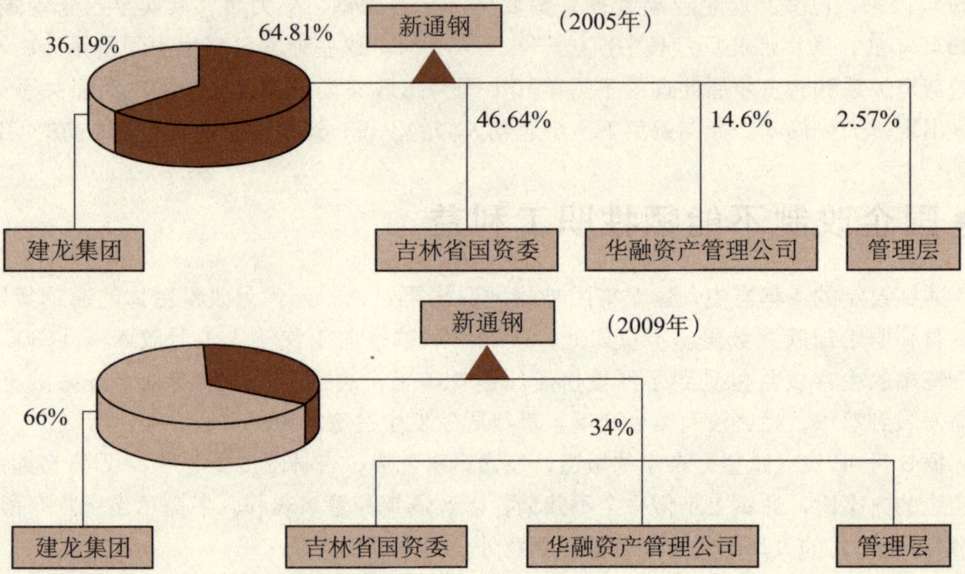

新通钢 （2005年）
36.19% 64.81%
46.64% 14.6% 2.57%
建龙集团 吉林省国资委 华融资产管理公司 管理层

新通钢 （2009年）
66% 34%
建龙集团 吉林省国资委 华融资产管理公司 管理层

透过通钢血案，人们发现，早在 2005 年建龙初次参股通化钢铁的时候，建龙的股份只有 36. 19%，当时建龙就要求国资委要“减员增效”，当人们都还蒙在鼓里的时候，就有 7000 余人被内退和下岗，通化钢铁的职工人数锐减到 1.3 万人。而此次血案发生时的改制方案中，吉林省国资委等其他原有股东直接持有通钢的股权降至 34%，建龙钢铁则持有 66%的股权，相当于原来的第一股东与第二股东对调，这就更加意味着将有更多的通钢人要面临下岗和收入的减少。而这一切居然也是没有经过任何讨论和征求之后的突然消息。很显然，这是对他们的权利和话语权的蔑视。

不仅如此，尽管法律规定工会代表和维护劳动者的合法权益，但在实际当中，不少国有企业的工会让人感到基本上是企业行政的附庸，而私企工会大多容易为雇主所控制，这种工会组织的“行政化”和“老板化”的不正常状况，使得工会在企业层面，很难真正代表和维护劳动者的合法权益。在国有企业改制过程中，有些工会甚至连反映一下工人的意见和要求都做不到。在现实中，不少企业的工人实际上是无组织无代表的。通钢事件中这一点就表现得较为突出。

这一切都直接导致了工人利益表达的常规渠道被堵塞。工人权益受损的矛盾长期被压抑、积累，工人权利意识日益觉醒、增强，体制内意见表达渠道阻塞，在这三个因素的共同作用下，工人只好用自发的集体行动，来表达自己的诉求。而一些工人，在利益严重被侵害，而又没有任何有效的救济渠道的情况下，铤而走险与老板“拼命”，变成了

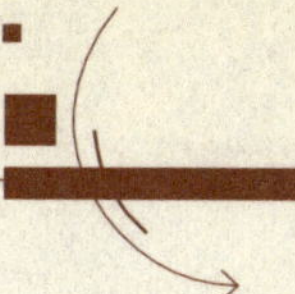

一种万般无奈之下的选择。

“通钢血案”不仅是2009年最令人震惊的事件，也是中国国有企业改制进程中最惨烈的悲剧。因为此事具“劳资冲突”的显著特征，众多评论纷纷指责主导通化钢铁集团改制的吉林省国资委未能与工人充分对话沟通，更有媒体以《通钢改制有没有事前征求工会意见》为题著文，断言改制未与工会商量并获支持，是引发工人与政府及股东代表冲突的直接原因。

8月3日出版的《财经》杂志报道中指出，只要对悲剧发生的过程详加探究，不难发现，整个事件要复杂得多，其教训不仅属于通钢，属于吉林，也属于仍处在改制探索中的众多国有企业；其核心不在于所有者是否有必要与利益相关方工人对话，而在于如何对话与何时对话。从根本上说，就是双方能否建立起对话合作的长期有效机制；国有企业内部代表工人利益的机构（例如工会、职代会或其他）如何脱离经营者控制，成为能够真正表达工人诉求的自主性组织。中国改革走到今天，这已经是一个不容回避的问题。

以“通钢事件”为例。通钢集团过去是“一股独大”的国企，企业管理层包括了董事会、经理层、党委会和工会，虽然机构林立，但其实是一元化的管理系统，工会以及职工代表大会本身不具备独立自主表达意见的空间。在付出大量改制成本“减员增效”之后，通钢集团2005年11月实施了以产权改革为中心的改制，成为国有相对控股、民营企业持股1/3强的多元股份制公司，董事会和管理层也有民营企业派出人士加盟。但是，其工会和职代会仍沿用原有系统，掌控在国企管理者之手。

于是，出现了根本性矛盾：吉林省国资委和建龙集团作为主要股东，在企业展开重大战略调整和变革之际，并不具备及时了解工人诉求、获得工人合作的直接通道；劳资之间的利益协调，仍然通过传统国有体制下经营者一体化的机制进行；新老股东在企业的代理人出现矛盾，极易简单转嫁为工人与新股东及其代理人的矛盾；工人缺乏获得利益保障的安全感，对政府代表失去信任，对企业的进一步产权变迁心存疑虑，拒绝合作，甚至选择走向对抗。

在经济过热、钢铁行业前程似锦的前几年，矛盾仅表现为小摩擦；至2008年下半年经济变冷，底子就掉了出来。国资出资人和民营企业家作为大股东仍然“高高在上”，而老国企经营者早已具备“内部人控制”能力。冲突的爆发只是时间和契机问题。

这是一个没有单一解的巨大悲剧。可以观察到的教训多维而且沉重，但有一点已经相当清晰：中国渐进式改革框架下的国企改制必须准备支付更大的代价，顾及多方的利益，形成具有制衡力的机制；以法治为基础，企业包括国企内部工人自组织的建立及其独立性问题，必须提上议事日程了。

国企改制警惕职工的“归属焦虑”

一起旨在焕发企业活力、本应受到职工欢迎的企业重组，竟然演变成了千名职工将入股企业派驻的总经理殴打致死的群体性事件。从整个事件来看，职工权益受损是引发群众情绪失控的重要原因。

7月30日新华网的署名评论文章称，在企业改制过程中，职工最关心的就是对自己的安置，这涉及他们以后的生活来源和社会保障，对许多职工来说，这就是家庭最根本的生计问题。而如何维护职工的合法权益，争取广大职工群众的理解和支持，一直是国有企业改制工作中的重点和难点。党中央、国务院多次强调，要在改革中做好职工安置方案。国务院办公厅转发国资委《关于进一步规范国有企业改制工作实施意见的通知》专门列出一块，对改制后企业如何维护职工的合法权益做出详细规定，其中包括人员分流安置、职工劳动合同的变更、未留用人员的经济补偿，等等。

然而在实际操作中，一些国企改制负责人却无视群众意见，将职工视为资本的一部分，可以随意删减处置，在改革方案尚未征得广大职工认可的情况下就强行实施，一些未留用职工和退休职工的薪酬福利问题被扔到一旁。这正如8月6日《中国青年报》的评论文章说的那样，这是职工对未来的安全感，即“归属感”的缺失。

吉林通钢数千名职工因不满重组而聚集上访，恐怕根本原因也和这有关——原来是国有企业职工，生活是有保障的，医疗和养老是有保障的，可一旦被民营企业并购，这些还有保障吗？当他们对未来的保障有担忧时，就很容易产生群体性的“归属焦虑”，在“归属焦虑”下发生一些非常事件也就很有可能了。

其实，国家有关部门早就预料到改革带来的“归属焦虑”，并出台了一些政策，如国资委《关于进一步规范国有企业改制工作实施意见的通知》中，专门对改制后企业如何维护职工的合法权益做出详细规定，其中包括人员分流安置、职工劳动合同的变更、未留用人员的经济补偿等，但这一切很难从根本上消除这些人的“归属焦虑”。原因就是，这些改革是就事论事，没有从全局性考虑民众的保障问题。

改革，面临着博弈与摩擦，存在着矛盾与冲突，如何将其最小化，而不至于引发群发性事件？如何让关联方的利益在既定合理范围内得到合法的保护，又能将阻力消除，甚至转化为动力，这无不是一门矛盾的方法论的艺术。

8月7日《中国企业报》题为《通钢事件的国企改制之“痛”》的文章指出，在已经成功的国企改制的典型案例中，之前的员工“国有情结”反倒是改制后的国企重新焕发生机的积极因素。所以，国企改制只要改制方案公正、公平，改制程序规范、合理，操作过程公开、透明，经过一定时间、一定程度的解释和说明，绝大多数职工都会理解并支持改制的。国有企业的改制需要更多的人文关怀，从各个角度把道理讲通，既能帮助职工重新找到自己的真正归属，也可以顺利地将改革进行下去。

因此，在国企改制过程中，不仅要考虑当地政府和企业的利益，还应重视员工利益，政府、企业、职工三者之间应该积极配合，形成良性互动。政府不仅要当好引导者、推动者的角色，还要当好协调者、监督者的角色。在改制过程中，政府要做好化解矛盾的工作，而不应该将矛盾留给企业去面对。

作为参与国企改制的民营企业，应当具有高度的社会责任，优先考虑职工利益。改制方案要广泛听取意见、打消职工的顾虑，得到绝大多数职工的理解和认同。作为企业职工，对改制要有正确的心态和认识，对民企不该存有偏见。

“通钢事件”的发生，再一次警示着我们，国企改制是一项复杂而又敏感的系统工程，必须权衡各方利益，在制度的框架内有序地进行。任何简单、粗暴的做法，只会让我们付出巨大代价。

全总要求进一步做好国企改制中的工会工作

早在2005年12月，中华全国总工会就曾发出过《关于在国有企业改制中切实维护职工合法权益的一份意见》，明确提出，要确保职工群众在企业改制中的知情权和监督权。国有企业改革改制方案、兼并破产方案、职工裁员及分流安置方案等均属企业重大决策问题，都应以各种形式及时向职工群众公开。同时，企业实施改制时必须向职工群众公布企业总资产、总负债、净资产、净利润等主要财务指标的财务审计、资产评估结果，接受职工群众的民主监督。

在这份文件的第五条还写明：要保障改制工作中的职工民主管理和民主参与权利。国有企业改制方案和国有控股企业改制为非国有企业的方案，必须提交企业职工代表大会或职工大会审议，充分听取职工意见。其中，职工安置方案需经企业职工代表大会或职工大会审议通过后方可实施改制。工会要发挥监督作用，督促改制企业在操作过程中严格执行这些规定。改制企业召开职工代表大会，必须有三分之二以上的职工代表出席；职工代表大会审议改制方案作出的决议，必须经企业全体职工代表半数以上通过方为有效；职工代表大会的表决应以无记名投票方式进行。不能以职工代表团（组）长联席会议代替职工代表大会作出决定。上级工会对改制企业召开职代会要加强指导，职代会召开时应派员列席，保证职代会严格依照法定程序召开，如果发现有违规现象，应及时予以纠正。

“通钢血案”发生后，中华全国总工会8月14日发出《关于在企业改制重组关闭破产中进一步加强民主管理工作的通知》，再次强调要在国有企业改制过程中依法依规落实职工的知情权、参与权、决策权和监督权，切实保护职工利益。全国总工会副主席、书记处书记陈荣书在接受媒体采访时说，近年来企业改制中有一些损害职工合法利益的事情发生，在企业改制的过程中需要民主决策，需要工会介入，企业职代会在这个过程中发挥应有的作用也需要工会的支持。国有企业改革要坚持实行职工代表大会制度和厂务公开，企业改制和兼并破产方案要提交职代会审议讨论，企业裁员和职工安置工作方案要提交职代会通过，保障职工的知情权、参与权、表达权和监督权。

“通钢血案”平息两个多月后，全国工会工作经验交流会议于2009年10月19日在湖北省武汉市召开，交流推广湖北等省市工会、企业工会在推动科学发展、维护职工权益、维护社会稳定等方面的经验，以进一步统一思想、明确任务。中华全国总工会副主席、书记处第一书记孙春兰出席会议并讲话，强调要结合实际深入学习贯彻党的十七届四中全会精神，努力提高工会建设科学化水平，不断增强吸引力、凝聚力，进一步做好新形势下的工会工作特别是国有企业改制中的工会工作，切实提高服务科学发展、服务职工群众的能力和水平，在团结动员职工群众为推动经济平稳较快发展建功立业、维护职工群众合法权益、维护职工队伍和社会稳定中大有可为、大有作为。

孙春兰在讲话中充分肯定了湖北等地工会工作的经验，并将其概括为五个方面，即坚持党的领导是做好工会工作的根本保证，坚持全心全意依靠工人阶级是促进经济平稳较快发展的根本途径，坚持自觉履行维护职工权益的神圣职责是工会赢得职工群众信赖的重要前提，坚持维权与维稳相结合是工会发挥国家政权重要社会支柱作用的基本手段，坚持以改革创新精神加强工会自身建设是工会发挥作用的重要基础。她说，这些经验反映了工会工作的创新成果，具有普遍的借鉴意义，各级工会要认真学习，进一步推动工会工作的创新发展。

孙春兰指出，党的十七届四中全会对加强工会自身建设、推进新形势下工会工作提出了新的更高要求。深入学习贯彻四中全会精神，就要认清形势、凝聚共识，进一步团结动员广大职工为推动经济平稳较快发展建功立业；就要坚持党的群众路线，进一步推动全心全意依靠工人阶级根本方针的贯彻落实；就要进一步推动保障和改善民生各项政策的落实，切实维护职工权益和职工队伍稳定；就要进一步加强工会自身建设，夯实党的阶级基础和群众基础，自觉肩负起新形势下工会组织的政治责任。她强调，各级工会要以党的十七届四中全会精神为指引，围绕加强党的执政能力建设和先进性建设这条主线，进一步加强思想建设、组织建设、作风建设、制度建设和干部队伍能力建设，努力提高工会建设科学化水平，建设学习型、服务型、创新型工会组织，为推动党的建设取得新进展发挥工会组织应有的作用。

孙春兰说，当前，各级工会组织要充分认识坚持做好国企改革工作的重要性和紧迫性，自觉地把参与国企改革工作作为当前一项重要任务来抓，既要旗帜鲜明地支持改革，又要旗帜鲜明地维护职工合法权益。要坚持以职代会为基本形式的企事业单位民主管理制度，按照全总《关于在企业改制重组关闭破产中进一步加强民主管理工作的通知》要求，充分发挥职工代表大会的重要作用，切实落实企业改制中职工的各项民主权利；坚持以职工为本，进一步做好国企改制中的维权和帮扶工作，切实推动解决困难职工的生产生活问题；积极配合党政有关部门，深入细致地做好职工群众的思想政治工作，切实把企业改革过程中的矛盾和问题解决在基层，以职工队伍的稳定促进企业与社会和谐；加大改制企业工会组建工作力度，确保在改制中工会组织不断层、工会工作不断线、工会会员不流失，切实发挥改制重组和关闭破产企业工会的作用，促进国有企业改制顺利进行、保障职工合法权益得以实现。

相关阅读

中国进入“被时代”

最近网上开始出现一个被动词——“被就业”。来自全国各地多所高校的毕业生在网上发帖，交流自己“被就业”的经历和感受。其中不少毕业生是“被要求就业”，即学校

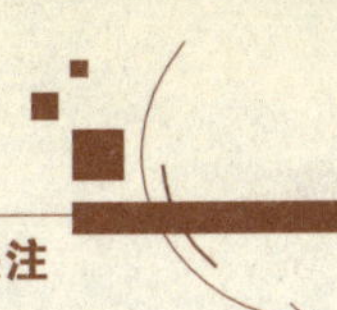

要求没找到工作的毕业生自己随便找个章盖在就业协议上。有的高校还规定，毕业生没签就业协议就不发毕业证，而不管就业协议是否有假。有的高校专门组织人员替毕业生和“接收单位”签署虚假就业协议，毕业生本人毫不知情就“被就业”了。而更令人震惊的，就是“通钢血案”中暴露出来的“被改革”。

2009 年媒体上关于“被时代”的评论

时间	媒体	主要方面	主要观点
2009.7.27	东方早报	“被就业”	强制性地以假就业合同换取毕业证，是严重的违法行为。任何一个没有严重违纪行为、成绩合格的学生，不管是否找到工作单位，都应该也必须得到毕业证书，这是任何人和机构不能剥夺的权利
2009.5.30	华商报	“被自愿”	“被自愿”成了常态，我们的社会就是一个自愿被勒索与绑架的社会
2007.2.2	红网	“被贫困”	之所以存在富县长期戴“穷帽”的怪象，其根源在国家扶贫制度“精确度”不够，政策设计过于“粗糙”，针对性不强，所以，才出了一批“奢侈”“跑部进京”和“经济强县”的国家级贫困县
2009.7.29	新华网	“被增长”	对于公众来说，判断倒也很简单，自己的收入自己心里有数。如果只有自己一个未增长，那不能说明问题；如果有一大群人都在喊自己的收入“没增长”，那就只能说明，我们可能“被增长”了
2009.05.11	中国经济网	“被改革”	全民都应该成为国企发展的“受益者”与“分红者”，可是，现行的国企利益分配体制下，全民得不到一点点的利益好处，直接的受益者与分红者只是这些国企高管及员工。垄断企业的“合规合法”高薪，正在破坏着社会的公平底线，影响了和谐社会的建设，影响到改革发展成果的共享。高薪高得吓人，低薪低得可怜

“被就业”：连这家公司听都没听说过

7 月 12 日，西北政法大学 2009 届毕业生赵冬冬以“酱里合酱”的网名，在国内某知名论坛上发帖，称在他不知情的情况下，学校就与西安一家公司签订了就业协议书，而他连这家公司听都没听说过。一时间，“被就业”成为社会热门词汇。

“被就业”并非个别高校别出心裁的构思，从大学扩招之日起大概就“古已有之”。就业率就是某校高校的门面工程，学校完成这个“政绩工程”而不得不采取弄虚作假的手段注水，提高每年的高校毕业就业率。大学招生为了吸收新生，很多学校的招生简章都打出学校就业 100%，就业专业供不应求等假象，例如某某热门专业就业率需求率超过 300%，家长和学生参照就业率作为选择高校的条件之一。高校一旦获得生源，他们只需要营造一个高就业率的假象，就可以从教育部骗取更多的教育资源和投入，学校圈地跑马，从学生那里收取更多费用。一个根据学校面积，师资力量等为以评定知名学校的高校就在这种恶性循环之下诞生。

按照教育部公布的 2009 年高校就业率为 68%，这一比例与往年就业率持平。在 2009

年金融危机的大环境下，在总理的关怀下，就业是社会关注的头等大事之一。这样一个持平的数据说明了教育部门、劳动保障就业部门，企业等在困境之下做出了很多实质性工作，取得了一定的效果。但放在“被就业”的背景下，人们不禁怀疑，这一数字背后的真实性。

针对以上情况，人力资源和社会保障部新闻发言人尹成基7月下旬表示，有关部门、各高校都在尽可能为毕业生提供有效的就业服务。对于个别的高校毕业生虚假签约的情况，政府部门不会放任。

就业难是由这些看得见和看不见的问题所掣肘，一旦某些学校以“被就业”掩盖，会干预到国家辅助那些贫困大学生就业问题，甚至会干预政策的制定方向。它可以无限扩大为产业调整，经济模式升级，银行融资思路的转变，等等。在这些复杂的背景之下，某些高校为了一己之私制造了“被就业”现象。虚高就业率只会让就业工作越走越偏，甚至忽略了本来最值得关注的就业困难群体。

“被自愿”：要退钱就必须退人

《新京报》5月28日报道，重庆铜梁县教育局要求孩子读小学缴纳9000元的“教师慰问金”。学生家长反映至县教委后，被告知“要退钱就必须退人”。该县教育局局长赵品银接受记者电话采访时称，确有家长缴纳“教师节慰问金”一事，但均属自愿。无独有偶，《钱江晚报》7月8日报道，近日记者接到一名学生的投诉，称宁波教育学院每年都会在毕业生离校前强行向学生收取“孝敬费”。学校这一届455名高职毕业生每人都被强行收取了30元钱，用于给学校购买一块价值10万元的电子显示屏。调查得知，这是学校历来的潜规则。而校方则坚称这是学生的“自愿”行为。

事实上，早在数年前，教育部就专门发布文件，要求各地严格规范公办学校收费行为，公办学校按规定开展教学活动和合理的办学支出要从公用经费中开支，不得自行以各种形式向学生和家长收费。国务院的相关文件也要求，对符合当地政府规定接收条件的进城务工人员随迁子女，在公办学校就读的，免除学杂费，不收借读费。随着新义务教育法的贯彻实施，诸如所谓的“借读费”“择校费”“赞助费”“插班费”更是师出无名，在被清除之列。然而，上有政策，下有对策，尽管收取“借读费”名不正言不顺，但惯于敲骨吸髓的学校便导演了“被自愿”这个词语。

“教师节慰问金”不过是当地教育部门在乱收费上玩了变换字眼的文字游戏而已，加上“自愿”的潜在强制性，就使国家层面“一费制”减负的教育愿景，在这里完全落空。因此，我们不能不反思的是，国家法制层面的禁与限其实存在着豁漏，不该只是对教育乱收费“借读费”“择校费”字眼上的禁与限，而是该对法制允许下的所有正常教育收费之外的收费行为进行一票否决，不管是否“自愿”，不管你变换怎样华丽或乖巧的名目字眼，都无法得逞与立足。

有媒体更深入地剖析“被自愿”更深层次的原因指出，绝对的权力导致绝对的腐败，绝对的权力也导致绝对的“自愿”：面对极具威慑力和诱惑力的权力，自愿与否不会有商量的余地；没有了权力，一切“自愿”马上会烟消云散。

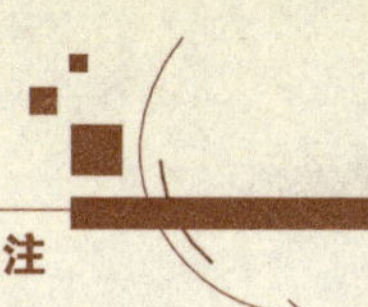

"被贫困"："贫困县"帽子好处多

一朝戴上"贫困帽"，终身享受扶贫优惠。昔日的"国家贫困县"经过国家多年扶持，由穷变富成为经济强县，但至今仍然享受"贫困帽"下的各项优惠。安徽省凤台县连续多年财政收入位居全省县财政收入的第一位，却仍然戴着"安徽省扶贫开发工作重点县"的帽子。而目前被大家关注的陕西神木县，2009年3月1日正式启动"全民免费医疗"制度。凡拥有神木籍户口的城乡居民患者，在定点医疗机构进行医疗，都将成为该制度的受惠者。为什么该县能够实现"全民免费医疗"制度？2008年该县实现人均生产总值6.87万元，折合1万余美元，远远超过全面小康社会人均生产总值3000美元的标准；财政总收入达到71亿元，其中地方财政收入16.7亿元。综合实力位居陕西省第一位，西部第5位，全国第92位。

但令人吃惊的是，神木同时还是陕西的"省级重点扶贫开发县"。按照神木县扶贫办副主任温玉姗的说法："神木县目前的贫困面还是比较大的，到2007年底，全县还有4.8万贫困人口；其中，年收入625元以下的还有1.9万人，625元到825元之间的还有2.9万人。"一个全国经济百强县就这样"被贫困"了。

国家发改委地区司扶贫处有关负责人曾表示，目前已有部分国家扶贫重点县人均GDP超过全国平均水平，地方预算内财政收入已达十几亿元甚至更高。其中个别县的县域经济实力不仅超过全国县域经济的平均水平和规模，而且超过全国百强县的平均水平和规模，属于比较典型的"富县戴穷帽"情况，应引起国家重视。

为什么他们就这样心甘情愿地"被贫困"呢？原因不难理解，别看这贫困县的帽子不好听，但国家的扶贫政策、各项有形的无形的支持优惠加起来，一个贫困县最多每年可有近亿元的生产生活资金支持，并全由地方支配。有这样一个巨大的利益诱惑，"想不'贫困'都难"。而且，对官员来说，最大的诱惑就是"贫困县"里容易出政绩，经济条件好的地方财政每年增收一个亿，远不如"贫困县"财政增加一千万"功劳大"。这就是"贫困县"帽子的实实在在的好处。

"被增长"：让人高兴不起来的数字

最近，许多媒体都刊载了这样的消息：在金融危机影响下，我国城镇和农村居民收入增长，在上半年都超过了GDP。国家统计局7月27日公布，上半年全国城镇居民人均可支配收入实际增长11.2%，农村居民增8.1%。城镇居民收入增长超过GDP增长，这本应让人振奋。但是，在几大门户网站上，多数网民却表示自己的收入没有这么大的增幅，有些网民还表示自己的收入实际上下降了，一些网民更因此而认为自己的收入是"被增长"了。

有关统计数据与多数民众的实际收入状况及感受不同，首先可能与调查抽取对象不够全面、广泛有关。统计部门称，此次数据是根据6.5万户城镇居民家庭抽样调查资料得出的。显而易见的，如果这6.5万户城镇居民家庭地域分布与所从事的行业不够全面、广泛，就可能得出与民众普遍收入状况与感受不尽相符的统计数据。而事实上，部分地方统计部门也确实一定程度上存在着"选择性统计"的习惯与癖好，这就难免会让人心怀疑虑。

另外，有关部门发布的城镇居民人均收入增长数据，事实上也遮蔽了当前不同行业与群体间收入增长的差距。当前国民收入增长存在着明显的行业与群体差距，但有关部门发布的城镇居民人均收入数据却是一个没有区分行业与群体间收入增长差距的笼统数字，这样自然也就会让那些收入增长缓慢甚至是负增长的行业从业人员与群体感觉与自身收入状况明显不符，并在此基础上产生收入“被增长”之感。

因此，如果部分地方统计部门不能摒弃“选择性统计”的偏好，增强抽样调查对象的广泛性与行业、群体、地域的均衡性，那么，有关国民收入统计数据就很难杜绝来自公众的质疑，很难不让民众产生不应有的收入“被增长”之感。

黄仁宇先生在《万历十五年》中提出：中国失败的原因无关道德和个人因素，而是在技术上不能实现“数目字管理”。要想证明“被就业”只是个别情况，应该有科学的统计；而要想统计数据不让民众产生“被增长”之感，则要依赖统计部门的公信力与权威性。不能科学统计“被就业”，是教育部的失败；统计数据遭遇公众怀疑，则是国家统计局的失败。这些失败累积起来，则会形成中国教育与社会治理的失败。

“被作为”：环境污染恶性事件中尴尬的政府

尽管环保问题在政府决策中的地位已经大为提升，但2009年被密集曝光的环境污染事件，仍令人震惊。典型的如湖南浏阳镉污染事件，截至2009年7月，在已出具的2888人的有效检测结果中，尿镉超标509人。此后，江苏邳州遭山东砷污染，当地刚完工不到3个月的耗资千万余元的治污工程基本形同虚设。此外，还有令人反思的杞县放射源卡源事件。而2009年7月下旬内蒙古赤峰的一场暴雨，致使污水渗入饮用水源井造成污染，到8月3日，已累计有4000余人就医。陕西凤翔县“血铅事件”，截止到8月16日，已造成615名儿童血铅超标，其中166名儿童中、重度铅中毒。

湖南浏阳镉污染和陕西凤翔“血铅事件”两起事件仅相隔十几天，时间之短，让人多少有些猝不及防，更具有讽刺意味的是，这两起事件都是因当地村民“集体维权”才得以浮出水面，而不是环保部门监测出来的。很大程度上，这种“被作为”恰恰说明当下环保治理中的“不作为”。

《21世纪经济报道》2009年8月7日发表评论认为，环保问题发生的复杂之处在于，它反映的并不仅仅是官民关系方面的问题。在环保问题发生之后，受影响的民众自然会向当地政府表达诉求，政府如何面对这些诉求，会直接影响官民关系；但这些诉求要求处理的矛盾关系，则往往是企业（包括国有企业和民营企业）与民众之间的矛盾或冲突，民众希望政府在面对这些矛盾的时候更多地考虑社会环境保护和民众公共空间的诉求。

改善环境的要害，在于地方政府积极改变唯GDP是瞻的发展观念和以牺牲环境支撑地方经济发展的政绩观，学会真正关心民生、主动作为，政府需要在纵容企业过度市场扩张和保护民众利益（保护环境其实也是保护民众的利益不受损害）之间做出选择。同时，要让普通民众发出自己的声音，充分拓展民众有序参与关系自身日常生活的事务的空间和渠道，让民众的声音和企业的诉求得到同样程度的表达。政府在协调处理企业扩

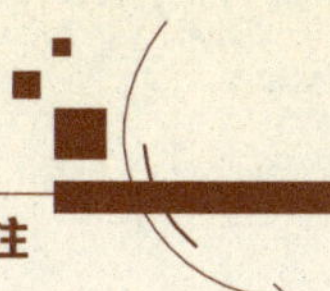

张诉求和民众诉求之间矛盾的时候，是否能够保持足够的平衡，关键在于普通民众的诉求是否能够得到足够充分的表达。由于普通民众诉求的表达要远较财力雄厚的企业困难，创设公众有序参与日常公共事务的渠道尤为关键。

纵观这些“被事件”，反映了当下许多普通人挥之不去的“被动性”命运。人们虽然在名义上拥有选择权和创造权，但实际上却无从选择和创造，人们需要做的只是“被××”，或者说只是接受并习惯“被××”。同样的“被事件”还有：

“被小康”。2009年年初，江苏省对南通市的启东、海门等地的小康达标情况进行随机电话民意调查，启东等地政府对受访群众威逼利诱，要求他们按事先下发的标准答案回答提问（每人能获50—200元奖励或144元电话月租费），中小学校为此放假一天，让学生背熟答案协助家长应对调查。上面调查问“小康了吗”，下面回答说“小康了”，那些原本在小康达标水平之下的群众，一夜之间就“被小康”了。

“被代表”。几年前，湖南嘉禾县政府为帮助一家房地产企业搞商贸城开发，要求公职人员负责各自亲属的拆迁工作，否则就要停薪停职、开除工作或下放到边远地区，全县先后有160多名公职人员受到株连，有一些群众因抵制拆迁而被拘捕。嘉禾县政府在一份公文中宣称，商贸城建设项目“代表了全县广大人民群众的根本利益”，那些被株连的公职人员和被伤害的群众，就这样又“被代表”了一回。

这些雷词告诉我们，很多人在具体的生活中尚无法被落实真正的公民权利和自由，各个领域的权力都可能很自负，为了私利，仍然表现出强烈的以权侵权、代人行权的冲动。只是，在法制日益完善的社会，个人的权利和自由被尊重的时代，施行强力的人不能不与时俱进。为了达成自己的目的，又会危及对象的权益，让对象“同意”被侵害，或者假造使对象“同意”被侵害，让自己逃避责任，不失为好办法。换而言之，就是在赤裸裸的“合法伤害”不能畅行无阻时，就寻求对象“同意”被“合法伤害”的形式。

有专家称，“被自杀”“被自愿”“被就业”被网友创造出来，不仅是描述，更是揭示。当人们被收缴了自愿的权利而心甘情愿“被××”时，预示着莫大的社会悲哀来临，那意味着，被绑架的人已经习惯于被绑架，被欺骗的人已经习惯于被欺骗，甚至产生了依赖思想，患上“斯德哥尔摩综合征”，不“被××”两下还觉得不舒服了，这是文明的倒退。

重视灾后心理重建是社会的一个巨大进步

2008 年汶川大地震留在人们心理的伤痛是永久的。而对于灾区的人们来说，这种伤痛甚至有可能永久地沉淀在他的基因中。所以，灾后重建并不仅仅是基础设施和生活资料的重建，健康心理的重建从某种意义上说更加重要。令人欣慰的是，我们看到，地震发生后，涌现出了很多心理救助机构、心理治疗师和志愿者，大家涌向受灾地区，用自己的热情和爱心抚慰那些失去亲人、忍受悲痛的人们。但是这样的热情过后，却让我们的爱心陷入了尴尬境地，映秀镇的一个由志愿者建立的“灾后干部心理干预工作点”，在 2009 年春节后竟人去楼空。

不仅如此，用“地震心理援助”作为关键词在网上进行搜索，出现的近 40 万条结果，其中包括“灾后心理援助专题网站”“灾后心理重建援助”等专业网站，但打开部分网站，发现更新的时间大多停留在 2008 年。心理援助组织面临着资金等方面的困难。中科院心理所 2008 年 6 月份时曾打算在灾区建立十个心理援助站，然而由于资金等限制，最后落成的站点缩减为七个。而目前，由于经费不足，每个站点每月只有 1 万元资金维持运转，此外，心理援助队伍缺少统一管理，缺乏长期系统的干预规划，这些问题已成为影响灾后心理重建的重要因素。

根据世界卫生组织的调查显示，地震半年后将进入心理问题高发期，而在一年之内都是危险期，20%的人可能出现严重心理疾病，他们需要长期的心理干预。北京大学心理咨询治疗中心主任方新指出，地震这样的严重灾害之后，几乎所有的灾民都会出现不同程度的心理创伤，其中 70%的人会随着时间推移以及自身调节逐步恢复，但是 30%的人可能会在之后 8～12 年乃至更长时间内处于慢性心理创伤状态，如果心理救援得当，则可降低这部分人群的比例。如不及时采取合理的心理干预，灾难发生之后三个月，可能出现一个幸存者自杀的高峰。

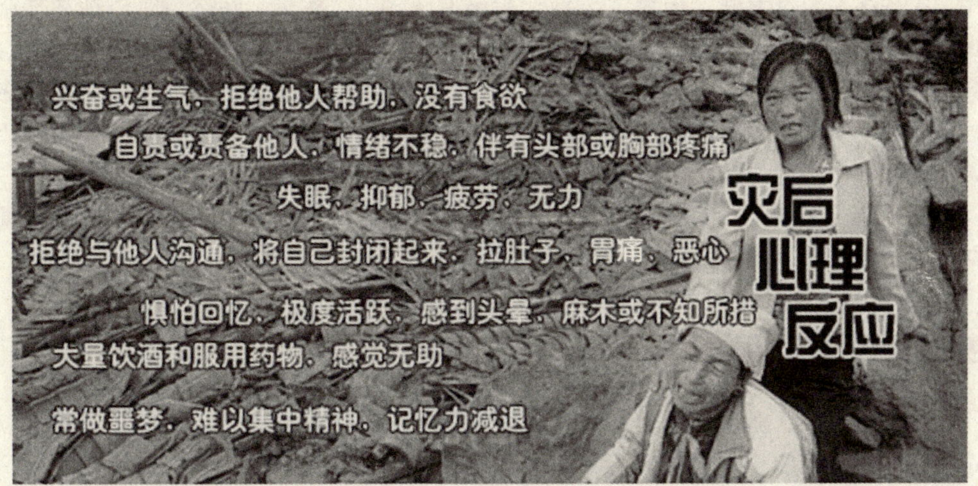

而这样的一个预言，在地震后不久被证实。2008年10月3日北川县委农办主任董玉飞因心理抑郁在暂住地自杀身亡，是北川灾后首例轻生的政府官员。2009年4月20日，北川县委宣传部副部长冯翔在绵阳家中自缢身亡，这也是继董玉飞之后，灾区又一例自杀身亡的官员。实事上，“5·12汶川大地震”极重灾区曾接二连三发生类似事件。

汶川大地震极重灾区发生的自杀事件

时间	地点	事件
2008. 10. 3	北川	北川县委农办主任董玉飞因心理抑郁在暂住地自杀身亡，是北川灾后首例轻生的政府官员
2008. 11. 17	北川	擂鼓镇发生首起灾民灾后自杀事件：擂鼓镇村民杨俊杀妻朱菊华后自戕
2008. 11. 19	绵阳市	绵阳市政府办公室人事教育处处长何宗华，当日上午在绵阳闹市区宇隆大厦跳楼自杀身亡
2008. 12. 6	北川	邓家海光村村民朱华会上吊自杀
2009. 1. 25	绵阳	绵阳永兴北川板房区年轻人母广翔自杀（后被成功抢救，已经出院）
2009. 1. 29	北川	擂鼓镇胜利村9组年仅40岁的王雪梅在自家板房内上吊身亡
2009. 3. 14	绵阳	绵阳市区的某著名中学教历史、年仅40岁的左老师，因为抑郁，一根绳索在自家了结了一生……
2009. 4. 20	北川	凌晨2时左右，北川县委宣传部副部长冯翔在绵阳家中自缢身亡，这也是继2008年10月北川农办主任董玉飞之后，灾区又一例自杀身亡的官员

在上述自杀事件当中，冯翔的遭遇和董玉飞十分相似，他们都是灾区的基层干部，经历地震解难，遭受丧子之痛，临危上任，工作压力大，而类似的遭遇在灾区干部中已经成为一种常态。随着时间的推移，在灾区重建如火如荼的背景下，地震给灾区人们带来的心理创伤越来越隐蔽。事实上，冯翔生前曾参加过灾后重建干部主题培训，那么为什么专业的心理培训没有阻挡冯翔轻生的道路呢？

《中国青年报》曾用“哄地来了，倏地走了”来描述灾区心理援助者的状态，称心理志愿者激情退去的速度快的和他们来时一样，很多心理援助者并非专业人士，到灾区时间短，工作多有象征意味。地震灾区甚至曾经有人说，“防火、防盗，防心理咨询师”。根据心理学家邓明义统计的数据，整个地震灾区患有心理疾病的人比例在3%到5%之间，人数在36万到60万左右，按照国际惯例，每十个受创伤者应配备一名心理师，每十名心理师应配备一名心理督导，而目前在四川做心理援助的只有中科院心理所、中国红十字会、阳光关爱中心等为数不多的组织，如此算来，灾区心理师缺口巨大。

冯翔的离去刺痛了我们的心，同时，这也是在提醒我们，对灾区人们的心理关怀和援助还有很远的路要走。

抚慰心理伤痕，关注心灵重建

一场灾难过后，坚强的灾区人民重新振作起来，开始新的生活。路桥正在重建；民居正在重建；县政府正在重建；广场正在重建；学校正在重建——一切都在重建……然而，人类最伟大的无过于心的重建。汶川大地震后，包括一些政府部门、部分非政府组织以及志愿者等许多心理救援队伍赶赴灾区支援，对灾区民众进行心理安慰和疏导，同时还建立了许多长期的心理辅导站，像“5·12心灵守望计划”德阳服务站就是长期驻扎在灾区的心理机构之一；“中日合作四川大地震灾区重建——心理援助人才培训项目”也已在成都启动。4月29日上午，全国首个“灾后社区心理服务中心”也在德阳建立……不仅如此，还有一些针对性强的心理救助方式。这在帮助灾区民众尽快从灾难的心理阴影里走出来，抚平地震幸存者心理创伤的心理重建方面起到了很大的作用。

四川启动灾区教师心理康复教培计划

为帮助地震灾区中小学教师提高心理康复和心理健康教育能力，推动灾区教师队伍建设，四川省教育厅决定在2008年组织实施“教育部支援四川地震灾区中小学教师专项培训计划”、四川省地震灾区中小学教师心理健康教育培训计划基础上，于2009年继续组织实施四川地震灾区中小学教师心理康复教育培训计划。通过培训计划的实施，促进地震灾区中小学教师掌握心理康复教育的知识和方法，提高他们自身心理康复能力及帮助学生康复的能力，促进灾区学校心理康复和心理健康教育工作持续、有效开展。

感恩社会——四川5月开展大学生心理健康教育

为进一步推动大学生心理健康教育，积极开展灾后心理调适工作，普及大学生心理健康教育基本知识，提高大学生的心理素质和行为应对能力，营造人人关心大学生心理健康教育的氛围，帮助大学生健康成长，四川省教育厅决定5月9日～5月31日在全省高校开展“2009四川大学生心理健康教育宣传月”活动。此次心理健康教育宣传月活动主题定为：“呵护心灵、拥抱生活、感恩社会”。四川各高校都将结合本校实际，在活动月期间开展心理健康教育宣传活动。

儿童友好家园抚慰灾区孩子心灵

为抚慰灾区儿童受伤的心灵，联合国儿童基金会在国务院妇儿工委办的支持下，于2009年7月起在四川省灾区建起34个儿童友好家园，其中绵阳12个，分布在北川、平武、安县、江油4个重灾县的板房社区或学校里。每个儿童友好家园里，联合国儿童基金会提供儿童读物、玩具、电脑、电子琴、电视机、DVD等。绵阳市选配热爱儿童事业，懂儿童心理、儿童教育知识的教师和管理人员从事此项工作。截至目前，绵阳的12个儿童友好家园已接待学龄前儿童万余人次。

老年心理干预培训开课

10月21日，“灾难救助与老年心理干预培训班”在蓉开课，来自四川成都、阿坝、德阳、绵阳、广元和雅安6个地震极重灾区及54个重灾县的老龄办和基层老协的负责人参加了培训。针对震后灾区出现的一系列心理问题事件，心理专家们强调灾区老人心理干预切记不能缺位。专家表示，即将进入康复期的受灾人群特别是老年人，灾后很容易患上创伤后压力症、焦虑症、抑郁症并出现复杂的哀伤反应。如何进行及时治疗？专家指出，参加社会集体活动是最重要的心理帮助手段之一。

部分受灾地区采取的心理救助方式

地区	特点	具体措施
德阳	全国首个“灾后社区心理服务中心”	4月29日上午，“灾后城南社区心理服务中心”揭牌仪式在德阳市第二人民医院学术厅举行。为更好地服务社区居民，发挥好该中心的作用，经中国科学院心理研究所和城南街道党工委研究决定，将该中心设在城南街道辖区的德阳市第二人民医院，并作为中国科学院心理研究所教学、科研和实习基地，为加快德阳的经济发展和灾区社区心理重建积极工作
绵阳	24小时心理卫生热线	从1月中旬起，绵阳各县市区将24小时开通心理卫生热线。针对基层公务员心理创伤严重、工作压力大以及伤残康复群体的心理服务需求。目前，绵阳市委党校、江油市委党校已把心理辅导或讲座作为对灾区干部进行常年培训的重要课程。灾区各级学校、医院开设了心理咨询服务或心理门诊，加强高危和患病个体的深度辅导与治疗
成都	教师心理减压	为帮助灾区教师摆脱地震灾害带来的阴影，四川省将从2009年开始，计划用3年时间，采取绑定高校，对口支援具体市州等方式，对地震灾区学校师生进行心理辅导与心理健康教育。据悉，对口支援成都灾区教师的高校为四川大学、西华大学和成都学院，将负责对灾区教师开展心理辅导工作，对灾区老师开展一对一的心理诊断、咨询、辅导和矫治
九寨沟	灾后妇女干部心理抚慰讲座	1月14日上午，九寨沟县妇联、县妇儿办邀请四川师范大学教育科学院副院长、硕士生导师、北京师范大学心理学博士戴艳教授在县政协会议室举办了心理抚慰专题讲座。戴艳从“妇女情绪压力产生的原因、具体表现和缓解情绪压力的方法”等方面进行了深入浅出、通俗易懂的讲解。通过讲座，使妇女干部群众受到了很大启发，并掌握了一定的心理调适和缓解情绪压力的方法，收到良好的效果

同时，4月28日《工人日报》题为《5·12临近，心理援助应提早介入》的文章建议，“5·12”周年将至，官方或民间的多种纪念、祭奠活动已经进入倒计时。这个特殊的日子，对于那场灾难的幸存者来说，又是一次心理上的冲击甚至折磨。相关部门、机构和所有关注震区的人们，应该尽早地、持续地为灾难的幸存者提供心理援助，帮助他们迈过这道坎。因此，在“5·12”周年活动中，怎样尽可能避免类似的伤害，应该成为进入灾区的非灾区人的自觉，并且有相关的约束。对于某些怀有猎奇之心者，更必须予以谴责和阻止。引用知名心理学者张结海的观点：安静的纪念也许才是最好的纪念。

基层干部心理救助，不能忽视的重要群体

在地震发生后，党和政府以及民间社会都十分重视对灾区群众的心理干预和救助。灾后心理辅导已由最初的应急阶段进入持续时间较长的恢复重建阶段。这一阶段，我们不能忽略基层干部这一群体，事实上他们比一般受灾群众要承担更多的责任压力和心理负担。

对灾区干部的心理干预应更制度化

“上面千条线，下面一根针，柴米油盐醋，万事都缠身”。这是灾区基层党员干部工作的真实写照。无论是在抢险救灾和灾后恢复重建中，还是在落实上级各项指令和要求中，基层党员干部都要事无巨细身先士卒，很多干部长期工作在基层，没有节假日，没有正常的家庭生活，没有固定的吃饭睡觉时间，有的甚至长期带病工作而得不到及时医

地震中北川县机关干部受损情况

在地震中，北川县机关干部损失巨大

据统计，全县干部遇难人数占全部干部人数的20%以上

遇难干部 436人

另有，13.7%的干部有子女遇难，
19%的干部家庭成为单亲家庭，
90%的干部有亲人遇难，
承受着巨大的心理和工作压力。

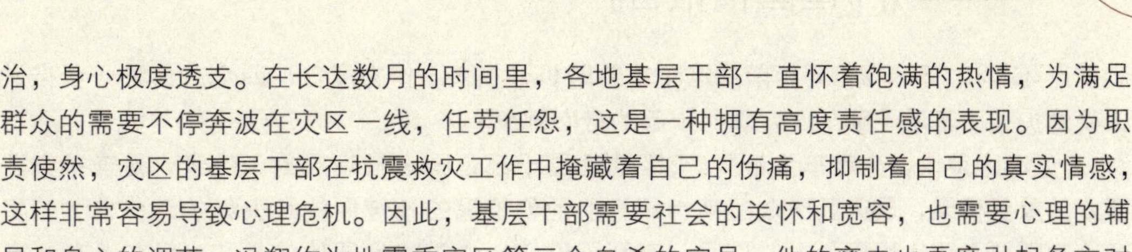

治，身心极度透支。在长达数月的时间里，各地基层干部一直怀着饱满的热情，为满足群众的需要不停奔波在灾区一线，任劳任怨，这是一种拥有高度责任感的表现。因为职责使然，灾区的基层干部在抗震救灾工作中掩藏着自己的伤痛，抑制着自己的真实情感，这样非常容易导致心理危机。因此，基层干部需要社会的关怀和宽容，也需要心理的辅导和身心的调节。冯翔作为地震重灾区第三个自杀的官员，他的离去也再度引起各方对大地震重灾区灾后心理援助的关注。

4月22日，“中国共产党新闻网”的评论文章指出，对震后灾区的关怀，物质救助至关重要，精神救援亦不可缺、且是必须。不仅普通民众需要关怀，包括基层干部在内的众多救灾者，同样需要灾后心理干预和救助。有心理专家说，在地震灾区的心理干预逐渐“退热”后，冯翔的自杀是一次警醒。对灾区干部的心理干预应更制度化，他们需要永久式心理救援。有网友慨叹说：“愿冯翔是最后一个。”

在地震中，北川县机关干部损失巨大。据统计，全县干部中有436人遇难，占全部干部人数的20%以上。很多人都有不同程度的心理和工作压力。

所幸的是，灾区基层干部的身体和心理状态出现的种种问题，已经引起了各级党委、政府的高度关注。2008年10月，在董玉飞自缢身亡之后，北川县委出台了《关于进一步深化干部关爱工作的实施意见》，制定20条措施帮助干部解决各种实际困难，逐步走出灾难阴影。2009年4月，北川羌族自治县委印发《中共北川羌族自治县委关于进一步强化干部关爱工作的实施意见》，与北川前农办主任董玉飞自杀后出台的关爱干部相对应，《意见》被称为“新20条”，以20条措施关爱北川干部。这是自2008年“5·12”地震以来，北川县为加强干部关爱工作出台的第二份文件。

此外，针对“冯翔自杀”事件，四川省委、省政府对加强灾区基层干部心理疏导和关爱工作进行了再研究再部署，要求各级认真落实中央领导有关批示，把握心理疏导这

北川关爱干部20条（摘录）

- 将建立“干部关爱工作领导小组”，下设“干部关爱办公室”。
- 对家属遇难的干部、遇难干部的亲属、因灾致残干部和生活困难干部“四类人员”重点关注。
- 列出不稳情绪和异常言行干部名单，做到思想状况、工作情况、身体状况、家庭情况“四清楚”。
- 将解决照顾夫妻两地分居干部，有子女遇难的干部优先。
- 北川县心理援助中心将作为北川一个新的正科级事业机构成立。中心负责整合心理援助资源，组织实施、分类指导全县干部、群众、特殊群体的心理援助工作。
- 坚持“朝九晚五”作息制度和正常休假制度，单位安排工作一般不占用干部休息时间，因特殊情况确需占用的，应及时补假，或按规定发加班补助。
- 积极开展健康有益的联谊、交友、相亲活动，支持单亲家庭追求幸福生活，共创美好未来。
- 对地震中失去子女、符合再生育条件的女干部，怀有身孕的，原则上安排休假。
- 解决干部住房问题，保证干部家庭（幸存家庭），家家有一套保障性住房等。

个重点环节和“5·12”周年前后这个重要时机，加大工作力度，从四个方面进一步推进关心爱护灾区基层干部工作，确保干部的身心健康。

“火车跑得快，全靠车头带”。灾区的基层干部是国家最基层的工作者，是连接灾区群众的重要桥梁，是灾区群众的精神依托。他们饱满的精神面貌和良好的工作能力，将会给灾区群众传达积极向上的信号，有利于群众树立重建家园的信心和生活的希望，有利于灾后重建工作的顺利开展。因此，在赋予基层干部更多责任的时候，同样应对他们进行社会关爱和心理辅导，积极热情地帮助他们做好工作，让他们拥有更好的状态为灾区群众服务，带领灾区群众向着光明的未来前行。

震后一年重灾区千余优秀干部获提拔重用

四川省委组织部2009年11月发布的最新消息显示：汶川特大地震发生一年多来，为缓解灾区干部压力，加快灾后重建步伐，四川地震重灾区先后有1100多名副科级以上优秀干部被提拔重用，其中破格提拔120人。

据介绍，汶川地震发生后，四川省委提出了在重灾县（市、区）、乡镇、村领导班子适当增加领导职数的政策。灾区各级党委及组织部门从省、市、县三级机关、非重灾区选派干部到极重灾区挂职工作，通过组织招考公务员、事业人员和大学生村干部，加强灾区基层工作力量。目前，全省共选派了4000多名干部到重灾区帮助工作，有效缓解了灾区干部的工作压力。

与此同时，四川省全面清理灾区各级领导班子缺额情况，及时足额配齐配强领导班子，大胆提拔使用经受住特大考验又在灾后重建中表现突出的干部。对担任乡、村党组织书记的干部，市、县组织部门在用足用够相应激励措施的基础上，积极探索解决干部实际问题的政策措施，坚持在抗震救灾和恢复重建工作一线考察、识别和使用干部，对表现突出、群众公认的优秀干部，采取就地提拔、交流提拔、破格提拔等方式优先使用，及时重用。

目前，四川省委组织部先后在地震后集中举办8期专题培训班，培训6个重灾市州和139个受灾县的党政主要领导、分管领导和部门负责人1600多名；启动拓展延伸培训项目25个，培训市县乡村干部和专业技术人员、企业经营管理人员等各方面重建骨干4.6万余人；推动重灾市县与对口援建省市采取联合办班、实地学习考察、请进来授课等方式，实施灾后恢复重建培训项目76个，培训各级干部1.86万名；组织30名重灾区组工干部参加中组部举办的专题培训班；配合中组部选派101名领导干部到日本、土耳其、意大利等国接受灾后恢复重建培训。灾区各级组织部门通过各种形式，举办各类培训班40余期，5200多名干部被安排以训代休。

此外，还对直系亲属伤亡、心理压力较大、家庭负担较重的干部，根据本人意愿，在适当范围内进行岗位调整或工作调动；根据干部个体状况，将重灾区的部分干部轮换到非重灾区工作；对非重灾区愿意到重灾区工作的干部，根据个人条件，由组织统筹安排，交流到重灾区工作。截至2009年9月底，灾区2523名直系亲属伤亡及其他心理压力较大、家庭负担较重的干部已被交流到条件较好的地区或单位工作，有效避免了灾区干部“难负其重”的情况。

呼吁灾后心理干预的更多投入

2009年四月地震重灾区北川县委宣传部副部长冯翔自缢身亡。此前，北川农办主任董玉飞，绵阳市政府人事教育处处长何宗华等多名干部也都是在渡过地震最困难的时期之后，悄然结束了自己的生命。是什么让他们丧失了生活的勇气?

5月4日“中国新闻网”的署名评论文章指出，中国心理学会的专家给出的答案是：地震后幸存者心理受到的巨大创伤，首先使其出现焦虑，之后是抑郁，而严重抑郁的结果就是漠视生命，半年到一年则进入自杀高发期。唐山大地震、伊朗大地震等的惨痛教训都证实了这一规律。

因此，专家们再次强调：心灵重建比物质重建更加困难，也更加重要；在进行灾后重建的同时，必须更要加强对幸存者的心理干预，进行心理疏导，否则还将会发生更多令人惋惜的可怕后果。

四川确保灾区干部身心健康四措施

一是明确责任。	市、县、乡党委特别是“一把手”必须高度重视关心爱护干部工作，建立干部关爱工作分级负责制和工作协调机制，定期分析通报干部队伍存在的问题，研究落实关爱措施。
二是摸清情况。	按照分级负责的原则，近期对灾区干部的个体状况集中开展一次排查工作，特别注意情绪不稳定、有异常言行的干部，确定重点关爱对象。在掌握对象的基础上，全面准确地掌握干部的基本情况，做到思想状况、工作情况、身体状况、家庭情况“四清楚”。
三是缓解压力。	对一些工作压力过大、心理负担过重的干部，统筹考虑、合理安排，适当减轻他们的工作量；对长期奋战在灾区一线的干部进行岗位调整，增配村社干部名额，充实基层力量。继续选派经验丰富的心理专家，到灾区开展心理咨询和心理抚慰；选派责任感强、经验丰富的思想政治工作者，做灾区干部的思想工作。
四是强化关爱。	认真分析重点关爱对象的个体情况，开展长期的、细致的、个性化的组织关爱和心理疏导措施，提高关爱工作的针对性和实效性。倡导干部之间、群众之间、干群之间的团结、关心、互助、和谐，为灾区干部创造更好的政治环境和文化环境，让灾区干部真正感到家的温暖、组织的关心，焕发更大的工作热情。

地震周年临近时，中国科学院心理研究所心理咨询中心副主任、北川心理援助站站长史占彪提醒人们：地震周年之际，必然会引起受灾民众一系列的心理反应，包括对地震的后怕、对丧亲的忧伤、对逝去亲人的思念等，需要引起密切的关注。他透露，在受灾最严重的北川县至少有3万人需要心理援助。

令人欣慰的是，为预防和缓解“5·12”地震一年后可能出现的心理问题和精神疾病，四川省卫生厅组织了110名精神科专家，对青川、北川、都江堰3个典型灾区的20万受灾人群，开展了为期1个月、主要针对心理卫生问题和精神疾病问题的实地调查。这是中国首次在大灾后进行群体心理调查，调查报告将于近日出炉。

世界卫生组织提供的资料显示：自然灾害或重大突发事件后，约20%至40%的受灾人群会出现轻度的心理失调，这些人不需要特别的心理干预；30%至50%会出现中至重度的心理失调，及时的心理干预会帮助症状得到缓解；而在灾害1年之内，还有1/5需要长期的心理干预。

四川大学华西医院对北川擂鼓镇108名教师的心理筛查或许印证了这一数据：患病率虽略低于国际比例，但已发现6名高危患者、10余名需药物干预、部分要进行心理辅导。20余名配偶和子女遇难的老师“对死去的亲人怀有强烈的内疚和后悔”，恐惧、愤怒、沮丧、焦虑，失眠现象最为突出。四川大学华西医院心理卫生中心派出专业心理咨询师常驻6个极重灾区，帮助灾区应对“周年危机”。

专家指出，目前心理干预还不能完全覆盖受灾群众，呼吁有关方面组织协调更多的心理工作者投入到灾后心理干预中来，从群体入手，采用适合于中国人的干预方式开展工作，通过重组家庭等，抚平心理创伤，恢复原来的健康生活状态。

最后专家提醒媒体，对灾区自杀事件的报道，要体现尊重隐私，尊重生命，而不应以猎奇的心态“挖内幕，穷追不舍”；希望媒体加大心理知识普及力度，提供更多科学信息，让出现心理问题的人群知道求助途径。

灾后，四川6个重灾区组织部门积极推进关心爱护灾区基层干部工作，增添措施，创新了不少方式方法。成都通过建立村民议事会，充分调动群众积极性，将基层干部从琐事中解放出来，缓解了干部工作压力；绵阳在板房区建起关怀辅导站，将子女遇难干部作为关爱工作的重点对象；广元对160名家属死亡的干部进行一一排查，统筹进行干部交流；雅安、阿坝等地对长期奋战在灾区一线的干部进行岗位调整，增配村社干部名额，充实基层力量。灾区各地组织部长还对下一步做好关心关爱干部工作提出建议，如每天或每周定时开展文体活动，通过健身活动缓解干部压力，释放身心等。

相关阅读

李澍晔的故事：灾后心理重建案例

李澍晔：生于20世纪60年代，1976年唐山大地震压埋18个小时的幸存者。以下是他在央视“讲述”节目里讲述自己震后一段时间的心路历程。

身体之后是心灵

1976年7月28日凌晨3时42分，12岁的李澍晔突然从睡梦中惊醒，感觉呼吸困难，一时间他分不清这是梦还是现实，不知道自己怎么会被困在一个黑漆漆的空间里，上面全是预制板和一些碎的砖头。作为一个12岁的孩子，当时他只觉得心里特别难受和恐惧。

偷偷看着父亲被抬走

在极度恐惧中度过了12个小时，李澍晔终于听到了父亲熟悉的声音："澍晔你在吗?不用怕。"几个小时之后，当他刚要为重获新生喜悦时，却又一次坠入了恐惧之中。父亲扒完压在李澍晔身上的砖头后，李澍晔刚一露头就看到父亲肾脏部位大出血，而且情况越来越严重。原来爸爸是在地震的瞬间跳窗户的，窗梁一下就卡在了爸爸膀胱位置。当时父亲所住的那个房间离自己的房间有5米的距离。他是带着伤，流着血从废墟中爬到李澍晔这儿的。

死亡、废墟、父亲、鲜血，这些场景让李澍晔内心的阴影越来越重。他开始自责。李澍晔认为如果爸爸当时不再继续救他，那么可能对肾脏的伤害就少一些。李澍晔说，这是他一辈子的愧疚。他要始终牢记，自己这条命是父亲给的。几个小时之后，李澍晔的父亲得到了救治，但他需要做尿道再造手术，他将被送往外地。9月1日，刚刚修复的唐山火车站人头攒动。一直对父亲心怀愧疚的李澍晔藏在送行的人群当中，偷偷地看着受伤的父亲被抬走，不敢上前道别。此时李澍晔并没有意识到，他给自己种下了一个心结。而这个结将伴随他一生。

为父亲的遗愿写了7本书

15年过去了，一直为父亲活着的李澍晔，也已经从部队转业，成为了一位心理学家，但是在他的脑海里，还会时常闪现父亲在地震中，舍身救他的那一幕。李澍晔觉得这还是自己的一个心理暗示，是一种愧疚感。这个时候他想到父亲临终时的遗愿。父亲曾说图书馆里面这么多书，咱们家里面这么多孩子，真的希望咱们家这么多孩子里面，有一个人写一本书上书架。李澍晔决定通过写书，来实现父亲的遗愿，解开自己的心结。他一口气写出了3本关于心理学的书。那时候他脑子里始终反复想着的都是7·28，想着当时父亲冒着生命危险把自己拉出来的镜头。他把心结转换成一种动力，他又出版了4本灾害心理学的书，拥有了许多读者。

走进幸存者的心灵

这一天李澍晔突然接到一个读者的电话。这位读者叫宁连彬。5岁那年，一直照顾着他的姥爷、姨妈在地震中被砸死。25年后他成为北京一家公司的总经理。随着生活条件越来越好，他开始频繁地想起这两个亲人。他说，那时候家里条件都不行，煮鸡蛋就煮给他一个人吃。过了这么多年以后想起他们对自己的这种爱，现在自己就是把再好的东西给他们吃，他们也吃不到了，一想到这些他就魂不守舍。这个时候他会离开人群，一个人独处。有一天夜晚他站在高楼上，看着北京繁华的灯光和高大的楼群，一遍又一遍地想着自己的亲人，越想越觉没意思，就有了一种想跳下去的感觉。

李澍晔听完宁连彬的诉说后，就感到很严肃了。他对宁连彬说，如果心情特别烦闷，就赶快开着车找个荒郊野地，冲着空旷的野外，大声高喊亲人的名字。第二天，宁连彬就去试了试。当时他站在那里眼睛一闭就那么喊：姥爷、二姨你们都走得早。现在我混得不错，如果你们要活着该有多好，我带你们去北京看一看，也请你们去吃吃北京的烤鸭。

不断有人像宁连彬这样，找到李澍晔。他们都是地震中的幸存者，都有地震后的心理阴影。李澍晔开始频繁来往于唐山和北京，为45个幸存者做了心理咨询。在帮助他人的同时，李澍晔自己的心结也慢慢地打开了。